"十二五"职业教育国家规划教材

经全国职业教育教材审定委员会审定

# 宠物药理

YAOLI

CHONGWU

张红超  孙洪梅  主编

第二版

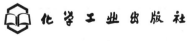

化学工业出版社

·北京·

## 内 容 提 要

本书根据宠物用药的特点和实际，在介绍药理基本知识的基础上，主要讲述了宠物常用药物的品种和用法用量；顺应当前宠物用药特点，本书还增加了抗心律失常药物、降血压药物、抗肿瘤药物相关知识。书中介绍的 15 类药物力求符合宠物用药临床实际，体现指导作用。本书注重学生实践技能训练，书中设置有案例及案例分析、实验实训项目和药物配伍禁忌表等内容，利于对学生宠物用药技术操作和动手能力的培养。

本书适合作为高职高专宠物相关专业师生的教材，也可供中职、农业职教、农广校等相关专业的师生使用。本书对宠物医师、兽药生产行业的工作人员以及兽药行政监管的专职人员等也有很好的参考价值。

**图书在版编目（CIP）数据**

宠物药理/张红超，孙洪梅主编. —2 版. —北京：化学工业出版社，2016.11（2025.1重印）
"十二五"职业教育国家规划教材　经全国职业教育教材审定委员会审定
ISBN 978-7-122-28305-4

Ⅰ.①宠…　Ⅱ.①张…②孙…　Ⅲ.①宠物-兽医学-药理学-高等职业教育-教材　Ⅳ.①S859.7

中国版本图书馆 CIP 数据核字（2016）第 250197 号

责任编辑：梁静丽　李植峰　　　　　　　　　　　装帧设计：史利平
责任校对：宋　玮

出版发行：化学工业出版社（北京市东城区青年湖南街 13 号　邮政编码 100011）
印　　装：三河市双峰印刷装订有限公司
787mm×1092mm　1/16　印张 17¼　字数 447 千字　2025 年 1 月北京第 2 版第 10 次印刷

购书咨询：010-64518888　　　　　　　　　　　　售后服务：010-64518899
网　　址：http://www.cip.com.cn
凡购买本书，如有缺损质量问题，本社销售中心负责调换。

定　价：49.80元　　　　　　　　　　　　　　　　　　　　版权所有　违者必究

# 《宠物药理》（第二版）编写人员

主　　编　张红超　孙洪梅

副 主 编　高　睿　胡喜斌　王丽群　刘　红

编　　者　（按照姓名汉语拼音排列）

　　　　　曹智高（河南农业职业学院）

　　　　　高　睿（杨凌职业技术学院）

　　　　　高月林（黑龙江农业职业技术学院）

　　　　　胡喜斌（黑龙江生物科技职业学院）

　　　　　孔春梅（保定职业技术学院）

　　　　　李景荣（黑龙江生物科技职业学院）

　　　　　刘　红（黑龙江农业职业技术学院）

　　　　　刘德成（辽宁职业学院）

　　　　　罗世民（怀化职业技术学院）

　　　　　莫胜军（黑龙江生物科技职业学院）

　　　　　钱明珠（河南农业职业学院）

　　　　　孙洪梅（黑龙江职业学院）

　　　　　王丽群（江苏农林职业技术学院）

　　　　　张红超（河南农业职业学院）

　　　　　赵　彬（江苏农林职业技术学院）

　　　　　周启扉（黑龙江农业工程职业学院）

随着改革开放的不断深入和市场经济的高速发展，人们的收入和生活水平普遍提高，对物质生活和精神生活有了更高的要求，追求时尚生活的方式随之出现了多样化。尤其是生活在城市的人们，已将饲养宠物作为追求精神生活的一种形式，而且这种现象已逐步被社会广泛接受。

猫和犬作为家庭饲养的方式在我国已非常久远，养犬看家护院、养猫捕捉老鼠的现象已逐渐成为历史，现在宠物已转变成人们寄托情感的伴侣，对现代人的社会生活产生了巨大影响。正是由于这种情感需求，引发了城市宠物饲养热，宠物市场显示出了较强大的生命力和发展势头。而宠物市场的健康、合理发展，亟须一大批具有专业技能的宠物养护技术人员。

高职高专宠物类专业根据市场需求应运而生，《宠物药理》是高职高专宠物类专业宠物药理专业基础课的配套教材。本教材以高职高专教育思想为指导，坚持"以就业为导向，以应用为主旨，以能力为本位"，遵循高职高专院校宠物类专业人才培养目标的要求和教学特点进行编写，在保持科学性和系统性的基础上，从宠物临床应用角度构建内容体系，注重宠物用药特点，强化用药技术的实用性和可操作性，全面培养学生的动手能力和解决实际问题的能力。

本教材紧密结合宠物用药的特点和实际，重在讲述宠物常用药物的品种和用法用量，并介绍了当前针对宠物用的抗心律失常药物、降血压药物、抗肿瘤药物及新特药物，顺应当前宠物用药特点，突出宠物医疗行业的特色。为更有效培养学生宠物疾病治疗给药技能，在相应章节后面设置了【案例分析】，帮助学生从"宠物疾病基本情况分析—临床检查指导—治疗方案制订—疗效评价"建立宠物疾病治疗的工作思路和流程，利于学生巩固所学知识，提高分析、解决问题的能力。实验实训部分重在培养与锻炼学生宠物用药技能，突出动手能力，以更好地满足高职高专宠物医学行业人才培养的需要。修订版教材根据宠物疾病临床实际，增加了消炎类药物、作用于心脏的药物等现用药物。

本书在编写过程中参考了同行专家的一些文献资料，在此，编者向原著作权人致以崇高的敬意和衷心感谢。

在编写过程中，由于编者水平有限，经验不足，加之时间仓促，书中难免存有疏漏，恳请各院校师生和广大读者批评指正。

编　者<br>
2018 年 1 月

| 绪论 | 1 |
| --- | --- |
| 一、宠物及宠物用药特点 …… 1 | 三、学习宠物药理的方法 …… 1 |
| 二、宠物药理的性质和任务 …… 1 | 四、宠物药理与其它课程的关系 …… 1 |

# 第一章 总论 …… 2

## 第一节 药物的基本知识 …… 2
- 一、药物的基本概念 …… 2
- 二、药物的来源 …… 2
- 三、药物的制剂与剂型 …… 3
- 四、药物的保管与贮存 …… 6

## 第二节 药物对机体的作用 …… 7
- 一、药物的基本作用 …… 7
- 二、药物的作用机理 …… 9
- 三、药物的构效关系 …… 10
- 四、药物的量效关系 …… 10

## 第三节 机体对药物的作用 …… 12
- 一、药物的跨膜转运 …… 12
- 二、药物的吸收 …… 13
- 三、药物的分布 …… 14
- 四、生物转化 …… 15
- 五、药物的排泄 …… 16
- 六、药物代谢动力学的概念 …… 17

## 第四节 犬、猫常用给药方法 …… 19
- 一、内服给药 …… 19
- 二、注射给药 …… 20
- 三、直肠、子宫给药 …… 21
- 四、气雾或雾化给药 …… 21

## 第五节 影响药物作用的因素 …… 21
- 一、药物方面的因素 …… 21
- 二、动物方面的因素 …… 24
- 三、饲养管理和环境因素 …… 25

## 第六节 处方 …… 25
- 一、处方的格式 …… 25
- 二、处方的类型 …… 26
- 三、处方笺内容 …… 26

案例分析 …… 27

【复习思考题】 …… 27

# 第二章 抗微生物药物 …… 28

## 第一节 概述 …… 28
- 一、概念 …… 28
- 二、作用机理 …… 29
- 三、动物机体、抗菌药物与病原微生物的关系 …… 30

## 第二节 抗生素 …… 30
- 一、β-内酰胺类 …… 30
- 二、氨基糖苷类 …… 36
- 三、四环素类 …… 38
- 四、大环内酯类 …… 40
- 五、氯霉素类 …… 41
- 六、林可胺类 …… 43
- 七、多肽类 …… 44

## 第三节 化学合成抗菌药 …… 45
- 一、磺胺类药物与抗菌增效剂 …… 45
- 二、氟喹诺酮类药 …… 51
- 三、其它化学合成抗菌药 …… 55

## 第四节 抗真菌药与抗病毒药 …… 56
- 一、抗真菌药 …… 56
- 二、抗病毒药 …… 59

## 第五节 犬、猫常用抗感染中草药 …… 63

## 第六节 抗微生物药的合理应用 …… 64
- 一、正确诊断、准确选药 …… 65
- 二、严格掌握适应证和疗程 …… 65

三、正确的联合用药 …………………… 65
　　四、宠物机体自身因素的影响 …………… 66
　案例分析 ……………………………………… 66
　【复习思考题】 ……………………………… 67

## 第三章　防腐消毒药 …………………………………………………………………… 68

　第一节　概述 ………………………………… 68
　　一、防腐消毒药的概念及特点 …………… 68
　　二、防腐消毒药的作用机理 ……………… 68
　　三、影响防腐消毒药作用的因素 ………… 69
　第二节　环境消毒药 ………………………… 69
　　一、酚类 …………………………………… 69
　　二、碱类 …………………………………… 70
　　三、醛类 …………………………………… 71
　　四、过氧化物类 …………………………… 72
　　五、卤素类 ………………………………… 72
　第三节　皮肤、黏膜防腐消毒药 …………… 73
　　一、醇类 …………………………………… 73
　　二、酸类 …………………………………… 73
　　三、卤素类 ………………………………… 73
　　四、表面活性剂 …………………………… 74
　　五、氧化剂 ………………………………… 75
　　六、染料类 ………………………………… 75
　案例分析 ……………………………………… 76
　【复习思考题】 ……………………………… 76

## 第四章　抗寄生虫药物 ………………………………………………………………… 77

　第一节　概述 ………………………………… 77
　　一、概念 …………………………………… 77
　　二、分类 …………………………………… 77
　　三、作用机理 ……………………………… 77
　　四、影响抗寄生虫药作用的因素 ………… 78
　第二节　抗蠕虫药 …………………………… 78
　　一、抗线虫药 ……………………………… 78
　　二、抗绦虫药 ……………………………… 84
　　三、抗吸虫药 ……………………………… 85
　　四、抗血吸虫药 …………………………… 86
　第三节　抗原虫药 …………………………… 86
　　一、抗球虫药 ……………………………… 86
　　二、抗锥虫药 ……………………………… 87
　　三、抗梨形虫药 …………………………… 88
　　四、抗弓形体药 …………………………… 88
　　五、抗滴虫药 ……………………………… 89
　第四节　杀虫药 ……………………………… 89
　　一、有机磷类杀虫药 ……………………… 89
　　二、拟除虫菊酯类杀虫药 ………………… 90
　　三、其它类化合物 ………………………… 91
　案例分析 ……………………………………… 92
　【复习思考题】 ……………………………… 92

## 第五章　中枢神经系统药物 …………………………………………………………… 93

　第一节　全身麻醉药 ………………………… 93
　　一、全身麻醉药概述 ……………………… 93
　　二、诱导麻醉药 …………………………… 94
　　三、非吸入性麻醉药 ……………………… 95
　　四、吸入性麻醉药 ………………………… 98
　第二节　镇静药、抗癫痫药与抗惊厥药 …… 99
　　一、镇静药 ………………………………… 99
　　二、抗癫痫药 ……………………………… 101
　　三、抗惊厥药 ……………………………… 102
　第三节　镇痛药 ……………………………… 103
　　一、麻醉性镇痛药 ………………………… 103
　　二、其它镇痛药 …………………………… 106
　第四节　中枢兴奋药 ………………………… 107
　　一、概念与分类 …………………………… 107
　　二、常用药物 ……………………………… 107
　案例分析 ……………………………………… 110
　【复习思考题】 ……………………………… 110

## 第六章　外周神经系统药物 …………………………………………………………… 111

　第一节　局部麻醉药 ………………………… 111
　　一、简介 …………………………………… 111
　　二、常用局部麻醉药 ……………………… 111
　第二节　作用于传出神经的药物 …………… 113
　　一、简介 …………………………………… 113
　　二、常用药物 ……………………………… 116
　案例分析 ……………………………………… 122
　【复习思考题】 ……………………………… 123

# 第七章　自体活性物质与解热镇痛抗炎药 …………………… 124

## 第一节　组胺与抗组胺药 ………… 124
### 一、组胺 ……………………… 124
### 二、抗组胺药 ………………… 125
## 第二节　解热镇痛抗炎药 ………… 127
### 一、简介 ……………………… 127
### 二、常用药物 ………………… 129
## 第三节　皮质激素类药物 ………… 135
### 一、简介 ……………………… 135
### 二、常用药物 ………………… 137
## 案例分析 …………………………… 139
## 【复习思考题】 …………………… 140

# 第八章　消化系统药物 …………………………………………… 141

## 第一节　健胃药与助消化药 ……… 141
### 一、健胃药 …………………… 141
### 二、助消化药 ………………… 143
## 第二节　催吐药与止吐药 ………… 145
### 一、催吐药 …………………… 145
### 二、止吐药 …………………… 145
## 第三节　泻药与止泻药 …………… 147
### 一、泻药 ……………………… 147
### 二、止泻药 …………………… 150
### 三、泻药与止泻药的合理选用 … 152
## 第四节　肝胆辅助治疗与营养药 … 152
## 案例分析 …………………………… 155
## 【复习思考题】 …………………… 155

# 第九章　呼吸系统药物 …………………………………………… 156

## 第一节　祛痰药 …………………… 156
## 第二节　镇咳药 …………………… 157
## 第三节　平喘药 …………………… 158
## 案例分析 …………………………… 159
## 【复习思考题】 …………………… 159

# 第十章　血液循环系统药物 ……………………………………… 160

## 第一节　作用于心脏的药物 ……… 160
### 一、强心药 …………………… 160
### 二、非苷类正性肌力药 ……… 163
### 三、抗心律失常药 …………… 164
### 四、降血压药 ………………… 165
## 第二节　止血药与抗凝血药 ……… 167
### 一、简介 ……………………… 167
### 二、常用药物 ………………… 167
## 第三节　抗贫血药 ………………… 172
### 一、概念 ……………………… 172
### 二、分类 ……………………… 172
### 三、常用药物 ………………… 173
## 案例分析 …………………………… 174
## 【复习思考题】 …………………… 174

# 第十一章　利尿药与脱水药 ……………………………………… 175

## 第一节　利尿药 …………………… 175
## 第二节　脱水药 …………………… 176
## 第三节　脱水药和利尿药的合理应用 …… 177
## 案例分析 …………………………… 177
## 【复习思考题】 …………………… 178

# 第十二章　生殖系统药物 ………………………………………… 179

## 第一节　生殖激素类药物 ………… 179
### 一、性激素 …………………… 179
### 二、促性腺激素 ……………… 181
### 三、前列腺素 ………………… 182
## 第二节　子宫收缩药 ……………… 183
## 案例分析 …………………………… 184
## 【复习思考题】 …………………… 184

# 第十三章　调节水盐代谢的药物 ………………………………… 185

## 第一节　水和电解质平衡药 ……… 185
### 一、简介 ……………………… 185
### 二、常用药物 ………………… 185
## 第二节　酸碱平衡药 ……………… 187

| 第三节 能量补充药 …………… 188 | 案例分析 ………………………… 191 |
|---|---|
| 第四节 血容量扩充药 …………… 189 | 【复习思考题】…………………… 191 |

## 第十四章 调节新陈代谢的药物 …………………………………………… 192

第一节 维生素 …………………… 192
    一、脂溶性维生素 ……………… 192
    二、水溶性维生素 ……………… 194
第二节 氨基酸 …………………… 197
第三节 钙和磷 …………………… 198
    一、钙 …………………………… 198
    二、磷 …………………………… 200
第四节 微量元素 ………………… 200
    一、铜 …………………………… 200
    二、锌 …………………………… 201
    三、锰 …………………………… 201
    四、硒 …………………………… 201
    五、碘 …………………………… 202
    六、钴 …………………………… 202
案例分析 ………………………… 203
【复习思考题】…………………… 203

## 第十五章 抗肿瘤药物 …………………………………………………………… 204

第一节 概述 ……………………… 204
    一、细胞增殖动力学 …………… 204
    二、抗肿瘤药物的作用机理及分类 … 205
第二节 常用抗肿瘤药物 ………… 206
    一、烷化剂 ……………………… 206
    二、抗代谢药 …………………… 207
    三、抗生素 ……………………… 208
    四、植物药 ……………………… 209
第三节 抗肿瘤药物的合理应用 … 210
    一、大剂量间歇疗法 …………… 210
    二、序贯疗法 …………………… 210
    三、联合疗法 …………………… 211
第四节 免疫功能调节药物 ……… 211
    一、免疫抑制剂 ………………… 211
    二、免疫增强剂 ………………… 212
案例分析 ………………………… 214
【复习思考题】…………………… 214

## 第十六章 解毒药 ………………………………………………………………… 215

第一节 非特异性解毒药 ………… 215
    一、物理性解毒药 ……………… 215
    二、化学性解毒药 ……………… 216
    三、药理性解毒药 ……………… 216
    四、对症治疗药 ………………… 217
第二节 特异性解毒药 …………… 217
    一、有机磷酸酯类中毒及特异性解毒药 …… 217
    二、有机氟中毒及特异性解毒药 … 218
    三、亚硝酸盐中毒及特异性解毒药 … 219
    四、氰化物中毒及特异性解毒药 … 219
    五、金属及类金属解毒剂 ……… 221
    六、其它毒物中毒及解毒药 …… 221
案例分析 ………………………… 222
【复习思考题】…………………… 222

## 实验实训项目 ……………………………………………………………………… 223

第一部分 实验指导 ……………… 223
    实验一 抗菌药物的敏感试验 … 223
    实验二 剂量对药物的作用实验 … 224
    实验三 泻药泻下作用实验 …… 225
    实验四 不同药物对离体肠平滑肌的作用实验 …………………… 225
    实验五 不同药物对家兔体温的影响 … 227
    实验六 利尿药与脱水药作用实验 … 228
    实验七 有机磷农药中毒及解救实验 … 229
    实验八 亚硝酸盐中毒及解救实验 … 230
第二部分 实训指导 ……………… 230
    实训一 药物的保管与贮存 …… 230
    实训二 处方的开写 …………… 231
    实训三 常用药物制剂的配制 … 232
    实训四 药物的物理性、化学性配伍禁忌 …………………… 234
    实训五 肝功能损害对药物作用的影响 …………………… 235
    实训六 肾功能状态对药物作用的影响 …………………… 235
    实训七 实训动物的捉拿、固定 … 236
    实训八 实训动物的给药方法 … 237

实训九　实训动物的采血方法 …………… 239　　　实训十　实训动物的手术基本操作 ……… 240

# 附录 …………………………………………………………………………………………… 242
　　附录一　常用药物的配伍禁忌表 ………… 242　　　附录四　犬、猫常用药物用法、用量表 …… 247
　　附录二　不同动物用药量换算表 ………… 245　　　附录五　不同给药途径用药剂量换算表 …… 265
　　附录三　常用实验动物的正常生理指标 …… 246

# 参考文献 ………………………………………………………………………………………… 266

# 绪　论

## 一、宠物及宠物用药特点

宠物又称观赏动物、伴侣动物。它是物质文化生活达到一定水平后，人们对精神文化需求的真实体现。宠物包括一般家庭宠物（犬、猫、兔、龟、鸟、鱼等）和另类宠物（鼠、蛇、蜥蜴、蜘蛛等）。

宠物用药与普通动物用药相比，存在以下特点：

① 不计成本　宠物用药不像猪、牛等普通动物那样计较经济成本，多数情况下须不惜一切代价挽救和延长宠物生命。

② 研究更广泛、深入　在普通动物用药基础上，宠物用药更注重养生和保健，尤其是近年来宠物保健品（保肝、护肾、护心、养颜）、抗癌药、抗精神失常药的广泛应用，使宠物用药研究更趋向于人医临床。

③ 剂型更多，用量更精确　宠物除与普通动物共用剂型（粉剂、针剂、片剂、胶囊剂、颗粒剂、注射剂、气雾剂）外，还有其特殊制剂，如灭蚤项圈、舔剂等。且药物应用更加精确，以避免粗劣用药对宠物造成损害。

④ 口服药物注重适口性　常加入肉粉、蜜糖等赋形剂，提高适口性，使宠物喂养更加人性化。

## 二、宠物药理的性质和任务

宠物药理是动物药理的一个分支学科，是研究药物与宠物机体之间相互作用规律的一门科学。一方面，研究药物对机体的作用规律，阐明药物防治疾病的机理，称为药物效应动力学，简称药效学；另一方面，研究机体对药物的处置（吸收、分布、生物转化、排泄）及药物浓度随时间变化的动态变化规律，称为药物代谢动力学，简称药动学。

## 三、学习宠物药理的方法

宠物药理是一门实验性很强的学科，学习过程中要理论联系实际，熟悉和理解各类药物的作用规律，学会用分析比较的方法，找出每类药物的共性和特点，并不断总结。对常用药物和重点药物要全面掌握其药理作用、适应证、剂量及用法，并注意其配伍禁忌及不良反应。实验实训方面，要掌握常用的实验实训方法及基本操作，注意观察，详细记录实验结果，通过实验实训操作，培养学生科学、实事求是的学习态度和分析问题、解决问题的能力。同时，要学会查阅文献资料、书籍及杂志等，并到各动物医院、宠物诊所参观学习，加深对宠物药理知识的理解和掌握。

## 四、宠物药理与其它课程的关系

宠物药理是畜牧兽医类专业，尤其是宠物专业的专业基础课程。在本课程的教学过程中，它与宠物生理、生物化学、宠物病理、宠物微生物、寄生虫病等学科知识密切相关，本课程是联系专业课与专业基础课的桥梁。因此，学习宠物药理课程既是对多门专业基础课程的概括和总结，又为今后深入学习专业临床课程奠定了坚实基础。

# 第一章 总　　论

药理学一方面研究药物对机体的作用规律，阐明药物防治疾病的原理（称为药物效应动力学，简称药效学）；另一方面，研究机体对药物的处置过程，即药物在体内的吸收、分布、生物转化和排泄，以及在此过程中药物浓度随时间变化的规律（称为药物代谢动力学，简称药动学）。这两个过程在体内同时进行，并且相互联系。药理学探讨这两个过程的规律，为科学、合理用药，发挥药物的治疗作用，减少不良反应，打下理论基础；也为寻找新药提供线索，并为认识和阐明动物机体生命活动的本质提供科学资料。

## 第一节　药物的基本知识

### 一、药物的基本概念

药物是指用于预防、治疗、诊断疾病的物质。应用于宠物的药物还包括能促进动物生长发育、提高生产性能的各种物质，包括宠物保健品和饲料添加剂等。随着科技的发展，药物的概念不断扩大和深入。从理论上说，凡是通过化学反应影响生命活动过程（包括器官功能及细胞代谢）的化学类物质都属于药物范畴。毒物是指在一定条件下，较小剂量就能够对生物体产生损害作用或使生物体出现异常反应的外源性物质。药物超过一定的剂量也能产生毒害作用，因此，药物与毒物之间仅存在着剂量的差别，没有绝对的界限。药物剂量过大或使用时间过长也可成为毒物，一般把这部分内容放在药理学范畴讨论，其它化学毒物、工业和动植物毒物等，则属于毒理学的范畴。

（1）**普通药**　在治疗剂量时一般不产生明显毒性的药物。如青霉素、磺胺嘧啶等。

（2）**剧药**　毒性较大，极量与致死量比较接近，超过极量也能引起中毒或死亡的药物。其中，有的品种必须经过有关部门批准才能生产、销售。使用时往往限制一定条件的剧药，又称限剧药，如安钠咖等。

（3）**毒药**　毒性很大，极量与致死量十分接近，用量稍大即可引起动物中毒甚至死亡的药物，如硝酸士的宁等。

（4）**毒物**　在一定条件下，较小剂量就能够对动物体产生损害作用或使动物体出现异常反应的外源性物质。毒物和药物之间没有绝对的界限，并且可以相互转化。

（5）**麻醉药品**　能成瘾癖的毒性药品称为麻醉药品，属毒、剧药范围，应予以特殊管理。

### 二、药物的来源

药物的种类很多，来源也很广泛。按其来源可分为天然药物，如植物、动物、矿物和微生物发酵产生的抗生素；合成药物，如各种人工合成的化学药物、抗菌药物等；生物技术药物，即通过细胞工程、基因工程等新技术生产的药物。

**1. 天然药物**

天然药物是利用自然界的物质，经过适当加工而作为药用者。

来自植物的——中草药：黄连、板蓝根等。
来自动物的——生化药物：胰岛素、胃蛋白酶等。
来自矿物的——无机药物：氯化钠、硫酸钠等。
来自微生物的——抗生素和生物制品：青霉素、疫苗等。

其中植物药中所含有的有效成分非常丰富。例如：生物碱、苷类、有机酸、挥发油、鞣酸等，它们在制剂中都有不同的生物活性。

**2. 人工合成和半合成药物**

人工合成和半合成药物是用化学方法（分解、加成、取代等）人工合成的有机化合物，如磺胺药、喹诺酮类药物。或根据天然药物的化学结构，用化学方法制备的药物，如肾上腺素、麻黄碱等。所谓半合成药物，多数是在原有天然药物的化学结构基础上，引入不同的化学基团，制得的一系列化学药物，如半合成抗生素。人工合成或半合成药物的应用非常广泛，是药物生产和获得新药的主要途径。

## 三、药物的制剂与剂型

药物的原料一般不能直接用于宠物疾病的治疗或预防，必须进行加工制成安全、稳定和便于应用的形式。根据《中华人民共和国兽药典》（2010年版）（以下简称《兽药典》）及《中华人民共和国兽药规范》（以下简称《兽药规范》）将药物经过适当加工，制成便于保存、运输、使用，并能更好地发挥疗效的制品，称为制剂。经过加工后的药物的各种物理形态，称为剂型。兽药制剂通常按形态分为液体剂型、半固体剂型、固体剂型、气体剂型和注射剂五类，发挥疗效速度一般以注射剂最快，其次是气体剂型和液体剂型，固体剂型较慢，半固体剂型多为外用药。

剂型反映了一个国家的医疗科技水平。药物的有效性首先是本身固有的药理作用，但仅有药理作用而无合理的剂型，必然影响药物疗效的发挥，甚至出现意外。先进合理的剂型有利于药物的贮存、运输和使用，能够提高药物的生物利用度，降低不良反应。

**1. 液体剂型**

从外观上看呈液体状态。液体剂型的特点是：吸收快，生物利用度高，能迅速发挥药效；给药途径广，可内服也可外用；胃肠道刺激小，且剂量较易控制，便于使用；稳定性差（易降解、霉变）；贮存、运输以及携带均不方便。

根据溶剂的种类、溶质的分散情况以及使用方法的不同，可分为：

**（1）溶液剂** 一般指不挥发性药物的透明溶液。药物呈分子或离子状态分散于溶剂中。其溶剂多为水、醇、油。溶液剂主要用于内服或外用，也可用于洗涤、滴眼、灌肠等，如高锰酸钾溶液、维生素A油溶液等。芳香水剂，一般指芳香挥发性药物（多半为挥发油）的近饱和或饱和水溶液，如薄荷水、樟脑水、杏仁水等。

**（2）醑剂** 一般指挥发性药物（多半为挥发油）的乙醇溶液。凡用以制备芳香水剂的药物一般都可以制成醑剂外用或内服。挥发性药物在乙醇（60%~90%）中的溶解度一般都比在水中大，所以在醑剂中挥发性药物的浓度要比在芳香水剂中大得多。如樟脑醑、芳香氨醑等。

**（3）酊剂** 是用不同浓度的乙醇浸制生药或溶解化学药物而成的液体剂型，如陈皮酊、大蒜酊等。以碘溶解于乙醇所制成的溶液，习惯上也称为酊剂。随着药物性质和用途的不同，酊剂的浓度也不同。剧毒药酊剂的浓度一般为10%，其它药的酊剂浓度为20%左右。

**（4）合剂** 是用两种或两种以上药物的透明溶液或均匀混悬液。主要用于内服，起到局部作用或全身作用。如胃蛋白酶合剂、三溴合剂等，混悬液服用时应注意振荡均匀。

**(5) 乳剂** 是指两种以上不相混合或部分混合的液体，以乳化剂的形式制成乳状混浊液。油和水是不相混合的液体，如制备稳定的乳剂，需要加入第三种物质，即乳化剂。常用的乳化剂有阿拉伯胶、明胶、肥皂等。乳剂的特点是增加药物的表面积，可促进吸收和改善药物对皮肤、黏膜的渗透性。如鱼肝油乳剂、双甲脒乳油（临用时再加水稀释成乳剂）等。

**(6) 擦剂** 是刺激性药物的油性或醇性液体制剂，如松节油擦剂、四三一擦剂。专供外用，涂擦于完整皮肤表面，一般不用于破损的皮肤。

**(7) 煎剂或浸剂** 均为生药的水浸出制剂，煎剂一般是指将生药加水煎煮一定时间，去渣内服的液体剂型。浸剂是生药用沸水、温水或冷水浸泡一定时间去渣使用。如槟榔煎剂、鱼藤浸剂。中草药常用这种剂型，因易长霉菌，宜临用前配制，不能贮存。

**(8) 流浸膏剂** 是将中草药浸出液经浓缩，除去部分溶剂而成的浓度较高的液体剂型。除特别规定外，1mL流浸膏剂相当于原药1g，例如大黄流浸膏、番木鳖流浸膏等。

**2. 半固体剂型**

从外观上看呈半固体状态。

**(1) 软膏剂** 是指药物与适宜的基质（凡士林、羊毛脂、豚脂等）混合，制成具有适当稠度以涂布于皮肤、黏膜或创面的外用半固体剂型。根据需要和制备方法不同，软膏剂又有乳霜、油脂、眼药膏（专供眼部疾患用的极为细腻的软膏）等。在软膏中，药物发挥局部治疗作用，基质具有保护皮肤、辅助药物发挥疗效的作用，如鱼石脂软膏。

**(2) 糊剂** 通常是将粉末状药物与甘油、液体石蜡或水均匀混合而成的半固体剂型，可内服，也可外用，如氧化锌水杨酸糊剂等。糊剂含药物粉末浓度一般为25%~70%。

**(3) 浸膏剂** 是将中草药浸出液经浓缩后的膏状半固体或粉末状固体剂型。除特别规定外，1g浸膏相当于原药物2~5g，如甘草浸膏、颠茄浸膏等。

**(4) 舔剂** 将药物与适宜的辅料混合，制成粥状或糊状黏稠的药剂。具有一定形状以便于动物舔食。多为诊断后临时配制的剂型，常用的辅料有甘草粉、淀粉、米粥、糖浆、蜂蜜、植物油等。

**3. 固体剂型**

从外观上看呈固体状态。固体剂型的优点是：比较稳定，便于贮藏、运输，使用方便，在动物养殖和宠物临床上应用广泛。

**(1) 散剂** 又叫粉剂，指一种或多种药物经粉碎后均匀混合而制成的干燥粉末制剂。散剂的特点是：奏效较快，剂量随症增减；制备较简单，不含液体，因而性质相对稳定；用于溃疡病、外伤流血等，可起到保护黏膜、吸收分泌物、促进凝血等作用；散剂中的药物，因表面积增大，其臭味、刺激性、吸湿性、化学活性等也相应增加，且挥发性成分已散失。根据用途不同，可分为内服（如健胃散）和外用（如消炎粉）两种类型。内服散剂又可分为：

① 可溶性粉剂 是由一种或多种药物与助溶剂、可溶性稀释剂等辅料混合而成的可溶性粉末，其辅料多为葡萄糖或乳糖等，所制的散剂可溶于水中，动物通过饮水而食入。如卡那霉素可溶性粉、硫氰酸红霉素可溶性粉等。

② 预混剂 是由一种或多种药物与适宜的基质均匀混合而成，其基质多为淀粉、玉米粉、麸皮或轻质碳酸钙等，所得的散剂一般不易溶于水，与饲料充分混匀后食入（俗称混饲）。如氟哌酸散、杆菌肽锌预混剂等。

**(2) 颗粒剂** 是指药物与赋形剂混合制成的干燥小颗粒状物，主要用于内服、混饮等。如甲磺酸培氟沙星颗粒等。其优点：作用迅速，味道可口；体积小；服用、运输、储藏均较方便。缺点：含糖量高；易吸潮；成本较高。

**(3) 片剂** 是将一种或多种药物，加入赋形剂加压制成的圆片形剂型。片剂的制造、分发和服用都很方便。主要供内服，是临床上应用最多的一种制剂，如酵母片、土霉素片、敌百虫片等。

片剂的特点：药物含量准确，片重差异小；运输、储存、使用方便；质量稳定，受外界环境因素影响小，便于机械化、自动化生产，产量高，成本较低；生物利用度相对较差；动物服用较为困难，常因摄入量不足而影响药物的疗效。含挥发性药物的片剂不宜久储，否则含量会下降。

**(4) 丸剂** 通常是将一种或多种药物细粉或药物提取物加适宜的黏合剂或辅料制成的圆球形固体制剂，专供内服用。黏合剂可用蜂蜜、水、米糊或面糊，所制成的丸剂分别称为蜜丸、水丸、糊丸。丸剂的大小不一，其药物以中草药为多，如牛黄解毒丸、麻仁丸。

**(5) 胶囊剂** 是将药物装入空心胶囊或软胶囊中制成的剂型，供内服。味苦或具有刺激性的药物往往制成胶囊剂应用，如红霉素胶囊。

胶囊剂的特点：一般可供内服；可掩盖药物的苦味及臭味等不良气味；药物的生物利用度较高，在胃肠道中分解较快、吸收较好；提高了药物的稳定性，保护药物不受湿气、氧气、光线等的作用。

**(6) 微胶囊**（微囊剂） 利用天然或合成的高分子材料包裹而成的微型胶囊。一般直径为 $1\sim 5000\mu m$，如多种维生素 A 微囊、大蒜素微囊等。

微胶囊的特点：囊材多为高分子物质，如明胶、阿拉伯胶等，具有通透性和半通透性的特点，借助于用药部位的压力、pH 值、酶、温度等环境条件，可完全释放药物，发挥药效；将遇湿气、氧气、光线等易变质的不稳定的药物制成微胶囊，可提高药物的稳定性；可掩盖药物的苦味及臭味等不良气味，作为饲料添加剂，可以提高药剂的适口性；能减少或降低药物之间的配伍禁忌；药物通过微囊化，可制成肠溶微囊剂或缓释长效制剂；可将液体药物变成固态，便于运输和贮存；可降低挥发性药物的损失。

**(7) 栓剂** 是药物与适宜基质制成供腔道给药的固体制剂。其种类主要有直肠栓、尿道栓、耳道栓、肛门栓、阴道栓等。

栓剂的特点：发挥局部作用，如消炎、润滑、收敛、止痛、止痒、麻醉等作用；发挥全身作用，如镇痛、镇静、抗菌等作用。栓剂多半经直肠给药，既能避免药物首过效应，同时也避免消化液对药物的破坏作用，使栓剂中的药物能发挥预定疗效。一些对胃肠道黏膜有刺激性或易受消化液破坏或对肝脏有损害作用的药物，均适宜制成栓剂。

**4. 气体剂型**

气体剂型通过呼吸道吸入后经肺泡毛细血管迅速吸收，速率仅次于静脉注射。气体剂型使用方便，药物分布均匀，对创面可减少局部给药的机械性刺激作用，剂量准确，奏效快，是近年来用于环境消毒和雾化治疗呼吸道疾病等的主要剂型。

**(1) 烟雾剂** 烟雾剂是通过化学反应或加热而形成的药物过饱和蒸气，又称凝聚气雾剂。如甲醛溶液遇高锰酸钾产生高温，前者即形成蒸气，常供犬舍、猫舍消毒等。

**(2) 喷雾剂** 喷雾剂是借助机械（喷雾器或雾化器）作用，将药物喷成雾状的制剂。药物喷出时，成雾状微粒或微滴，直径 $0.5\sim 5.0\mu m$，供吸入给药，也可用于环境消毒。

**(3) 气雾剂** 气雾剂是将药物和适宜的抛射剂，共同封装于具有特制阀门系统的耐压容器中。使用时，揿按阀门，借助抛射剂的压力，将药物抛射成雾。供吸入进行全身治疗、外用局部治疗及环境消毒等。

**5. 注射剂**

注射剂又称针剂，是指灌封于特别容器中灭菌的药物制剂。从药物性状看，有溶液型、混悬型和粉剂型，必须用注射法给药。注射剂是供直接注入动物体内而快速发挥药效的一类制剂，它有如下特点：吸收快，药效迅速，剂量准确，作用可靠；不宜内服的药物，如青霉素、链霉素等适宜制成注射剂，效果较好；可产生局部定位作用，如普鲁卡因注射剂的局部麻醉作用；注射给药相对方便，适用于各种动物。

根据使用方法不同，注射剂可分为五种类型。

**(1) 溶液型安瓿剂** 安瓿是盛装注射用药物的玻璃密封小瓶，在安瓿中装有药物的溶液剂，可直接用注射器抽取应用。

**(2) 水剂安瓿** 溶剂为注射用水，用于能溶于水的药物，药效迅速，可作皮下、肌内和静脉注射，应用最广泛。而油剂安瓿的溶剂为注射用油（符合药典规定的麻油、花生油等），适用于不溶或难溶于水而能溶于油的药物。此剂型吸收缓慢，药效维持时间较长，仅作肌内注射。

**(3) 混悬型注射液** 有些在水中溶解度较小的药物制成混悬型注射液，例如普鲁卡因青霉素、醋酸可的松等。此剂型仅作肌内注射，由于吸收缓慢，有延长药效的意义。

**(4) 粉剂型安瓿剂（俗称粉针）** 在灭菌安瓿中填放灭菌药粉，一般采用无菌操作生产。此剂型适用于在水溶液中不稳定，易分解失效的药物。应用时，用注射用水溶解后方可注射，如青霉素G钠、盐酸土霉素等。根据药物要求作皮下、肌内和静脉注射。

**(5) 大型输液剂** 大型输液剂是作为补充体液用的制剂，溶剂均为注射用水，装在盐水瓶内，均作静脉注射，如等渗葡萄糖注射液、复方氯化钠注射液等。

**6. 其它制剂**

**(1) 透皮制剂** 是一种透皮吸收的剂型，一般是在药液中加入透皮剂，将该制剂涂擦、浇泼或泼洒在宠物皮肤上，能透过皮肤屏障，达到治疗目的。如左旋咪唑透皮吸收剂、恩诺沙星透皮吸收剂等。最常用的透皮剂如二甲基亚砜、月桂氮䓬酮（简称氮酮）等。临床上根据用法不同称为透皮剂、浇泼剂、泼洒剂（常用于鱼类）等。

**(2) 项圈** 项圈是一种用于犬、猫的缓释剂型，一般由杀虫药与树脂通过一定工艺制成，可以套在宠物颈部，主要用于驱虫。

目前，许多新的剂型已经逐渐应用于宠物临床，如脂质体制剂、毫微型胶囊、$\beta$-环糊精分子胶囊、控速释药制剂、靶向制剂、皮下埋植剂等。必须指出，兽用制剂给药时，往往需要器械辅助，灌药用的注射针管是常见的简单工具，随着剂型的改革，药械必须配套，如埋植小丸剂、大丸剂必须具备给药枪等。

兽药的剂型种类繁多，对不同病况的宠物，必须采用不同的给药方法，用不同剂型的制剂，才能既便于使用，又使药物产生良好的药效，最终患病个体能接受到药物并达到预期的治疗目的。总的来讲，内服剂型投药方便，适用于多种药物，但易受胃肠内容物的影响，吸收不规则和不完全，药效出现较慢。有些药物可通过肠黏膜吸收进入血液循环，首次经门静脉至肝脏时，有一部分可被胃肠的酶和肝脏的药酶代谢消除，而使药效下降。一般药物的吸收速率顺序为：注射剂＞溶液剂＞散剂＞片剂、丸剂。必须注意，剂量相同而剂型不同，剂型相同而厂家不同，甚至同一药厂不同批号的制剂，在内服后其血药浓度可相差数倍之多，这是由于原料药、赋形剂、制造工艺等因素影响药物的生物利用度所致。因此，选购兽药时，必须选择合适剂型，同时选择品质优良、质量稳定的兽药厂家的产品。

## 四、药物的保管与贮存

**1. 药物的保管**

**(1) 制定严格的保管制度** 药物的保管应该有严格的制度，包括出、入库检查、验收，建立药品消耗和盘存账册，逐月填写药品消耗、报损和盘存表，制订药物采购和供应计划。如各种兽药在购入时，除了应该注意有完整正确的标签和说明书外，不立即使用的还应特别注意包装上的保管方法和有效期。

**(2) 各类药品的保管方法** 所有药品均应在固定的药房和药库存放。

① 麻醉药品、毒药、剧药的保管 应按兽药管理条例执行，必须专人、专库、专柜、专用账册并加锁保管。要有明显标记，每个品种必须单独存放。品种间留有适当距离。随时或定期盘点，做到数字准确，账物相符。

② 危险品的保管 危险物品是指遇光、热、空气等易爆炸、自燃、助燃或有强腐蚀性、刺激性的药品，包括爆炸品、易燃液体、易燃固体、腐蚀药品。以上药品应贮存在危险品仓库中，按危险品的特性分类存放。要间隔一定距离，禁止与其它药品混放；而且要远离火源，配备消防设备。

**2. 药物批号和有效期**

批号是药品每批生产的时期，一般采用六位数记录，前两位数表示年，中间两位数表示月，末尾两位数表示日，如"080615"即表示此药是2008年6月15日生产出来的。如印有"080615-2"即表示此药是2008年6月15日第二批生产出来的。

药物的有效期，是经过一系列科学实验，观察其在一定存贮条件下，从生产出来之日算起，一直能够保持药效的时间而定，一般以整年计算。如批号为"080615"有效期为三年，即表示该药物的有效期，是从2008年6月15日起，到2011年6月15日止，即2011年6月15前有效。有的药品，标有失效期，如"失效期"2011年6月，是指到2011年6月1日就失效了。有效期和失效期，虽同是一个月份，但时间相差15d，应加以注意。

假如药品超过有效期，原则上应停止使用，如果药品保管得当，短期超过有效期，还可能保持原有疗效，或稍有降低。如因条件所限，仍想使用此药，最好请有经验的人员检验一下，得到允许后再用，否则会延误治疗。

## 第二节 药物对机体的作用

### 一、药物的基本作用

药物作用是指药物小分子与机体细胞大分子之间的初始反应，药理效应是药物作用的结果，表现为机体生理、生化功能的改变。但在一般情况下不把二者截然分开，互相通用。例如去甲肾上腺素对血管的作用，首先是与血管平滑肌的α受体结合，激活腺苷酸环化酶，使cAMP生成明显增加，这就是药物的作用；继而产生血管收缩、血压升高等药理效应。机体在药物作用下，使机体器官、组织的生理、生化功能增强，称为兴奋，引起兴奋的药物称为兴奋药，例如咖啡因能使大脑皮层兴奋，使心脏活动加强，属兴奋药；相反，使生理、生化功能减弱，则称为抑制及抑制药，如氯丙嗪可使中枢神经抑制、体温下降，属抑制药。有的药物对不同器官的作用可能引起性质相反的效应，如阿托品能抑制胃肠平滑肌和腺体活动，但对中枢神经却有兴奋作用。药物之所以能治疗疾病，就是通过其兴奋或抑制作用调节和恢复机体被病理因素破坏的平衡。

除了功能性药物表现为兴奋和抑制作用外，有些药物如化疗药物则主要作用于病原体，可以杀灭或驱除入侵的微生物或寄生虫，使机体的生理、生化功能免受损害或恢复平衡而呈现其药理作用。

**1. 药物作用的方式**

药物可通过不同的方式对机体产生作用。药物被吸收入血液以前在用药局部产生的作用，称为局部作用，如普鲁卡因在其浸润的局部使神经末梢失去感觉功能。药物经吸收入血进入全身循环后分布到作用部位产生的作用，称吸收作用，又称全身作用，如吸入麻醉药产生的全身麻醉作用。

从药物作用发生的顺序或原理来看，有直接作用和间接作用。如洋地黄毒苷被机体吸收后，直接作用于心脏，加强心肌收缩力，改善全身血液循环，这是洋地黄的直接作用，又称原发作用。由于全身循环改善，肾血流量增加，尿量增多，减轻或消除心衰性水肿，这是洋地黄的间接作用，又称继发作用。

**2. 药物作用的选择性**

机体不同器官、组织对药物的敏感性表现出明显的差异。对某一器官、组织作用特别强，而对其它组织的作用很弱，甚至对相邻的细胞也不产生影响，这种现象称为药物作用的选择性。

选择性的产生有几方面的原因：①药物对不同组织的亲和力不同，能选择性地分布于靶组织，如碘分布于甲状腺比其它组织高1万倍；②药物的代谢速率不同，不同组织酶的分布和活性也有很大差别；③受体分布的不均一性，不同组织受体分布的多少和类型也存在差异。

药物作用的选择性是治疗作用的基础，选择性高，针对性强，产生很好的治疗效果，很少或没有副作用；反之，选择性低，针对性不强，副作用也较多。当然，有的药物选择性较低，应用范围较广，应用时也有其方便之处。

**3. 药物的治疗作用与不良反应**

临床使用药物防治疾病时，可能产生多种药理效应，有的能对防治疾病产生有利的作用，称为治疗作用；其它与用药目的无关或对动物产生损害的作用，称为不良反应。大多数药物在发挥治疗作用的同时，都存在程度不同的不良反应，这就是药物作用的两重性。

**(1) 治疗作用**

① 对因治疗　药物的作用在于消除疾病的原发致病因子，称为对因治疗。如应用化疗药物杀灭病原微生物以控制感染性疾病，用洋地黄治疗慢性、充血性心力衰竭引起的水肿。

② 对症治疗　药物的作用在于改善疾病症状，称为对症治疗，也称治标。如用解热镇痛药可使发热动物的体温降至正常，但如病因不除，药物作用过后体温又会升高。所以对因治疗比对症治疗重要，对因治疗才是用药的根本，一般情况下首先要考虑对因治疗。但对一些严重的症状，甚至可能危及动物生命，如急性心力衰竭、呼吸困难、惊厥等，则必须先用药解除症状，待症状缓解后再考虑对因治疗。有些情况下，则要对因对症治疗同时进行，即所谓的标本兼治，才能取得最佳疗效。

**(2) 不良反应**

① 副作用　是在使用常用治疗剂量时产生的与治疗目的无关的作用或危害不大的不良反应。有些药物选择性低、药理效应广泛，利用其中一个作用为治疗目的时，其它作用便成了副作用。如阿托品作麻醉前给药，主要目的是抑制腺体分泌和减轻对心脏的抑制，其抑制胃肠平滑肌的作用便成了副作用。由于治疗目的的不同，副作用有时又可成为治疗作用。副作用一般是可预见的，往往很难避免，临床用药时可根据情况酌情纠正。

② 毒性反应　大多数药物都有一定的毒性，只不过毒性反应的性质和程度不同而已。一般毒性反应是用药剂量过大或用药时间过长所引起的。用药后立即发生的毒性反应称急性毒性，多由于剂量过大导致，常表现为心血管系统、呼吸功能的损害；部分在长期蓄积后逐渐产生的毒性反应称为慢性毒性，慢性毒性多数表现肝、肾、骨髓的损害；少数药物还能产生特殊毒性，即致癌、致畸、致突变反应（简称"三致"作用）。此外，有些药物在常用剂

量时也能产生毒性，如氯霉素可抑制骨髓造血机能，氨基糖苷类有较强的肾毒性等。药物的毒性反应一般是可以预知的，应该设法减轻或防止。

③ 变态反应 又称过敏反应，其本质是免疫反应。药物多为外来异物，虽不是全抗原，但许多可作为半抗原，如抗生素、磺胺等与血浆蛋白或组织蛋白结合后形成全抗原，便可引起机体体液性或细胞性免疫反应。这种反应与剂量无关，反应性质各不相同，很难预知。致敏原可能是药物本身，或其在体内的代谢产物，也可能是药物制剂中的杂质。药物过敏反应在宠物临床上时有发生，可能由于缺乏细致的观察和记录，因而不像人类那样普遍。

④ 继发性反应 是药物治疗作用引起的不良后果。如成年草食动物胃肠道中有许多微生物寄生，正常情况下菌群之间维持平衡的共生状态，如果长期应用四环素类广谱抗生素时，对药物敏感的菌株受到抑制，菌群间相对平衡遭到破坏，以致一些不敏感的细菌或耐药的微生物（如真菌、葡萄球菌、大肠杆菌等）大量繁殖，可引起中毒性肠炎或全身感染。这种继发性感染被称为"二重感染"。

⑤ 后遗效应 指停药后血药浓度已降至阈值以下时的残存药理效应。可能由于药物与受体的牢固结合，靶器官药物尚未消除，或者由于药物造成不可逆的组织损害所致，如长期应用肾上腺皮质激素，停药后肾上腺皮质功能低下，数月内难以恢复，这也称为药源性疾病。后遗效应不仅能产生不良反应，有些药物也能产生对机体有利的后遗效应。

## 二、药物的作用机理

药物的作用机理是药效学的主要内容，研究药物如何发挥作用。阐明这些问题，有助于理解药物的治疗作用与不良反应，为深入了解药物对机体的生理、生化功能的调节提供理论基础，并对指导临床实践有重要意义。

由于药物的种类繁多、性质各异，其作用原理也不尽相同，归纳起来有如下几个方面。

**1. 通过受体产生作用**

对特定的生物活性物质具有识别能力，并可选择性与之结合的生物大分子（糖蛋白或脂蛋白）称为受体。受体一般存在于细胞膜上或细胞内。对受体具有选择性结合能力的生物活性物质，称为配体。生物活性物质包括内源性物质（如神经递质、激素、活性肽、抗原、抗体等）和外源性物质（如药物等）。药物（配体）与相应的受体结合形成药物-受体复合物，调节细胞内的生物物理和生物化学过程，从而产生药理效应，如肾上腺素和心肌上的β受体结合，使心脏活动加强。

**2. 通过改变机体的理化性质而发挥作用**

有的药物通过简单的理化反应或改变体内的理化条件而产生药物作用。如碳酸氢钠内服能中和过多的胃酸，治疗胃酸过多症。甘露醇高渗溶液有脱水作用等。

**3. 通过改变酶的活性而发挥作用**

酶是机体生命的基础，种类繁多，在体内分布极广，参与所有细胞生命活动，而且极易受各种因素的影响，药物的许多作用都是通过影响酶的功能来实现的。如新斯的明竞争性抑制胆碱酯酶的活性，产生拟胆碱作用，促进胃肠蠕动；胰岛素激活己糖激酶而促进糖代谢作用。有些药本身就是酶，如胃蛋白酶。

**4. 通过参与或影响细胞的物质代谢过程而发挥作用**

有些药物本身就是机体生化过程中所需要的物质，应用后可补充体内不足而发挥作用，如各种维生素、激素及铁、钙、钠、钾等的缺乏均可致病，如能适当补充此类物质亦可治病。也有某些药物化学结构与正常代谢物非常相似，可以参与代谢过程，却往往不能引起正常代谢的生理效应，可干扰或阻断机体的某种生化代谢过程而发挥作用。例如，5-氟尿嘧啶结构与尿嘧啶相似，参与癌细胞 DNA 及 RNA 中干扰蛋白合成而发挥抗癌作用；磺胺药与对氨基苯甲酸结构极为相似，竞争参与细菌叶酸代谢而抑制其生长繁殖。

**5. 通过改变细胞膜的通透性而发挥作用**

如各种利尿药就是通过抑制肾小管再吸收水和钠而发挥利尿作用的。表面活性剂苯扎溴铵可改变细菌细胞膜的通透性而发挥作用。普鲁卡因通过影响细胞膜对 $Na^+$ 的通透性而产生局部麻醉作用。

**6. 通过影响体内活性物质的合成和释放而发挥作用**

体内活性物质很多，如各种神经递质、激素、前列腺素等。神经递质或内分泌激素的释放，易受药物的影响，如大量碘能抑制甲状腺素的释放，阿司匹林能抑制生物活性物质前列腺素的合成而发挥解热作用。

总之，药物作用过程是一系列生理生化反应的结果，药物作用机理的几个方面常是相互联系的，有的药物可能同时有多种作用机理。

### 三、药物的构效关系

药物的化学结构与药理效应或活性有着密切的关系，因为药理作用的特异性取决于特定的化学结构，这就是构效关系。化学结构类似的化合物一般能与同一受体或酶结合，产生相似（拟似药）或相反的作用（拮抗药）。例如去甲肾上腺素、肾上腺素、异丙肾上腺素为拟肾上腺素药，普萘洛尔为抗肾上腺素药，化学结构如下：

相似化学结构的药物具有相似的作用，这只是事物的一个方面；另一方面，许多化学结构完全相同的药物还存在光学异构体，具有不同的药理作用，多数左旋体有药理活性，而右旋体无作用，如左旋的氯霉素具抗菌活性，但它的右旋体没有作用。近年来，对具有不同立体异构的手性药物的研究有不少进展，认为手性药物的对映异构体应该看作不同化合物，它们的亲和力、内在活性、药效、毒理学和药动学等都有所不同。因为结构的微小改变就可能使药效产生很大的变化，所以认识药物的构效关系不仅有助于理解药物作用的性质和机制，而且也有利于找寻和合成新药。

### 四、药物的量效关系

在一定的范围内，药物的效应与其在靶部位的浓度成正相关，而后者决定于用药剂量或血中药物浓度，定量地分析与阐明两者间的变化规律称为量效关系。它有助于了解药物作用的性质，也可为临床用药提供参考资料。

**1. 剂量的概念**

剂量指药物的用量，它是决定药物效应的关键。在一定范围内，剂量大小与药物的作用成正比，即剂量越大，作用越强。但超过一定剂量范围，作用就会由量变到质变，发生中毒，甚至死亡。药物剂量过小，不产生任何效应，称为无效量。能引起药物效应的最小剂量，称为最小有效量，或阈剂量。随着剂量增加，效应也逐渐增强，其中对50%个体有效的剂量，称为半数有效量，用 $ED_{50}$ 表示。出现最大效应的剂量，称为极量。此时若再增加剂量，效应不再加强，反而出现毒性反应，药物的效应产生了质变。出现中毒的最小剂量，称为最小中毒量。引起死亡的量，称为致死量。引起半数实验动物死亡的药物剂量，称为半数致死量，用 $LD_{50}$ 来表示。药物在临床上的常用量或治疗量，应比最小有效量大，比极量小。常把最小有效量与最小中毒量或极量之间的范围，称为安全范围（图1-1）。这个范围越大，用药越安全。《兽药典》对治疗量、剧毒药的极量都有所规定。

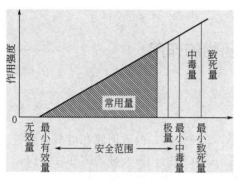

图 1-1　药物作用与剂量的关系示意图

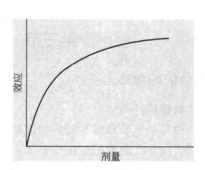

图 1-2　量效曲线图

**2. 量效曲线**

在药理学研究中，需要分析药物的剂量同它产生的某种效应之间的关系，这种关系可以用曲线表示，称为量效曲线（图1-2）；若以对数标尺作横坐标，横坐标表示剂量，效应强度作纵坐标，则可得到一条S形曲线，这就是典型的量效关系曲线图（图1-3）。图1-3所示S形量效曲线的近似直线部分的坡度常用斜率表示，其中段斜率最大，并近似线性关系，显示剂量稍有增减，效应便会明显加强或减弱。多数剧毒药量效曲线的斜率比较陡。

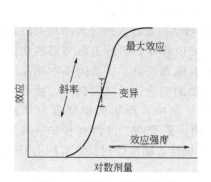

图 1-3　量效半对数曲线图

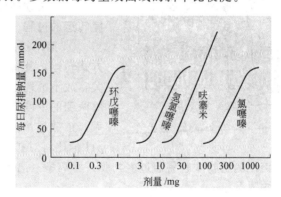

图 1-4　利尿药的效能与强度
（引自：江明性. 药理学. 第4版. 北京：
人民卫生出版社，2000）

根据量效曲线，说明量效关系存在下述规律：
① 药物必须达到一定的剂量才能产生效应；
② 在一定范围内，剂量增加，效应也增强；
③ 效应的增加并不是无止境的，而有一定的极限，这个极限称为最大效应或效能，达到最大效应后，剂量再增大，效应也不再增强；
④ 量效曲线的对称点在50%处，此处曲线斜率最大，即剂量稍有变化，效应就产生明

显差别。

因此，在药理上常用半数有效量（$ED_{50}$）和半数致死量（$LD_{50}$）来衡量药物的效价和毒性。药物的 $LD_{50}$ 与 $ED_{50}$ 的比值，称为治疗指数。此数值越大越安全。

**3. 药物的效价和效能**

效价也称强度，是指产生一定效应所需的药物剂量大小，剂量愈小，表示效价愈高。药物的最大效应（或效能）与强度是两个不同的概念，不能混淆，在临床用药时，由于药物具有不良反应，其剂量是有限度的，可能达不到真正的最大效能，所以在临床上药物的效能比强度重要得多。如噻嗪类利尿药比呋噻类的强度大，但后者有较高的效能，是高效利尿药（图 1-4）。

## 第三节　机体对药物的作用

### 一、药物的跨膜转运

**1. 生物膜的结构**

生物膜是细胞膜和细胞器膜的统称，包括核膜、线粒体膜、内质网膜和溶酶体膜等。膜成分中的蛋白质有重要的生物学意义，有的具吞噬、胞饮作用；另一种为内在性蛋白，贯穿整个脂膜，组成生物膜的受体、酶、载体和离子通道等。生物膜能迅速地做局部移动，是一种可塑性的液态结构（图 1-5），它可以改变相邻蛋白质的相对几何形状，并形成通道内转运的屏障。不同组织的生物膜具有不同的特征，其特征也决定了药物的转运方式。

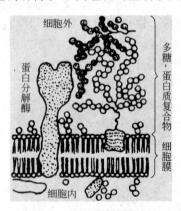

图 1-5　生物膜结构模式图

**2. 药物的转运方式**

药物从给药部位进入全身血液循环，分布到各种器官、组织，经过生物转化，最后由体内排出要经过一系列的细胞膜或生物膜，这一过程称为跨膜转运。

（1）**被动转运**　是指药物通过生物膜由高浓度向低浓度转运的过程。一般包括简单扩散和滤过。

① 简单扩散　又称被动扩散，大部分药物均通过这种方式转运，其特点是顺浓度梯度，扩散过程与细胞代谢无关，故不消耗能量，没有饱和现象。扩散速率主要决定于膜两侧的浓度梯度和药物的脂溶性，浓度越高，脂溶性越大，扩散越快。在简单扩散中，药物的解离度与体液的 pH 值比将对扩散产生明显的影响。因为只有非解离型并具脂溶性的药物才容易通过生物膜，解离型（离子化）具极性，脂溶性很低，实际上不能通过生物膜。

② 滤过　通过水通道滤过是许多小分子（分子质量 150~200Da）、水溶性、极性和非极性物质转运的常见方式。各种生物膜水通道的直径有所不同，毛细血管内皮细胞的膜孔比较大，约 4~8nm（由所在部位决定），而肠道上皮和大多数细胞膜仅为 0.4nm。药物通过水通道转运，对肾脏排泄（肾小球滤过）、从脑脊髓液排除药物和穿过肝窦膜转运都是很重要的方式。

③ 易化扩散　又称促进扩散，也是载体介导的转运，故也具有饱和性和竞争性的特征。但是易化扩散是顺浓度梯度转运，不需要消耗能量，这是它和主动转运的区别。氨基酸（如 L-多巴）、葡萄糖进入红细胞、维生素 $B_{12}$ 从肠道吸收等是易化扩散转运的例子。

**（2）主动转运** 这是一种载体介导的逆浓度或逆电化学梯度的转运过程。载体与被转运物质发生迅速、可逆的相互作用，所以对转运物质的化学性质有相当强的选择性。由于载体的参与，转运过程有饱和性、竞争性的特点。

主动转运是直接耗能的转运过程，由于它能逆浓度梯度转运，故对药物的不均匀分布和肾脏的排泄具有重要意义。强酸、强碱或大多数药物的代谢产物迅速转运到尿液和胆汁都是主动转运机制。从中枢神经系统脉络丛排除某些药物（如青霉素）也是采用这种方式，大多数无机离子（如 $Na^+$、$K^+$、$Cl^-$）的转运和青霉素、头孢菌素、丙磺舒等从肾脏的排泄均是主动转运过程。

**（3）胞饮/吞噬作用** 由于生物膜具有一定的流动性和可塑性，因此细胞膜可以主动变形而将某些物质摄入细胞内或从细胞内释放到细胞外，这种过程称胞饮或胞吐作用，摄取固体颗粒时称为吞噬作用。大分子质量的药物（分子质量超过900Da）进入细胞或通过组织屏障，一般是通过胞饮或吞噬的方式。用这一方式转运的物质包括蛋白质、破伤风毒素、肉毒梭菌毒素、抗原、脂溶性维生素等。

**（4）离子对转运** 有些高度解离的化合物，如磺胺类和某些季铵盐化合物，能从胃肠道吸收，很难用上述机制解释。现认为这些在胃肠道内可与某些内源性化合物（如与有机阴离子黏蛋白）结合，形成中性离子对复合物，既有亲脂性，又具水溶性，可通过被动扩散穿过脂质膜。这种方式称为离子对转运。

## 二、药物的吸收

吸收是指药物从用药部位进入血液循环的过程。除静脉注射药物直接进入血液循环外，其它给药方法均有吸收过程。给药途径、剂型、药物的理化性质对药物吸收过程有明显的影响，在内服给药时，由于不同种属动物消化系统的结构和功能有较大差别，故吸收也存在较大差异。这里重点讨论常用的不同给药途径的吸收过程。

**1. 内服给药**

多数药物可经内服给药吸收，主要吸收部位是小肠，因为小肠绒毛有非常大的表面积和丰富的血液供应，不管是弱酸、弱碱还是中性化合物均可在小肠吸收。酸性药物在犬、猫胃中呈非解离状态，也能通过胃黏膜吸收。

许多内服的药物是固体剂型（如片剂、丸剂等），吸收前药物首先要从剂型中释放出来，这是一个限速步骤，常常控制着吸收速率，一般溶解的药物或液体剂型较易吸收。内服药物的吸收还受其它因素的影响，主要有以下几个方面。

**（1）排空率** 排空率影响药物进入小肠的速度。不同动物有不同的排空率。排空率还受生理因素（如胃内容物的容积和组成等）影响。

**（2）pH值** 胃肠液的pH值能明显影响药物的解离度，不同动物胃液的pH值有较大差别，是影响吸收的重要因素。一般酸性药物在胃液中多不解离，容易吸收；碱性药物在胃液中解离，不易吸收，要在进入小肠后才能吸收。

**（3）胃肠内容物的充盈** 大量食物可稀释药物，使浓度变得很低，影响吸收。

**（4）药物的相互作用** 有些金属或矿物质元素（如钙、镁、铁、锌等离子）可与四环素类等药物在胃肠道发生螯合作用，从而阻碍药物吸收或使药物失活。

**（5）首过效应** 内服药物从胃肠道吸收经门静脉系统进入肝脏，在肝酶和胃肠道上皮酶的联合作用下进行首次代谢，使进入全身循环的药量减少的现象，称首过效应，又称首过消除。不同药物的首过效应强度不同，首过效应强的药物可使生物利用度明显降低，若治疗全身性疾病，则不宜内服给药。

### 2. 注射给药

常用的注射给药主要有静脉、肌内和皮下注射。其它还包括腹腔注射、关节内、结膜下腔和硬膜外注射等。快速静脉注射可立即产生药效,并且可以控制用药剂量;静脉注射是达到和维持稳态浓度完全满意的技术,达到稳态浓度的时间取决于药物的消除速率。

药物从肌内、皮下注射部位吸收,一般 30min 内达峰值,吸收速率取决于注射部位的血管分布状态。其它影响因素包括给药浓度、药物解离度、非解离型分子的脂溶性和吸收表面积。机体不同部位的吸收也有差异,同时使用能影响局部血管通透性的药物也可影响吸收(如肾上腺素)。缓释剂型能减缓吸收速率,延长药效。

### 3. 呼吸道给药

气体或挥发性液体麻醉药和其它气雾剂型药物可通过呼吸道吸收。肺有很大的比表面积,血流量大,经肺的血流量约为全身 10%~12%,肺泡细胞结构较薄,故药物极易吸收。

### 4. 皮肤给药

浇淋剂是经皮肤吸收的一种剂型,它必须具备两个条件:一是药物必须从制剂基质中溶解出来,然后穿过角质层和上皮细胞;二是由于通过被动扩散吸收,故药物必须是脂溶性的。在此基础上,药物浓度是影响吸收的主要因素;其次是基质,如二甲基亚砜、氮酮等可促进药物吸收。但由于角质层是穿透皮肤的屏障,一般药物在完整皮肤表面均很难吸收。

目前的浇淋剂,其最好的生物利用度约为 10%~20%。所以,若用抗菌药或抗真菌药治疗皮肤较深层的感染,全身治疗比局部用药效果更好。

## 三、药物的分布

分布是指药物从全身循环转运到各器官、组织的过程。药物在动物体内的分布多呈不均匀性,而且经常处于动态平衡,各器官、组织的浓度与血浆浓度,一般均呈平行关系。药物分布到外周组织部位主要取决于四个因素:①药物的理化性质,如脂溶性、pH 值和分子量;②血液和组织间的浓度梯度,因为药物分布主要以被动扩散方式为主;③组织的血流量,单位时间内单位体积组织器官的血液流量越大,一般药物在该器官的浓度也越大,如肝、肾、肺等;④药物对组织的选择性。药物对某些细胞成分具有特殊亲和力,例如:碘在甲状腺的浓度比在血浆和其它组织约高 1 万倍,硫喷妥钠在给药 3h 后约有 70% 分布于脂肪组织,四环素可与 $Ca^{2+}$ 络合贮存于骨组织中。

### 1. 与血浆蛋白结合

药物在血浆中能与血浆清蛋白结合,常以游离型和结合型两种形式存在,游离型与结合型药物达到动态平衡。仅游离型药物才能转运到作用部位产生药理效应。结合型药物由于与血浆蛋白结合,分子量增大,不能跨膜转运,无法发挥药理作用。与血浆蛋白结合率高的药物,在体内消除较慢,作用维持时间较长,药物也不易穿透血管壁,因此限制了它的分布。药物与血浆蛋白结合是可逆性的,也是一种非特异性结合,但有一定的限量,药物剂量过大、过饱和时,会使游离型药物大量增加,有时可引起中毒。此外,若同时使用两种都对血浆蛋白有较高亲和力的药物,则将发生竞争性抑制现象,一种药物可把另一种药物从结合部位置换出来。例如,动物使用抗凝血药双香豆素后,几乎全部与血浆蛋白结合(结合率99%),如同时合用保泰松,则可竞争与血浆蛋白结合,把双香豆素置换出来,使游离药物浓度急剧增加,以致可能出血不止。

由于分布或消除使血浆中游离的药物浓度下降时,与血浆蛋白结合的药物便可从结合状态下分离出来,从而延缓了药物从血浆中消失的速度,使半衰期延长。因此,与血浆蛋白结合实际上是一种贮存功能。药物与血浆蛋白结合率的高低主要决定于化学结构,但同类药物中也有很大的差别，如磺胺类的磺胺邻二甲氧嘧啶（SDM）在犬的血浆蛋白结合率为81%，而磺胺嘧啶（SD）只有17%。另外，动物的种属、生理、病理状态也可影响血浆蛋白结合率。

**2. 组织屏障**

组织屏障又称细胞膜屏障，是体内器官的一种选择性转运功能。

血脑屏障是指由毛细血管壁与神经胶质细胞形成的血浆与脑细胞之间的屏障，以及由脉络丛形成的血浆与脑脊液之间的屏障。这些膜的细胞间连接比较紧密，并比一般的毛细血管壁多一层神经胶质细胞，因此通透性较差。许多分子较大、极性较高的药物不能穿过此障碍进入脑内，而与血浆蛋白结合的药物也不能进入。血脑屏障发育不全的初生幼宠或脑膜炎动物，血脑屏障的通透性增加，药物进入脑脊液增多，例如头孢西汀在实验性脑膜炎犬的脑内药物浓度可达到5～10μmol/L，比健康犬高出5倍。

胎盘屏障是指胎盘绒毛血流与子宫血窦间的屏障，其通透性与一般毛细血管没有明显差别。大多数母体所用药物均可进入胎儿，故胎盘屏障的提法对药物来说是不准确的。但因胎盘和母体交换的血液量少，故进入胎儿的药物需要较长时间才能和母体达到平衡，即使脂溶性很大的硫喷妥钠也需要15min，这样便限制了进入胎儿的药物浓度。

## 四、生物转化

药物在机体内吸收、分布的同时，伴随着药物分子化学变化的过程，称为药物的生物转化，又称药物的代谢。药物在体内的代谢方式主要有氧化、还原、水解、结合等。药物的生物转化只有在体内酶的作用下才能发生。绝大多数药物主要在肝脏，经药物代谢酶发生化学结构的改变。

药物在体内的代谢一般分为两个阶段。

**1. 第一阶段**

第一阶段包括氧化、还原、水解等方式。多数药物经此阶段转化后失去药理活性，如巴比妥类药物在体内被氧化，氯霉素被还原，普鲁卡因被水解等；也有的药物经此阶段转化后的产物仍具有活性或活性更强，如非那西汀的代谢产物对乙酰氨基酚（扑热息痛）的解热作用比非那西汀的作用更强；也有部分药物经过此阶段转化后，才具有药理活性，如乌洛托品分解为甲醛后才具有抗菌活性。这类药物必须经过第二步转化，故不能把药物的转化绝对地理解为解毒。

**2. 第二阶段**

第二阶段包括结合方式。未经代谢的原形药物或经第一阶段转化后的代谢产物，进一步与体内的某些物质（如葡萄糖醛酸、乙酸、硫酸、氨基酸等）结合，通过结合反应生成极性更强、水溶性更高、更利于从尿液或胆汁排出的代谢产物，药理活性完全消失，称为解毒作用。

总之，不同的药物转化过程也不同。有的不转化，以原形排出，如液体石蜡、药用炭；有的只经过第一阶段或第二阶段；有的先经第一阶段，再经第二阶段，如乌洛托品。

药物的转化主要在肝脏进行，也可在血浆、肾脏、肺、脑、肠上皮及神经组织中进行。肝细胞内存在着参与生物转化的微粒体药物代谢酶系，是催化药物等外来物质的酶系统，简称药酶。当肝功能不良时，药酶的活性降低，可能使某些药物的转化减慢而发生毒性反应。药酶的活性还可受药物的影响，有些药物能提高药酶的活性或加速其合成，这些药物称为药酶诱导剂，如氨基比林、水合氯醛、保泰松、苯巴比妥等。药酶诱导剂可使药物本身或其它一些药物的代谢速率提高，药理效应减弱，这就是某些药物产生耐受性的重要原因。相反，有的药物能降低药酶的活性或减少其合成，称为药酶抑制剂，而使其它一些药物的转化减慢，如有机磷杀虫剂、乙酰苯胺、氯霉素、对氨基水杨酸等。在临床上同时使用两种以上的药物时应特别注意。

## 五、药物的排泄

药物的排泄是指原形药物或其代谢产物被排出体外的过程。除内服不易吸收的药物多经肠道排泄外，其它被吸收的药物主要经肾脏通过尿液排泄，其次是胆汁。少数药物经呼吸道、胆汁、乳腺、汗腺等排出体外。

**1. 肾脏排泄**

肾脏排泄是极性高（离子化）的代谢产物或原形药物的主要排泄途径，如图1-6所示。肾小球毛细血管的通透性较大，除了和血浆蛋白结合的药物以外，在血浆中的游离药物及其代谢产物均能通过肾小球滤过进入肾小管。肾小球滤过药物的数量，决定于药物在血浆中的浓度和肾小球滤过率。

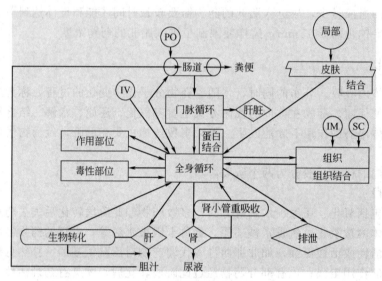

图1-6 药物的体内过程

从肾小球血管排泄进入小管液的药物，若为脂溶性或非解离的弱有机电解质，可在远曲小管发生重吸收，因为重吸收主要是被动扩散，故重吸收的程度取决于药物的浓度和在小管液中的解离程度。这与小管液的pH值和药物的$pK_a$有关，如弱有机酸在碱性溶液中高度解离，重吸收少，排泄快；在酸性溶液中则解离少，重吸收多，排泄慢。对有机碱则相反。一般肉食动物的尿液呈酸性，犬、猫尿液pH值为5.5～7.0；草食动物呈碱性，如马、牛、绵羊尿液pH值为7.2～8.0。因此，同一药物在不同种属动物体内的排泄速率往往有很大差别。临床上可通过调节尿液的pH值来加速或延缓药物的排泄。

从肾排泄的原形药物或代谢产物由于小管液水分的重吸收，生成尿液时可以达到很高的浓度，有的可以产生治疗作用，如青霉素、链霉素大部分以原形从尿液中排出，可用于治疗泌尿道感染；但有的可能产生毒副作用，如磺胺类药物代谢产生的乙酰磺胺由于浓度高可析出结晶，引起结晶尿或血尿，尤其犬、猫尿液呈酸性，更容易出现此反应，故应同服碳酸氢钠，提高尿液pH值，增加溶解度。

**2. 胆汁排泄**

虽然肾是原形药物和大多数代谢产物最重要的排泄器官，但也有些药物主要从肝进入胆汁排泄，这主要是分子质量300Da以上并有极性基团的药物，在肝与葡萄糖醛酸结合可能是药物、第二步代谢物和某些内源性物质从胆汁排泄的决定因素。对于因为极性太强而不能在肠内重吸收的有机阴离子和阳离子，胆汁排泄是重要的消除机制。不同种属动物从胆汁排泄药物的能力存在差异，鸡较强，猫、绵羊中等，兔和恒河猴较差。

从胆汁排泄进入小肠的药物中，某些具有脂溶性的药物（如四环素）可被重吸收，葡萄糖苷酸结合物则可被肠道微生物的β-葡萄糖苷酸酶水解并释放出原形药物，然后被重吸收。这就是众所周知的肝肠循环（图1-7）。当药物剂量的大部分可进入肝肠循环时，便会延缓药物的消除，延长半衰期。已知己烯雌酚、氯霉素、红霉素、吗啡等均能形成肝肠循环。

**3. 乳腺排泄**

大部分药物均可从乳汁排泄，一般为被动扩散机制。由于乳汁的pH值（6.5~6.8）较血浆低，故碱性药物在乳中的浓度高于血浆，酸性药物

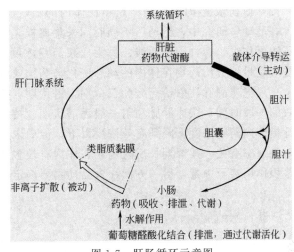

图1-7 肝肠循环示意图
（引自：Adams. J. Vet. Pharm. Therap.）

则相反。药物的$pK_a$越小，乳汁中浓度越低。研究发现，犬静脉注射碱性药物易从乳汁排泄，如红霉素、甲氧苄啶（TMP）的乳汁中浓度高于血浆浓度；酸性药物如青霉素、磺胺脒（SM）等则较难从乳汁排泄，乳汁中浓度均低于血浆。

## 六、药物代谢动力学的概念

药物代谢动力学简称药动学，是研究药物在体内的浓度随时间发生变化规律的一门学科，是药理学与数学相结合的交叉学科，用数学模型描述或预测药物在体内的数量（浓度）、部位和时间三者之间的关系。阐明这些变化规律的目的是为临床合理用药提供定量的依据，为研究和寻找新药，评价临床已经使用的药物提供客观的标准。此外，本学科也是研究临床药理学、药剂学和毒理学等的重要工具。

**1. 血药浓度与药时曲线**

（1）**血药浓度的概念** 血药浓度一般指血浆中的药物浓度，是体内药物浓度的重要指标，虽然它不等于作用部位（靶组织或靶受体）的浓度，但作用部位的浓度与血药浓度以及药理效应一般呈正相关。血药浓度随时间发生的变化，不仅能反映作用部位的浓度变化，而且也能反映药物在体内吸收、分布、生物转化和排泄过程中总的变化规律。另外，由于血液的采集比较容易，对机体损伤小，故常用血药浓度来研究药物在体内的变化规律。当然，在某些情况下也利用尿液、乳汁、唾液或某种组织作为样本，研究体内的药物浓度变化。

（2）**血药浓度与药物效应** 一种药物要产生特征性的效应，必须在它的作用部位达到有效的浓度。由于不同种属动物对药物在体内的处置过程存在差异，对执业兽医来说，要达到这个要求操作是比较复杂的。当一种药物以相同的剂量给予不同的动物时，常可观察到药效的强度和维持时间有很大的差别，药物效应的差异可以归结为药物的生物利用度或组织受体部位的内在敏感性不同而造成的种属差异。

生物利用度指药物的吸收程度，用其来描述在作用部位达到的药物浓度是很恰当的。临

床药理学研究也支持这种观点,对大多数治疗药物来说,药物效应的种属差异是由药物处置动力学的不同引起的。因此,血药浓度与药物效应的关系比剂量与效应的关系更为密切。有的药物不同种属间的剂量差异很大,但出现药效的血浆浓度的差异很小,如一种促性腺激素制剂(ICI-83828),其有效剂量种属间差异达250倍,但有效血药浓度均相似。

(3) **血药浓度-时间曲线** 药物在体内的吸收、分布、生物转化和排泄是一个连续的过程。在药动学研究中,给药后不同时间采集血样,测定其药物浓度,常以时间作横坐标、以血药浓度作纵坐标,绘出曲线。称为血浆药物浓度-时间曲线,简称药时曲线(图1-8)。从曲线可定量地分析药物在体内的动态变化与药物效应的关系。

一般把非静脉注射给药分为三个期:潜伏期、持续期和残留期。潜伏期指给药后到产生药效的一段时间,快速静脉注射一般无潜伏期。持续期是指药物维持有效浓度的时间。残留期是指体内药物浓度下降到有效浓度以下,但尚未完全从体内消除。持续期和残留期长短均与消除速率有关。残留期长反映药物在体内有较多的贮存。一方面要注意多次反复用药可引起蓄积作用甚至中毒,另一方面在食品动物要确定较长的休药期。

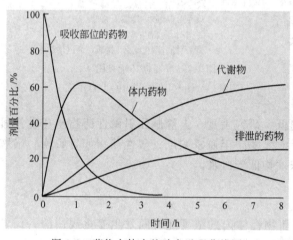

图1-8 药物在体内的动态过程曲线图　　　图1-9 药时曲线意义

(4) **峰浓度与峰时** 曲线的最高点叫做峰浓度,达到峰浓度的时间叫峰时。曲线升段反映药物吸收和分布过程,曲线的峰值反映给药后达到的最高血药浓度;曲线的降段反映药物的消除。当然,药物吸收时消除过程已经开始,达峰时吸收也未完全停止,只是升段时吸收大于消除,降段时消除大于吸收,达峰浓度时吸收等于消除(图1-9)。

**2. 生物利用度**

生物利用度是指药物以一定的剂型从用药部位吸收进入全身血液循环的数量和速率。主要是指药物的吸收程度,一般用吸收百分率(%)表示,即:

$$F = \frac{实际吸收量}{给药量} \times 100\%$$

这个参数是决定药物量效关系的首要因素。药物的生物利用度小于100%时,可能和药物的理化性质或生理因素有关,包括:药物产品在胃肠液中解离不好(固体剂型),在胃肠内容物中不稳定或有效成分被灭活,在穿过肠黏膜上皮屏障时转运不良,在进入全身循环前在肠壁或肝发生首过效应等。如果由于首过效应使药物的生物利用度降低,则可能误认为吸收不良。内服剂型的生物利用度存在相当大的种属差异。另外,同一药物,因剂型的不同、原料的不同、赋形剂的不同,甚至生产批号的不同等,其生物利用度可能有很大差别。因此，为了保证药剂的有效性，必须加强生物利用度的测定工作。

**3. 体清除率**

体清除率是指单位时间内，机体通过各种消除过程（包括生物转化和排泄）消除药物的数量。它是体内各种清除率的总和，包括肾清除率、肝清除率和其它（如肺、乳汁、皮肤）清除率等。药物的消除是有规律性的。按其性质可分两种类型：

**(1) 恒比清除**　是指血浆中药物清除的速率与血浆中药物浓度成正比，即每一定时间内药物浓度降低呈恒定比值，也称一级清除或一级动力学。例如氯霉素每小时血药浓度降低29%，假定原来的血药浓度为100mg/L，1h后血药浓度降至71mg/L，再过1h降至50.41mg/L，其下降的数量随原来的血药浓度而变化。

**(2) 恒量清除**　血浆中药物的清除速率与原来的药物浓度无关，而是在一定时间内药物浓度降低恒定的数量，称为恒量消除或零级清除（零级动力学）。例如乙醇每小时药物浓度下降0.17 mg/L。

有些药物在浓度较低时呈现恒比清除（一级清除），但在浓度较高时则转成恒量清除（零级清除）。这一现象意味着机体对该药的代谢速率存在着极限现象。例如乙醇在体内主要是由肝脏的乙醇脱氢酶降解的，此酶的活力和含量有限，一个人饮少量酒时有足够的酶降解，呈现一级清除，清除速率快。当乙醇浓度超过酶限而饱和时，清除速率减慢，呈现零级清除过程，到达脑脊液中的浓度升高，就会发生醉酒现象。

**4. 其它概念**

**(1) 残效期**（残留期）　有的药物半衰期较长，药物的大部分经过转化并排出体外，但仍有少量在体内转化不完全或排泄不充分，而在体内潴留较长时间，称为残效期。重金属及类金属药物（如铅、汞、磷、砷等）可储于骨骼、肌肉、肝、肾等组织达数月或数年之久，而临床上并不表现症状，测定血浆浓度也不高，甚至降到最小浓度以下，但体内的储存量却不少。了解药物的残效期，在食品卫生检疫方面具有重要的实践意义。例如在合格检验中，牛乳中六六六的残留量，每千克应不超0.1mg。

**(2) 生物半衰期**　是指血浆中药物的浓度从最高值下降到一半时所需的时间，又称为血浆半衰期或消除半衰期等，一般称为半衰期。它反映了药物在体内的消除速率。同一药物对于不同动物种类、不同品种、不同个体，半衰期都有差异。

**(3) 蓄积作用**　药物不能及时消除，并在继续给药的情况下，在体内累积而产生蓄积作用。常见于反复使用消除缓慢的药物。但临床上往往有计划地利用这种作用，使药物在体内达到有效水平，并维持其有效剂量，达到治疗目的。若机体解毒机能减弱或药物的转化、排泄发生障碍，则易引起药物在体内累积太多，产生蓄积中毒。因此，对肝、肾功能不全的动物，要注意剂量、给药间隔时间以及疗程，在用药过程中还要注意观察动物的反应，以免发生意外。

**(4) 表观分布容积**　表观分布容积是药物在体内分布达到平衡时，体内药量（$D$）和血药浓度（$c$）之间的比例常数。常用$V_d$来表示，即$V_d=D/c$。表观分布容积是反映药物在体内分布的范围大小和特性的一个药物动力学参数。一般条件下，分布容积大，说明药物在体内分布广泛，大部分可达到全身组织细胞外液和细胞内液；分布容积小，说明大部分药物分布到血液和细胞外液中。

## 第四节　犬、猫常用给药方法

### 一、内服给药

**1. 片剂、丸剂和膏剂的投药**

此法适用于少量的药物或成形的片剂、丸剂和膏剂等，无论犬、猫有无食欲均可采用。

操作方法是：让犬、猫取坐姿并适当保定，投药者左手掌心横越鼻梁，以拇指和食指（或加中指）分别从两口角打开口腔或将上腭两侧的皮肤包住上齿列，打开口腔，随之将药片、药丸放置于舌根或将膏药涂在舌根上，放开左手，用右手托住下颌，令犬、猫自行咽下。如果犬、猫拒绝吞咽，可在迅速合拢口腔的同时轻轻叩打下颌，促使药物咽下。应该注意的是，喂药动作要缓慢，要有耐心，切忌粗暴，头部也不宜太高，以免将药物灌入气管或肺内，引起异物性肺炎，甚至导致动物窒息死亡。

### 2. 水剂投药

此法适用于灌服少量水剂药物、混悬液、中药煎剂等。操作方法是：犬、猫取立姿或坐姿，适当保定。投药者用左手自口角打开口腔，右手持塑料药瓶或灌药匙随之插入口腔，倒入药液，待其咽下，接着再灌，直至灌完。或者用注射器从口角注入药液（针头取下）。投药时应注意犬、猫的头不宜仰得过高，以防误咽。

## 二、注射给药

### 1. 皮下注射

皮下注射是将药液注射到皮肤与肌肉之间的疏松结缔组织中的方法，适用于注射刺激性小或无刺激的药液、疫苗和血清等。注射应选择皮肤较薄而皮下组织丰富的部位，如前肢肩胛后部、颈侧部、胸侧的皮下等。操作方法是：先进行局部消毒，然后术者左手拇指、食指和中指提起皮肤，使呈一尖形三角形皱褶，右手在皱褶中央插入针头，刺入1~2cm，针头在皮下可自由活动，放开左手，注入药液。注射完后拔出针头，用碘酊或酒精棉消毒并轻压注射部位，以防出血或药液随针孔外渗。

### 2. 肌内注射

肌内注射是用注射器将药物注入肌肉的方法，适用于药量小、无刺激性或刺激性较小和吸收困难的药物，有些疫苗也可作肌内注射。肌内注射应选择肌肉丰富，神经、血管较少的部位，如耳根、颈部、臀部、股部和腰部等，其方法是：将犬、猫适当保定，局部剪毛消毒，左手食指和拇指将注射部皮肤绷紧，右手持注射器，将针头垂直刺入注射部位肌肉1~2cm，然后回抽活塞检查有无回血，确认无回血时方可注射药液；若发现回血，则变换刺入位置，以免药液注入血管内。注射完毕拔出针头后，应用碘酊或酒精棉消毒并轻压针孔。肌肉血管丰富，注射药液后吸收很快，仅次于静脉注射；又因肌肉感觉神经较皮下少，故注射疼痛较轻，临床应用较多。

### 3. 静脉注射

静脉注射即把药物直接注入静脉血管内，主要用于大量输血、输液和注入急需奏效的药物（如急救强心等），也用于注入刺激性较强的药物（如氯化钙等），静脉注射应选择血管较浅的部位，犬一般在前肢腕关节下方背侧（或后肢跗关节上方外侧）的静脉。方法是：先将犬保定，局部剪毛消毒，左手拇指将注射部上方静脉压紧，使静脉怒张，右手持针头（或注射器），沿静脉使针头与皮肤成30°~45°刺入注射部位皮肤直至静脉管内，有血液从针头流出（或回抽注射器活塞有回血时）视为刺入静脉管内，然后将针头稍靠近皮肤，沿血管向前稍推进，松开拇指并迅速连接输液瓶即可注射。注射完毕拔出针头后，应用碘酊或酒精棉消毒并轻压针孔。

### 4. 腹腔注射

腹腔注射是将药物注入胃肠道浆膜以外的腹膜腔内，其吸收速度快，且可大剂量注射。

适用于静脉注射困难的危重宠物。注射部位常选择脐孔和骨盆前缘连线的中点，腹白线外侧。操作方法是：注射前先将药液加温至37～38℃，然后将犬、猫前躯侧卧，后躯仰卧，两后肢分别向后外方转位，充分暴露注射部位；注射时，局部消毒，将针头垂直刺入皮肤，依次穿透腹肌及腹膜，回抽针管，无血液和气体抽出，注射生理盐水无阻力，说明刺入正确，可连接输液管进行注射。

### 三、直肠、子宫给药

**1. 浅部灌肠**

浅部灌肠即将药物灌入直肠内。主要在犬、猫采食或咽下困难时进行。操作方法是，先将犬、猫保定好，把尾拉向一侧，术者一手提装有药液的灌肠吊筒，另一手将导管缓缓插入肛门，然后高举吊筒，使药流入直肠。也可用输液管自制灌肠器，将输液管接针前头处剪掉，用火烧成钝头，以防划伤肠黏膜。灌药后让宠物安静，不要走动，以免引起排粪反射而将药液排出。如果看见患犬或患猫有排粪姿势时，应立即用拳或手掌在其尾根上连续拍打几下，借以促进肛门括约肌收缩，防止药液排出。

**2. 子宫栓塞法**

子宫栓塞法即药物以栓剂的形式进行子宫内给药。栓剂是药物与赋形剂混合后制成的专供纳入体内不同腔道的一种固体制剂，主要用于治疗宠物子宫内膜炎等疾病。方法是：在发情期（子宫颈口开张时）直接将栓剂送至子宫内。子宫颈口开张困难时，取栓剂置于适量温热灭菌水中溶解，放置2h备用，然后用注射器吸入，通过输精枪注入子宫体内即可。适当选用具有高效抗菌消炎、兴奋子宫体、促进炎性产物排出、调节子宫内膜生理及免疫机能、促进子宫复原等作用的中草药，对进行子宫内给药治疗动物子宫内膜炎是具有指导意义的。同时，子宫内给药还应结合局部使用抗生素、全身使用抗生素、干燥剂疗法、生物疗法、激素疗法等治疗方法进行。

### 四、气雾或雾化给药

气雾或雾化吸入治疗是将药物或水经吸入装置分散成悬浮于气体中的雾粒或微粒，通过吸入的方式沉积于呼吸道和肺部，从而达到呼吸道局部治疗的作用。

通过雾化吸入给药，可以达到缓解支气管痉挛、稀化痰液、防治呼吸道感染的作用。在许多呼吸系统疾病（如支气管哮喘等）中，均可以使用雾化吸入治疗。由于雾化吸入具有药物起效快、用药量少、局部药物浓度高而全身不良反应少等优点，在呼吸系统疾病治疗中，雾化吸入已成为重要的辅助治疗措施。

## 第五节 影响药物作用的因素

药物作用是药物与机体相互作用过程的综合表现，许多因素都可能干扰或影响这个过程，使药物的效应发生变化。这些因素包括药物方面、动物方面和环境生态方面。

### 一、药物方面的因素

**1. 剂量**

药物的作用或效应在一定剂量范围内随着剂量的增加而增强，例如巴比妥类药物小剂量催眠，随着剂量增加可表现出镇静、抗惊厥和麻醉作用，这些都是对中枢的抑制作用，只是用量有差异。但是也有少数药物，随着剂量或浓度的不同，作用的性质会发生变化，如人工盐小剂量是健胃作用，大剂量则表现为下泻作用；碘酊在低浓度时表现杀菌作用（作消毒药），但在高浓度时（10%）则表现为刺激作用（作刺激药）。所以，药物的剂量是决定药效的重要因素。临床用药时，除根据兽药典、兽药规范等决定用药剂量外，还要根据药物的理化性质、毒副作用和病情发展的需要适当调整剂量，才能更好地发挥药物的治疗作用。

**2. 剂型**

剂型对药物作用的影响，对于传统的剂型，如水溶液、散剂、片剂、注射剂等，主要表现为吸收快慢、多少的不同，影响药物的生物利用度。例如内服溶液剂比片剂吸收的速率要快得多，因为片剂在胃肠液中有一个崩解过程，药物的有效成分要从赋形剂中溶解释放出来，这就受许多因素的影响。

随着新剂型研究不断取得进展，剂型对药物作用的影响越来越明显和具有重要意义，通过新剂型改进或提高药物的疗效、减少毒副作用和方便缓释、控释和靶向制剂先后逐步用于临床，临床给药将会很快成为现实，这也是兽医药理工作者的努力方向。

**3. 给药方案**

给药方案包括给药剂量、途径、时间间隔和疗程。不同给药途径，主要影响生物利用度和药效出现的快慢，静脉注射几乎可立即出现药物作用，依次为肌内注射、皮下注射和内服。除根据疾病治疗需要选择给药途径外，还应根据药物的性质进行选择。如肾上腺素内服无效，必须注射给药。氨基糖苷类抗生素内服很难吸收，作全身治疗时也必须注射给药。有的药物内服时有很强的首过效应，生物利用度很低，全身用药时也应选择肠外给药途径。

大多数药物治疗疾病时必须重复给药，主要根据药物的半衰期和最低有效浓度确定给药的时间间隔。一般情况下，在下次给药前要维持血中的最低有效浓度，尤其抗菌药物要求血中浓度高于最小抑菌浓度（MIC）。但近年来对抗菌药后效应的研究结果，认为不一定要维持 MIC 以上的浓度，当使用大剂量时，峰浓度比 MIC 高得多，可产生较长时间的抗菌后效应，给药间隔可大大延长。

有些药物给药一次即可奏效，如解热镇痛药、抗寄生虫药等，但大多数药物必须按一定的剂量和时间间隔多次给药，才能达到治疗效果，称为疗程。抗菌药物更要求有充足的疗程才能保证稳定的疗效，避免产生耐药性，不能给药 1~2 次出现药效就立即停药。例如，使用抗生素要求 2~3d 为一个疗程。

**4. 联合用药及药物相互作用**（图 1-10）

临床上同时使用两种以上的药物治疗疾病，称为联合用药。其目的是提高疗效，消除或减轻某些毒副作用，适当联合应用抗菌药也可减少耐药性的产生。体内的器官、组织中（如

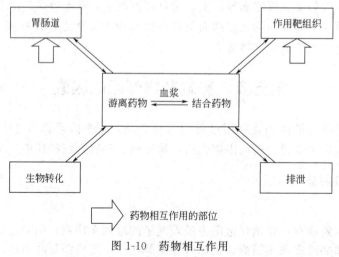

图 1-10　药物相互作用

胃肠道、肝）或作用部位（如细胞膜、受体部位）药物均可发生相互作用，使药效或不良反应增强或减弱。按其作用机制可分为药动学和药效学的相互作用。

**（1）药动学的相互作用**　在体内的吸收、分布、生物转化和排泄过程中，均可能发生药动学的相互作用。

① 吸收　主要发生在内服药物时在胃肠道的相互作用，具体表现为：

a. 物理、化学的相互作用　如 pH 值改变，影响药物的解离和吸收；发生螯合作用，如四环素、恩诺沙星等可与钙、铁、镁等金属离子发生螯合，影响吸收或使药物失活。

b. 胃肠道运动功能的改变　如拟胆碱药可加快排空和肠蠕动，使药物迅速排出，吸收不完全；抗胆碱药（如阿托品等）则减少排空率和肠蠕动减慢，可使吸收速率减慢，峰浓度较低，但药物在胃肠道停留时间延长，使吸收量增加。

c. 菌群改变　胃肠道菌群参与药物的代谢，广谱抗菌药能改变或杀灭胃肠内菌群，影响代谢和吸收，如抗生素治疗可使洋地黄在胃肠道的生物转化减少，吸收增加。

d. 药物诱导改变黏膜功能　有些药物可能损害胃肠道黏膜，影响吸收或阻断主动转运过程。

② 分布　药物的器官摄取率与清除率最终取决于血流量，所以，影响血流量的药物便可影响药物分布。如心得安（普萘洛尔）可使心输出量明显减少，从而减少肝的血流量，使首过效应药物（如利多卡因）的肝清除率减少。其次，许多药有很高的血浆蛋白结合率，由于亲和力不同，可以相互取代，如抗凝血药华法林可被三氯醛酸（水合氯醛代谢物）取代，游离华法林浓度大大增加，抗凝血作用增强，甚至引起出血。

③ 生物转化　药物在生物转化过程中的相互作用主要表现为酶的诱导和抑制。中枢抑制药包括镇静药、安定药、抗惊厥药等，如苯巴比妥能通过诱导肝微粒体酶的合成，提高其活性，从而加速药物本身或其它药物的生物转化，降低药效。另外一些药物如氯霉素、糖皮质激素等则能使药酶抑制，使药物的代谢减慢，提高血液中药物浓度，药效增强。

④ 排泄　任何排泄途径均可发生药物的相互作用，但目前对肾排泄研究较多。如血浆蛋白结合的药物被置换成为游离药物可增加肾小球的滤过率；影响尿液 pH 值的药物使药物的解离度发生改变，从而影响药物的重吸收，如碱化尿液可加速水杨酸盐的排泄；近曲小管的主动排泄可因相互作用而出现竞争性抑制。

**（2）药效学的相互作用**　同时使用两种以上药物，由于药物效应或作用机制的不同，可使总效应发生改变。可能出现下面几种情况：两药合用的效应大于单药效应的代数和，称为协同作用；两药合用的效应等于它们分别作用的代数和，称为相加作用；两药合用的效应小于它们分别作用的总和，称为拮抗作用。在同时使用多种药物时，治疗作用可出现上述三种情况，不良反应也可能出现这些情况，例如头孢菌素的肾毒性可由于合用庆大霉素而增强。一般来说，用药种类越多，不良反应发生率也越高。

药效学相互作用发生的机制是多种多样的，主要机制有如下几种：

① 通过受体作用　如阿托品能与 M 受体结合而拮抗毛果芸香碱的作用；而阿托品与肾上腺素在扩瞳作用上表现协同作用则是作用于不同受体，前者与 M 受体结合使瞳孔括约肌松弛而扩瞳，后者则是兴奋 α 受体收缩辐射肌而扩瞳。

② 作用相同的组织细胞　如镇痛药、抗组胺药能加强催眠药的作用，是因为对中枢神经系统都表现抑制作用。

③ 干扰不同的代谢环节　如磺胺类药抑制二氢叶酸合成酶而抑制细菌生长繁殖。TMP 与磺胺表现协同作用是由于抑制二氢叶酸还原酶对叶酸代谢起"双重阻断"作用。青霉素与链霉素合用有很好的协同作用是由于青霉素阻断细菌细胞壁的合成，使链霉素更容易进入细

胞抑制细菌蛋白质的合成。

④ 影响体液或电解质平衡　如排钾利尿药可增强强心苷的作用，糖皮质激素的水钠潴留作用可减弱利尿药的作用。

**(3) 体外的相互作用**　两种以上药物混合使用或药物制成制剂时，可能发生体外的相互作用，出现使药物水解、中和、破坏失效等理化反应，这时可能发生混浊、沉淀、产生气体、变色等外观异常的现象，称为配伍禁忌。例如，在静脉注射的葡萄糖注射液中加入磺胺嘧啶（SD）注射液，最初并没有肉眼可见的变化，但过几分钟即可见液体中有微细的 SD 结晶析出，这是 SD 注射液在 pH 值降低时必然出现的结果；又如外科手术时，将肌松药琥珀胆碱与麻醉药硫喷妥钠混合，虽然看不到外观变化，但琥珀胆碱在碱性溶液中可水解失效。所以临床在混合使用两种以上药物时必须十分慎重，避免配伍禁忌。

## 二、动物方面的因素

### 1. 种属差异

动物品种繁多，解剖、生理特点各异，不同种属动物对同一药物的药动学和药效学往往有很大的差异。在大多数情况下表现为量的差异，即作用的强弱和维持时间的长短不同。例如对赛拉嗪，牛最敏感，其达到化学保定作用的剂量仅为马、犬、猫的 1/10，而猪最不敏感，临床化学保定使用剂量是牛的 20~30 倍。有少数动物因缺乏某种药物代谢酶，因而对某些药物特别敏感，如猫缺乏葡萄糖醛酸酶，故对水杨酸盐特别敏感，作用时间很长。内服阿司匹林（10mg/kg）时应间隔 38h 再进行第二次给药。

药物在不同种属动物的作用除表现量的差异外，少数药物还可表现质的差异，如吗啡对人、犬、大鼠、小鼠表现为抑制，但对猫、马和虎则表现兴奋。

### 2. 生理因素

不同年龄、性别、怀孕或哺乳期动物对同一药物的反应往往有一定差异。这与机体器官组织的功能状态，尤其与肝药代谢酶系统有密切的关系，如在初生动物，生物转化途径和有关的微粒体酶系统功能不足，它们的发育似乎有二相过程，在前 3~4 周酶活性几乎成线性迅速增加，然后转为较慢的发育，直至第 10 周。在大多数动物的幼年阶段肾功能也较弱（牛例外）。因此，对幼龄犬、猫，由微粒体酶代谢和由肾排泄消除的药物的半衰期延长。老龄动物亦有上述现象，一般对药物的反应较成年动物敏感，所以临床用药剂量应适当减少。

除了作用于生殖系统的某些药物外，一般药物对不同性别动物的作用并无差异，只不过怀孕动物对拟胆碱药、泻药或能引起子宫收缩加强的药比较敏感，可能引起流产，临床用药必须慎重。

### 3. 病理状态

药物的药理效应一般都是在健康情况下测定的，动物在病理状态下对药物的反应性存在一定程度的差异。不少药物在疾病动物的作用较显著，甚至要在病理状态下才呈现药物作用。例如解热镇痛药，对正常体温没有影响；洋地黄对慢性充血性心力衰竭有很好的强心作用，对正常功能心脏则无明显作用。严重的肝、肾功能障碍，可影响药物的生物转化作用和排泄，对药物的动力学产生显著影响，引起药物蓄积，延长半衰期，从而增强药物的作用，严重者可能引发毒性反应。但也有少数药物在肝生物转化后才有作用，如氢化可的松、泼尼松，对肝功能不全的疾病动物作用减弱。

炎症过程使动物的生物膜通透性增加，影响药物的转运。据报道，头孢西丁在实验性脑膜炎犬脑内药物浓度比健康犬增加 5 倍。严重的寄生虫病、失血性疾病或营养不良患畜，由于血浆蛋白大大减少，可使高血浆蛋白结合率药物的血中游离药物浓度增加，一方面可使药物作用增强，同时也使药物的生物转化和排泄增加，半衰期缩短。

**4. 个体差异**

同种动物在基本条件相同的情况下，有少数动物对药物特别敏感，称为高敏性；有少数个体对药物则特别不敏感，称为耐受性。这种个体之间的差异在最敏感到最不敏感之间约差10倍。

动物对药物作用的个体差异中还表现为生物转化过程的差异，已发现某些药物如磺胺、异烟肼等的乙酰化存在多态性，分为快乙酰化型和慢乙酰化型，不同型个体之间存在非常显著的差异。例如对磺胺类的乙酰化，人、猴和兔均存在多态性的特征。研究表明，药物代谢酶类（尤其细胞色素P450）的多态性是影响药物作用个体差异的最重要的因素之一，不同个体之间的酶活性可能存在很大差异。

个体差异除表现在药物量的差异上外，有的还出现质的差异。个别动物应用某些药物后出现变态反应（过敏反应）。

## 三、饲养管理和环境因素

药物的作用是通过动物机体表现出来的，因此动物机体的功能状态与药物的作用有密切的关系。例如化疗药物的作用与机体的免疫力、网状内皮系统的吞噬能力有密切关系，有些病原体的最后消除还要依靠机体的防御机制。所以，机体的健康状态对药物的效应可以产生直接或间接的影响。

动物的健康主要取决于饲养和管理水平。饲养方面要注意饲料营养全面，根据动物不同生长时期的需要合理调配日粮的成分，以免出现营养不良或营养过剩。管理方面应该考虑动物群体的大小，防止密度过大，房舍的建设要注意通风、采光和动物活动的空间，要为动物的健康生长创造较好的条件。

环境生态的条件对药物的作用也能产生直接或间接的影响，例如不同季节、温度和湿度均可影响消毒药、抗寄生虫药的疗效。环境中若存在大量的有机物可大大减弱消毒药的作用；通风不良、空气污染可增加动物的应激反应，加重疾病过程，影响药效。

## 第六节 处　方

处方是宠物医生为防治宠物疾病开出的药单。处方上应写明如何按方配药，并注明给药方法及注意事项。处方是宠物医生工作的重要文件，对宠物疫病防治效果起着重要作用，还具有法定文件的意义。因此，正确开写处方，必须具备一定的兽医学知识，掌握药物的药理作用、体内过程、毒性、应用范围、剂量、用法、用药注意事项以及药物重要的理化性质。开写处方时要慎重，书写要规范，字迹要清晰，以免发生意外。

## 一、处方的格式

（1）**登记部分**　要按处方笺上的列项填写编号，年、月、日，患病宠物所属单位，住址，门诊号，住院号，种类，特征，主人姓名等。

（2）**处方部分**　在空白的处方部分，常以"Rp"开头，它是拉丁文Recipe的缩写，意为"请取"。亦可用中文"处方"作为开头。在"Rp"或"处方"下面，应按药物的名称、规格和数量，每药占一行，逐行书写。药名应按《兽药典》的规定书写。剂量应采用法定计量单位，一律用阿拉伯数字。数字的小数点应对齐，以避免错误。固体药物以克（g）为单位，液体药物以毫升（mL）为单位，但一般不必书写，只在以毫克（mg）或国际单位

（IU）等表示时才写出。处方中的药物根据其在配伍中作用的不同，可分为主药、佐药、矫正药和赋形药。主药是发挥主要作用的药物；佐药是辅助或加强主药作用的药物；矫正药是矫正主药的副作用、毒性作用或异味的药物；赋形药是能使以上药物制成适当剂型的药物。处方内药物书写完毕，还要对调剂师指明药物的配制方法及要求的剂型。最后，还要指出给药方法、次数及各次剂量。如一张处方笺中要开写多个处方时，每一处方前用"（1）"、"（2）"、"（3）"标出序号。

**（3）签名部分** 兽医师在处方开写完毕及调剂师配制完毕，应仔细检查核对，分别在处方笺的最后部分签名。

## 二、处方的类型

**（1）法定处方** 药物制剂的成分、浓度及调配法，在《兽药典》上均有明文规定，开处方时只写出药名、剂量和用法即可。

**（2）非法定处方** 包括医疗处方、标准处方和协定处方。医疗处方是宠物医生根据患病宠物具体情况的需要所开写的处方，这种处方中需将各药名称、剂量和调配方法等一一写出，调剂师根据要求临时配制。有些制剂在临床上沿用已久，或载于有关制剂书籍中，只写药名便可购到成药，称标准制剂，其处方开写和法定处方相同。协定处方是药房根据本医院用药的具体情况，预先与各兽医师商定常用药品的统一规格和剂量，其处方开写和法定处方相同。

## 三、处方笺内容

兽医师（佐）处方笺内容应记载下列事项：
1. 宠物主人姓名。
2. 宠物种类、名称、年龄、体重及数量。
3. 诊断结果、药物名称、用法、用量及停药期等注意事项。
4. 开具处方日期及开具处方执业兽医师（佐）的签章。

同时，还要特别注意药物的配伍禁忌问题。

**处方举例**

×××宠物医院处方笺　　　　　年　月　日

| 处方编号 | | 住 院 号 | | 门诊号 | |
|---|---|---|---|---|---|
| 宠物种类 | | | 宠物性别 | | |
| 宠物年龄 | | | 宠物体重 | | |
| 主人地址 | | | 主人姓名 | | |

Rp
磺胺嘧啶　　　　4.0g
甲氧苄啶　　　　0.8g
对乙酰氨基酚　　1.0g
甘草粉　　　　　8.0g
碳酸氢钠　　　　4.0g
常　水　　　　　适量
配制:混合调成糊状
用法:（犬）一次灌服

| 宠物医师 | ××× | 调剂师 | ××× |
|---|---|---|---|

### 案例分析

**【基本情况】** 某宠物兔场的1~2月龄幼兔发生一种以剧烈腹泻为主要症状的疾病。该病发生急，死亡率高，发病率约15%，死亡率在20%左右。宠物兔精神沉郁，被毛粗乱，食欲减退，并出现腹泻。病初排黄色成形的稀软粪便，后期腹泻呈水样或粥样，灰褐色或黑色，有的粪中带血或混有黏膜，味腥臭。大部分下痢兔的后肢、肛门和尾部被毛被污染，严重的肛门堵塞。病兔站立不稳，体虚，体温升高，但四肢发凉，眼眶下陷，迅速消瘦。

**【临床检查】** 剖检病死兔，病变情况基本一致。尸体消瘦，胃内有较多的气体和腐败液体，胃底部黏膜充血，有的黏膜脱落，在周围区域有陈旧性出血或大小不等的溃疡。十二指肠、空肠、结肠和盲肠黏膜均有不同程度的充血、出血、水肿，肠道臌气，内容物呈红褐色或灰褐色的黏液状。肾脏肿胀，有少量针尖大小的出血点。肝脾肿大。有的有心包炎。膀胱积尿，呈黄色混浊样。其它内脏器官未见异常。根据流行病学、临床症状、病理剖检、实验室诊断及药敏实验等，确诊该兔场发生的疾病为大肠杆菌性腹泻。

**【治疗方案】** 立即对兔群肌内注射庆大霉素，一次量，每1千克体重2万国际单位，一日3次，连用3d，第4d即见好转。后又改用诺氟沙星（氟哌酸）内服，每1千克体重100mg，连服3d。应用抗生素后，病情得到了有效控制，没有复发。

**【疗效评价】** 大肠杆菌由于有多个血清型，不同的菌株对抗菌药物的敏感性多不相同，并且同一菌株的敏感性也常有变异。为了治疗效果的确实，在给药前有必要进行药敏实验，根据药敏实验的结果，选取敏感药物进行治疗，并且治疗时要多种药物配合使用，防止大肠杆菌产生对某一药物的耐药性。本案例中采用了庆大霉素与氟哌酸配合使用的方法，投喂后，及时控制了病情，防止了疫情扩大。

诺氟沙星（氟哌酸）剂量相同，但肌内注射与口服治疗效果差别很大。肌内注射，药物吸收后虽然可以控制败血症的发生，但不能及时补充幼兔在腹泻过程中失去的水分和电解质，极易导致幼兔脱水死亡，治疗效果较差。内服治疗，药物直接进入肠道，杀灭肠道大肠杆菌，很好地控制了败血症的发生，而且内服时也适当补充了水分和电解质，因此也取得了较满意的效果。

### 【复习思考题】

1. 名词解释：剂量、药物的效价、血药浓度、体清除率、残效期。
2. 犬、猫常用的给药方法及适用条件是什么？
3. 开写处方时需要注意什么？
4. 影响药物作用的因素有哪些？

# 第二章 抗微生物药物

在宠物疾病中，有相当一部分是由病原微生物如细菌、真菌、病毒等所致的感染性疾病，它们给宠物的健康带来很大伤害，而且许多人畜共患病直接或间接地危害人们的健康和影响公共卫生。因此，在和这些感染性疾病的斗争中，抗微生物药物发挥了巨大的作用。

## 第一节 概 述

### 一、概念

抗生素是某些微生物在其代谢过程中所产生的，能抑制或杀灭病原微生物的化学物质。抗生素主要从微生物的培养液中提取，目前已有不少品种能人工合成或半合成。

抗菌谱是指药物抑制或杀灭病原微生物的范围。凡仅作用于单一菌种或某属细菌的药物，称窄谱抗菌药，例如青霉素主要对革兰阳性细菌有作用；链霉素主要作用于革兰阴性细菌。凡能杀灭或抑制多种不同种类的细菌，抗菌谱的范围广泛，称广谱抗菌药，如四环素类、氯霉素类、庆大霉素、广谱青霉素类、第三代头孢菌素、氟喹诺酮类等。

抗菌活性是指抗菌药抑制或杀灭病原微生物的能力。可用体外抑菌试验和体内试验治疗方法测定。体外抑菌试验对临床用药具有重要参考价值。能够抑制培养基内细菌生长的最低浓度称为最小抑菌浓度（MIC）。能够杀灭培养基内细菌生长的最低浓度称为最小杀菌浓度（MBC）。抗菌药的抑菌作用和杀菌作用是相对的，有些抗菌药在低浓度时呈抑菌作用，而高浓度时呈杀菌作用。临床上所指的抑菌药是指仅能抑制病原菌的生长繁殖，而无杀灭作用的药物，如磺胺类、四环素类等。杀菌药是指具有杀灭病原菌作用的药物，如青霉素类、氨基糖苷类、氟喹诺酮类等。

耐药性又称抗药性，分为天然耐药性和获得耐药性两种。前者属细菌的遗传特征，不可改变，如铜绿假单胞菌对大多数抗生素不敏感，极少数金黄色葡萄球菌亦具有天然耐药性特征；后者即一般所指的耐药性，是指病原菌与抗菌药多次接触后对药物的敏感性逐渐降低甚至消失，致使抗菌药对耐药病原菌的作用降低或无效。某种病原菌对一种药物产生耐药性后，往往对同一类的其它药物也具有耐药性，这种现象称为交叉耐药性。交叉耐药性包括完全交叉耐药性及部分交叉耐药性。完全交叉耐药性是双向的，如多杀性巴氏杆菌对磺胺嘧啶产生耐药后，对其它磺胺类药均产生耐药；部分交叉耐药性是单向的，如针对氨基糖苷类，对链霉素耐药的细菌，对庆大霉素、卡那霉素、新霉素仍然敏感，而对庆大霉素、卡那霉素、新霉素耐药的细菌，对链霉素也耐药。耐药性的产生是抗菌药物在兽医临床应用中的一个严重问题。

抗生素的效价通常以质量或国际单位（IU）来表示。效价是评价抗生素效能的标准，也是衡量抗生素活性成分含量的尺度。每种抗生素的效价与质量之间有特定转换关系。如青霉素钠，1mg 等于 1667IU 或 1IU 等于 0.6μg。青霉素钾，1mg 等于 1559IU 或 1IU 等于

0.625μg。多黏菌素 B 游离碱，1mg 为 10000IU，制霉菌素 1mg 为 3700IU。其它抗生素多是 1mg 为 1000IU，如 100 万国际单位的链霉素粉针，相当于 1g 的纯链霉素碱，25 万国际单位的土霉素片，相当于 250mg 的纯土霉素碱。

## 二、作用机理

### 1. 抑制细菌细胞壁的合成

大多数细菌细胞（如革兰阳性菌）的胞浆膜外有一坚韧的细胞壁，主要由黏肽组成，具有维持细胞形状及保持菌体内渗透压的作用。青霉素类、头孢菌素类及杆菌肽等能分别抑制黏肽合成过程中的不同环节。这些抗生素的作用均可使细菌细胞壁缺损，菌体内的高渗透压使胞外的水分不断渗入菌体内，引起菌体膨胀变形，加上激活自溶酶，使细菌裂解而死亡。抑制细菌细胞壁合成的抗生素对革兰阳性菌的作用强，而对革兰阴性菌的作用弱。因为革兰阳性菌的细胞壁主要成分为黏肽，占胞壁重量的 65%～95%，且菌体胞浆内的渗透压高，为 20～30atm；而革兰阴性菌细胞壁的主要成分为磷脂，黏肽仅占 1%～10%，且菌体胞浆内的渗透压低，为 5～10atm（1atm＝101325Pa）。它们主要影响正在繁殖的细菌细胞，故这类抗生素称为繁殖期杀菌剂。

### 2. 增加细菌胞浆膜的通透性

位于细胞壁内侧的胞浆膜主要是由类脂质与蛋白质分子构成的半透膜，它的功能在于维持渗透屏障、运输营养物质和排泄菌体内的废物，并参与细胞壁的合成等。当胞浆膜损伤时，通透性将增加，导致菌体内胞浆中的重要营养物质（如核酸、氨基酸、酶、磷酸、电解质等）外漏而死亡，产生杀菌作用。如多黏菌素类的化学结构中含有带正电的游离氨基，与革兰阴性菌胞浆膜中磷脂带负电的磷酸根结合，使胞浆膜受损。两性霉素 B 及制霉菌素等可与真菌细胞膜上的类固醇结合，使细胞膜受损；而细菌细胞膜不含类固醇，故对细菌无效。动物细胞的胞浆膜上含有少量类固醇，故长期或大剂量使用两性霉素 B 可出现溶血性贫血。

### 3. 抑制菌体蛋白质的合成

细菌蛋白质合成场所在胞浆的核糖体上，蛋白质的合成过程分三个阶段，即起始阶段、延长阶段和终止阶段。不同抗生素对三个阶段的作用不完全相同，有的可作用于三个阶段，如氨基糖苷类；有的仅作用于延长阶段，如林可胺类。

细菌细胞与哺乳动物细胞合成蛋白质的过程基本相同，两者最大的区别在于核糖体的结构及蛋白质、RNA 的组成不同。因为细菌核糖体的沉降系数为 70S，并可解离为 50S 及 30S 亚基；而哺乳动物细胞核糖体的沉降系数为 80S，并可解离为 60S 及 40S 亚基，这就是抗生素对动物机体毒性小的主要原因。许多抗生素均可影响细菌蛋白质的合成，但作用部位及作用阶段不完全相同。氨基糖苷类及四环素类主要作用于 30S 亚基，氯霉素类、大环内酯类、林可胺类则主要作用于 50S 亚基。

### 4. 抑制细菌核酸的合成

新生霉素、灰黄霉素、利福平和抗肿瘤的抗生素等可抑制或阻碍细菌细胞 DNA 或 RNA 的合成。如新生霉素主要影响 DNA 聚合酶的作用，从而影响 DNA 合成；灰黄霉素可阻止鸟嘌呤进入 DNA 分子中而阻碍 DNA 的合成；利福平可与 DNA 依赖的 RNA 聚合酶（转录酶）的 β 亚单位结合，从而抑制 mRNA 的转录。由于抑制了细菌细胞的核酸合成，从而引起细菌死亡。

### 三、动物机体、抗菌药物与病原微生物的关系

见图 2-1。

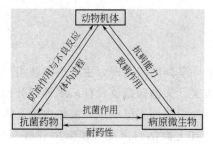

图 2-1 动物机体、抗菌药物及病原微生物的相互作用关系

感染性疾病的发生、发展与康复是微生物与机体相互斗争的过程。病原微生物在疾病的发生上无疑起着重要作用。但病原体不能决定疾病的全过程,动物机体的反应性、免疫状态和防御功能对疾病的发生、发展与转归也有重要作用。当机体防御功能占主导地位时,就能战胜致病微生物,使它不能致病,或发病后迅速康复。抗菌药物的抑菌或杀菌作用是抑制疾病发展与促进康复的外来因素,为机体彻底消灭病原体和使疾病痊愈创造有利条件。

## 第二节 抗 生 素

### 一、β-内酰胺类

**1. 青霉素类**

青霉素类抗生素分为天然青霉素类和半合成青霉素类。天然青霉素类抗菌效果好,毒性低,但容易被胃酸和 β-内酰胺酶水解破坏,其抗菌谱较窄;而半合成青霉素类药相对耐酸、耐碱,其抗菌谱较宽。

**(1) 天然青霉素** 系从青霉菌的培养液中提取获得,有青霉素 F、G、X、K 和双氢 F 五种,它们的基本化学结构由母核 6-氨基青霉烷酸(6-APA)和侧链组成。其中青霉素 G 作用最强,性质较稳定,产量最高。

### 青 霉 素

【理化性质】 本品是从青霉菌培养液中提取的一种有机酸,难溶于水。其钾盐或钠盐为白色结晶性粉末,无臭或微有特异性臭,有吸湿性。遇酸、碱或氧化剂等迅速失效,水溶液在室温放置易失效。20万国际单位/mL 青霉素溶液于 30℃放置 24h,效价下降 56%,青霉烯酸含量增加 200 倍,故临床应用时要现配现用。

【药理作用】 属窄谱杀菌性抗生素。对大多数革兰阳性菌、革兰阴性球菌、放线菌和螺旋体等高度敏感,常作为首选药。对青霉素敏感的病原菌主要有链球菌、葡萄球菌、肺炎球菌、脑膜炎球菌、丹毒杆菌、化脓棒状杆菌、炭疽杆菌、破伤风梭菌、李氏杆菌、产气荚膜杆菌和钩端螺旋体等。大多数革兰阴性杆菌对青霉素不敏感,对结核杆菌、病毒、立克次体及真菌则无效。

【临床应用】 主要用于对青霉素敏感的病原菌所引起的各种感染,如坏死杆菌病、破伤风、葡萄球菌病、炭疽、恶性水肿、放线菌病、钩端螺旋体病、呼吸道感染、乳腺炎、子宫炎、化脓性腹膜炎,以及关节腔内注入治疗关节炎和创伤感染,肾盂肾炎、膀胱炎等尿路感染。

【注意事项】 青霉素的毒性很小,其不良反应除局部刺激外,主要是过敏反应。犬、猫的主要临床表现为流涎、兴奋不安、肌肉震颤、呼吸困难、心率加快、站立不稳,有时见荨

麻疹，表现眼睑、头面部水肿，阴门、直肠肿胀和无菌性蜂窝织炎等，严重时休克，抢救不及时，可导致迅速死亡。因此，在用药后应注意观察，若出现过敏反应，要立即进行对症治疗，严重者可静脉注射肾上腺素，必要时可加用糖皮质激素等，增强或稳定疗效。

【制剂、用法与用量】

① 注射用苄青霉素钾（或钠） 0.25g（40万国际单位），0.5g（80万国际单位）或 0.625g（100万国际单位）。皮下或肌内注射：一次量，每1kg体重，犬2万～4万国际单位，猫0.5万～1万国际单位，一日1次，连用3～5d。

② 注射用普鲁卡因苄青霉素 含普鲁卡因苄青霉素30万国际单位、苄青霉素钾10万国际单位，或普鲁卡因苄青霉素60万国际单位、苄青霉素钾20万国际单位。肌内注射：一次量，每1kg体重，犬2万国际单位，猫0.5万～1万国际单位，一日1次，连用3～5d。

③ 注射用苄星青霉素 60万国际单位，120万国际单位。肌内注射：一次量，每1kg体重，犬、猫4万～5万国际单位，隔3～5日1次。

④ 注射用复方苄星青霉素 120万国际单位，其中苄星青霉素60万国际单位、普鲁卡因青霉素30万国际单位、苄青霉素钾盐30万国际单位。肌内注射：一次量，每1kg体重，犬2万～3万国际单位，猫1万～2万国际单位，一日1次，连用3～5d。

(2) 半合成青霉素 半合成青霉素是以青霉素的母核6-APA为基本结构，经过化学修饰合成的一系列具有耐酸、耐酶、广谱特点的青霉素。如：青霉素V（苯氧甲青霉素）和苯氧乙青霉素等，不易被胃酸破坏，可内服；苯唑西林、氯唑西林及双氯西林等，不易被β-内酰胺酶水解，对耐青霉素的金黄色葡萄球菌有效；氨苄西林、卡巴西林、阿莫西林，不仅对革兰阳性菌有效，而且对革兰阴性菌也有杀灭作用。

### 苯唑西林（苯唑青霉素，新青霉素Ⅱ）

【理化性质】 为白色粉末或结晶性粉末。无臭或微臭。在水中易溶，在丙酮或丁醇中极微溶解，在乙酸乙酯和石油醚中几乎不溶。水溶液极不稳定。

【药理作用】 本品为半合成的耐酸、耐酶青霉素。对青霉素耐药的金黄色葡萄球菌有效，但对青霉素敏感菌株的杀菌作用不如青霉素。

【临床应用】 主要用于对青霉素耐药的金黄色葡萄球菌感染，如败血症、肺炎、乳腺炎、烧伤创面感染等。

【制剂、用法与用量】

注射用苯唑西林钠 0.5g，1g。肌内注射：一次量，每1kg体重，犬、猫15～20mg，一日2～3次，连用3～5d。

### 氯唑西林钠（邻氯苯甲异噁唑青霉素钠，邻氯苯唑青霉素钠）

【理化性质】 白色粉末或结晶性粉末。有吸湿性，溶于水及乙醇。应密封保存。

【药理作用】 本品与苯唑西林抗菌谱相似，但抗菌活性有所增强。对大多数革兰阳性菌特别是耐青霉素金黄色葡萄球菌有效，对金黄色葡萄球菌、链球菌、肺炎球菌（特别是耐药菌株）等具有杀菌作用。属于半合成耐酸耐酶青霉素。其优点是不论内服或肌内注射，均比苯唑青霉素吸收好，因而血中浓度较高，但食物也可影响其吸收。

【临床应用】 主要用于对青霉素耐药的金黄色葡萄球菌感染，如败血症、肺炎、乳腺炎、烧伤创面感染等。

【制剂、用法与用量】

① 氯唑西林钠胶囊 0.125g，0.25g，0.5g。内服：一次量，每1kg体重，犬、猫

10~20mg，一日2~3次。

② 注射用氯唑西林　0.5g。肌内注射：一次量，每1kg体重，犬、猫10~20mg，一日2~3次。

### 氨苄西林（氨苄青霉素，氨比西林）

【理化性质】　白色结晶性粉末。味苦。在水中易溶，乙醇中微溶，在稀酸、稀碱溶液中溶解。其钠盐为白色或类白色粉末或结晶。无臭或微臭，味微苦。有吸湿性。

【药理作用】　对大多数革兰阳性菌的效力不及青霉素或相近。对革兰阴性菌如大肠杆菌、变形杆菌、沙门杆菌、嗜血杆菌和巴氏杆菌等均有较强的作用，与氯霉素、四环素相似或略强，但不如卡那霉素、庆大霉素和多黏菌素。本品对耐药金黄色葡萄球菌、铜绿假单胞菌无效。

【临床应用】　本品除用于青霉素的适应证外，还用于敏感菌所致的呼吸道、消化道、胆道、泌尿道的感染。严重感染时，可与氨基糖苷类抗生素合用以增强疗效。

【制剂、用法与用量】

① 注射用氨苄西林钠　0.5g，1.0g，2g。肌内或静脉注射：一次量，每1kg体重，犬、猫10~40mg，一日2~3次，连用2~3d。

② 氨苄西林胶囊　0.25g。内服：一次量，每1kg体重，犬、猫10~40mg，一日2~3次，连用2~3d。

### 阿莫西林（羟氨苄青霉素）

【理化性质】　白色或类白色结晶性粉末。味微苦。在水中微溶，乙醇中几乎不溶。耐酸性较氨苄西林强。

【药理作用】　作用、应用与氨苄西林基本相似，对肠球菌属和沙门杆菌的作用较氨苄西林强2倍。

【临床应用】　临床上多用于犬、猫呼吸道、泌尿道、皮肤、软组织及肝胆系统等感染。

【制剂、用法与用量】

① 阿莫西林片　0.05g，0.1g，0.125g，0.25g，0.4g。内服：一次量，每1kg体重，犬、猫10~20mg，一日2~3次，连用2~3d。

② 阿莫西林胶囊　0.125g，0.25g。内服：一次量，每1kg体重，犬、猫10~20mg，一日2~3次，连用2~3d。

③ 注射用阿莫西林钠　0.5g。皮下、肌肉或静脉注射：一次量，每1kg体重，犬、猫10~20mg，一日2~3次，连用2~3d。

### 羧苄西林钠（卡比西林钠，羧苄青霉素钠）

【理化性质】　白色结晶性粉末。有吸湿性，溶于水及乙醇。对热、酸不稳定。应密封避光保存于冷暗处。

【药理作用】　本品的抗菌谱与氨苄青霉素相似，但抗菌效力较弱，其特点是对铜绿假单胞菌和耐药性金葡球菌有效。内服不吸收，必须肌内注射或静脉注射给药。用于铜绿假单胞菌感染，因毒性小，不损害肾脏，故比庆大霉素和多黏菌素优越；与庆大霉素和多黏菌素合用，有协同作用。

【临床应用】　主要用于骨髓炎、腹膜炎、呼吸道与泌尿道感染。因用量大，价格较贵，一般只作抢救铜绿假单胞菌严重感染的备用药。本品一般注射给药，可用于犬、猫铜绿假单胞菌引起的全身感染，以及变形杆菌、大肠杆菌感染等。

【制剂、用法与用量】

羧苄西林钠粉针　1.0g。肌内或静脉注射：一次量，每1kg体重，犬、猫50～200mg，一日2～3次，连用2～3d。

**2. 头孢菌素类**

头孢菌素类又名先锋霉素类，是以冠头孢菌的培养液中提取获得的头孢菌素C为原料，在其母核7-氨基头孢烷酸（7-ACA）上引入不同的基团，形成一系列的广谱半合成抗生素。根据发现时间的先后，可分为一、二、三、四代头孢菌素。头孢菌素类具有杀菌力强、抗菌谱广、毒性小、过敏反应少，对酸和$\beta$-内酰胺酶比青霉素类稳定等优点。

头孢菌素的抗菌谱与氨苄西林、阿莫西林等广谱青霉素相似，对革兰阳性菌、阴性菌及螺旋体有效。第一代头孢菌素对革兰阳性菌（包括耐药金葡菌）的作用强于第二、三、四代，对革兰阴性菌的作用则较差，对铜绿假单胞菌无效。第二代头孢菌素对革兰阳性菌的作用与第一代相似或有所减弱，但对革兰阴性菌的作用则比第一代增强；部分药物对厌氧菌有效，但对铜绿假单胞菌无效。第三代头孢菌素对革兰阴性菌的作用比第二代更强，尤其对铜绿假单胞菌、肠杆菌属有较强的杀菌作用，但对革兰阳性菌的作用比第一、二代弱。第四代头孢菌素除具有第三代对革兰阴性菌有较强抗菌谱的特点外，对$\beta$-内酰胺酶高度稳定，血浆消除半衰期较长，无肾毒性。

头孢菌素主要用于耐青霉素G金葡菌和一些革兰阴性杆菌引起的严重感染，如肺部感染、尿路感染、败血症、皮肤、软组织感染及骨、关节疾病等。第二代与半合成青霉素、红霉素、庆大霉素等合用，可能有协同作用。在国外兽医临床上曾用于防治呼吸道感染、尿路感染、乳腺炎、预防术后败血症和巴贝斯焦虫病等。

### 头孢噻吩钠（噻孢霉素钠，头孢菌素Ⅰ，先锋霉素Ⅰ）

【理化性质】　白色结晶性粉末，有吸湿性，易溶于水。粉末久置后颜色变黄，但不影响效力，也不增加毒性，然而溶液变黄色后即不可使用。应遮光、密封，放置于阴凉干燥处。

【药理作用】　本品对细菌的作用机制和青霉素类似，干扰细菌细胞壁的合成，为繁殖期杀菌剂。其主要抗革兰阳性菌，对革兰阴性菌也有较好疗效，钩端螺旋体对此药也较敏感，但对铜绿假单胞菌、产气杆菌、结核杆菌、真菌、霉形体、病毒及原虫无效。内服不被吸收，肌内注射后吸收良好。此药有局部刺激性，肌内注射后疼痛显著，毒性小。但是近年来，医学上报道最多的是对肾脏的毒性，可引起急性肾衰竭。

【临床应用】　临床上主要用于耐药性金黄色葡萄球菌和一些革兰阴性菌引起的严重感染，如肺部感染、呼吸道、泌尿道感染，预防术后败血症等。也可用于治疗犬、猫的钩端螺旋体病。

【注意事项】　本品可引起变态反应，如皮疹；肌内注射部位疼痛，偶有胃肠道反应。

【制剂、用法与用量】

注射用头孢噻吩钠　0.5g，1g。肌内注射：一次量，每1kg体重，犬、猫10～30mg，一日3次。

### 头孢氨苄（苯甘孢霉素，头孢菌素Ⅳ，先锋霉素Ⅳ）

【理化性质】　白色或乳黄色结晶性粉末，微臭，味苦，能溶于水。

【药理作用】　本品对革兰阳性菌活性较强，对革兰阴性菌作用相对较弱。对青霉素酶稳定。对金黄色葡萄球菌、溶血性链球菌、大肠杆菌、奇异变形杆菌等有抗菌作用，对铜绿假单胞菌无效。

【临床应用】 主要用于敏感菌所致的泌尿道、皮肤及软组织等部位的感染。

【注意事项】

① 应用本品期间虽罕见肾毒性，但患病宠物肾功能严重损害或合用其它对肾有害的药物时，则易发生。

② 本品可引起犬流涎、呼吸急促和兴奋不安症状，偶见猫有呕吐、体温升高等不良反应。

③ 对头孢菌素过敏动物禁用，对青霉素过敏动物慎用。

【制剂、用法与用量】

① 头孢氨苄胶囊　0.125g，0.25g。内服：一次量，每1kg体重，犬11～33mg，猫15～20mg，一日3次，同时内服丙磺舒（一次量，每1kg体重，犬10mg，一日3次），可提高疗效。

② 头孢氨苄片　0.125g，0.25g。内服：一次量，每1kg体重，犬11～33mg，猫15～20mg，一日3次，同时内服丙磺舒（一次量，每1kg体重，犬10mg，一日3次），可提高疗效。

## 头孢羟氨苄

【理化性质】 本品为白色或金黄色结晶性粉末，有特异性臭味，微溶于水。在弱酸性条件下稳定，5%水溶液的pH值为4～6。

【药理作用】 本品为第一代内服头孢菌素，其抗菌谱以及抗菌活性类似头孢氨苄，对链球菌的抗菌作用较头孢氨苄强3～4倍，对奇异变形杆菌、金黄色葡萄球菌、肺炎球菌的杀菌作用均较头孢氨苄强。但对沙门菌属、志贺菌属的抗菌作用较头孢氨苄弱。而对铜绿假单胞菌以及伤寒杆菌无效。可用于由敏感菌引起的伴侣动物呼吸道、泌尿道、皮肤和软组织等部位感染。

【临床应用】 主要用于由敏感菌引起的伴侣动物呼吸道、泌尿道、皮肤和软组织等部位感染。

【制剂、用法与用量】

头孢羟氨苄胶囊（片）　0.125g，0.25g。内服：一次量，每1kg体重，犬10mg，猫22mg，一日1～2次。

## 头孢噻呋

【理化性质】 本品为类白色至淡黄色粉末。在水中不溶，在丙酮中微溶，在乙醇中几乎不溶。制成钠盐或盐酸盐供注射用。

【药理作用】 本品具广谱杀菌作用，是第三代头孢菌素类，对革兰阳性菌、革兰阴性菌（包括产$\beta$-内酰胺酶菌）均有效。敏感菌主要有巴氏杆菌、放线杆菌、沙门菌、链球菌、葡萄球菌等，铜绿假单胞菌、某些球肠菌耐药。抗菌活性比氨苄西林强，对链球菌的活性比喹诺酮类强。

【临床应用】 临床上主要用于治疗犬、猫因大肠杆菌和奇异变形菌引起的泌尿道感染。本品内服不吸收，肌内和皮下注射吸收迅速。分布广泛，但不能透过血脑屏障。与氨基糖苷类药联合用药有协同作用，与丙磺舒合用可提高血中药物浓度和延长半衰期。

【注意事项】 可能会引起胃肠道菌群紊乱或二重感染。本品主要经由肾排泄，有一定的肾毒性，对肾功能不全的动物要注意调整剂量。

【制剂、用法与用量】

注射用头孢噻呋钠　1.0g，4.0g。皮下注射：一次量，每1kg体重，犬2.2mg，一日1次，连用5~14d。

### 3. β-内酰胺酶抑制剂

β-内酰胺酶抑制剂是一类能与革兰阳性菌、阴性菌所产生的β-内酰胺酶结合而抑制β-内酰胺酶活性的β-内酰胺类药物。根据其作用方式，分为竞争性与非竞争性两类。目前临床上常用的克拉维酸、舒巴坦和三唑巴坦属于不可逆抑制剂，此类抑制剂作用强，对葡萄球菌和多数革兰阳性菌产生的β-内酰胺酶均有作用。

## 头孢维星

【理化性质】　又名康卫宁。为白色或微黄色结晶性粉末，味苦，能溶于水。溶于水久置后颜色变黄，药效下降。其水溶液应冷藏保存。

【药理作用】　本品具广谱杀菌作用，其杀菌作用主要是影响细菌细胞壁的合成，从而降低细胞壁的强度，影响细胞分裂。对某些β-内酰胺酶也有抗菌活性。敏感菌主要有大肠杆菌、巴氏杆菌、变形杆菌、链球菌、葡萄球菌等。对某些厌氧菌有效，如梭菌属、拟杆菌属。对假单胞菌无效。

本品吸收后与血浆蛋白高度结合，其作用呈现明显的时间依赖性，由于其特殊的药代动力学方式，头孢维星半衰期极长，只需要每14天给药1次即可。

【临床应用】　主要用于敏感菌引起的呼吸道、消化道感染，尤其适用于皮肤、软组织、泌尿道感染的长期治疗。

【注意事项】
① 本品应冷藏保存，配制后应在28d内使用。
② 严禁用于小型草食动物如兔、豚鼠等。
③ 慎用于8周龄以下的犬、猫。
④ 因本品吸收后与血浆蛋白结合度高，因此，联合使用其它蛋白结合度高的药物时应谨慎，如呋塞米、非甾体类抗菌药等。

【制剂、用法与用量】
注射用头孢维星　800mg。临用前用10mL灭菌注射用水稀释。皮下注射：一次量，每1kg体重，犬0.1mL，2周1次，连用1~2次。

## 克拉维酸（棒酸）

【理化性质】　系由棒状链霉菌产生的抗生素。其钾盐为无色针状结晶。易溶于水，水溶液极不稳定，微溶于乙醇，不溶于乙醚。易吸湿失效，应密闭于低温干燥处保存。

【药理作用】　本品内服吸收好，也可肌内注射给药。可通过血脑屏障和胎盘屏障，尤其当有炎症时可促进本品的扩散，在体内主要以原形从肾排出，部分也通过粪及呼吸道排出。

【临床应用】　本品有微弱的抗菌活性，临床上一般不单独使用，常与β-内酰胺类抗生素（如阿莫西林、氨苄西林）以1∶2或1∶4比例合用，以扩大不耐酶抗生素的抗菌谱，增强抗菌活性及克服细菌的耐药性。实践证明，对两药合用敏感的细菌有葡萄球菌、链球菌、化脓棒状杆菌、大肠杆菌、变形杆菌、沙门杆菌、巴氏杆菌及丹毒杆菌等。

【注意事项】　与阿莫西林等β-内酰胺类抗生素合用时可见如下不良反应：
① 应用本品偶见红斑疹等皮疹。
② 胃肠道反应较多，如恶心、呕吐、腹泻、消化不良以及假膜性肠炎等。
③ 若内服后出现胃肠道反应，可食后服药。

④ 可能导致多项肝功能异常。如胆汁淤积、胆管炎、血管神经性水肿等。

⑤ 静脉给药有局部反应，如浅表性静脉炎。

⑥ 与阿莫西林合用对粒细胞活性有明显影响。

⑦ 对青霉素类药物过敏的动物禁用。

【制剂、用法与用量】

① 替门汀（替卡西林钠-克拉维酸钾）粉针　替卡西林钠 1.5g，克拉维酸钾 0.1g，总计 1.6g。静脉注射：一次量，每 1kg 体重，犬、猫（按二药总量计）15～25mg，一日 3 次。

② 奥格门汀（阿莫西林-克拉维酸钾）片　阿莫西林 250mg、克拉维酸钾 125mg（2∶1），或阿莫西林 500mg、克拉维酸钾 125mg（4∶1）。内服：一次量，每 1kg 体重，犬、猫 10～20mg（以阿莫西林计），一日 2 次。

## 舒 巴 坦

【理化性质】　本品为白色粉末或结晶性粉末。微有特臭，味微苦，易溶于水，在水中有一定的稳定性。在乙醇、丙酮或乙酸乙酯中几乎不溶，微溶于甲醇。

【药理作用】　本品为不可逆性半合成 $\beta$-内酰胺酶抑制剂，可抑制 Ⅱ、Ⅲ、Ⅳ、Ⅴ 型 $\beta$-内酰胺酶，并与这些酶进行牢固结合，且与 $\beta$-内酰胺酶结合时间越长，其抑制作用越大。因其在与 $\beta$-内酰胺酶结合时，自身也失去活性，被称为"自杀性" $\beta$-内酰胺酶抑制剂。本品对革兰阳性菌和革兰阴性菌（铜绿假单胞菌除外）所产生的 $\beta$-内酰胺酶有抑制作用。单用时抗菌作用微弱，对金黄色葡萄球菌、表皮葡萄球菌、肠杆菌科细菌的 MIC 多超过 $25\mu g/mL$。肠球菌属以及铜绿假单胞菌对本品耐药。

【临床应用】　在宠物临床上常与氨苄西林合用，治疗敏感菌所致的呼吸道、消化道以及尿路感染。氨苄西林-舒巴坦钠（舒他西林）混合物的水溶液不稳定，仅供注射而不能内服；氨苄西林-舒巴坦甲苯磺酸盐是双酯结构化合物，内服后吸收迅速，并经体内酯酶水解为氨苄西林和舒巴坦而起作用。

【注意事项】　本品可致过敏反应，氨苄西林-舒巴坦禁用于对青霉素类抗生素过敏动物。

【制剂、用法与用量】

注射用氨苄西林-舒巴坦　氨苄西林 3g、舒巴坦 1.5g。肌内或静脉注射：一次量，每 1kg 体重，犬、猫 10～20mg（以氨苄西林计），一日 3 次。

## 二、氨基糖苷类

本类药物的化学结构中含有氨基糖分子和非糖部分的糖原结合而成的苷，故称为氨基糖苷类抗生素。临床上常用链霉素、卡那霉素、庆大霉素、新霉素、阿米卡星、小诺霉素、大观霉素等。它们具有以下的共同特征：① 均为有机碱，能与酸形成盐，常用制剂为硫酸盐，易溶于水，性质比青霉素稳定，在碱性环境中作用增强；② 内服吸收很少，可作为肠道感染用药，全身感染时常注射给药（新霉素除外），大部以原形从尿中排出，适用于泌尿道感染，肾功能下降时，消除半衰期明显延长；③ 抗菌谱较广，主要对需氧革兰阴性杆菌和结核杆菌作用较强，某些品种对铜绿假单胞菌、金黄色葡萄球菌也有作用，对革兰阳性菌的作用较弱；④ 主要不良反应是损害第八对脑神经和肾脏，以及对神经、肌肉的阻断作用；⑤ 细菌对本类药物易产生耐药性，且各药间有部分或完全交叉耐药性。

## 硫酸链霉素

**【理化性质】** 是从灰链霉菌培养液中提取的一种有机碱，常用其硫酸盐。白色或类白色粉末，有吸湿性，易溶于水。

**【药理作用】** 抗菌谱较广，对结核杆菌的作用在氨基糖苷类中最强，对大多数革兰阴性杆菌和革兰阳性球菌有效。如对大肠杆菌、沙门杆菌、布氏杆菌、变形杆菌、痢疾杆菌、鼻疽杆菌和巴氏杆菌等有较强的抗菌作用，但对铜绿假单胞菌作用弱。对金葡菌、钩端螺旋体、放线菌、败血霉形体也有效。对梭菌、真菌、立克次体、病毒无效。反复使用链霉素，细菌极易产生耐药性，并远比青霉素快，且一旦产生，停药后不易恢复。因此，临床上常采用联合用药，以减少或延缓耐药性的产生。

**【临床应用】** 主要用于各种对此药敏感病原菌引起的急性感染，如大肠杆菌引起的肠炎、乳腺炎、子宫炎、败血症和膀胱炎等。此外，与磺胺药、四环素、氯霉素等合用，可治疗革兰阴性菌引起的败血症、肺炎、尿路感染等。

**【注意事项】**

① 过敏反应有皮疹、发热、血管神经性水肿、嗜酸性粒细胞增多等。

② 神经系统反应主要是损害第八对脑神经，造成前庭功能和听觉的损害，出现行走不稳、姿势异常、平衡失调和耳聋等症状，多半发生在长期用药的病例。

③ 氨基糖苷类及多黏菌素类抗生素对骨骼、肌肉接点有阻滞作用，可使运动终板膜对乙酰胆碱的敏感性降低。

④ 链霉素对肾脏可产生轻度的损害，多引起管型尿和蛋白尿。

**【制剂、用法与用量】**

注射用硫酸链霉素　0.75g，1.0g，2.0g。皮下或肌内注射：一次量，每1kg体重，犬10mg，猫15mg，一日2次。

## 卡那霉素

**【理化性质】** 常用其硫酸盐，为白色或类白色粉末。无臭，有吸湿性，易溶于水，水溶液较稳定。

**【药理作用】** 为广谱抗生素。作用与新霉素很相似，对大多数革兰阴性菌如大肠杆菌、沙门菌、巴氏杆菌等都有强大的抗菌作用。此外，对耐青霉素金黄色葡萄球菌和结核杆菌也有效。细菌对此药易产生耐药性，但速度较链霉素慢。

**【临床应用】** 主要用于治疗多数革兰阴性杆菌和部分耐青霉素金葡菌所引起的感染，如呼吸道、肠道、泌尿道感染和败血症、乳腺炎等。

**【注意事项】** 此药对肾脏和听神经有毒性作用。

**【制剂、用法与用量】**

硫酸卡那霉素注射液　2mL:0.5g。肌内或静脉注射：一次量，每1kg体重，犬、猫10～15mg，一日2次。

## 庆大霉素

**【理化性质】** 常用其硫酸盐，为白色或黄白色粉末。无臭，有吸湿性，易溶于水，水溶液对温度及酸碱度的变化较稳定。

**【药理作用】** 为广谱抗生素，对大多数革兰阴性菌如大肠杆菌、铜绿假单胞菌、沙门菌、布氏杆菌等都有抗菌作用。在阳性菌中葡萄球菌对此药高度敏感。此外，结核杆菌、支原体对本品也敏感，但真菌、原虫等则多耐药。庆大霉素在偏碱性环境中作用最强，故治疗泌尿道感染时以碱化尿液为宜。

【临床应用】 主要用于耐药性金葡菌、铜绿假单胞菌、变形杆菌、大肠杆菌等所引起的各种严重感染，如呼吸道、肠道、泌尿道等部位感染和败血症等。

【注意事项】 毒性较卡那霉素大而较新霉素小。主要是对肾脏和听神经有毒性。但由于本品用量小（约为卡那霉素的1/10），因此毒性反应较轻微。

【制剂、用法与用量】

① 硫酸庆大霉素片  20mg，40mg。内服：一次量，每1kg体重，犬、猫2.5～7.5mg，一日2次，连用2～3d。

② 硫酸庆大霉素注射液  2mL:80mg，5mL:200mg。皮下、肌内或静脉注射：一次量，每1kg体重，犬、猫3～5mg，一日2次，连用2～3d。

## 阿 米 卡 星

【理化性质】 本品为白色或类白色粉末，几乎无臭，无味。在水中极易溶解，在甲醇、丙酮、氯仿或乙醚中几乎不溶。

【药理作用】 抗菌谱较卡那霉素广，对铜绿假单胞菌、金葡菌有效，并对耐庆大霉素、卡那霉素的铜绿假单胞菌、大肠杆菌、变形杆菌、肺炎杆菌亦有效。

【临床应用】 临床上可用于犬、猫因大肠杆菌、变形杆菌引起的泌尿道、生殖道感染及铜绿假单胞菌、大肠杆菌引起的皮肤和软组织感染。尤其适用于革兰阴性杆菌中对卡那霉素、庆大霉素或其它氨基糖苷类耐药的菌株所引起的感染。

【注意事项】 主要是耳毒性与肾毒性。本品与青霉素类直接混合可降低疗效，应注意避免。

【制剂、用法与用量】

硫酸阿米卡星注射液  1mL:0.1g，2mL：0.2g。肌内注射：一次量，每1kg体重，犬、猫5～7.5mg，一日2次。

## 硫 酸 新 霉 素

【理化性质】 本品为白色或近白色粉末。无臭，有吸湿性，极易溶于水，水溶液呈右旋光性。应密封保存于干燥处。

【药理作用】 新霉素为广谱抗生素，抗菌谱与卡那霉素相似。本品对真菌、病毒、立克次体等均无抑制作用。对放线菌、钩端螺旋体、阿米巴原虫则有一定作用。细菌对此药可产生耐药性，但一般相当迟缓，且与卡那霉素、庆大霉素之间有交叉耐药性。

【临床应用】 临床上可内服治疗犬、猫的大肠杆菌性肠炎；子宫或乳腺内注入治疗子宫内膜炎和乳腺炎；或外用0.5%水溶液或软膏，治疗皮肤、创伤、眼、耳等感染。此外，也可以气雾吸入用于防治呼吸道感染。

【注意事项】 本品肌内注射后对肾脏和听神经均有较大的毒性。

【制剂、用法与用量】

① 硫酸新霉素片  0.1g，0.25g。内服：一次量，每1kg体重，犬、猫10～20mg，一日2次。

② 新霉素粉针  1.0g。肌内注射：一次量，每1kg体重，犬、猫4～8mg，一日1次。

③ 硫酸新霉素滴眼液  8mL:40mg。外用：滴眼。

## 三、四环素类

四环素类可分为天然品和半合成品两类。前者由不同链霉菌的培养液中提取获得，有四环素、土霉素、金霉素和去甲金霉素。后者为半合成衍生物，有多西环素、甲烯土霉素等。四环素类抗生素是一类萘烷结构的广谱抗生素，其中较早使用的是金霉素（1948年）、土霉素（1950年）和四环素（1950年）三种。由于临床上广泛使用，细菌易对其产生耐药性，于是经过结构改造又出现了脱氧土霉素（强力霉素）等半合成制品，并开始用于兽医临床。本类药物均为酸碱两性化合物，在酸性条件下较稳定，碱与高温可促其分解。本类药物对大多数革兰阳性菌与阴性菌、螺旋体、放线菌、支原体、立克次体和某些原虫均有抑制作用。

**1. 天然四环素类**

## 土霉素、金霉素和四环素

【理化性质】 土霉素（又名氧四环素）、金霉素（又名氯四环素）和四环素，分别由龟裂链霉菌、金链霉菌和生绿链霉菌的培养液中提取产生。四环素也可由金霉素脱氯而制成。本类抗生素是酸碱两性的晶形物质，能和酸或碱结合而成可溶性盐类，易溶于稀酸、稀碱等；略溶于水和低级醇类，但不溶于醚及石油醚。碱性水溶液的活性易被破坏，酸性水溶液则稳定，故一般制成盐酸盐。本类抗生素及其盐类在干燥状态下极稳定。除金霉素的水溶液外，其它各种抗生素的水溶液也相当稳定。土霉素为黄色结晶性粉末，难溶于水，其盐酸盐可溶于水，且应遮光、密封保存于干燥处。金霉素为金黄色或黄色结晶，微溶于水，也应避光、密封保存于干燥冷暗处。四环素为黄色结晶性粉末，有吸湿性，可溶于水，也应遮光、密封保存于阴凉干燥处。

【药理作用】 土霉素适用于治疗犬、猫的呼吸道、尿道、皮肤以及软组织感染，包括犬的布氏杆菌病、立克次体病和衣原体病等。而金霉素抗菌谱、不良反应以及作用均与土霉素相似，但对革兰阳性球菌（尤其是葡萄球菌）作用较四环素强。因其刺激性大，已经不用于全身感染。

【临床应用】 临床主要用于局部感染，防治犬、猫的浅表眼部因敏感菌引起的感染，也可内服用于防治犬、猫的大肠杆菌病、沙门菌病以及犬的立克次体、衣原体、放线菌和布氏杆菌感染等。

【注意事项】

① 局部刺激作用 对注射部位刺激作用与本类抗生素盐酸盐的强酸性有关，其中以盐酸金霉素刺激性最强，肌内注射可引起剧痛、发炎及坏死，静脉注射时可产生静脉炎和血栓形成。

② 胃肠道毒性反应 此反应除由于药物直接对消化道黏膜的化学性刺激外，还与肠道菌群失调、二重感染、维生素缺乏等有关。

③ 对肝脏的损害 本类抗生素均可使肝脏脂肪含量增高，其中尤以金霉素为著。

【制剂、用法与用量】

① 土霉素片 0.05g，0.125g，0.25g。内服：一次量，每1kg体重，犬、猫20mg，一日2～3次。

② 盐酸土霉素注射液 10mL:2g。肌内或静脉注射：一次量，每1kg体重，犬、猫7.5～10mg，一日2次。

③ 金霉素片 0.125g，0.25g。内服：一次量，每1kg体重，犬、猫25mg，一日3～4次。

④ 盐酸金霉素眼膏 0.1g。滴眼：一日3次。

⑤ 四环素片 0.125g，0.25g。内服：一次量，每1kg体重，犬、猫15～20mg，一日3次。

⑥ 四环素胶囊 0.25g。内服：一次量，每1kg体重，犬、猫15～20mg，一日3次。

⑦ 注射用盐酸四环素 0.25g，0.5g，1.0g。静脉注射：一次量，每1kg体重，犬、猫5～10mg，一日3次。

## 2. 半合成四环素类

### 强力霉素（多西环素）

【理化性质】 常用其盐酸盐，为黄色结晶性粉末。有吸湿性，易溶于水。应遮光、密封保存于干燥处。

【药理作用】 本品是一种长效、高效、广谱的半合成四环素类抗生素，抗菌谱与四环素相似，但抗菌作用较四环素强10倍，对耐四环素的细菌有效。因脂溶性较高，故用药后吸收更好，并可促进体内分布，能较多地扩散进入细菌细胞内。

【临床应用】 主要用于治疗犬、猫慢性呼吸道疾病、大肠杆菌病、沙门菌病和巴氏杆菌病等。还可预防猫嗜性衣原体感染。

【注意事项】 偶有恶心、呕吐和腹泻反应，混饲给药会减少此类不良反应。

【制剂、用法与用量】
① 盐酸强力霉素片　0.05g，0.1g。内服：一次量，每1kg体重，犬、猫3～10mg，一日1次。
② 盐酸强力霉素注射液　10mL:0.25g。静脉注射：一次量，每1kg体重，犬、猫3～5mg。一日1次。

### 米 诺 环 素

【理化性质】 本品盐酸盐为黄色结晶，微有吸湿性，溶于水。

【药理作用】 本品为半合成抗生素，与多西环素的一些特性很相似，对厌氧菌、诺卡菌、布氏杆菌以及对青霉素、四环素类耐药菌株均有较强的抗菌作用。

【临床应用】 主要用于治疗犬、猫立克次体、埃立克体、支原体、衣原体及敏感细菌引起的感染。

【制剂、用法与用量】
米诺环素片　50mg，100mg。内服：一次量，每1kg体重，犬、猫5～15mg，一日2次。

## 四、大环内酯类

本类抗生素的共同特点是：①都是无色有机碱性化合物；②主要对革兰阳性菌和某些革兰阴性菌有效，属窄谱抗生素；③与临床常用的抗生素之间无交叉耐药性，因此对常用抗生素的耐药菌有效，但是细菌对本类抗生素之间有不完全的交叉耐药性；④毒性较低，无严重的不良反应。

### 红 霉 素

【理化性质】 从链霉菌的培养液中提取的大环内酯类抗生素。白色或类白色的结晶或粉末，无臭、味苦，微有吸湿性，难溶于水，与酸结合成盐后则溶于水。本品在碱性溶液中抗菌效能强，在酸性溶液中易被破坏，pH值低于4时几乎完全失效。

【药理作用】 抗菌谱与青霉素相似。对各种革兰阳性菌如金葡菌、链球菌、肺炎球菌、梭状芽孢杆菌等有较强的抗菌作用。对肺炎支原体、立克次体、钩端螺旋体等也有效。大多数敏感菌对此药都易产生耐药性。

【临床应用】 临床上主要用于耐青霉素金葡菌、溶血性链球菌引起的严重感染、如肺炎、败血症、子宫内膜炎等。如与氯霉素、链霉素等合用，可获得协同作用，并可避免耐药菌的产生。

【注意事项】 本品毒性较低，但其直接刺激作用可引起组织的明显炎症，因此应作深部肌内注射,静脉注射时应避免药液外漏。由于新生动物肝脏代谢率低,因此对新生动物毒性大。

【制剂、用法与用量】

① 红霉素片　0.05g,0.125g,0.25g。内服:一次量,每1kg体重,犬、猫10～20mg,一日2次。

② 注射用乳糖酸红霉素　0.25g,0.3g。肌内或静脉注射:一次量,每1kg体重,犬、猫5～10mg,一日2次。

③ 红霉素眼膏　0.5%。点眼:一日3次。

### 泰乐菌素(泰乐霉素)

【理化性质】　本品为白色板状结晶,微溶于水,溶于酒精、丙酮等。与酸可制成盐,易溶于水。酒石酸泰乐菌素为白色、微黄色粉末,其水溶液稳定,但水溶液中如有铁、铜、铝、锡等离子时,可与本品形成络合物而失效。

【药理作用】　主要对革兰阳性菌和一些阴性菌、螺旋体和支原体有抑制作用,对支原体有特效。对阳性菌的作用较红霉素稍弱,与其它大环内酯类抗生素之间有交叉耐药现象。

【临床应用】　主要用于敏感微生物所致的各种感染,如肠炎、肺炎、乳腺炎、子宫炎和螺旋体病等。此外,还可用于治疗犬、猫的慢性结肠炎、浆细胞/淋巴细胞性肠炎以及隐孢子虫病。

【注意事项】　本品毒性小,但给宠物注射时有局部刺激等副作用,停药后可恢复。

【制剂、用法与用量】

① 泰乐菌素片　0.2g。内服:一次量,每1kg体重,犬、猫7～10mg,用于治疗犬、猫慢性结肠炎与隐孢子虫病时剂量可增至20mg,一日3～4次。

② 泰乐菌素注射液　50mL:2.5g,100mL:20g。肌内注射:一次量,每1kg体重,犬、猫8～10mg,一日2次。

### 阿奇霉素

【理化性质】　本品为半合成的十五元大环内酯类抗生素。白色或类白色结晶性粉末。无臭,味苦,微有吸湿性。本品在甲醇、丙酮、氯仿、无水乙醇或稀盐酸中易溶,在水中几乎不溶。

【药理作用】　本品为红霉素的衍生物,是大环内酯类抗生素亚类之一。其抗菌谱与红霉素相似,对革兰阳性球菌、杆菌,革兰阴性杆菌、分枝杆菌、专性厌氧菌、衣原体、支原体和弓形体均有抗菌活性。对部分放线菌、伤寒杆菌也有抑制作用。

【临床应用】　主要用于治疗犬、猫的呼吸道感染,以及轻中度的皮肤和软组织感染等。

【注意事项】　肌内注射或皮下注射本品时可引起注射部位疼痛,重者可导致局部炎症。

【制剂、用法与用量】

阿奇霉素胶囊　25mg。内服:一次量,每1kg体重,犬5～10mg,一日1～2次;猫5mg,一日1次。

## 五、氯霉素类

氯霉素是第一个用化学合成方法制得的抗生素。它虽然是一种广谱、高效的抗生素,但由于不良反应较多,影响了其应用和发展。

### 氯霉素(氯胺苯醇)

【理化性质】　本品为白色或微带黄绿色长片状结晶或结晶性粉末,味极苦,性质稳定,在干燥状态下可保持抗菌活性达2年以上。略溶于水，易溶于甲醇、乙醇、丁醇、丙二醇等有机溶剂中。应密闭保存。

【药理作用】 属于广谱抑菌性抗生素。对革兰阳性菌和阴性菌都有作用，但对阴性菌的作用较阳性菌强。特别是对沙门杆菌、伤寒杆菌、副伤寒杆菌、流感杆菌作用最强；其次为大肠杆菌、痢疾杆菌、变形杆菌、布氏杆菌、巴氏杆菌、克雷伯杆菌。对部分衣原体、立克次体和某些原虫也有一定抑制作用。但对铜绿假单胞菌、真菌及病毒无效。一般认为氯霉素对动物的沙门菌病最为有效。细菌对本品可产生耐药性，但发生较缓慢，耐药菌以大肠杆菌常见。

【临床应用】 临床上常用于防治肠道感染、幼龄宠物肺炎、双球菌性败血症及防治巴氏杆菌病。

【注意事项】
① 抑制骨髓造血机能，但这种抑制是可逆的，并取决于剂量大小，与应用药物同时出现；其次为骨髓发育不全或不发育，引起不可逆的再生障碍性贫血，死亡率高。
② 氯霉素对肝细胞内微粒体的药物代谢酶有抑制作用，可显著延长巴比妥类药物催眠或麻醉时间，因此临床应用时应予以注意。

【制剂、用法与用量】
① 氯霉素片 0.05g、0.1g、0.25g、0.5g。内服：一次量，每1kg体重，犬、猫10～20mg，一日2次。
② 氯霉素胶囊 0.25g。内服：一次量，每1kg体重，犬、猫10～20mg，一日2次。
③ 氯霉素注射液 1mL:0.125g，2mL:0.25g。皮下、肌内或静脉注射：一次量，每1kg体重，犬、猫10～30mg，一日2次。
④ 注射用琥珀酸钠氯霉素粉针 0.69g、1.38g。皮下、肌内或静脉注射：一次量，每1kg体重，犬、猫10～20mg，一日2次。
⑤ 氯霉素滴眼液 8mL:20mg。滴眼：一日3～4次，连用3～5d。
⑥ 氯霉素软膏 1％。点眼：一日2～3次，连用3～5d。
⑦ 氯霉素滴耳液 5％。滴耳：一日3～4次，连用3～5d。

## 甲砜霉素（甲砜氯霉素）

【理化性质】 本品为白色结晶性粉末，无臭。易溶于二甲基甲酰胺，略溶于无水乙醇，微溶于水。

【药理作用】 本品为氯霉素衍生物。抗菌谱、作用机制及作用强度与氯霉素类似，但对多数肠杆菌科细菌、金葡菌、肠球菌及肺炎球菌等作用较氯霉素差。本品与氯霉素有完全交叉耐药性，与四环素类有部分交叉耐药反应。

【临床应用】 主要用于敏感病原体引起的呼吸道感染、肠道感染、尿路感染、肝胆系统感染等。

【注意事项】
① 长期内服可导致消化机能紊乱，出现维生素缺乏或二重感染。
② 本品毒性较氯霉素低，通常不引起骨髓再生障碍性贫血，但可引起可逆性红细胞发生抑制。且可抑制免疫球蛋白和抗体的生成，故免疫接种以及免疫功能严重缺损的动物禁用。
③ 有胚胎毒性，妊娠期、哺乳期宠物慎用。

【制剂、用法与用量】

甲砜霉素片　25mg，100mg。内服：一次量，每1kg体重，犬、猫10～20mg，一日2次。

## 氟苯尼考（氟甲砜霉素）

【理化性质】　本品为白色或类白色的结晶性粉末。无臭。在二甲基甲酰胺中极易溶解，在甲醇中溶解，在冰醋酸中略溶，在水或氯仿中极微溶解。

【药理作用】　本品为人工合成的甲砜霉素单氟衍生物。对一些耐氯霉素和耐甲砜霉素的细菌（如伤寒沙门菌、大肠杆菌和肺炎克雷伯菌等）和耐氨苄西林流感嗜血杆菌敏感。由于许多国家已经禁止氯霉素在动物尤其食品动物中的应用，氟苯尼考无论在抗菌活性、抗菌谱、不良反应还是耐药性方面，均优于氯霉素，成为取代氯霉素的一种新药。

【临床应用】　临床主要用于敏感菌引起的各种感染。

【注意事项】　本品不良反应少，不引起骨髓抑制或再生障碍性贫血，但有胚胎毒性，故妊娠动物禁用。

【制剂、用法与用量】

① 氟苯尼考粉　5g，50g。内服：一次量，每1kg体重，犬20mg，猫22mg，一日3～4次。

② 氟苯尼考注射液　2mL:0.6g，5mL:1.5g。肌内注射：一次量，每1kg体重，犬20mg，猫22mg，一日3～4次。

## 六、林可胺类

林可霉素（洁霉素）是由链丝菌产生，氯林可霉素（氯洁霉素、克林霉素）是半合成的洁霉素衍生物。本类抗生素对革兰阳性菌有较好的抗菌作用，对革兰阴性菌作用较差。

## 林可霉素（洁霉素）

【理化性质】　常用其盐酸盐，为白色结晶性粉末。易溶于水，溶于乙醇。

【药理作用】　主要对革兰阳性菌有效，特别对厌氧菌、金黄色葡萄球菌、肺炎球菌及多数链球菌有高效。对支原体也有效，但不及红霉素。对革兰阴性菌作用小于其它抗生素，如大肠杆菌、克雷伯菌、假单胞菌、沙门菌等均对本品耐药。本品与庆大霉素等联合对葡萄球菌、链球菌等革兰阳性菌呈协同作用。

【临床应用】　主要应用于革兰阳性菌引起的各种感染，特别适用于耐青霉素、红霉素菌株的感染或对青霉素过敏的犬、猫。主要应用于敏感菌引起的犬、猫的各种感染，如肺炎、关节炎、支气管炎、骨髓炎和乳腺炎等。对放线菌病也有一定的疗效。特别适用于耐青霉素、红霉素菌株的感染和对青霉素类过敏的犬、猫。

【注意事项】　肌内注射时，可致局部疼痛。对有肾功能障碍的犬、猫应减少用量。

【制剂、用法与用量】

① 盐酸林可霉素片　0.25g，0.5g。内服：一次量，每1kg体重，犬、猫15～20mg，一日1～2次。

② 盐酸林可霉素注射液　2mL:0.6g，10mL:3g。肌内或静脉注射：一次量，每1kg体重，犬、猫10mg，一日2次。

## 氯林可霉素（氯洁霉素、克林霉素）

【理化性质】　其盐酸盐（或磷酸盐）为白色结晶性粉末，味苦，易溶于水。

【药理作用】 抗菌谱与洁霉素相似，而抗菌作用较强，对青霉素、洁霉素、四环素或红霉素有耐药性的细菌有效。对革兰阴性菌的作用也比洁霉素强。细菌对此药的耐药性发展缓慢。

【临床应用】 主要用于敏感菌引起的犬、猫的各种感染。另外，在国外被认为是治疗弓形体病的较好药物。也可用于治疗犬新孢子虫感染。

【制剂、用法与用量】

① 盐酸氯洁霉素胶囊　75mg，150mg。内服：一次量，每 1kg 体重，犬、猫 5～10mg，一日 2 次。

② 氯洁霉素口服液　1mL：25mg。用于葡萄球菌感染时，内服：一次量，每 1kg 体重，犬 11mg，一日 2 次。用于呼吸道感染时，内服：一次量，每 1kg 体重，犬、猫 33mg，一日 2 次。用于厌氧菌感染及牙周感染时，内服：一次量，每 1kg 体重，犬、猫 11～33mg，一日 1 次。用于猫弓形体病时，内服：一次量，每 1kg 体重，猫 12.5～25mg，一日 2 次，连用 4 周。

③ 盐酸氯洁霉素注射液　2mL：150mg。肌内或静脉注射：一次量，每 1kg 体重，犬、猫 10mg，一日 2 次。

## 七、多肽类

多肽类抗生素都具有较复杂的结构，是通过肽键将各种氨基酸结合成环状或链状的高分子多肽化合物。其特性为：①分子结构中带有游离的氨基和羧基，一般为碱性，遇碱或酶可发生降解；②此类抗生素大多具有抗革兰阳性菌和阴性菌的作用，如铜绿假单胞菌、分枝杆菌、真菌、螺旋体和某些原虫等，小剂量抑菌，大剂量杀菌；③毒性较大，主要是引起神经症状和对肾脏的毒性。

### 多 黏 菌 素

【理化性质】 本类是从多黏杆菌的培养液中提取的，属于碱性多肽类抗生素。有 A、B、C、D、E、K、M、P 等多种。临床上应用的是多黏菌素 B 和多黏菌素 E（也称抗敌素、黏菌素、黏杆菌素）。多黏菌素 B 的硫酸盐为白色或乳白色无定形物质，易溶于水和生理盐水。硫酸多黏菌素 E 为白色结晶性粉末，易溶于水。

【药理作用】 多黏菌素类药物的抗菌谱基本相同，几乎对全部革兰阴性杆菌都有强大的抗菌作用，对铜绿假单胞菌有特效。其它如阴性球菌、阳性球菌、真菌、立克次体及病毒等不敏感。细菌对本类药物一般不易产生耐药性，如一旦发生，则本类药物之间有完全交叉耐药性。

【临床应用】 主要用于革兰阴性杆菌，特别是铜绿假单胞菌、大肠杆菌等引起的各种感染。多黏菌素 B 可用于敏感菌引起的呼吸道、软组织、胆道及败血症的治疗。多黏菌素 E 可用于铜绿假单胞菌以及其它假单胞菌引起的创面、尿道、眼、耳、气管等部位的感染。

【注意事项】 吸收后的毒性主要表现在肾脏和神经系统两方面。对肾脏的毒性是损伤肾小管，引起蛋白尿、血尿、管型尿等；对神经系统毒性表现为皮肤感觉异常、步态不稳、共济失调等。

【制剂、用法与用量】

① 多黏菌素 B 片　12.5mg，25mg。内服：一次量，每 1kg 体重，犬、猫 2.2mg，一日 3 次。

② 多黏菌素 E 片　12.5mg，25mg。内服：一次量，每 1kg 体重，犬、猫 1～2mg，一

日2次。

③ 多黏菌素E注射液　2mL:25mg。肌肉或静脉注射：一次量，每1kg体重，犬、猫2mg，一日2次。

④ 多黏菌素E甲烷磺酸钠　肌内注射：一次量，每1kg体重，犬0.5～1mg，一日1次，连用3～5d。临床上本品多与青霉素合用。

## 第三节　化学合成抗菌药

### 一、磺胺类药物与抗菌增效剂

**1. 磺胺类药物**

磺胺类药物是一类人工合成的抗微生物药。其具有抗菌谱广，性质稳定，便于长期保存，价格低廉等优点；并且由于抗菌增效剂甲氧苄胺嘧啶的出现，使得磺胺类药物在新抗微生物药不断涌现的今天，仍然在临床上广泛应用。

**(1) 体内过程**

① 吸收　内服易吸收的磺胺药，其生物利用度大小因药物和动物种类而有差异。一般而言，肉食动物内服后3～4h，血药达峰浓度。此外，胃肠内容物充盈度及胃肠蠕动情况，均能影响磺胺药的吸收。难吸收的磺胺类，如磺胺脒（SG）、琥磺胺噻唑（SST）、酞磺胺噻唑（PST）等，在肠内保持相当高的浓度，故适用于肠道感染。

② 分布　吸收后分布于全身各组织和体液中。以血液、肝、肾含量较高，神经、肌肉及脂肪中的含量较低，可进入乳腺、胎盘、胸膜、腹膜及滑膜腔。吸收后，一部分与血浆蛋白结合，但结合疏松，可逐渐释出游离型药物。磺胺类中以磺胺嘧啶（SD）与血浆蛋白的结合率较低，因而进入脑脊液的浓度较高，故可作脑部细菌感染的首选药。磺胺类的蛋白结合率因药物和动物种类的不同而有很大差异，一般来说，血浆蛋白结合率高的磺胺类药物排泄较缓慢，血中有效药物浓度维持时间也较长。

③ 代谢　主要在肝脏代谢，最常见的方式是对位氨基的乙酰化。磺胺乙酰化后失去抗菌活性，但保持原有磺胺的毒性。除SD外，其它乙酰化磺胺的溶解度普遍下降，增加了对肾脏的毒副作用。犬、猫由于尿中酸度较高，较易引起磺胺及乙酰化磺胺的沉淀，导致结晶尿的产生，损害肾功能。若同时内服碳酸氢钠碱化尿液，则可提高其溶解度，促进从尿中排出。

④ 排泄　内服难吸收的磺胺药主要随粪便排出；肠道易吸收的磺胺药主要通过肾脏排出，少量由乳汁、消化液及其它分泌液排出。经肾排出的药物，以原形药、乙酰化代谢产物、葡萄糖醛酸结合物三种形式排泄。排泄的快慢主要决定于通过肾小管时被重吸收的程度。凡重吸收少者，排泄快，消除半衰期短，有效血药浓度维持时间短，如氨苯磺胺（SN）、SD；而重吸收多者，排泄慢，消除半衰期长，有效血药浓度维持时间较长，如磺胺二甲嘧啶（$SM_2$）、磺胺间甲氧嘧啶（SMM）、磺胺邻二甲氧嘧啶（SDM）等。当肾功能损害时，药物的消除半衰期明显延长，毒性增加，临床使用时应注意。

**(2) 临床作用**　抗菌谱较广。对大多数革兰阳性菌和部分革兰阴性菌有效，甚至对衣原体和某些原虫也有效。对磺胺药较敏感的病原菌有：链球菌、肺炎球菌、沙门杆菌、化脓棒状杆菌、大肠杆菌等。一般敏感菌有：葡萄球菌、变形杆菌、巴氏杆菌、产气荚膜杆菌、肺炎杆菌、炭疽杆菌、铜绿假单胞菌等。某些磺胺药还对球虫、卡氏住白细胞原虫、疟原虫、弓形体等有效，但对螺旋体、立克次体、结核杆菌等无效。

不同磺胺类药物对病原菌的抑制作用亦有差异。一般来说，其抗菌作用强度的顺序为 SMM＞SMZ＞SD＞SDM＞SMD＞SM$_2$＞SDM'＞SN。

(3) **作用机理** 主要通过干扰敏感菌的叶酸代谢而抑制其生长繁殖。对磺胺药敏感的细菌在生长繁殖过程中，不能直接从生长环境中利用外源叶酸，而是利用对氨基苯甲酸（PABA）、蝶啶及谷氨酸，在二氢叶酸合成酶的催化作用下合成二氢叶酸，再经二氢叶酸还原酶还原为四氢叶酸，四氢叶酸是一碳基团转移酶的辅酶，参与嘌呤、嘧啶、氨基酸的合成。磺胺类药物的化学结构与 PABA 的结构极为相似，能与 PABA 竞争二氢叶酸合成酶，抑制二氢叶酸的合成，进而影响了核酸合成，结果细菌生长繁殖被阻止。

根据上述作用机理，应用时须注意：①首次量应加倍（负荷量），使血药浓度迅速达到有效抑菌浓度；②在脓液和坏死组织中，含有大量的 PABA，可减弱磺胺类的作用，故局部应用时要清创排脓；③局部应用普鲁卡因时，因其在体内水解生成 PABA，可减弱磺胺类药物的疗效。

(4) **不良反应**

① 在合理使用本类药物时，通常不会出现副作用。但体弱、幼龄的宠物，或大量、长期给药时，往往可出现副作用。磺胺药引起的副作用，常表现为精神沉郁，食欲减退或废绝，贫血，白细胞减少，尿少或无尿，血尿和体温升高等。

② 少数宠物对磺胺药敏感，当静脉注射较大治疗量，尤其是静脉注射速度过快时，可发生"药物休克"，即过敏性休克，主要表现为神经症状，如共济失调、肌无力、惊厥等，严重者可致死亡。

③ 使用时应配合等量碳酸氢钠，并增加饮水量，可减少或预防副作用的发生。

(5) **分类** 根据临床应用，可以分为：肠道易吸收类，肠道难吸收类，外用类等。

A. 肠道易吸收类

## 磺胺噻唑（ST）

【理化性质】 本品为白色或淡黄色结晶颗粒或粉末。无臭，无味，在水中极微溶解。遇光颜色渐变深，应遮光、密封保存。

【药理作用】 本品通过抑制叶酸的合成而抑制细菌的繁殖，属广谱抑菌剂，是磺胺药中抗菌作用较强的品种之一。本品内服易吸收，排泄较缓慢，血药浓度易达到有效水平。由于与血浆蛋白结合率低（犬为 17％），易通过血脑屏障，故能进入脑脊液中达到较高的药物浓度。对溶血性链球菌、肺炎双球菌、沙门菌、大肠杆菌等作用较强，对葡萄球菌作用稍差。本品的血清蛋白结合率和乙酰化率均较高，而乙酰化磺胺噻唑在尿中溶解度低，故易引起结晶尿和血尿。

【临床应用】 主要用于敏感菌引起的感染。

【制剂、用法与用量】

① 磺胺噻唑钠片 0.5g。内服：一次量，每 1kg 体重，犬、猫 70～100mg，一日 2～3 次。内服时应配合等量碳酸氢钠。

② 磺胺噻唑钠注射液 5mL:1g，50mL:5g，100mL:10g。肌内或静脉注射：一次量，每 1kg 体重，犬、猫 50～100mg，一日 2 次。

## 磺胺嘧啶（SD）

【理化性质】 本品为白色或近白色结晶性粉末，在水中几乎不溶。其钠盐易溶于水。应遮光、密封保存。

【药理作用】 本品内服易吸收，排泄较慢，血药浓度较易达到有效水平。由于与血浆蛋白结合率低（犬为17%），故能进入脑脊液中达到较高的血药浓度。本品具有广谱及较强抗菌活性，对大多数革兰阳性菌、部分革兰阴性菌、衣原体及某些原虫有效。对溶血性链球菌、肺炎双球菌、脑膜炎双球菌、沙门菌、大肠杆菌等作用较强，是脑部细菌感染的首选药品。本品抗菌机制是通过与对氨基苯甲酸（PABA）竞争细菌的二氢叶酸合成酶，导致细菌体内叶酸合成受阻而使细菌的生长、繁殖受挫。本品属中效磺胺，对非产酶金葡菌、化脓性链球菌、肺炎链球菌、大肠埃希菌、克雷伯菌属、沙门菌属、志贺菌属等肠杆菌科细菌、淋球菌、脑膜炎球菌、流感嗜血杆菌具有抗菌作用，此外，在体外对沙眼衣原体、星形奴卡菌、疟原虫和弓形体也有抗微生物活性。

【临床应用】 本品常与甲氧苄啶和奥美普林按5∶1的比例组成复方制剂，可用于犬、猫尿道感染、外伤、原虫感染、皮肤感染、前列腺感染及中枢神经系统感染的治疗。

【制剂、用法与用量】

① 磺胺嘧啶钠片 0.5g。内服：一次量，每1kg体重，犬、猫50mg，一日2次。

② 复方磺胺嘧啶片（磺胺嘧啶和甲氧苄啶） 30mg，120mg，240mg。内服：一次量，每1kg体重，犬、猫50mg，一日2次。

### 磺胺二甲嘧啶（$SM_2$）

【理化性质】 本品为白色或微黄色结晶性粉末，在水中几乎不溶解，其钠盐溶于水，溶于热乙醇。应遮光、密封保存。

【药理作用】 本品为磺胺类抗菌药，抗菌谱与磺胺嘧啶相似，抗菌效力比磺胺嘧啶弱，但吸收迅速而完全，排泄慢。本品对非产酶金黄色葡萄球菌、化脓性链球菌、肺炎链球菌、大肠埃希菌、克雷伯菌属、沙门菌属、志贺菌属、淋病奈瑟菌、脑膜炎奈瑟菌、流感嗜血杆菌具有抗菌作用。但近年来细菌对本品的耐药性增高，尤其是链球菌属、奈瑟菌属以及肠杆菌科细菌。其在结构上类似对氨基苯甲酸（PABA），可与PABA竞争性作用于细菌体内的二氢叶酸合成酶，从而阻止PABA作为原料合成细菌所需的叶酸，减少具有代谢活性的四氢叶酸的量，而后者则是细菌合成嘌呤、胸腺嘧啶核苷和脱氧核糖核酸（DNA）的必需物质，因此抑制了细菌的生长繁殖。

【临床应用】 本品常与甲氧苄啶或奥美普林按5∶1的比例组成复方制剂，可用于犬、猫因敏感菌引起的呼吸道、消化道、软组织及泌尿生殖道感染。

【制剂、用法与用量】

① 磺胺二甲嘧啶片 0.5g。内服：一次量，每1kg体重，犬、猫50mg，一日2次。

② 磺胺二甲嘧啶注射液 肌内或静脉注射：一次量，每1kg体重，犬70mg，猫30mg，一日2次。

### 磺胺甲基异噁唑（新诺明SMZ）

【理化性质】 为白色结晶性粉末，几乎不溶于水。应遮光、密封保存。

【药理作用】 抗菌谱与磺胺异噁唑（SIZ）基本相似，但抗菌作用较各种磺胺药强。如与抗菌增效剂甲氧苄啶（TMP）合用，抗菌作用可增强数倍至数十倍，疗效近似氯霉素、四环素和氨苄青霉素，临床应用范围亦相应扩大，可对非产酶金黄色葡萄球菌、化脓性链球菌、肺炎链球菌、大肠埃希菌、克雷伯菌属、沙门菌属、变形杆菌属、摩根菌属、志贺菌属、淋球菌、脑膜炎奈瑟菌、流感嗜血杆菌均具有良好抗菌作用，尤其对大肠埃希菌、流感嗜血杆菌、金黄色葡萄球菌的抗菌作用较SIZ单药明显增强。本品的协同抗菌作用较单药增强,对其呈现耐药菌株减少。此外,本药在体外对沙眼衣原体、星形奴卡菌、原虫、弓形体等亦具良好抗微生物活性。其特点是:内服后肠内吸收慢,排泄亦慢(肾小管重吸收率为50%);血浆蛋白结合率较 SIZ 低;细菌对本品产生耐药性较慢。

【临床应用】 临床常用于治疗呼吸道、泌尿道等感染。本品常与甲氧苄啶或奥美普林按5∶1的比例组成复方制剂,可用于犬、猫因敏感菌引起的呼吸道、消化道、软组织及泌尿生殖道感染。

【注意事项】
① 本品乙酰化率高,且溶解度低,易在酸性尿中析出结晶,造成泌尿道损害。
② 本品大剂量、长期使用可致肾脏损害。

【制剂、用法与用量】
① 磺胺甲基异噁唑片　0.5g。内服:一次量,每1kg体重,犬70mg,猫50mg,一日2次。
② 复方磺胺甲基异噁唑片(磺胺甲基异噁唑和甲氧苄啶)　0.48g,0.96g。内服:一次量,每1kg体重,犬、猫15mg,一日2次(以磺胺甲基异噁唑和甲氧苄啶总量计)。

## 磺胺间甲氧嘧啶(SMM)

【理化性质】 本品为白色至微黄色结晶,几乎不溶于水,其钠盐溶于水。应遮光、密封保存。

【药理作用】 本品属长效磺胺类药物。其特点是:抗菌作用较强,对非产酶金黄色葡萄球菌、化脓性链球菌、肺炎链球菌、大肠埃希菌、克雷伯菌属、沙门菌属、志贺菌属、淋病奈瑟菌、脑膜炎奈瑟菌、流感嗜血杆菌具有抗菌作用,还对球虫、住白细胞原虫、弓形体等有较强作用。而且体内乙酰化率低,因而在体内效力较强,并且较少引起泌尿道损害;内服后吸收良好,血中浓度较高,但有效浓度维持时间较短。

【临床应用】 临床上主要用于敏感菌引起的各种感染。

【注意事项】 本品不良反应少,偶可见轻度恶心、食欲不振、过敏性皮疹以及白细胞减少等。

【制剂、用法与用量】
磺胺间甲氧嘧啶片(粉)　内服:一次量,每1kg体重,犬25~50mg,一日2次。

## 磺胺间二甲氧嘧啶(SDM′)

【理化性质】 本品为白色或乳白色结晶性粉末,微溶于水。应遮光、密封保存。

【药理作用】 本品抗菌作用及疗效比磺胺嘧啶弱,抗菌谱与磺胺嘧啶相似,内服后吸收较快,而排泄慢。常用于犬、猫因敏感菌引起的呼吸道、消化道、软组织和尿道感染等。

【临床应用】 本品常与甲氧苄啶或奥美普林按5∶1的比例组成复方制剂,使磺胺药的抗菌、抗球虫效应大为增强,并减少耐药性的产生,并可用于控制犬的球虫感染。

【制剂、用法与用量】
① 磺胺间二甲氧嘧啶片　0.125g,0.25g,0.5g。内服:一次量,每1kg体重,犬、猫20~25mg,一日2次,连用2~5d。
② 复方磺胺间二甲氧嘧啶片(磺胺间二甲氧嘧啶和奥美普林)　0.12g,0.24g,0.6g。内服:一次量,每1kg体重,犬、猫20~25mg,一日2次。连用2~5d。

## 磺胺邻二甲氧嘧啶(SDM)

【理化性质】 本品为白色或近白色结晶性粉末,在水中几乎不溶。应遮光、密封保存。

【药理作用】 抗菌谱与 SD 基本相同,但效力较弱。人内服本品后血中有效浓度能维持 1 周,但在宠物体内维持时间较短。

【临床应用】 主要用于敏感菌引起的各种感染。

【制剂、用法与用量】

① 磺胺邻二甲氧嘧啶片(粉) 内服:一次量,每 1kg 体重,犬 25～50mg,一日 1～2 次。

② 磺胺邻二甲氧嘧啶注射液 肌内或静脉注射:一次量,每 1kg 体重,犬 20～30mg,一日 1 次。

B. 肠道难吸收类

## 磺胺脒(SG)

【理化性质】 本品为白色针状结晶性粉末,无臭或几乎无臭,微溶于水、乙醇和丙酮,在沸水中溶解,在稀酸中易溶。应遮光、密封保存。

【药理作用】 本品是最早用于肠道感染的磺胺类药物,内服后吸收量小,在肠道内保持较高浓度,抗菌作用持久。

【临床应用】 临床主要用于肠炎、下痢等肠道细菌性感染。

【注意事项】 长时间、大量应用可致肾脏损害,如结晶尿等。

【制剂、用法与用量】

磺胺脒片 内服:一次量,每 1kg 体重,犬、猫 30～100mg,一日 3 次。

## 柳氮磺胺吡啶(SASP)

【理化性质】 本品为棕黄色微细结晶,无臭,微溶于乙醇。

【药理作用】 本品内服后不易吸收,在肠内分解为 5-氨基水杨酸和磺胺吡啶,5-氨基水杨酸与肠壁结缔组织络合后较长时间停留在肠壁组织中,起抗菌消炎和免疫抑制作用,如抑制大肠埃希菌和梭状芽孢杆菌,同时抑制前列腺素的合成以及其它炎症介质的合成。因此,目前认为本品对炎症性肠病产生疗效的主要成分是 5-氨基水杨酸,从而起到抗菌消炎的作用。由本品分解产生的磺胺吡啶对肠道菌群显示微弱的抗菌作用。

【临床应用】 临床主要用于犬、猫的自发性结肠炎和其它炎症性肠道疾病的治疗。

【制剂、用法与用量】

柳氮磺胺吡啶片 0.5g。内服:一次量,每 1kg 体重,犬 15～30mg,猫 10～20mg,一日 2～3 次。

## 酞磺胺噻唑(PST)

【理化性质】 本品为白色或微黄色结晶性粉末。在乙醇中微溶,在水或氯仿中几乎不溶;在氢氧化钠溶液中易溶。略有苦味。长时间暴露于白光下颜色变暗,应遮光、密封保存。

【药理作用】 本品由磺胺噻唑经邻苯二甲酸酐酰化制得,作用与磺胺脒、琥磺胺噻唑相似。内服后不易吸收,本身无抗菌活性,在肠道内逐渐分解出磺胺噻唑而起抑菌作用。

【临床应用】 主要用于犬、猫肠道感染。

【制剂、用法与用量】

酞磺胺噻唑片 内服:一次量,每 1kg 体重,犬 100～200mg,猫 30～100mg,一日 2 次。

## 琥磺胺噻唑（SST）

【理化性质】 本品为白色或微黄色结晶性粉末。在乙醇中微溶，在水或氯仿中几乎不溶。味苦。长时间暴露于白光下颜色变暗，应遮光、密封保存。

【药理作用】 本身无抗菌活性，在肠道内逐渐分解出磺胺噻唑而起抑菌作用，疗效强于磺胺脒。

【临床应用】 主要用于幼龄动物肠道感染。

【制剂、用法与用量】

琥磺胺噻唑片 内服：一次量，每 1kg 体重，犬 100～200mg，猫 30～100mg，一日 2 次。

### C. 外用类

## 磺胺嘧啶银（SD-Ag）

【理化性质】 本品为白色或近白色结晶性粉末，难溶于水，在水、乙醇、氯仿或乙醚中均不溶。遇光或遇热易变质，应遮光、密封在阴凉处保存。

【药理作用】 本品抗菌谱同磺胺嘧啶，但对铜绿假单胞菌具有强大的抗菌作用，其抗铜绿假单胞菌和大肠杆菌作用较强。治疗烧伤时有控制感染、促进创面干燥和加速愈合等作用。

【临床应用】 临床主要用于外伤引起的感染。

【制剂、用法与用量】

磺胺嘧啶银粉、乳膏、1%～2%软膏或混悬液 局部外用、喷洒或湿敷：涂布于烧伤、创伤、感染创、脓肿部位。治疗铜绿假单胞菌感染时，可与洗必泰等合用。

### 2. 抗菌增效剂

抗菌增效剂是一类人工合成广谱抗菌药，能加强磺胺药和多种抗生素的疗效，故称为抗菌增效剂。国内常用甲氧苄啶和二甲氧苄啶两种。后者为动物专用品种。国外应用的还有奥美普林、阿地普林及巴喹普林等。

(1) **体内过程** 甲氧苄啶（TMP）内服、肌内注射，吸收迅速而完全，1～4h 血药浓度达高峰。由于脂溶性较高，可广泛分布于各组织和体液中。血浆蛋白结合率 30%～40%。主要从尿中排出，尚有少量从胆汁、唾液和粪便中排出。二甲氧苄胺嘧啶（DVD）内服吸收较少，其最高血药浓度约为 TMP 的 1/5，但在胃肠道内的浓度较高，主要从粪便中排出，故用作肠道抗菌增效剂比 TMP 优越。

(2) **临床作用** 抗菌谱广，与磺胺类相似且效力较强。对多种革兰阳性菌及阴性菌均有抗菌活性，其中较敏感的有溶血性链球菌、葡萄球菌、大肠杆菌、变形杆菌、巴氏杆菌和沙门杆菌等。但对铜绿假单胞菌、结核杆菌、丹毒杆菌、钩端螺旋体无效。单用易产生耐药性，一般不单独作抗菌药使用。

(3) **作用机理** 其作用机理是抑制二氢叶酸还原酶，使二氢叶酸不能还原成四氢叶酸，因而阻碍了敏感菌叶酸代谢和利用，从而妨碍菌体核酸合成。TMP 或 DVD 与磺胺类药物合用时，可从两个不同环节同时阻断叶酸合成，而起双重阻断作用，抗菌作用可增强数倍至几十倍，甚至使抑菌作用变为杀菌作用。对磺胺药耐药的大肠杆菌、变形杆菌、化脓链球菌等亦有作用，并可减少耐药菌株的产生。

(4) **不良反应** 本类药物毒性低，不良反应少，但大剂量使用时，可影响叶酸代谢和作用。可致白细胞减少和血小板减少，故长期使用时必须注意。

## 甲氧苄啶（TMP）

【理化性质】 本类药物为淡黄色或白色结晶粉末。无臭，味微苦。几乎不溶于水，易溶于酸及有机溶剂。

【药理作用】 本品抗菌机理是抑制二氢叶酸还原酶，使二氢叶酸不能还原为四氢叶酸，妨碍细菌核酸的合成。当与磺胺药并用时起细菌叶酸代谢的双重阻断作用，因而起协同甚至杀菌作用。本品抗菌谱与磺胺类相似，抗菌作用同磺胺药，且较强，单用易产生耐药性，二者合用，抗菌作用增加数倍至数十倍，并可呈杀菌作用，对磺胺药有耐药性的菌株，如大肠杆菌、变形杆菌、化脓球菌等，亦能增效。此外，还能增强各种抗生素如四环素、青霉素及红霉素的抗菌效力。

【临床应用】 临床上主要与抗菌药联合应用，治疗敏感菌引起的各种感染。

【注意事项】 单用时可能在某些菌株迅速出现耐药性。本类药毒性很低，治疗量不会出现明显的毒性反应，但孕犬、幼犬及体弱犬、猫易引起叶酸摄取障碍，应用时宜慎重。

【制剂、用法与用量】

① 复方磺胺嘧啶片（磺胺嘧啶和甲氧苄啶） 0.03g，0.12g，0.24g。内服：一次量，每1kg体重，犬、猫15～30mg，一日1～2次。

② 复方磺胺甲噁唑片（磺胺甲噁唑和甲氧苄啶） 0.48g，0.96g。内服：一次量，每1kg体重，犬、猫15～30mg，一日1～2次。

## 二甲氧苄胺嘧啶（敌菌净，DVD）

【理化性质】 白色结晶性粉末，微溶于水。

【药理作用】 本品内服吸收差，血中浓度低，而胃肠内保持较高浓度。因此，用作肠道抗菌增效剂比三甲氧苄胺嘧啶优越。与磺胺对甲氧嘧啶或磺胺嘧啉合用，对球虫抑制作用明显。

【临床应用】 临床上主要与其它抗菌药联合应用，治疗敏感菌引起的感染。

【制剂、用法与用量】

复方二甲氧苄胺嘧啶片 含磺胺对甲氧嘧啶30mg，二甲氧苄胺嘧啶6mg。内服：一次量，每1kg体重，犬、猫20～25mg，一日2次。

## 奥美普林（二甲氧甲基苄啶）

【理化性质】 本品为白色或淡黄色结晶性粉末。味微苦。溶于有机溶剂及有机酸，几乎不溶于水。

【药理作用】 本品具有广谱抗菌作用，且对部分球虫也有效。

【临床应用】 临床常与磺胺类药按1:5的比例组成复方制剂，可用于治疗犬、猫的肺炎、皮肤、软组织及尿道感染等疾病。

【制剂、用法与用量】

复方磺胺间二甲氧嘧啶片 0.12g，0.24g，0.6g。内服：一次量，每1kg体重，犬、猫10～20mg，一日1次。预防球虫感染时，一次量，每1kg体重，犬20～30mg，一日1次。

## 二、氟喹诺酮类药

氟喹诺酮类属化学合成抗菌药，因其具有氟喹诺酮的基本结构而命名。自1962年合成萘啶酸以来，此类药物发展迅速，可分为三代。第一代的萘啶酸，抗菌谱较窄；第二代的代表为吡哌酸，抗菌活性较萘啶酸增高；自1979年合成氟哌酸以来，相继合成了众多含氟的氟喹诺酮类，即第三代药物。氟喹诺酮类具有如下特点：①抗菌谱广，抗菌活性高，对革兰阴性菌，包括铜绿假单胞菌均有良好的抗菌作用，对革兰阳性菌也有一定抗菌活性；②对细胞、组织穿透力强，易吸收，且在体内分布广泛，对各组织系统的感染均有良好疗效；③细菌对其产生突变耐药的发生率低，无质粒介导的耐药性发生，与其它抗菌药无交叉耐药性；④大多数品种半衰期相对较长，故服药次数较少，使用方便。

**(1) 体内过程**

① 吸收　大部分氟喹诺酮类药内服吸收迅速而完全，血药峰浓度相对较高，除诺氟沙星和环丙沙星外，其余药物的吸收均达给药量的 $80\%\sim100\%$。氟喹诺酮类可螯合二价、三价金属阳离子，如 $Ca^{2+}$、$Mg^{2+}$、$Al^{3+}$、$Zn^{2+}$ 等，因而不能与含有这些离子的食品和药物同服。

② 分布　氟喹诺酮类药血浆蛋白结合率低，组织和体液中分布广泛，在肺、肝、肾、膀胱、前列腺、卵巢、输卵管和子宫内膜的药物浓度高于血药浓度。培氟沙星、氧氟沙星和环丙沙星可通过正常或炎症脑膜进入脑脊液达到有效治疗浓度。

③ 代谢与排泄　氟喹诺酮类药少量在肝脏代谢或经粪便排出，大多数主要是以原形经肾脏排出。

**(2) 临床作用**　第一代氟喹诺酮药物萘啶酸抗菌谱窄，仅对大肠杆菌、变形杆菌、沙门菌具有抗菌作用，且作用弱，对敏感菌株的MIC多在 $4\mu g/mL$ 以上；对铜绿假单胞菌、葡萄球菌等无抗菌作用。第二代的吡哌酸与萘啶酸相比，对大肠杆菌、沙门菌等肠杆菌科细菌的抗菌作用增强，对敏感菌株的MIC为 $1.56\sim4\mu g/mL$，对铜绿假单胞菌也有一定作用，但活性仍低，MIC为 $12.5\sim25\mu g/mL$。第三代的氟喹诺酮类对革兰阴性菌（如大肠杆菌、沙门菌、变形杆菌、肺炎杆菌、铜绿假单胞菌、巴氏杆菌、丹毒杆菌）和革兰阳性菌（如链球菌、金葡菌）均有效，对支原体也有效。对大肠杆菌、变形杆菌、沙门菌等肠道杆菌作用强大，MIC为 $0.02\sim1\mu g/mL$；对铜绿假单胞菌等假单胞菌的MIC在 $0.5\sim8\mu g/mL$ 之间；对革兰阳性球菌作用以环丙沙星为强，对金葡菌的MIC为 $0.2\sim0.5\mu g/mL$。

**(3) 作用机理**　氟喹诺酮类药物作用机制为抑制细菌的DNA旋转酶。DNA旋转酶的作用是使DNA形成螺旋，以高度螺旋卷紧的形式存在于菌体内，此酶被抑制，则DNA不能卷紧，无法容纳在菌体内，也就无法进行正常的DNA复制，使细菌不能进行分裂，产生快速杀菌作用。细菌细胞（原核细胞）的DNA呈裸露状态，而动物细胞（真核细胞）的DNA呈包被状态，因此药物易与细菌的DNA接触，呈现选择作用。由于氟喹诺酮类药物作用机制不同于其它抗生素，因此与其它抗生素无交叉耐药现象。细菌对氟喹诺酮类和吡哌酸、萘啶酸之间亦无明显交叉耐药性。细菌对该类药物亦可产生耐药性，其机制主要是由于DNA旋转酶A亚单位突变或细菌对药物渗透性的改变而引起，并不存在质粒介导的耐药性。值得注意的是，利福平（RNA合成抑制剂）或氯霉素（蛋白质合成抑制剂）可导致氟喹诺酮类药物的作用降低，例如可使诺氟沙星作用完全消失，可使环丙沙星作用部分消失，故氟喹诺酮类不应与利福平、氯霉素等核酸及蛋白质合成抑制剂合用。

**(4) 不良反应**　本类药物毒副作用小，安全范围较大。不良反应主要是对软骨组织的生长有不利影响，禁用于幼龄动物（尤其是犬）和怀孕的犬、猫。大剂量或长期用药，尿中可形成结晶，损伤尿道，也可损害肝脏和出现胃肠道反应。故禁止用药剂量过大或时间过长，且用药期间应给宠物充足的饮水。

## 乙基环丙沙星（恩诺沙星）

【理化性质】 本品为微黄色或淡橙黄色结晶性粉末，无臭，味微苦。在水中极微溶解，易溶于碱。遇光渐变成橙黄色。

【药理作用】 本品为动物专用药物。抗菌谱广，具有高效、安全范围大、毒副作用小等特点。内服、注射具有吸收快而完全、体内分布广、生物利用度高、半衰期长等特点。对支原体亦有效。抗霉形体效力较泰乐菌素和泰莫林强。对大肠杆菌、克雷伯杆菌、沙门菌、变形杆菌、铜绿假单胞菌、嗜血杆菌、多杀性巴氏杆菌、溶血性巴氏杆菌、金葡菌、链球菌等都有杀菌作用。

【临床应用】 临床上可用于犬、猫的细菌和支原体引起的呼吸系统、消化系统、泌尿生殖系统和皮肤等感染的治疗。

【注意事项】 本品避免与四环素、氯霉素、大环内酯类等抗生素合用。

【制剂、用法与用量】

① 乙基环丙沙星片 2.5mg，5mg，25mg，50mg。内服：一次量，每1kg体重，犬、猫2.5～5mg，一日2次。

② 恩诺沙星注射液 10mL:0.05g，10mL:0.25g。肌内注射：一次量，每1kg体重，犬、猫2.5～5mg，一日1～2次。

## 诺氟沙星（氟哌酸）

【理化性质】 本品为类白色至淡黄色结晶性粉末，有吸湿性，在水与乙醇中极微溶解。

【药理作用】 本品为第二代氟喹诺酮类广谱抗菌药，对革兰阴性菌如大肠杆菌、沙门菌、巴氏杆菌及铜绿假单胞菌作用较强，对革兰阳性菌、支原体也有一定作用。对肠杆菌科的大部分细菌都有良好的体外抗菌作用。诺氟沙星体外对多重耐药菌亦具抗菌活性，对青霉素耐药的流感嗜血杆菌和卡他莫拉菌等亦有良好抗菌作用。

【临床应用】 临床上主要用于敏感菌引起的犬、猫的消化道、呼吸道、泌尿道感染和支原体病的治疗。外用可治疗皮肤、软组织、创伤及眼部的敏感菌感染。

【注意事项】 本品应用剂量过大时可能会引起中枢神经反应，如兴奋不安，偶尔可诱发癫痫，因此，有癫痫倾向犬应慎用本品。本类药物对幼犬（尤其4～28周龄）或体型较大并生长迅速犬的负重关节软骨组织生长有不良影响，因此禁用于幼龄犬和妊娠犬。本类药物不宜与咖啡因、利福平、氯霉素、甲砜霉素、氟苯尼考、含铝、钙、铁等多价阳离子的制剂联合应用。

【制剂、用法与用量】

① 诺氟沙星胶囊 0.1g。内服：一次量，每1kg体重，犬、猫22mg，一日2次。

② 诺氟沙星软膏 10g:0.1g，250g:2.5g。外用：涂擦。

③ 诺氟沙星滴眼液 8mL:24mg。外用：滴眼。

## 环丙沙星（环丙氟哌酸）

【理化性质】 本品为淡黄色结晶性粉末，不溶于水。其药用品盐酸盐则溶于水，且味苦，有吸湿性。

【药理作用】 抗菌谱较广，对革兰阴性菌的抗菌活性为目前上市的氟喹诺酮类中最强者。除对革兰阴性杆菌有高度抗菌活性外，对革兰阳性菌抗菌活性亦较强。对葡萄球菌属具有良好抗菌作用，对肺炎球菌、链球菌属的作用略差于葡萄球菌属。

【临床应用】 临床上主要用于治疗全身各系统的感染，如尿路感染、肠道感染、呼吸道感染、皮肤软组织感染等。对严重感染及败血症可用其注射液静脉给药，也可用于犬、猫的皮肤、软组织、创伤和眼部感染。本品在犬、猫的内服生物利用度较低，治疗革兰阳性菌感染时需较高剂量。

【制剂、用法与用量】

① 环丙沙星片　0.25g。内服：一次量，每1kg体重，犬10～20mg，猫20mg，一日1次。

② 环丙沙星注射液　10mL:0.2g。静脉注射：一次量，每1kg体重，犬5～15mg，猫10mg，一日1次。

## 单诺沙星（达氟沙星）

【理化性质】 本品的甲磺酸盐为淡黄色结晶性粉末。无臭，味苦。在水中易溶，在甲醇中微溶。

【药理作用】 本品为动物专用的新型广谱高效杀菌药物，抗菌谱与恩诺沙星相似。其特点是：内服、注射吸收迅速而完全，生物利用度高，体内分布广泛，尤其在肺部的浓度是血浆浓度的5～7倍。

【药理作用】 临床上主要用于由巴氏杆菌、支原体、大肠杆菌引起的肺部感染。

【制剂、用法与用量】

单诺沙星甲磺酸盐　皮下或肌内注射：一次量，每1kg体重，犬1～2mg，一日2次。

## 培氟沙星

【理化性质】 其甲磺酸盐为白色或微黄色粉末，易溶于水。

【药理作用】 抗菌谱、体外抗菌活性与诺氟沙星相似。内服吸收良好，生物利用度优于诺氟沙星，心肌浓度是血药浓度的1～4倍，较易通过血脑屏障。

【临床应用】 临床主要用于敏感菌引起的呼吸道感染、肠道感染、脑膜炎、心内膜炎、败血症等。

【制剂、用法与用量】

① 甲磺酸培氟沙星可溶性粉　内服：一次量，每1kg体重，犬5～10mg，一日2次。

② 甲磺酸培氟沙星注射液　100mL:2g。肌内注射：一次量，每1kg体重，犬2.5～5mg，一日2次。

## 二氟沙星

【理化性质】 本品盐酸盐为类白色或淡黄色结晶性粉末，无臭，味微苦。微溶于水，几乎不溶于乙醇。

【药理作用】 本品对多种革兰阴性菌与革兰阳性杆菌以及支原体等均有良好的抗菌活性。包括大多数克雷伯菌属、葡萄球菌属、大肠杆菌、肠杆菌属、弯曲杆菌属、志贺菌属、变形杆菌属和巴斯德菌属等。某些假单胞菌（铜绿假单胞菌）和大多数肠球菌对本品耐药。二氟沙星与其它氟喹诺酮药相似，对大多数厌氧菌作用微弱。

【临床应用】 主要用于敏感菌引起的各种感染。

【注意事项】 犬、猫内服本品可出现厌食、呕吐及腹泻等胃肠反应。

【制剂、用法与用量】

盐酸二氟沙星片　15mg，50mg，100mg。内服：一次量，每1kg体重，犬5～10mg，一日1次。

## 氧氟沙星（氟嗪酸）

【理化性质】 本品为白色或微黄色结晶性粉末，无臭，味苦，难溶于水与乙醇，略溶于稀酸或稀碱，极易溶解于冰醋酸中，其内服粉剂易溶于水。

【药理作用】 本品抗菌谱广，对革兰阳性菌、革兰阴性菌和部分厌氧菌、霉形体均有效，抗菌活性略优于氟哌酸。对庆大霉素耐药的铜绿假单胞菌、氯霉素耐药的大肠杆菌、伤寒杆菌、痢疾杆菌等，均有良好的抗菌作用，体外抗菌活性优于诺氟沙星。具有内服吸收完全，血药浓度高，半衰期长等特点。

【临床应用】 临床主要用于细菌和霉形体感染，以及敏感菌引起的呼吸道、泌尿道、肠道、皮肤和软组织感染。

【注意事项】 本品不良反应发生率较低，偶见消化反应。妊娠期、哺乳期、有过敏史的宠物禁用。重度肾病宠物慎用。

【制剂、用法与用量】

氧氟沙星注射液 10mL：0.2g。肌内或静脉注射：一次量，每1kg体重，犬、猫2.5～5mg，一日2次。

## 马波沙星

【理化性质】 本品为白色或微黄色结晶性粉末，无臭，味苦，微溶于水。

【药理作用】 本品属广谱杀菌性抗生素，杀菌作用随浓度升高而呈现依赖性。对支原体、衣原体和多种细菌均有效，尤其对多数革兰阴性菌，如大肠杆菌、变形杆菌效果良好。体外抗菌活性优于诺氟沙星。具有内服吸收完全、血药浓度高、半衰期长等特点。

【临床应用】 临床主要用于细菌和支原体引起的呼吸道、泌尿道、肠道、皮肤和软组织感染。

【注意事项】 本品不良反应发生率较低，偶见消化反应。妊娠期、哺乳期、有过敏史的宠物禁用。20mg和80mg片剂慎用于猫。

【制剂、用法与用量】

① 马波沙星注射粉针 20mL：0.2g。肌内或静脉注射：一次量，每1kg体重，犬、猫2.5～5mg，一日1次。

② 马波沙星片 5mg，20mg，80mg。口服或肠外给药：一次量，每1kg体重，犬2～5mg，一日1次。

## 三、其它化学合成抗菌药

## 甲硝唑（灭滴灵，甲硝达唑，甲硝咪唑）

【理化性质】 本品为白色或微黄色结晶性粉末。稍具苦咸味，微溶于氯仿、水和乙醇，极微溶于乙醚。遇光易变黑，应遮光、密封保存。

【药理作用】 本品对大多数专性厌氧菌如拟杆菌、梭状芽孢杆菌、产气荚膜梭菌、粪链球菌及部分真杆菌具有强大杀菌作用，属于人工合成的硝基咪唑类化合物。本品能通过抑制药物代谢而增强华法林、环孢菌素的作用，也可与螺旋霉素组成复方制剂，以克服其对革兰阳性需氧菌活性不强的缺点。无论内服、静脉注射还是局部用药，本品均有明显效果。

【临床应用】 临床上主要用于犬贾第虫病，对犬贾第虫病疗效显著，也可用于手术后、肠道和全身的厌氧菌感染。

【注意事项】 本品应用剂量过大时，可出现以震颤、衰弱和共济失调等为特征的神经系统紊乱的症状。本品能透过胎盘屏障及从乳汁排泄，因此，妊娠或哺乳期母犬不宜应用本品。

【制剂、用法与用量】

① 甲硝唑片　0.2g、0.4g、0.5g。内服：一次量，每1kg体重，犬25 mg，一日1~2次。

② 复方甲硝唑片　甲硝唑25mg、螺旋霉素46.9mg，甲硝唑125mg、螺旋霉素234.4mg，甲硝唑250mg、螺旋霉素469mg。内服：一次量，每1kg体重，犬15~25mg，猫8~10mg，一日2次。

③ 甲硝唑注射液　1mL:40mg，100mL:500mg，250mL:1.25g。皮下或静脉注射：一次量，每1kg体重，犬10mg，一日2次。

## 奥 硝 唑

【理化性质】 本品为无色至微黄色的澄明液体。

【药理作用】 本品是继甲硝唑、替硝唑之后的第三代硝基咪唑类衍生物，具有良好的抗厌氧菌和抗原生质（如滴虫）感染作用，疗效优于甲硝唑和替硝唑。对多种杆菌和少数球菌，如脆弱拟杆菌、狄氏拟杆菌、卵圆拟杆菌、多形拟杆菌、普通拟杆菌、梭状芽孢杆菌、真杆菌、消化球菌和消化链球菌、幽门螺杆菌、黑色素拟杆菌、梭杆菌、牙龈类杆菌等作用显著。

【临床应用】 临床上主要用于腹腔感染、口腔感染、外科感染、脑部感染、败血症、菌血症等严重厌氧菌感染。

【注意事项】 本品应用剂量过大时，可出现以震颤、衰弱和共济失调等为特征的神经系统紊乱的症状。

【制剂、用法与用量】

奥硝唑注射液　250mL:0.5g。皮下或静脉注射：一次量，每1kg体重，犬10mg，一日2次。

## 第四节　抗真菌药与抗病毒药

### 一、抗真菌药

真菌种类很多，由真菌引起的感染，按感染部位可分为以下两类：一类是体表真菌感染，这种感染最常见，主要侵害宠物的皮肤、被毛等处，引起各种癣病，有些在人、宠物之间还可相互传染；另一类是深部真菌感染，主要侵害深部组织及内脏器官引起的感染，如真菌性胃肠炎、真菌性肺炎等。

目前治疗真菌感染的药物有非烯类抗生素（如灰黄霉素）、多烯类抗生素（如两性霉素B、制霉菌素）及咪唑类抗真菌药（如克霉唑、益康唑）等。灰黄霉素主要治疗体表真菌感染；两性霉素B主要治疗深部真菌感染；制霉菌素、克霉唑、益康唑则具有广谱抗真菌作用，对浅部与深部真菌感染均有效。

**1. 非烯类抗真菌药**

## 灰 黄 霉 素

【理化性质】 本品为白色或类白色微细粉末。无臭，味微苦。难溶于水，略溶于无水乙醇。应遮光、密封保存。

【药理作用】 灰黄霉素能有效地抑制毛癣菌属、小孢子菌属和表皮癣菌属等皮肤真菌的生长。对它们引起的真菌性皮肤病如宠物钱癣（脱毛癣）有防治功效。但对白色念珠菌等深部真菌感染、放线菌属及细菌均无作用，对曲霉菌属作用也很小。灰黄霉素作用于敏感真菌后，可导致菌丝肿胀和气球样变，细胞壁丧失其完整性，胞浆膜则近乎消失，生长停止。但不能杀菌，所以需较长时间（1周以上）治疗，直至受感染的角质层完全脱落或趾甲新生，将感染菌丝体完全脱落为止。敏感菌株对本品能产生耐药性。

【临床应用】 主要用于浅部真菌病的治疗，对宠物的脱毛癣有较好疗效。

【注意事项】 在宠物应用治疗量后未见严重的不良反应，但对有肝脏疾患和妊娠宠物均不宜应用。

【制剂、用法与用量】

灰黄霉素片 0.1g，0.25g。内服：一次量，每1kg体重，犬、猫40～50mg，一日1次，连用4～8周。

**2. 多烯类抗真菌药**

## 制霉菌素

【理化性质】 为酸碱两性化合物，淡黄色粉末，具吸湿性，干燥状态下稳定。不溶于水，微溶或略溶于酒精、甲醇、正丙醇、正丁醇。本品水混悬液在-25℃下可保存18个月，37℃时7d后效价减损50%。

【药理作用】 对白色念珠菌、新隐球菌、荚膜组织胞浆菌、球孢子菌、小孢子菌等具有抑菌或杀菌作用。内服难吸收，静脉注射和肌内注射的毒性较大，局部用药也不被皮肤、黏膜吸收。因此，对全身性真菌感染无效。

【临床应用】 主要用于预防或治疗长期服用四环素类抗生素所引起的肠道真菌性感染。气雾吸入对肺部霉菌感染疗效佳。临床可用于治疗犬、猫消化道念珠菌病，局部用药对皮肤真菌感染有效。

【注意事项】 本品用量过大可引起呕吐、腹泻等消化道反应。

【制剂、用法与用量】

① 制霉菌素片 10万国际单位，25万国际单位，50万国际单位。内服：一次量，犬5万～15万国际单位，一日2～3次。

② 制霉菌素外用混悬液 1mL：10万国际单位。外用：涂于患处，一日2～3次。

## 两性霉素B（二性霉素B）

【理化性质】 两性霉素是多烯类抗生素，含A、B两种成分，由于B的作用较强，故只选此种应用临床，称为两性霉素B。两性霉素B为黄色至橙黄色粉末，不溶于水及乙醇。其注射剂添加有一定量的脱氧胆酸钠（起增溶作用），可溶于水呈胶体溶液，但遇无机盐溶液则析出沉淀。

【药理作用】 本药对荚膜组织胞浆菌、新隐球菌、白色念珠菌、球孢子菌和皮炎芽生菌、黑曲霉菌等真菌都有抑制作用。真菌对两性霉素B虽也可产生耐药性，但不显著。

【临床应用】 临床上主要用于上述真菌所致的全身性深部真菌感染，如荚膜组织胞浆菌病、白色念珠菌病等。

【注意事项】 本品毒性较大，主要是对肾脏的毒性，故静脉注射时应定期（每周）检查患病犬、猫血液和尿液含氮量，如反应严重，则应停止用药。注射前应用抗组胺药或将两性霉素B与氟美松合用，可减轻不良反应。

【制剂、用法与用量】 注射用两性霉素B 5mg,25mg,50mg。静脉注射：一次量，每1kg体重，犬、猫0.15～0.5mg,隔日1次。

**3. 咪唑类抗真菌药**

### 克 霉 唑

【理化性质】 本品为白色结晶性粉末。难溶于水。

【药理作用】 本品为广谱抗真菌药。对皮肤癣菌类的作用与灰黄霉素相似，对深部（内脏）真菌的作用类似两性霉素B。真菌对本品不易产生耐药性。内服适用于治疗各种深部真菌感染。控制严重感染宜与两性霉素B合用。外用治疗各种浅表真菌病也有显著疗效。

【临床应用】 目前在兽医临床上应用较少，但它具有抗真菌谱广、毒性小、内服易吸收、对皮肤及深部真菌感染均有效等优点，值得推广应用。

【制剂、用法与用量】
① 克霉唑片 0.25g,0.5g。内服：一次量，每1kg体重，犬、猫12.5～25mg,一日2～3次。
② 克霉唑软膏 1%,3%。外用：患部涂擦，一日2次。
③ 克霉唑溶液 1%。外用：患部涂擦，一日2次。

### 益康唑（硝酸氯苯咪唑）

【理化性质】 本品为白色结晶性粉末。几乎不溶于水。

【药理作用】 本品为人工合成的广谱、安全、速效抗真菌药。对各种致病性真菌几乎都有抗菌作用；对革兰阳性菌，特别是球菌，也有一定的抑菌作用。本品适用于治疗皮肤、黏膜或阴道内的真菌感染，如皮肤癣病、念珠菌性阴道炎等。

【临床应用】 临床上可用于犬、猫皮肤、甲、爪真菌病。

【制剂、用法与用量】
① 益康唑软膏 2%。外用：患部涂擦，一日2次。
② 益康唑酊 1%。外用：患部涂擦，一日2次。
③ 硝酸益康唑栓 50mg,150mg。外用：置阴道内，一日1次。
④ 益康唑霜 1%。外用：患部涂擦，一日2次。

### 酮 康 唑

【理化性质】 本品为白色结晶性粉末。无臭，无味。几乎不溶于水，在氯仿中易溶，在甲醇中溶解。

【药理作用】 本品为人工合成的广谱抗真菌药。对全身及浅表真菌均有抗菌活性，对隐球菌、着色真菌、念珠菌、皮炎芽生菌、组织胞浆菌、毛发癣菌、球孢子菌、小孢子菌均具有抑制作用，而大剂量长时间应用，可作为杀真菌药。其作用机制为直接损伤真菌的细胞膜，使其通透性发生改变，细胞内重要物质摄取受影响或漏失而使真菌死亡。

【临床应用】 临床上主要用于治疗犬、猫球孢子菌病、组织胞浆菌病、小孢子菌、毛癣菌、隐球菌病、芽生菌病等，也可防治皮肤、黏膜等浅表真菌感染。

【注意事项】
① 本品有肝脏毒性，肝功能不良动物慎用。
② 本品具有胚胎毒性，妊娠动物禁用。

③ 应用本品常伴有恶心、呕吐等消化道症状。
④ 本品可抑制睾丸酮的合成,产生抗雄性激素的作用。

【制剂、用法与用量】
① 酮康唑片　0.2g。内服:一次量,每1kg体重,犬、猫5～10mg,一日2～3次。
② 酮康唑软膏　2%。外用:患部涂擦,一日2次。

## 二、抗病毒药

病毒不同于细菌等病原微生物。病毒是寄生于细胞内,直径约为20～300nm,以核酸为中心、以蛋白质为外壳,没有细胞结构的微生物。从病毒核酸基因上可分为含DNA或含RNA的病毒;从引起疾病的流行病学和临床特点可分为呼吸道病毒、肠道病毒、肝炎病毒、痘类病毒和疱疹病毒等。

**1. 免疫血清类**

### 犬瘟热病毒抗血清

【理化性质】　本品为浅红色或橙黄色透明液体。系应用犬瘟热病毒的流行病毒株经灭活后对同源动物进行反复免疫,免疫亲和纯化保护性抗原,配合免疫佐剂攻击本体动物,而产生高效价的犬源多克隆抗体,当犬瘟热病毒中和抗体效价达到1:128以上,采集血液,分离血清。

【药理作用】　本品为抗犬瘟热病毒特效免疫制剂,进入机体后能直接中和杀伤犬瘟热病毒的同时迅速激活机体免疫系统,提高机体抵抗力。

【临床应用】　主要用犬瘟热病毒感染的治疗和预防。

【注意事项】　个别敏感体质的犬会出现过敏,一旦出现应立即停止使用,迅速应用脱敏药物,如注射苯海拉明或地塞米松。

【制剂、用法与用量】
犬瘟热病毒抗血清　5mL。皮下、肌内或静脉注射:一次量,每1kg体重,犬1～2mL,一日1次,连用3～5d。

### 犬细小病毒抗血清

【理化性质】　本品为浅红色或橙黄色透明液体。系采用细胞培养活病毒,免疫亲和纯化保护性抗原,配合免疫佐剂攻击本体动物,而产生高效价的犬源多克隆抗体,当犬细小病毒中和效价达到1:128以上,采集血液,分离血清。

【药理作用】　本品为抗细小病毒特效免疫制剂,进入机体后能直接中和杀伤犬细小病毒,同时迅速激活机体免疫系统,提高机体抵抗力。

【临床应用】　主要用于犬细小病毒性肠炎的治疗和预防。

【注意事项】　个别敏感体质的犬会出现不同程度的过敏症状,一旦发现应立即停止使用,迅速应用脱敏药物,如注射盐酸苯海拉明或地塞米松,或应用其它脱敏措施;不应反复冻融,否则可有纤维蛋白析出。

【制剂、用法与用量】
犬细小病毒抗血清　5mL。皮下、肌内或静脉注射:一次量,每1kg体重,犬1～2mL,一日1次,连用3～5d。

### 犬三联抗血清

【理化性质】　本品为浅红色或橙黄色透明液体。系采用犬瘟热病毒,犬细小病毒和犬腺病毒二型，经对健康同源动物的基础免疫和反复超免，三种病毒的相应中和抗体效价达到理想水平后，采集血液分离血清，经安检、效检等合格后而制得。

【临床应用】 主要用于犬瘟热病毒、犬细小病毒和犬腺病毒二型的预防和治疗。

【注意事项】

① 本品很少出现过敏症状，个别敏感体质的犬出现过敏，应立即停止使用，迅速应用脱敏药物，如注射苯海拉明或地塞米松。

② 不应反复冻融，否则可有纤维蛋白析出。

③ 如瓶内有沉淀、絮状物及混浊应禁止使用。

【制剂、用法与用量】

犬三联抗血清　5mL。皮下、肌内或静脉注射：一次量，每1kg体重，犬1~2mL，一日1次，连用3~5d。

## 犬五联抗血清

【理化性质】 浅红色或橙黄色透明液体。系采用细小病毒、犬瘟热病毒、犬传染性肝炎、犬喉气管炎病毒和犬副流感病毒五种抗原，经反复免疫健康犬，五种抗原的相应抗体效价达到理想的水平，采集血液，分离血清，经安检和效检后制得。

【临床应用】 临床上主要用于治疗和紧急预防犬瘟热、犬细小病毒性肠炎、犬传染性肝炎、犬喉气管炎和犬副流感。

【注意事项】 一般无毒副作用及过敏反应，但某些稀有品种因个体差异，会出现不同程度过敏症状，一旦发现应立即停止使用，迅速应用脱敏药物，如注射盐酸苯海拉明或地塞米松，或应用其它脱敏措施。

【制剂、用法与用量】

犬五联抗血清　5mL。皮下或肌内注射：一次量，每1kg体重，犬1~2mL，一日1次，连用3~5d。

## 犬瘟热病毒单克隆抗体

【理化性质】 浅红色或橙黄色透明液体。

【药理作用】 本品主要抑制病毒对宿主细胞的侵染及病毒的复制，达到杀灭犬体内病毒的目的，同时又可参与犬体内的其它抗病毒保护机制，如免疫调理、抗体依赖细胞介导的细胞毒作用和抗体依赖补体介导的细胞毒作用，从而进一步激活犬体内的细胞免疫系统，发挥更大的杀灭犬瘟热病毒的作用。由于犬瘟热病毒单克隆体分子量小，特异性极强，可以部分通过血脑屏障，进入神经细胞，因而对出现神经症状的病犬也有一定的治疗作用。

【临床应用】 主要用于犬瘟热病毒病的预防和治疗。

【注意事项】

① 本品为小鼠腹水制品，对犬属动物是异源蛋白，易产生抗异源蛋白质抗体，临床不宜长期使用。

② 个别犬对本品有过敏症状，一旦出现过敏，立即停止使用，迅速注射脱敏药物，如盐酸苯海拉明或地塞米松，或采取其它抢救措施。

【制剂、用法与用量】

犬瘟热病毒单克隆抗体　5mL。皮下、肌内或静脉注射：一次量，每1kg体重，犬0.5~1mL，一日1次，连用3~5d。

## 犬细小病毒单克隆抗体

【理化性质】 浅红色或橙黄色透明液体。

【药理作用】 本品主要抑制病毒对宿主细胞的侵染及病毒的复制，达到杀灭犬体内病毒的目的，同时又可参与犬体内的其它抗病毒保护机制，如免疫调理，抗体依赖细胞介导的细胞毒作用和抗体依赖补体介导的细胞毒作用，从而进一步激活犬体内的细胞免疫系统，发挥更大的杀灭犬细小病毒的作用。

【临床应用】 主要用于犬细小病毒性肠炎的预防和治疗。

【注意事项】 本品为小鼠腹水制品，对犬属动物是异源蛋白，易产生抗异源蛋白质抗体，临床不宜长期使用。

个别犬对本品有过敏症状，一旦出现过敏，立即停止使用，迅速注射脱敏药物，如盐酸苯海拉明或地塞米松，或采取其它抢救措施。

【制剂、用法与用量】

犬细小病毒单克隆抗体 5mL。皮下、肌内或静脉注射：一次量，每1kg体重，犬 0.5～1mL，一日1次，连用3～5d。

## 干 扰 素

【理化性质】 本品为白色疏松体，溶解后为澄明液体。本品系由病毒进入动物机体后，诱导宿主细胞产生的一类具有多种生物活性的糖蛋白，自细胞释放后可促使其它细胞抵抗病毒感染。无抗原性，不被免疫血清中和，也不被核酸酶破坏，但可被蛋白酶灭活。

【药理作用】 本品是一种广谱抗病毒剂，几乎可以抑制所有病毒的繁殖，对DNA病毒、RNA病毒和包括这两型的成瘤病毒都有作用，抗病毒范围很广。其并不直接杀伤或抑制病毒，而主要是通过细胞表面受体作用使细胞产生抗病毒蛋白，从而抑制病毒的复制；同时还可增强自然杀伤细胞（NK细胞）、巨噬细胞和T淋巴细胞的活力，从而起到免疫调节作用，并增强抗病毒能力。此外，干扰素还具有抗肿瘤的作用，对细胞内寄生的衣原体与原虫也有作用。

【临床应用】 临床上主要用于犬、猫病毒性疾病的预防与治疗，如：犬瘟热、犬细小病毒性肠炎、犬腺病毒、犬副流感、犬冠状病毒感染、犬疱疹病毒感染、犬病毒性角膜炎等。γ-干扰素对犬、猫皮肤病也有很好的治疗效果，如：慢性过敏性皮肤病、天疱疮、顽固性脓皮病、棘皮症、蚤过敏性皮肤病、病毒性皮肤病、螨虫感染反复发作、湿疹性皮肤病、难处理的药疹及其它慢性、顽固性皮肤病等。还可以治疗犬、猫免疫力低下症。

【注意事项】 主要不良反应有发热、恶心等，应用人剂量时可出现暂时性骨髓抑制。

【制剂、用法与用量】

注射用重组犬γ-干扰素 500万国际单位。皮下或肌内注射：一次量，每1kg体重，犬50万～75万国际单位，一日1次，连用2～4周。

注射用重组犬α-干扰素 200万国际单位，500万国际单位。皮下或肌内注射：一次量，每1kg体重，犬20万～40万国际单位，一日1次，连用2～4周。

**2. 化学制剂类**

## 吗啉胍（病毒灵）

【理化性质】 本品为白色结晶性粉末，难溶于水。而常用其盐酸盐，为白色结晶性粉末，易溶于水。

【药理作用】 本品为广谱抗病毒药，主要抑制病毒 RNA 聚合酶的活性及蛋白质的合成，对流感病毒等多种病毒增殖期的各个环节都有作用。

【临床应用】 可用于防治流感、流行性腮腺炎、滤泡性结膜炎、水痘、疱疹以及麻疹等。局部用于眼的浅表部位的真菌感染。

【制剂、用法与用量】

吗啉胍片　0.1g。内服：一次量，犬、猫 50~100mg，一日 2 次，连用 3d。

## 利巴韦林（病毒唑，三氮唑核苷）

【理化性质】 本品为白色结晶性粉末。无臭、无味。在水中易溶，但微溶于乙醇。

【药理作用】 本品为广谱抗病毒药，属于嘌呤三氮唑化合物。对 DNA 病毒与 RNA 病毒都有效，其作用机理尚未完全明确。但已知药物进入被病毒感染的细胞后迅速磷酸化，其产物作为病毒合成酶的竞争性抑制剂，抑制肌苷单磷酸脱氢酶、流感病毒 RNA 聚合酶和 mRNA 鸟苷转移酶，从而引起细胞内鸟苷三磷酸的减少，损害病毒 RNA 和蛋白质的合成，使病毒的复制和传播受阻，而并不改变病毒的吸附、侵入和脱壳过程，也不诱导干扰素的产生。

【临床应用】 临床上主要用于病毒感染。

【注意事项】 猫每天按 75mg/kg 体重剂量给药，连续 10d 可引起严重的血小板减少症，并伴随骨髓抑制、黄疸和失重。妊娠犬、猫禁用本品。

【制剂、用法与用量】

① 利巴韦林片　20mg，50mg，100mg。内服：一次量，每 1kg 体重，犬、猫 5~10mg，一日 2 次。

② 利巴韦林注射液　1mL:100mg，2mL:150mg。肌内或静脉注射：一次量，每 1kg 体重，犬、猫 5mg，一日 2 次。

③ 利巴韦林滴眼液　8mL:8mg。外用：滴眼。

## 金刚烷胺（三环癸胺）

【理化性质】 本品成品为金刚烷胺的盐酸盐，为白色结晶或白色结晶性粉末。易溶于水。

【药理作用】 本品能干扰病毒进入细胞，阻止病毒脱壳及其核酸释出等作用，应用于多种病毒感染（如流感病毒、副流感病毒、呼吸道病毒）。本品能增加脑内多巴胺的释放，并延迟神经细胞对多巴胺的再摄取，从而发挥抗震颤麻痹作用。

【临床应用】 临床主要用于病毒性感染，与抗菌药合用，可控制继发细菌感染，提高疗效。

【制剂、用法与用量】

① 金刚烷胺片　0.1g。内服：一次量，每 1kg 体重，犬、猫 3mg，一日 1 次。

② 金刚烷胺胶囊　0.1g。内服：一次量，每 1kg 体重，犬、猫 3mg，一日 1 次。

## 阿昔洛韦（无环鸟苷）

【理化性质】 本品为白色结晶性粉末，在水中极微溶解，其钠盐易溶于水。5% 溶液的 pH 值为 11，pH 值降低时可析出沉淀。

【药理作用】 本品能抑制水痘-带状疱疹病毒、巨细胞病毒及 B 病毒的繁殖。其作用机制为本品进入疱疹病毒感染的细胞后，此药被病毒特异性的胸腺嘧啶脱氧核苷激化酶磷酸化，并转化为活化型阿昔洛韦三磷酸酯，作为病毒 DNA 复制的底物与脱氧鸟嘌呤三磷酸酯竞争病毒 DNA 聚合酶，从而抑制病毒 DNA 合成。

【临床应用】 临床主要用于病毒性感染，与抗菌药合用，可控制继发细菌感染，提高疗效。

【制剂、用法与用量】

阿昔洛韦软膏剂 3%。外用：涂于患处，一日 4～6 次。

## 泛昔洛韦

【理化性质】 本品为白色或类白色结晶性粉末。

【药理作用】 本品是喷昔洛韦的前体药，和阿昔洛韦一样也是鸟苷类似物，可通过干扰病毒 DNA 聚合酶的活性而抑制病毒 DNA 的合成。

【临床应用】 临床主要用于防治猫疱疹病毒感染，但应与其它抗病毒药和抗菌药联合使用，以控制继发细菌感染，提高疗效。

【制剂、用法与用量】

泛昔洛韦片 125mg，250mg。口服：一次量，每 1kg 体重，猫 15～30mg，一日 2 次。

## 第五节 犬、猫常用抗感染中草药

### 双 黄 连

【理化性质】 本品为黄棕色无定形粉末或疏松固体状物，有吸湿性。味苦、涩。

【药理作用】 本品具有抗菌、抗病毒作用，可发挥解热、抗心律失常等疗效。双黄连对金黄色葡萄球菌、表皮葡萄球菌、α-溶血性链球菌、肺炎克雷伯菌、伤寒杆菌、大肠杆菌、铜绿假单胞菌、粪产碱杆菌、宋内志贺菌、弗氏柠檬酸杆菌等均有抑制作用，尤其对金黄色葡萄球菌、表皮葡萄球菌和变形杆菌的抑制作用较强。

【临床应用】 临床主要用于病毒及细菌所引起的发热、咳嗽、上呼吸道感染、肺炎等。

【注意事项】

① 本品偶见皮疹，停药后可自行消失。

② 本品可与青霉素类（青霉素、氨苄西林）、头孢菌素类（先锋 V）及激素类（地塞米松）药物配伍使用。

③ 本品与氨基糖苷类（庆大霉素、卡那霉素、链霉素）及大环内酯类（红霉素、白霉素）等配伍时易产生混浊或沉淀。

④ 在葡萄糖注射液等 pH 值低于 3.2 时，溶解本品后易产生混浊或沉淀，切勿使用。

⑤ 严格观察本品，因运输、保管不当等原因产生吸湿缩团等现象时切勿使用。

⑥ 如出现过敏反应，应立即使用地塞米松磷酸钠注射液、解毒敏注射液等抗过敏药物及硫酸阿托品等解痉药物进行解救。

【制剂、用法与用量】

① 双黄连冻干粉针剂 0.6g。静脉注射：一次量，每 1kg 体重，犬、猫 60mg，一日 1 次。

② 双黄连注射液 20mL。肌内或静脉注射：一次量，每 1kg 体重，犬、猫 0.5～2mL，一日 1～2 次。

## 清 开 灵

【理化性质】 本品为淡黄色至黄色的澄明液体。

【药理作用】 本品具有多方面的药理作用。具有适应证广、疗效好、无毒副作用等优点,不仅可以抗病毒、抗细菌,还可以增强机体免疫功能,对某些感染性疾病的疗效优于大多数抗生素和抗病毒药物。本品对流感病毒、副流感病毒、肝炎病毒均有较好的抑制和杀灭作用。本品还具有保肝作用、脑组织保护作用以及抗血小板聚集作用。

【临床应用】 本品主要用于病毒感染所致的高热、流感、肺炎、支气管炎、脑炎和肝炎等,对脑出血、神志不清以及昏迷等也有较好的疗效,且用药越早效果越好。

【制剂、用法与用量】

清开灵注射液 2mL,10mL。皮下、肌内或静脉注射:一次量,每1kg体重,犬、猫0.05~0.1mL,一日1~2次。

## 穿 心 莲

【理化性质】 本品为淡黄色至黄色的澄明液体。

【药理作用】 本品具有抗菌、消炎、抗癌等多种药理活性,有较高的药用和保健价值。

【临床应用】 临床上主要用于支气管炎、肺炎的治疗。

【注意事项】 妊娠动物慎用,不宜在同一容器中与其它药物混用。

【制剂、用法与用量】

① 穿心莲粉剂 内服:一次量,犬、猫3~10g,一日1~2次。

② 穿心莲注射液 2mL。肌内注射:一次量,犬、猫0.5~2mL,一日2次。

## 鱼 腥 草

【理化性质】 本品为微黄色或几乎无色的澄明液体。

【药理作用】 本品中的鱼腥草素对卡他球菌、流感杆菌、肺炎球菌、金黄色葡萄球菌等均有明显的抑制作用。合成鱼腥草素对多种革兰阳性及阴性细菌都具有明显的抑制作用,以金黄色葡萄球菌及其耐青霉素株(最低抑菌浓度为62.5~80$\mu$g/mL)、肺炎双球菌、甲型链球菌、流感杆菌(最低抑菌浓度为1.25$\mu$g/mL)最为敏感;卡他球菌、伤寒杆菌等次之;而大肠杆菌、铜绿假单胞菌及痢疾杆菌不甚敏感;对白色念珠菌、新型隐球菌、孢子丝菌、曲菌、着色霉菌、红色癣菌、叠瓦癣菌、石膏样小孢子菌、铁锈色小孢菌、鲨癣菌等也具有抑制作用。

【临床应用】 临床上主要用于支气管炎、肺炎的治疗。

【注意事项】 不宜在同一容器中与其它药物混用。本品是纯中药制剂,保存不当可能影响产品质量。因此,使用前必须对光检查,发现药液出现混浊、沉淀、变色、漏气等现象时不能使用。

【制剂、用法与用量】

鱼腥草注射液 2mL,10mL。肌内注射:一次量,犬0.5~2mL,一日1~2次。静脉注射:一次量,犬2~10mL,一日1~2次。

## 第六节 抗微生物药的合理应用

抗微生物药是临床上应用最为广泛的药物,但滥用现象十分严重,这不仅造成经济上的浪费，而且使不良反应与耐药菌不断增加，造成治疗失败。滥用抗菌药还会产生药物残留等兽医公共卫生学方面的危害。因此，必须强调合理使用抗菌药。

## 一、正确诊断、准确选药

只有明确致病菌，掌握不同抗菌药物的抗菌谱，才能选择对病原菌敏感的药物。细菌的分离鉴定和药敏试验是合理选择抗菌药的重要手段。

## 二、严格掌握适应证和疗程

抗菌药在机体内要发挥杀灭或抑制病原菌的作用，必须在靶组织或器官内达到有效的浓度，并能维持一定的时间。因此，必须有合适的剂量、间隔时间及疗程。同时，血中有效浓度维持时间受药物在体内的吸收、分布、代谢和排泄的影响。因此，应在考虑各药的药物动力学、药效学特征的基础上，结合宠物的病情、体况，制定合适的给药方案，包括药物品种、给药途径、剂量、间隔时间及疗程等。例如犬肌内注射或静脉注射第一代头孢菌素中的头孢拉定，常出现严重过敏反应，引起死亡，慎用。此外，兽医临床药理学提倡按药物动力学参数制定给药方案，特别是对使用毒性较大、用药时间较长的药物，最好能通过血药浓度监测，作为用药的参考，以保证药物的疗效，减少不良反应的发生。

## 三、正确的联合用药

联合应用抗菌药物是一个重要而又实际的课题，但目前对联合应用时所产生的一系列现象和问题，尚未能摸清其规律和找到完整的答案。联合应用的主要目的在于扩大抗菌谱，增强疗效，减弱毒性反应，延缓或减少耐药菌株的产生。

联合应用抗菌药物时可出现相加、协同、拮抗和无关等四种现象和作用。相加作用代表两种药物作用的总和；协同作用是指合用后取得的抗菌效果，较相加所得的效果好；无关作用是指总作用不超过联合中较强者的作用；拮抗作用则表示两药合用时，其作用互有抵消而减弱。

**1. 联合用药的指征**

① 病因不明、病情危急的严重感染或败血症。
② 单一抗菌药不能有效控制的严重感染或混合感染，如严重烧伤、创伤性心包炎等。
③ 容易出现耐药性的细菌感染，或需长期用药的疾病，为防止耐药菌的出现，应考虑采用联合用药。
④ 对某些抗菌药不易渗入的感染病灶，如中枢神经系统感染，也多采用联合用药。

**2. 联合用药的效应**

临床上根据抗菌药物的抗菌机理和性质，将其分为四大类：Ⅰ类为繁殖期或速效杀菌剂，如青霉素类、头孢菌素类；Ⅱ类为静止期或慢效杀菌剂，如氨基糖苷类、多黏菌素类（对静止期或繁殖期细菌均有杀菌活性）；Ⅲ类为速效抑菌剂，如四环素类、氯霉素类、大环内酯类；Ⅳ类为慢效抑菌剂，如磺胺类等。Ⅰ类与Ⅱ类合用一般可获得增强作用，如青霉素G和链霉素合用。Ⅰ类与Ⅲ类合用出现拮抗作用，如青霉素G与四环素合用出现拮抗。Ⅰ类与Ⅳ类合用，可能无明显影响，但在治疗脑膜炎时，合用可提高疗效，如青霉素G与SD合用。其它类抗菌药合用多出现相加或无关作用。还应注意，作用机理相同的同一类药物合用的疗效并不增强，而可能相互增加毒性，如氨基糖苷类之间合用能增加对第八对脑神经的毒性；氯霉素、大环内酯类、林可霉素类，因作用机理相似，均竞争细菌同一靶位，而出现拮抗作用。此外，联合用药时应注意药物之间的理化性质、药物动力学和药效学之间的相互作用与配伍禁忌。

还需指出，无根据的盲目的联合用药是不可取的。有配伍禁忌的配伍应当严格禁止。各种抗菌药可能有效的组合见表2-1。

表 2-1　抗菌药物可能有效的组合

| 病原菌 | 抗菌药物的联合应用 |
| --- | --- |
| 一般革兰阳性和阴性菌 | 青霉素G+链霉素；红霉素+氯霉素；SMZ+TMP或DVD；SMD+TMP或DVD；$SM_2$+TMP或DVD；SD+TMP或DVD；卡那霉素或庆大霉素+四环素或氨苄青霉素 |
| 金黄色葡萄球菌 | 红霉素+氯霉素；苯唑青霉素+卡那霉素或庆大霉素；红霉素或氯霉素+庆大霉素或卡那霉素；红霉素+利福平或杆菌肽；头孢菌素+庆大霉素或卡那霉素；万古霉素或杆菌肽+头孢菌素或苯唑青霉素 |
| 大肠杆菌 | 链霉素、卡那霉素或庆大霉素+四环素类、氯霉素、氨苄青霉素、头孢菌素或羧苄青霉素；多黏菌素+四环素类、氯霉素、庆大霉素、卡那霉素、氨苄青霉素或头孢菌素；$SM_2$+TMP或DVD |
| 变形杆菌 | 链霉素、卡那霉素或庆大霉素+四环素类、氯霉素、氨苄青霉素或羧苄青霉素；SMZ+TMP |
| 铜绿假单胞菌 | 多黏菌素B或E+四环素类、庆大霉素或氨苄青霉素；庆大霉素+四环素类、羧苄青霉素 |

## 四、宠物机体自身因素的影响

宠物机体的免疫力是协同抗菌药的重要因素，外因通过内因而起作用，在治疗中过分强调抗菌药的功效而忽视机体内在因素，往往是导致治疗失败的重要原因之一。因此，在使用抗菌药物的同时，应根据患病犬、猫的品种、年龄、生理、病理状况，采取综合治疗措施，增强抗病能力，如纠正机体酸碱平衡失调、补充能量、扩充血容量等辅助治措施，促进疾病康复。

### 案例分析

【基本情况】　德国牧羊犬：8月龄，母，体重28kg。因在玩耍时右后腿被锈铁块划伤，流血不止，主人立即带其来宠物医院就诊。

【临床检查】　该犬体温、呼吸、脉搏正常，口流涎，全身哆嗦，行走时右后肢轻度跛行，且附有大量血液，创口轮廓模糊，遂右后肢剃毛检查，发现股外侧皮肤约7cm长斜行创口，皮下组织模糊不清，情况紧急，未做其他化验即行外伤处理。

【治疗方案】　创部剃毛、消毒，0.9%生理盐水彻底冲洗创口，清除创口及创周污渍。然后用青霉素G钠160万单位、生理盐水100mL再次冲洗，创口内撒布青霉素G钠粉，最后结节缝合皮肤，并辅以结系绷带，以防止该犬舔咬患部。清创完毕，肌内注射破伤风抗毒素1.5mL；5%葡萄糖注射液100mL，止血敏注射液4mL混合静脉注射；5%葡萄糖注射液100mL，头孢曲松钠2.0g混合静脉注射；甲硝唑氯化钠注射液200mL静脉注射。以上药物每日1次，连用5d。9d后拆线时，创口愈合良好，行走正常。

【疗效评价】　青霉素对化脓性细菌具有较好作用，而且毒性小，价格便宜，是动物临床上常用的一种抗生素药物。但近几年因青霉素过敏报道较多，且极易产生耐药性，故临床上常作外用药。头孢曲松钠对多种革兰阳性细菌和阴性细菌都具较强杀菌作用，配合对厌氧菌效果较好的甲硝唑使用，疗效增强，可有效控制感染。

## 【复习思考题】

1. 抗生素按其抗菌谱分为哪几类？以代表性的抗生素论述其抗菌机理。
2. 抗生素与合成抗菌药常用的品种有哪些？各有何特点？如何联合用药？
3. 论述磺胺类与抗菌增效剂合用可使药效增强的作用机理。
4. 氟喹诺酮类在作用与应用上有何特点？其杀菌机理是什么？
5. 怎样才能做到合理应用抗感染药？

# 第三章 防腐消毒药

## 第一节 概 述

### 一、防腐消毒药的概念及特点

**1. 防腐消毒药的概念**

防腐消毒药是抑制或杀灭病原微生物生长繁殖的一类药物。分为防腐药和消毒药。防腐药是抑制病原微生物生长繁殖的药物。主要用于生物体表面局部皮肤、黏膜和创伤的防腐；也用于食品、生物制品等的防腐。消毒药是迅速杀灭病原微生物的药物。主要用于环境、宠物舍、动物的排泄物、用具和器械等非生物表面的消毒。

防腐药和消毒药是根据用途和特性来区分的，两者之间并无严格的界限。消毒药浓度低时也能抑菌，而高浓度的防腐药也能杀菌，所以统称为防腐消毒药。

**2. 防腐消毒药的特点**

（1）**抗菌谱** 防腐消毒药的抗菌谱与抗生素药物及其它抗菌药物不同，这类药物没有明显的抗菌谱，对多数病原微生物都有抑杀作用。

（2）**损害、毒性** 防腐消毒药在用于防腐消毒的浓度时，对动物机体也会造成不同程度的损害，甚至出现毒性反应，所以大多只用作外部防腐消毒。

### 二、防腐消毒药的作用机理

**1. 使病原体蛋白质凝固、变性**

大部分的防腐消毒药都是通过蛋白质凝固、变性起作用的。对蛋白质的凝固作用没有选择性，所以称为"原浆毒"。这类药物不但能杀灭病原微生物，而且能破坏动物组织，只用于环境消毒。如酚类、醇类、酸类、重金属盐类等。

**2. 改变病原体细胞膜的通透性**

表面活性剂等杀菌作用是通过降低菌体细胞膜的表面张力、增加菌体细胞膜的通透性，使本来不能转到细胞膜外的酶类和营养物质溢出膜外；膜外的水分渗入菌体细胞内，使菌体爆裂、溶解和破坏而死亡。如新洁尔灭、洗必泰等。

**3. 干扰或破坏病原体的酶系统**

防腐消毒药通过氧化、还原反应使菌体酶的活性基团遭到损坏；或药物的化学结构与细菌体内的代谢产物类似，可竞争性地或非竞争性地与菌体内的酶结合，从而抑制酶的活性，导致菌体的生长抑制或死亡。如氧化剂、重金属盐等。

**4. 综合作用**

有的消毒药不只通过一条途径发挥消毒作用，而具有多种作用机制。如苯酚在高浓度时可使蛋白质变性，而在低于凝固蛋白的浓度时，可通过抑制酶或损害细胞膜来杀菌。

## 三、影响防腐消毒药作用的因素

**1. 药物浓度和作用时间**

其它条件一致的情况下，消毒药物的杀菌效力一般随其溶液浓度的增加而增强，随药物作用时间的延长，消毒效果也增加。浓度越高，时间越长，消毒效果越好，但对机体组织的刺激和损害也越大。另外，药物浓度与杀菌速度间存在一定关系，一般情况下，增加药物浓度可提高消毒杀菌的速度，缩短杀菌所需的时间，达到相同效力。浓度越高，时间越短。但有部分药物例外，如乙醇。

**2. 温度**

在一定的温度变化范围内，消毒药的抗菌效果与环境的温度及消毒药液的温度成正比，温度越高，杀菌力越强。一般温度每升高10℃，抗菌效力增强1倍。对热稳定的防腐消毒药可使用热溶液，以提高药效。对防腐消毒药物抗菌效力的检测鉴定，通常在15～20℃气温下进行。对热敏感，不稳定的药物不要加热，如过氧乙酸、乙醇等。

**3. 有机物**

环境中的粪尿以及创伤上的脓血、体液等有机物，与防腐消毒剂结合成不溶解的化合物，形成一层凝固的有机物保护层，使药物不能与深层微生物接触，影响药物的作用。或是有机物与消毒药物结合后减弱或消除药物的作用。

**4. 病原微生物的类型特点**

不同类型的微生物以及处于不同状态的微生物，对同一种消毒药的敏感程度不同。如革兰阳性菌一般比革兰阴性菌对消毒药物敏感；病毒对碱类消毒药物敏感，而对酚类消毒药物有耐药性；生长繁殖阶段的细菌对消毒药物敏感，具有芽孢的细菌对消毒药物抵抗力强。

**5. 药物之间的相互拮抗**

两种以上药物合用，或消毒药与清洁剂、除臭剂合用，药物之间会发生物理、化学等方面的变化，使消毒药效降低或失效。如高锰酸钾、过氧乙酸等氧化剂与碘酊等还原剂之间会发生氧化还原反应，不但减弱消毒药效，还会对皮肤的刺激性增强，甚至产生毒害。阴离子表面活性剂与阳离子表面活性剂合用，发生置换反应，使药效消失。

**6. 其它因素**

消毒药物的表面形态、结构、化学活性、pH值、剂型、消毒液的表面张力、在溶液中的解离度等都会影响消毒效果。

# 第二节　环境消毒药

## 一、酚类

酚类是一种表面活性物质。能损害菌体细胞膜，较高浓度时使菌体蛋白变性，具有杀菌作用。另外，其可通过抑制细菌脱氢酶和氧化酶的活性，产生抑菌作用。

大多数酚类对不产生芽孢的繁殖型细菌和真菌有较强的杀灭作用，但对芽孢和病毒作用不强；酚类抗菌活性不受环境中有机物和细菌数的影响，可消毒排泄物等；酚类化学性质稳定，贮藏或遇热等一般不会影响药效。

### 甲酚（煤酚）

【理化性质】　为无色或淡黄色澄清透明液体，是对、邻、间位三种甲基酚异构体的混合物，有类似苯酚的臭味。放置较久或在日光下颜色逐渐变深。难溶于水。由植物油、氢氧化钾、煤酚配制的含煤酚50％的肥皂溶液为煤酚皂溶液，即来苏儿。

【药理作用】 本品使菌体蛋白变性而呈现杀菌作用。抗菌作用较苯酚强3～5倍，并且消毒使用浓度比苯酚低，所以较苯酚安全。能杀灭细菌的繁殖体，对结核杆菌、真菌有一定作用，可杀灭亲脂性病毒，但对亲水性病毒无效，对芽孢的灭活作用也较差。

【临床应用】 3％～5％煤酚皂溶液（来苏儿）可用于宠物舍、场地、排泄物等消毒。1％～2％溶液用于皮肤、手臂的消毒。0.5％～1％溶液用于口腔和直肠黏膜的消毒。

【注意事项】 有臭味，不宜在食品加工厂使用。

### 苯酚（石炭酸）

【理化性质】 无色或微红色针状结晶或块状结晶。有特臭，吸湿，溶于水和有机溶剂。水溶液呈酸性。遇光或暴露于空气中颜色渐深。碱性环境、脂类、皂类等能减弱其杀菌作用。

【药理作用】 苯酚可凝固蛋白，具有较强的杀菌作用。低浓度的苯酚可吸附细菌表面，改变细菌胞浆膜的通透性，进而抑制胞浆内脱氢酶和氧化酶的活性，从而影响细菌的生长和繁殖，呈现消毒防腐作用。苯酚在0.5％～1％浓度时可抑制一般细菌的生长和繁殖，杀灭细菌需1％以上的浓度，对芽孢、病毒几乎无效。

【临床应用】 5％的溶液可在48h内杀死炭疽芽孢；2％～5％的溶液可用于犬舍、器具、排泄物的消毒处理。临床上常用其复合酚（含苯酚41％～49％，乙酸22％～26％），对细菌、霉菌、病毒、寄生虫卵等都具有较强的杀灭作用。100～200倍稀释液可喷雾消毒。

【注意事项】 浓度大于0.5％时有局部麻醉作用；5％溶液对组织产生强烈刺激和腐蚀作用。长期使用有致癌可能。

### 氯甲酚

【理化性质】 本品为无色或微黄色结晶。有酚的特臭。遇光或在空气中颜色逐渐变深。水溶液显弱酸性反应。在乙醇中极易溶解，在乙醚、石油醚中溶解，在水中微溶，在碱性溶液中易溶。

【药理作用】 本品对细菌繁殖体、真菌和结核杆菌均有较强的杀灭作用，但不能有效杀灭细菌芽孢。

【临床应用】 用于犬舍、猫舍等环境消毒。0.3％～1％溶液喷洒消毒宠物舍及环境。

【注意事项】 本品对皮肤、黏膜有腐蚀性。宜现用现配。

## 二、碱类

碱类杀菌作用的强度取决于其解离的离子浓度，解离度越大，杀菌作用越强。氢氧根离子能水解菌体中的蛋白质和核酸，破坏菌体内的酶系统和细胞核，对细菌和病毒的杀灭作用都较强，高浓度溶液可杀死芽孢。遇有机物，碱类消毒药的杀菌力稍微减低。碱类无臭无味，可作宠物舍场地的消毒，也可作食品加工厂舍的消毒。碱溶液可损坏铝制品、油漆面、纤维织物等。

### 氢氧化钠（苛性钠，火碱，烧碱）

【理化性质】 白色不透明固体，吸湿性强，易潮解；暴露于空气吸收空气中的$CO_2$，逐渐变成碳酸钠。极易溶于水，易溶于乙醇。

【药理作用】 能杀死细菌的繁殖型、芽孢和病毒，对某些寄生虫卵也有效，还能皂化脂肪，清洁皮肤，促进外用药物向皮肤内渗透。

【临床应用】 1%～2%溶液可用于消毒宠物舍、场地、车辆等，也可消毒食槽、水槽等。但消毒后的食槽、水槽应充分清洗，以防对口腔及食道黏膜造成损伤。5%溶液用于消毒炭疽芽孢污染的场地。

【注意事项】 对机体组织有腐蚀性，使用时应注意防护。

## 氧化钙（生石灰）

【理化性质】 白色干块，容易吸收空气中的水分，与水结合生成氢氧化钙。

【药理作用】 生石灰本身并无消毒作用，与水混合后变成熟石灰（氢氧化钙），熟石灰才具有消毒杀菌作用。对大多数繁殖型病菌有较强的杀灭作用，但对芽孢无效。

【临床应用】 常用10%～20%的石灰水混悬溶液涂刷墙壁、地面、护栏等，也可用作排泄物的消毒；也可将生石灰直接加入被消毒的液体或撒于排泄物、阴湿的地面、粪池、水沟等处。

【注意事项】 生石灰不具消毒作用，只有与水反应，变成熟石灰才有消毒作用，所以各饲养场在门口铺撒生石灰粉的做法是不科学的，消毒作用不大。但铺撒的生石灰在潮湿地方可以吸潮后发挥作用，或铺撒生石灰粉后及时泼水。熟石灰可以吸收空气中的二氧化碳，变成碳酸钙而失去杀菌作用。所以，用生石灰消毒时应临用时将生石灰与水混合，并及时使用，混合后存放时间越长，其消毒效果越低。

## 三、醛类

醛类消毒药的化学活性很强。在常温下易挥发。可使菌体蛋白、酶变性，核酸功能发生改变，具有强大的杀菌作用。

## 甲 醛

【理化性质】 40%的甲醛溶液即福尔马林，室温条件为无色液体，有特殊刺激性气味，易溶于水和乙醇，在水中以水合物的形式存在。

【药理作用】 甲醛能凝固菌体蛋白质和溶解类脂，还能和蛋白质某些基团结合而使之变性。对繁殖型细菌、芽孢、结核杆菌、病毒、真菌均有效。

【临床应用】 主要用于宠物舍环境、器具、衣物等的消毒。由于甲醛具有挥发性，多采取熏蒸消毒的方式。2%的溶液可用于器械消毒；10%的福尔马林溶液可以用来固定标本；宠物舍空间熏蒸消毒，每立方米空间15～20mL甲醛溶液，加等量的水，加热蒸发即可。

【注意事项】 福尔马林在冷处久贮可生成聚甲醛发生混浊和沉淀。存放甲醛溶液温度不要太低，或加入10%～15%的甲醇可防止聚合。甲醛对皮肤黏膜有很强的刺激性，使用时应注意。

## 戊 二 醛

【理化性质】 无色油状液体；味苦，有微弱的甲醛臭，但挥发性较低。可与水或醇作任何比例的混合，溶液呈弱酸性。在pH值高于9时可迅速聚合。

【药理作用】 近10年来才发现其碱性水溶液具有较好的杀菌作用。pH值在7.5～8.5时，作用最强，可杀灭细菌的繁殖型和芽孢、真菌、病毒，其作用强度是甲醛的2～10倍。

【临床应用】 主要用于犬舍、猫舍及器械消毒。2%戊二醛溶液用于医疗废物、橡胶制品、体温表等浸泡消毒。

【注意事项】 对组织刺激性弱，碱性溶液可腐蚀铝制品，不能用铝制品盛装。

## 四、过氧化物类

过氧化物又称氧化剂，过氧化物类消毒药多依靠其强大的氧化能力来杀灭微生物，杀菌能力强，但这类药物不稳定，易分解，具有漂白和腐蚀作用。

### 过氧乙酸（过醋酸）

【理化性质】 市售的过氧乙酸为20%的过氧乙酸溶液，无色透明液体，弱酸性，有刺激性酸味，易挥发，易溶于水、酒精和乙酸。性质不稳定，遇热或有机物、重金属离子、强碱等易分解。低温下分解缓慢，所以应低温（3~4℃）保存。浓度高于45%的溶液容易爆炸。

【药理作用】 过氧乙酸具有酸和氧化剂的双重作用，其挥发的气体也具有较强的杀菌作用，较一般的酸或氧化剂作用强。是高效、速效、广谱的杀菌剂。对细菌、芽孢、病毒、真菌等都具有杀灭作用。低温时也具有杀菌和抗芽孢作用。

【临床应用】 用于宠物舍、场地、用具的消毒。

【注意事项】 腐蚀性强，有漂白作用，溶液及挥发气体对呼吸道和眼结膜等有刺激性；浓度较高的溶液对皮肤有刺激性。有机物可降低其杀菌力。

## 五、卤素类

卤素和易释放出卤素的化合物，具有强大的杀菌作用。氯和含氯化合物均以改变细胞的通透性，或通过氧化作用杀灭细菌的。其中氯的杀菌能力最强，碘较弱，碘主要用于皮肤消毒。

### 含氯石灰（漂白粉）

【理化性质】 含有效氯25%以上。灰白色粉末，有氯臭，在水中部分可溶解，在空气中吸收水分和二氧化碳缓慢分解而失效。

【药理作用】 漂白粉放入水中，生成次氯酸，次氯酸再释放出活性氯和新生态氧而具有杀菌作用。能杀灭细菌、芽孢、真菌和病毒。

【临床应用】 5%~20%的混悬溶液消毒已发生传染病的宠物舍、场地、墙壁、排泄物等。饮水消毒为每100mL水中加入0.3~1.5g漂白粉。

【注意事项】 不可与易燃易爆物品放在一起，现用现配。

### 二氯异氰尿酸钠（优氯净）

【理化性质】 含有效氯60%~64.5%。白色或微黄色晶粉，有浓厚的氯臭味。性质稳定，在高温、潮湿处存放，有效氯含量下降也很少；易溶于水，溶液呈弱酸性，水溶液稳定性较差，应现用现配。

【药理作用】 抗菌谱广，杀菌力强，对细菌繁殖型、芽孢、病毒、真菌等都有较强的杀灭作用。溶液pH值越低，杀菌作用越强，加热可增强杀菌效力。有机物对其杀菌作用影响较小。

【临床应用】 主要用于宠物舍、场地、排泄物、用具等的消毒。0.5%~1%水溶液用于杀灭细菌和病毒，5%～10%水溶液用于杀灭芽孢。

【注意事项】 具有腐蚀和漂白作用。

## 第三节 皮肤、黏膜防腐消毒药

### 一、醇类

这类药主要用于局部皮肤、黏膜、创伤表面的感染预防和治疗。如外科的清创及手臂皮肤的消毒。

#### 乙醇（酒精）

【理化性质】 无色澄明的液体；易挥发，易燃烧。与水能作任何比例的配合。

【药理作用】 乙醇含量在70%以下时，含量高，作用强，70%作用最强，超过75%以后，随浓度的增加，杀菌效力减弱。70%的乙醇凝固蛋白的速度较慢，在表层蛋白完全凝固之前，通过细菌细胞膜的乙醇量足可以使细菌死亡，所以，临床使用的乙醇含量为70%。可杀灭繁殖型细菌，但对芽孢无效。

【临床应用】 主要用于皮肤局部、手术部位、手臂、体温计、注射部位、注射针头、医疗器械等的消毒。

【注意事项】 凡未标明浓度的均为95%乙醇，易挥发，应密封保存。

### 二、酸类

#### 硼 酸

【理化性质】 为白色或微带光泽鳞片的粉末。能溶于冷水，更溶于沸水、醇和甘油。

【药理作用】 有比较弱的抑菌作用，但没有杀菌作用。

【临床应用】 由于硼酸刺激性小，多用来处理对刺激敏感的黏膜、创面，清洗眼睛、鼻腔等。常用浓度为2%～4%。硼酸也可以同甘油或磺胺粉配合使用。

#### 乙酸（醋酸）

【理化性质】 本品为含乙酸36%～37%的水溶液，无色透明液体。有强烈的特臭，味酸。

【药理作用】 本品对细菌、真菌、芽孢和病毒有较强的杀灭作用。一般来说对细菌繁殖体最强，依次为真菌、病毒、结核杆菌及细菌芽孢。

【临床应用】 0.1%～0.5%溶液可冲洗阴道，0.5%～2%溶液可冲洗感染创面，2%～3%溶液可冲洗口腔。

### 三、卤素类

#### 碘

碘属卤素类，碘与碘化物的水溶液或醇溶液均可用于皮肤消毒或创面消毒。

【理化性质】 碘呈灰黑色或蓝黑色、有金属光泽的片状结晶或块状物，有特殊臭味，具有挥发性；难溶于水，在碘化钾的水溶液中易溶解。

【药理作用】 具有强大的杀菌作用,可杀灭细菌、芽孢、真菌、病毒及原虫。碘类起杀菌作用的主要是游离碘和次碘酸,游离碘能迅速穿透细胞壁,和菌体蛋白中的羟基、烃基、巯基结合,使其发生变性(生成磺化蛋白质),使微生物灭活。次碘酸有很强的氧化作用,能氧化菌体蛋白质中的活性基团,抑制细菌代谢酶,但碘的氧化作用远低于氯。

【临床应用】 2%碘酊用于饮水消毒,在1L水中加5~6滴,能杀死病菌和原虫;5%碘酊用于术部等消毒。1%碘甘油用于鸡痘、鸽痘的局部涂擦;5%碘甘油用于治疗黏膜的各种炎症。

### 碘 仿

【理化性质】 为黄色有光泽的针状结晶性粉末。难溶于水,能溶于酒精、醚、甘油。

【药理作用】 碘仿本身没有防腐作用,当与组织接触时,可释放出游离碘呈现抑菌防腐作用。游离碘还能刺激组织,促进肉芽组织生长。具有防腐、除臭和防蝇作用。

【临床应用】 5%~10%碘仿甘油用于治疗化脓创;10%碘仿醚溶液用于治疗瘘管、蜂窝织炎等。碘仿磺胺粉(1∶9)、碘仿硼酸粉(1∶9)用于治疗创伤、烧伤和溃疡。5%~10%碘仿软膏用于涂敷患部。

## 四、表面活性剂

### 苯扎溴铵(新洁尔灭)

【理化性质】 属于季铵盐类阳离子表面活性剂。为无色或黄色透明液体,易溶于水,水溶液呈碱性,性质稳定,无刺激性,耐热,无腐蚀性。

【药理作用】 具有杀菌和去污的作用,对病毒作用较差。

【临床应用】 常用于创面、皮肤、手术器械等的消毒和清洗。术前手臂的消毒可用0.05%~0.1%浓度清洗并浸泡5min;0.1%浓度可用于皮肤消毒和手术部位的清洗,也可用于手术器械、敷料的清洗和消毒(浸泡30min左右)。

【注意事项】 禁与肥皂、其它阴离子活性剂、盐类消毒药、碘化物、氧化物等配伍使用。禁用于合成材料消毒,不用聚乙烯材料容器盛装。

### 醋酸氯己定(洗必泰)

【理化性质】 本品为白色或几乎白色的结晶粉末。无臭、味苦;无吸湿性。溶于乙醇,微溶于水。

【药理作用】 抗菌作用强于新洁尔灭,作用迅速且持久,毒性低,无局部刺激性。对革兰阳性菌、阴性菌和真菌均有杀灭作用,但对结核杆菌、细菌芽孢及某些真菌仅有抑制作用。

【临床应用】 用于皮肤、黏膜、手术创面、手及器械消毒。0.02%溶液用于手臂消毒,0.05%溶液用于伤口创面的清洗消毒,0.01%~0.1%溶液用于冲洗阴道、膀胱等炎症组织,0.1%溶液用于器械消毒。

【注意事项】 禁与汞、甲醛、碘酊、高锰酸钾等消毒剂配伍应用。

### 度米芬(消毒宁)

【理化性质】 本品为白色或微黄色片状结晶;无臭或微带特臭,味苦。极易溶于乙醇或三氯甲烷,易溶于水,略溶于丙酮,在乙醚中几乎不溶。

【药理作用】 本品为阳离子表面活性剂，对革兰阳性菌、革兰阴性菌均有杀灭作用，对芽孢、抗酸杆菌、病毒效果不显著，有抗真菌作用。在中性或弱碱性溶液中效果好，在酸性溶液中效果明显下降。

【临床应用】 用于创面、黏膜、皮肤和器械消毒。0.05%～0.1%溶液用于皮肤、器械消毒；0.02%～0.05%溶液用于创面、黏膜消毒。

【注意事项】 禁止与肥皂、盐类和其它合成洗涤剂、无机碱配伍应用，避免使用铝制容器。消毒金属器械需加0.5%亚硝酸钠防锈。

## 五、氧化剂

### 高锰酸钾

【理化性质】 黑紫色、细长的正交结晶或颗粒，带金属光泽，无臭。易溶于水，水溶液呈深紫色。

【药理作用】 强氧化剂，遇有机物或加热、加酸、加碱等即可释放出新生态氧（非离子态氧，不产生气泡），而呈现杀菌、除臭、解毒作用。

【临床应用】 低浓度对组织有收敛作用，高浓度对组织有刺激和腐蚀作用。其抗菌作用较过氧化氢强，但极易被有机物分解而失去作用。所以在清洗皮肤创腔时，污物过多，应不断更换新药液，以保持药效。0.05%～0.2%的溶液清洗创伤、溃疡、黏膜等，尤其适用深部化脓疮的清洗。多种药物误食中毒都可用高锰酸钾溶液洗胃解毒。

【注意事项】 与某些有机物或易氧化的化合物研磨或混合时，易引起爆炸或燃烧。溶液放置后作用减低或失效，应现用现配。遇有机物失效。手臂消毒后会着色，并发干涩。

### 过氧化氢（双氧水）

【理化性质】 含过氧化氢3%的水溶液，无色澄明液体，无臭或有类似臭氧的臭气。

【药理作用】 有较强的氧化性，与有机物接触时，迅速分解，释放出新生态氧而具有抗菌作用。由于作用时间短，有机物可大大减弱其作用，杀菌力很弱。

【临床应用】 在与创面接触时，由于分解迅速，会产生大量气泡，机械地松动脓块或脓液、血块、坏死组织等，有利于清创。对深部创伤还可防治破伤风杆菌等厌氧菌的感染。

【注意事项】 遇光、遇热、长久放置易失效。遮光、密闭、阴凉处保存。处理深部脓物时，如不产生泡沫，可能脓物已清理完毕，或是药物失效。

## 六、染料类

### 甲 紫

【理化性质】 本品为绿色带金属光泽的粉末；有臭味，在乙醇中溶解，水中微溶。

【药理作用】 甲紫对革兰阳性菌，特别是葡萄球菌、白喉杆菌作用较强，对白色念珠菌等真菌及铜绿假单胞菌也有较好的抗菌作用。它还能与坏死组织结合形成保护膜而起到一定的收敛作用。

【临床应用】 用于皮肤、黏膜的创伤、感染和溃疡消毒。1%～2%溶液用于烧伤和霉菌感染灶的消毒；也可用于皮肤、黏膜、溃疡的洗涤。2%～10%软膏用于治疗皮肤表面的真菌感染。

## 乳酸依沙吖啶（利凡诺，雷佛奴尔）

**【理化性质】** 本品为鲜黄色结晶性粉末；无臭，味苦。易溶于热水，溶于沸无水乙醇，水中略溶，乙醇中微溶，乙醚中不溶。水溶液呈黄色，有绿色荧光，呈中性反应，水溶液不稳定，遇光逐渐变色。

**【药理作用】** 本品对革兰阳性细菌及少数革兰阴性细菌有较强的杀灭作用，对球菌尤其是链球菌的抗菌作用较强。

**【临床应用】** 用于各种创伤，渗出、糜烂的感染性皮肤病及伤口冲洗。本品刺激性小，一般治疗浓度对组织无损害。0.1%～0.2%水溶液用于皮肤、黏膜感染创口的洗涤；1%软膏用于治疗化脓性皮肤病及湿疹皮炎的继发感染；0.2%醇溶液滴耳治疗化脓性中耳炎；0.1%溶液滴鼻治疗鼻窦炎。

**【注意事项】** 不能用生理盐水溶解本品，以免析出沉淀。本品与碱类及碘液混合易析出沉淀。

### 案例分析

**【基本情况】** 金毛寻回猎犬：7月龄，公，体重25kg。主诉：10d前在外玩耍时左后肢外侧皮肤挂在一铁片上，致皮肤约10cm左右撕裂创，出血较多，回家后主人自行处理：用双氧水冲洗数次，然后用纱布、绷带包扎。3d后主人发现从创口流出多量脓性液体，遂来院就诊。

**【临床检查】** 该犬精神尚可，走路未见明显跛行；打开左后肢绷带检查，创口裂开，创周皮肤溃烂，严重化脓。血常规检查无明显异常。

**【治疗方案】** 创周剃毛，创内涂布利多卡因注射液，5min后进行清创处理，先用生理盐水冲净创内毛发，用锐匙刮除创内、创周腐肉，然后用醋酸氯己定消毒液彻底冲洗，再用甲硝唑生理盐水冲洗数次，最后创内涂布消炎药粉，装置引流管，行简单结节缝合皮肤。同时嘱其回家后防止舔咬创口，每天用碘酊消毒液涂布创口1～2次，10d后拆除缝线及引流管，15d后电话回访创口已完全愈合。

**【疗效评价】** 双氧水为化脓创和感染创的常用冲洗液和消毒液，但不宜用于新鲜创口的处理，因其强氧化作用，可使局部组织细胞氧化变性，甚至坏死，从而延迟创口愈合。此外，对于皮肤创口的处理，若在处理不严格的情况下，尽量让其开放性愈合，不宜过度包扎，以避免加重感染。

### 【复习思考题】

1. 影响防腐消毒药作用的因素有哪些？
2. 防腐消毒药的作用原理是什么？
3. 防腐消毒药的分类及代表药物有哪些？

# 第四章 抗寄生虫药物

寄生虫病是目前宠物临床上最严重的疾病之一，寄生虫的急性感染可引起宠物死亡，慢性感染可使宠物生长受阻、皮毛质量变差等。此外，宠物犬有到处乱闻和随地大小便的习惯，且犬感染后往往处于隐性感染或带虫状态，这就加大了犬等宠物通过草地等环境相互传染寄生虫病的可能性。另外，蜱、螨、跳蚤等本身是外寄生虫，且可传播更多、更危险的疾病，不仅对宠物主人及家人的健康构成威胁，还会污染环境，影响公共卫生。由此可见，积极开展宠物寄生虫病的防治，对保护人类和宠物的健康具有重要意义。

药物防治是目前宠物寄生虫病防治的一个重要环节，但抗寄生虫药物都有一定的毒性，所以应用抗寄生虫药物要掌握好药物、寄生虫和宿主三者之间的关系和相互作用，尽可能地发挥药物的作用，减轻或避免不良反应的发生。

## 第一节 概　述

### 一、概念

凡能驱除或杀灭动物体内、外寄生虫的药物称为抗寄生虫药。

### 二、分类

抗寄生虫药根据其主要作用对象，可分为抗蠕虫药、抗原虫药和杀虫药。

### 三、作用机理

**1. 抑制虫体内的某些酶**

不少抗寄生虫药能抑制虫体内酶的活性，使虫体的代谢发生障碍。如左旋咪唑、硝硫氰胺等能抑制虫体内延胡索酸还原酶（琥珀酸脱氢酶）的活性，减少能量的产生，导致虫体缺乏能量而死亡；有机磷酸酯类能与胆碱酯酶结合，阻碍乙酰胆碱的降解，使虫体内乙酰胆碱蓄积过多，引起虫体兴奋痉挛，最后麻痹死亡。

**2. 干扰虫体的代谢**

某些抗寄生虫药能直接干扰虫体内的物质代谢过程。如三氮脒等能抑制DNA的合成而抑制原虫的生长繁殖；氯硝柳胺能干扰虫体氧化磷酸化过程，影响ATP的合成，使绦虫虫体头节脱离肠壁而排出体外。

**3. 作用于虫体的神经肌肉系统**

某些抗寄生虫药可直接作用于虫体的神经肌肉系统，影响其运动功能或导致虫体麻痹死亡。例如哌嗪类药物有箭毒样作用，使虫体肌肉细胞膜超极化，导致虫体肌肉弛缓性麻痹。

**4. 干扰虫体内离子的平衡或转运**

如拟除虫菊酯类药物作用于昆虫神经系统，选择性作用于昆虫神经细胞膜上的钠离子通道，引起昆虫过度兴奋，最终麻痹而死亡。

## 四、影响抗寄生虫药作用的因素

抗寄生虫药使用是否安全有效，受宿主、寄生虫和药物三者及三者之间相互关系的影响，所以在使用过程中，应正确认识三者之间的相互关系。

### 1. 宿主

种属、体质和年龄不同的宿主，对药物的敏感性存在差异，如柯利犬对伊维菌素敏感等；同一种宠物的个体、性别差异也会影响到抗寄生虫药的药效或不良反应的产生；体质强弱、遭受寄生虫侵袭程度与用药后的反应亦有关；同时地区不同，寄生虫病种类不一，流行病学动态规律也不一致，根据这些特点合理选药，才能收到良好的效果。

### 2. 寄生虫

虫种很多，对不同宿主危害程度各异，对药物的敏感性反应亦有差异，且同一种寄生虫，在不同发育阶段对药物的敏感性也有差异，因此在驱虫时应针对不同的虫种选择有效的药物进行驱虫。为了达到防止传播、彻底驱虫的目的，必须间隔一定的时间进行二次或多次驱虫。另外在防治寄生虫病时，应定期更换不同类型的抗寄生虫药，以避免或减少虫体耐药性的产生。

### 3. 药物

为了更好地发挥药物的作用，应熟悉药物的理化性质、剂型、给药途径、剂量等。另外，剂量大小、用药时间长短与寄生虫产生耐药性也有关。抗寄生虫药不仅对虫体有作用，而且对宿主也有影响，所以要注意药物的安全范围。

综上所述，抗寄生虫药使用时要正确认识和处理好宿主、寄生虫和药物三者之间的关系，才能达到最好的防治效果。

## 第二节 抗蠕虫药

抗蠕虫药是指能驱除或杀灭寄生于动物体内蠕虫的药物。根据蠕虫的种类不同，通常将抗蠕虫药分为抗线虫药、抗绦虫药、抗吸虫药和抗血吸虫药。但这种分类是相对的，有些药物兼有多种作用，如吡喹酮还具有抗绦虫和抗吸虫的作用。

### 一、抗线虫药

#### 1. 苯并咪唑类

常用的有阿苯达唑、芬苯达唑、奥芬达唑、噻苯达唑、非班太尔等。它们的作用类似，主要对线虫有较强的驱杀作用。

#### 阿苯达唑（丙硫苯咪唑）

【理化性质】 为白色或类白色粉末；无臭，无味。不溶于水，溶于冰醋酸。

【药理作用】 本品为广谱、高效、低毒的新型抗蠕虫药，主要通过抑制蠕虫延胡索酸还原酶所催化的糖酵解过程，而使虫体代谢发生障碍。本品体内吸收快，2~4h可达血药最高浓度，并可持续15~24h。本品对犬、猫肠道线虫最敏感，如对蛔虫、钩虫等均有很强的驱虫作用；对绦虫、多数吸虫也有较强的杀灭作用；对血吸虫无效。

【临床应用】 主要用于驱除犬、猫体内的蛔虫、钩虫和犬丝虫等，并可同时驱除混合感染的多种寄生虫。

【注意事项】

① 本品对哺乳动物的毒性小，治疗量无任何不良反应，但本品有胚胎毒和致畸胎作用，所以不宜用于妊娠动物。

② 连续长期使用，能使蠕虫产生耐药性。

【制剂、用法与用量】

丙硫苯咪唑片　内服：一次量，每1kg体重，犬、猫25～50mg。

## 芬苯达唑（硫苯咪唑）

【理化性质】　为白色或类白色粉末；无臭，无味。易溶于二甲基亚砜，不溶于水。

【药理作用】　本品具有驱虫谱广、毒性低、耐受性好、适口性好等优点，为目前国内外广泛应用的宠物驱虫药。本品对犬、猫体内线虫、绦虫、钩虫成虫有高度驱虫活性，同时对幼虫及虫卵均有杀灭作用。

【临床应用】　临床主要用于驱除犬、猫体内的钩虫、毛尾线虫、蛔虫、绦虫等。

【注意事项】

① 对孕期、幼龄犬、猫均无毒副作用。

② 定期驱虫能提高生长速度，使皮毛光滑。

③ 由于死亡的寄生虫释放抗原，可继发产生过敏性反应。

④ 单剂量对于犬、猫无效，必须治疗3次以上。

【制剂、用法与用量】

芬苯达唑片　内服：一次量，每1kg体重，犬、猫50mg，一日1次，连用3d。

## 奥芬达唑

【理化性质】　本品为无色或类白色粉末；有轻微的特殊气味。微溶于甲醇、氯仿、乙醚，不溶于水。

【药理作用】　奥芬达唑是一种广谱、高效、低毒的新型抗蠕虫药，可杀灭成虫及虫卵。口服奥芬达唑后，吸收快，生物利用度高，血清中药物主要以奥芬达唑的形式存在，用药140h后血清中仍能检测到奥芬达唑。在体内代谢成相应的砜和亚砜，奥芬达唑砜也具有驱虫活性。对犬钩虫、蛔虫、鞭虫、绦虫有良好的驱杀效果，成虫及虫卵的减少率可达100%，并未出现任何异常反应。

【临床应用】　主要应用于体重超过15kg的犬，用于驱杀肠道寄生虫如蛔虫、粪线虫、绦虫、鞭虫、钩虫、贾第虫、球虫等成虫及虫卵。

【注意事项】

① 肝肾功能不全的犬慎用；对本品过敏的犬禁用。

② 及时消除跳蚤，且驱虫后要及时处理粪便，以免重复感染。

③ 少数犬可能在服用3～10d后才出现驱虫效果。

④ 怀孕犬严格按照推荐时间与剂量使用，不能在怀孕早期（17d前）使用。

【制剂、用法与用量】

奥芬达唑片　内服：一次量，每1kg体重，犬、猫5～10mg，一日1次，连用3d，10d后复用1次。

## 噻苯达唑（噻苯咪唑）

【理化性质】　为白色或类白色粉末；味微苦，无臭。微溶于水，易溶于稀盐酸。

【药理作用】　本品仅对线虫有效，但因用量大，已逐渐被其它药物所取代。临床主要对粪类圆线虫、蛲虫、钩虫、蛔虫、犬弓蛔虫、猫弓首线虫、旋毛虫、类丝虫等有作用，但作用机制不明，可能是抑制了虫体的延胡索酸还原酶。

【临床应用】 主要用于驱除犬的粪类圆线虫和类丝虫属寄生虫。

【制剂、用法与用量】

噻苯达唑片 内服：一次量，每 1kg 体重，犬 50～60mg，连用 3～5d，用于粪类圆线虫病治疗；犬 35～40mg，连用 5d，用于类丝虫病治疗。

## 非班太尔

【理化性质】 本品为无色粉末。不溶于水，溶于丙酮、氯仿和二氯甲烷。

【药理作用】 本品为芬苯达唑的前体药物，即在胃肠道内转变成芬苯达唑和奥芬达唑而发挥有效的驱除作用。虽然毒性极低，但因驱虫谱较窄，因而应用不广，仅应用于驱除胃肠道线虫。目前多与吡喹酮、噻嘧啶制成复方制剂用于犬的驱虫，可用于犬蛔虫、绦虫等。

【临床应用】 临床主要与吡喹酮和双羟萘酸噻嘧啶合用治疗犬的线虫病和绦虫病。

【注意事项】 本品仅用于宠物犬，且勿与哌嗪类药物同时使用；对苯并咪唑类耐药的蠕虫，也对本品存在交叉耐药性。

【制剂、用法与用量】

拜宠清片（非班太尔 15mg＋吡喹酮 5mg＋双羟萘酸噻嘧啶 14.4mg） 内服：一次量，每 1kg 体重，犬 60mg，每 3 月驱虫一次。

**2. 咪唑并噻唑类**

主要包括左旋咪唑和四咪唑（噻咪唑）。四咪唑为混旋体（左右旋体各一半），左旋咪唑为左旋体，为驱虫的有效成分，所以目前左旋咪唑多用。

## 左旋咪唑（左咪唑）

【理化性质】 常用其盐酸盐或磷酸盐。均为白色或微黄色结晶；无臭，味苦。易溶于水，在酸性溶液中稳定。

【药理作用】 本品为广谱、高效、低毒驱线虫药。其作用机理为抑制虫体内延胡索酸还原酶的活性，干扰虫体代谢，阻断体内能量物质的形成，干扰细胞的正常活动，导致虫体麻痹而被排出体外。

左旋咪唑可驱除各种动物体内寄生的线虫，对成虫和某些线虫的幼虫均有效。对犬、猫的蛔虫及其它肠道线虫成虫效果好，对消化道寄生的幼虫驱虫效果较差，对毛尾线虫效果不稳定。本品还具有免疫增强作用，能使受抑制的巨噬细胞和 T 细胞功能恢复到正常水平，并能调节抗体的产生。

【临床应用】 本品主要用于驱除犬、猫蛔虫、钩虫、心丝虫、类圆线虫、食道线虫和眼虫，也用于免疫功能低下宠物的辅助治疗和提高疫苗的免疫效果。

【注意事项】

① 3 周以下的幼犬禁用，妊娠、虚弱宠物慎用。

② 不能与其它药物合用。

③ 左旋咪唑中毒时，表现为胆碱酯酶抑制剂过量而产生的 M-样症状与 N-样症状，可用阿托品解救。

【制剂、用法与用量】

盐酸左咪唑片 内服：一次量，每 1kg 体重，犬、猫 7～12mg。

盐酸左咪唑注射液　皮下、肌内注射：用量同左咪唑片。

**3. 有机磷类**

有机磷酸酯类中一些低毒的化合物可用于宠物驱虫，我国以敌百虫应用最广。

## 敌 百 虫

【理化性质】　为白色结晶粉或小粒。易溶于水，水溶液呈酸性反应，性质不稳定，宜现用现配，在碱性水溶液中不稳定，可生成毒性更强的敌敌畏。

【药理作用】　敌百虫驱虫范围广泛，既可驱除动物体内寄生虫，也可杀灭动物体外寄生虫。敌百虫驱虫的机理是其进入虫体内后，与虫体内胆碱酯酶结合，使酶失去活性，不能水解乙酰胆碱，从而导致乙酰胆碱在虫体内蓄积，引起虫体肌肉兴奋、痉挛、麻痹而死亡。

【临床应用】　内服或肌内注射对消化道内的大多数线虫及少数吸虫有良好的效果。对犬的弓首蛔虫、钩口线虫有效；外用可杀死疥螨，对蚊、蝇、蚤、虱等昆虫有胃毒和接触毒，对钉螺、血吸虫卵和尾蚴也有显著的杀灭效果。

【注意事项】　敌百虫在有机磷化合物中虽然属于毒性较低的一种，但其治疗量与中毒量很接近，应用过量容易引起中毒。

【制剂、用法与用量】

敌百虫片　内服：一次量，每 1kg 体重，犬 75mg。

**4. 阿维菌素类**

阿维菌素类药物是由阿维链霉菌产生的一组新型大环内酯类抗生素，是目前应用最广泛的广谱、高效、安全和用量小的理想抗体内寄生虫药。包括阿维菌素、伊维菌素、多拉菌素和莫西菌素。

## 伊维菌素（灭虫丁）

【理化性质】　为白色或淡黄色结晶性粉末；无臭、无味。难溶于水，易溶于甲醇、乙醇等多种有机溶剂。性质稳定，但易受光线的影响而降解。

【药理作用】　本品是新型的广谱、高效、低毒抗生素类抗寄生虫药，对体内外寄生虫特别是线虫和节肢动物均有良好的驱杀作用。其能促进寄生虫突触前神经元释放 $\gamma$-氨基丁酸（GABA），打开 GABA 介导的氯离子通道，从而干扰神经肌肉间的信号传递，使虫体松弛麻痹，导致虫体死亡或被排出体外。本品皮下注射生物利用度比内服高，但内服比皮下注射吸收迅速，吸收后能很好地分布到大部分组织，但不易进入脑脊髓液。

【临床应用】　用于驱杀犬、猫钩口线虫成虫及幼虫、犬恶丝虫的微丝蚴、犬弓首蛔虫成虫和幼虫、狮弓蛔虫、猫弓首蛔虫以及犬、猫耳痒螨和疥螨等。

【注意事项】

① 本品注射液仅供皮下注射，不宜作肌内或静脉注射，用于犬时易引起严重反应，柯利犬及心丝虫病慎用。

② 伊维菌素注射给药时，通常一次即可，对患有严重螨病的犬每隔 7～9d，再用药 2～3 次。

③ 伊维菌素粉驱除宠物体内外寄生虫作用强，不能和其它驱虫药同用。

【制剂、用法与用量】

① 伊维菌素粉　内服：每 1kg 体重，犬 6～12μg，猫 24μg，每月 1 次，用于心丝虫病预防；每 1kg 体重，一次量，犬 50～200μg，用于体内驱虫。

② 伊维菌素注射液　皮下注射：每1kg体重，犬200~400μg，每周1次，连用1~4周，用于体表杀虫。

## 阿维菌素（爱比菌素）

【理化性质】　是阿维链霉菌发酵的天然产物，几乎不溶于水。

【药理作用】　本品为广谱、高效、低毒的抗寄生虫药物，对犬肠道寄生虫，如线虫、绦虫、吸虫等具有良好的驱杀作用。犬内服后，2~4h内血药达峰值，在5~6d内经粪便排泄的占90%以上，经尿排泄的仅占0.5~2%。

【临床应用】　主要用于驱杀线虫、昆虫和螨虫。用于治疗宠物的线虫病、螨和寄生性昆虫病。

【注意事项】
① 怀孕犬、哺乳犬和柯利血统犬（苏牧、喜乐蒂、边牧）等禁止使用。
② 肝肾功能异常犬慎用。
③ 禁止与乙胺嗪（抗丝虫药）联合使用，能引起严重脑炎。
④ 患有心丝虫病时，使用本品后死亡的微丝蚴可能导致犬发生休克样反应。
⑤ 大剂量使用个别犬会出现疼痛、呕吐、下痢、流涎、无力、昏睡等现象，但多能耐过；如情况严重，以保肝解毒、强心补液，对症治疗为原则。

【制剂、用法与用量】　与伊维菌素相同。

## 多拉菌素（多拉克丁）

【理化性质】　为微黄色粉末。微溶于水。

【药理作用】　多拉菌素是由阿维链霉菌新菌株发酵产生的大环内酯类抗生素，是广谱抗寄生虫药，对体内外寄生虫特别是某些线虫（圆虫）类和节肢动物类具有良好的驱杀作用，但对绦虫、吸虫及原生动物无效。本品主要在于加强虫体的抑制性递质γ-氨基丁酸的释放，从而阻断神经信号的传递，使肌肉细胞失去收缩能力，而导致虫体死亡。哺乳动物的外周神经递质为乙酰胆碱，不会受到多拉菌素的影响，多拉菌素不易透过血脑屏障，对动物有很高的安全性。本品对动物胃肠道线虫、肺线虫、虱、蜱、螨和伤口蛆有高效。

【临床应用】　主要用于治疗犬、猫的线虫病和螨病等体内外寄生虫病。

【注意事项】
① 柯利血统犬慎用。
② 在阳光照射下本品迅速分解灭活，应避光保存。

【制剂、用法与用量】
多拉菌素注射液　皮下或肌内注射：一次量，每1kg体重，犬0.2~0.6mg，大型成年犬可适当减量，每周1次，持续使用4周。

## 美贝霉素肟

【理化性质】　本品不溶于水，易溶于有机溶剂。

【药理作用】　美贝霉素肟对线虫和某些节肢动物具有高度活性，是专用于犬的抗寄生虫药。内服给药后有90%~95%原形药物通过胃肠道不被吸收，因此几乎全部的药物都从粪便排出。

【临床应用】　本品主要用于犬恶丝虫感染早期和犬蠕形螨的驱除。

【注意事项】

① 长毛牧羊犬对本品与伊维菌素同样敏感。
② 小于4周龄及体重小于1kg的幼犬禁用。
【制剂、用法与用量】
美贝霉素肟片　内服：一次量，每1kg体重，犬0.5～1mg，每月1次。

## 莫 西 菌 素

【理化性质】　白色或类白色无定形粉末。几乎不溶于水，极易溶于乙醇，微溶于己烷。

【药理作用】　莫西菌素与其它大环内酯类抗寄生虫药（如伊维菌素、阿维菌素、美贝霉素）的不同之处在于它是单一成分，且能维持更长时间的抗虫活性。莫西菌素具有广谱驱虫活性，对犬的线虫和节肢动物寄生虫有高度驱除活性。

【临床应用】　本品主要用于驱杀犬的某些体表寄生虫，同时临床上还常与吡虫啉配伍预防犬、猫的心丝虫病、蛔虫病、钩虫病和体表寄生虫病。

【注意事项】　莫西菌素对宠物较安全，而且对伊维菌素敏感的长毛牧羊犬也安全，但高剂量时个别犬可能会出现嗜眠、呕吐、共济失调、厌食、下痢等症状。

【制剂、用法与用量】
莫西菌素片　内服：一次量，每1kg体重，犬0.2～0.4mg，每月1次。

**5.哌嗪类**

## 哌　　嗪

【理化性质】　为白色结晶或粉末；无臭，味酸。易溶于水，不溶于有机溶剂。

【药理作用】　本品为高效驱蛔虫药。其驱虫活性取决于对蛔虫的神经肌肉接头处发生抗胆碱样作用，从而导致蛔虫肌肉麻痹，使蛔虫不能附着在宿主肠壁，随粪便排出。其对成熟的虫体较敏感，未成熟的虫体可部分被驱除，幼虫则不敏感。

【临床应用】　临床主要用于驱除犬、猫体内的蛔虫。

【注意事项】
① 本品毒性较低，在推荐剂量时可见犬、猫出现呕吐、腹泻等不良反应。
② 与氯丙嗪合用，可引起抽搐，故应避免合用，与噻嘧啶或甲噻嘧啶合用，出现拮抗作用；与泻药合用，可加速排出而达不到最大的药效。
③ 慎用于慢性肝、肾疾病和胃肠蠕动减慢的患病宠物。

【制剂、用法与用量】
磷酸哌嗪片　内服：一次量，每1kg体重，犬、猫0.07～0.1g，隔2～3周复用1次。

## 乙 胺 嗪

【理化性质】　常用的枸橼酸乙胺嗪又称海群生，为白色晶粉；无臭，味酸苦。易溶于水。

【药理作用】　本品为哌嗪衍生物，主要用于犬恶丝虫病。本品对犬心丝虫的微丝蚴也有一定作用，能使血液中微丝蚴迅速集中到肝脏微血管内，大部分被肝脏吞噬细胞消灭。

【临床应用】　主要用于犬恶丝虫病治疗。

【注意事项】
① 禁用于微丝蚴阳性犬，因可引起犬出现过敏反应，甚至死亡。
② 大剂量对犬的胃有刺激性，宜食后服用。

【制剂、用法与用量】

枸橼酸乙胺嗪片　内服：一次量，每1kg体重，成年犬50～70mg，分3次服用，幼犬剂量酌减。

## 二、抗绦虫药

### 依西太尔（伊喹酮）

【理化性质】　为白色结晶性粉末。难溶于水。

【药理作用】　本品为吡喹酮同系物，是犬、猫专用抗绦虫药，对犬、猫复孔绦虫、犬豆状带绦虫、猫绦虫等均有接近100%的疗效。其作用机理为影响绦虫正常的钙和其它离子浓度，导致发生强直性收缩，同时损害绦虫外皮，使之损失溶解，最后被宿主所消化。

【临床应用】　临床上主要用于驱除犬、猫体内的绦虫。

【注意事项】　小于7周龄的犬、猫不宜使用。

【制剂、用法与用量】

依西太尔片　内服：一次量，每1kg体重，犬5.5mg，猫2.75mg。

### 氯硝柳胺（灭绦灵）

【理化性质】　为黄白色结晶性粉末；无臭，无味。难溶于水。

【药理作用】　本品为广谱高效驱绦虫药，能驱除犬、猫多种绦虫，如对犬、猫的多头绦虫、带属绦虫等均有良效；对犬棘球绦虫、复孔绦虫不稳定；对细粒棘球绦虫无效。本品内服后在宿主消化道内极少吸收，毒性小，在肠道内保持较高浓度。作用机理是抑制绦虫对葡萄糖的吸收，并抑制虫体细胞内氧化磷酸化反应，使三羧酸循环受阻，导致乳酸蓄积而产生杀虫作用。

【临床应用】　临床上主要用于驱除犬、猫体内的绦虫。

【注意事项】

① 对犬、猫的毒性较大，两倍治疗量即出现暂时性下痢，应用时应注意。

② 宠物给药前应禁食8～12h。

【制剂、用法与用量】

氯硝柳胺片　内服：一次量，每1kg体重，犬、猫80～100mg。

### 硫双二氯酚（别丁）

【理化性质】　为白色或黄色结晶性粉末。难溶于水，易溶于乙醇或稀碱溶液。

【药理作用】　本品对犬、猫多种绦虫及吸虫均有驱除效果。本品内服后，仅少量由消化道迅速吸收，并由胆汁排泄，大部分未吸收的药物由粪便排泄，因此能够较好地驱除胆道吸虫和胃肠道绦虫。作用机理为降低虫体内葡萄糖分解和氧化代谢过程，特别是抑制琥珀酸的氧化，导致虫体能量不足而死亡。

【临床应用】　主要用于犬、猫的绦虫病和吸虫病。

【注意事项】　本品对宠物有类似M-胆碱样作用，可使肠蠕动增强，剂量增大时表现食欲减退、短暂性腹泻，一般不经处理，数日内可自行恢复。

【制剂、用法与用量】

硫双二氯酚片　内服：一次量，每1kg体重，犬、猫200mg。

### 氢溴酸槟榔碱

【理化性质】　为白色或淡黄色结晶性粉末；味苦，性质较稳定。

【药理作用】 本品对绦虫肌肉有较强的麻痹作用，使虫体失去吸附于肠壁的能力，同时可增强宿主肠蠕动，而有利于麻痹虫体迅速排除。对犬绦虫有特殊驱除作用，用量少，疗效好。

【临床应用】 主要用于驱除犬细粒棘球绦虫和带属绦虫。

【注意事项】

① 治疗剂量能使犬产生呕吐或腹泻症状，多可自愈。

② 猫敏感，不宜使用。

③ 该药副作用较大，给药前应先服稀碘液10mL，极量为120mg。

【制剂、用法与用量】

氢溴酸槟榔碱片　内服：一次量，每1kg体重，犬1.5～2mg。

## 丁萘脒

【理化性质】 丁萘脒常制成盐酸丁萘脒和羟萘酸丁萘脒。盐酸丁萘脒为白色结晶性粉末，无臭，在乙醇、氯仿中易溶，可溶于热水中。羟萘酸丁萘脒为淡黄色结晶性粉末，能溶于乙醇，不溶于水。

【药理作用】 盐酸丁萘脒是犬、猫的驱绦虫药。各种丁萘脒盐都有杀绦虫特性，使绦虫在宿主消化道内被消化。

【临床应用】 主要用于驱除犬、猫体内的绦虫。

【注意事项】 本品对眼有刺激性，还可引起肝损害和胃肠道的反应，使用时要注意。

【制剂、用法与用量】

盐酸丁萘脒片　内服：一次量，每1kg体重，犬、猫25～50mg。

## 三、抗吸虫药

### 吡喹酮

【理化性质】 为白色或类白色结晶性粉末；几乎无臭，味苦。难溶于水，易溶于乙酸、氯仿及聚二乙醇等有机溶剂。

【药理作用】 本品具有广谱的驱血吸虫、驱吸虫和驱绦虫作用。吡喹酮能使宿主体内血吸虫产生痉挛性麻痹而脱落。此外，本品对大多数绦虫和未成熟虫体均有效，且毒性较小，是较理想的药物。作用机理为本品对血吸虫可能有5-HT样作用，引起虫体痉挛性麻痹，同时能影响虫体肌浆膜对$Ca^{2+}$的通透性，使虫体肌细胞内$Ca^{2+}$含量大增，导致虫体麻痹而死。

【临床应用】 临床主要用于驱除犬、猫的血吸虫、吸虫和绦虫。

【注意事项】

① 本品是抗血吸虫病的首选药物。

② 治疗过程中犬可引起呕吐、下痢、肌肉无力、昏睡等不良反应，但多能耐过，可静脉注射碳酸氢钠注射液、高渗葡萄糖溶液以减轻反应。

③ 本品不宜用于4周龄以内的犬和6周龄以内的猫，但与非班太尔配伍后，可用于任何日龄的犬、猫。

【制剂、用法与用量】

吡喹酮片　内服：一次量，每1kg体重，犬、猫2.5～5mg。

## 四、抗血吸虫药

### 硝硫氰酯

【理化性质】 为无色或黄色结晶粉末。易溶于酯类化合物，微溶于乙醇，不溶于水。

【药理作用】 本品具有广谱驱虫作用，有较强的杀血吸虫作用。其作用机理是抑制虫体的琥珀酸脱氢酶和三磷酸腺苷酶，影响三羧酸循环，使虫体收缩，丧失吸附于血管壁的能力，而被血液冲入肝脏。一般给药2周后虫体开始死亡，1月以后几乎全部死亡。

【临床应用】 主要用于驱除犬、猫的血吸虫、绦虫和蛔虫。

【注意事项】 因对胃肠有刺激，犬、猫反应较严重，需要制成糖衣丸剂。

【制剂、用法与用量】

硝硫氰酯胶囊　内服：一次量，每1kg体重，犬、猫50mg。

## 第三节　抗原虫药

宠物原虫病是由单细胞原生动物如球虫、锥虫、滴虫、梨形虫、弓形体、利什曼原虫和阿米巴原虫等引起的一类寄生虫病。犬、猫球虫病一般致病力较弱，严重感染时可引起肠炎。对犬危害严重的主要是巴贝斯虫病和伊氏锥虫病等。抗原虫药分抗球虫药、抗锥虫药和抗梨形虫药。

### 一、抗球虫药

球虫病是由艾美耳属球虫、等孢子属球虫等寄生于动物的肠道引起的原虫病，犬、猫和其它圈养动物一样，也很容易感染球虫，尤其是幼犬和母犬生产期间，会引起血便、贫血、脱水、消瘦、食欲不振、精神不佳等。在使用抗球虫药时，除选用高效、低毒药，并按规定浓度使用外，还应注意抗球虫药物的作用峰期。不论使用哪种抗球虫药，经长期反复使用，均可产生明显的耐药性，所以使用时通常采用轮换用药、穿梭用药或联合用药，并注意剂量不可随意加大。

### 氨丙啉（氨宝乐）

【理化性质】 为白色结晶性粉末；无臭。易溶于水，可溶于乙醇，宜现用现配。

【药理作用】 本品结构与硫胺相似，是硫胺拮抗剂，因而干扰球虫对硫胺的利用而发挥抗球虫作用。对于柔嫩艾美耳球虫和毒害艾美耳球虫抗虫作用最强，对于堆型艾美耳球虫有一般的疗效，对于巨型艾美耳球虫有较弱的效果。其作用峰期在感染后的第3天，即第一代裂殖体。

【临床应用】 主要用于驱除犬、猫的球虫。

【制剂、用法与用量】

盐酸氨丙啉片　内服：一次量，每1kg体重，犬100～200mg，猫60～100mg，连用7～10d。

### 地克珠利（杀球灵，二氯三嗪苯乙腈）

【理化性质】 为类白色或淡黄色粉末。不溶于水。

【药理作用】 本品是新型广谱、高效、低毒的抗球虫药，有效用药浓度低。对犬和猫的球虫病防治效果明显，优于氨丙啉等，可有效防止感染，其作用峰期可能在子孢子和第一代裂殖体早期阶段。

【临床应用】 主要用于驱除犬、猫体内的球虫。

【注意事项】 溶液需用适量的水稀释，采用口服的方式，宜现用现配，不超过4h。

【制剂、用法与用量】

地克珠利溶液 内服：一次量，每1kg体重，犬、猫0.5～1mg，连用3～5d。

### 托曲珠利（甲苯三嗪酮）

【理化性质】 为无色或浅黄色澄明黏稠液体。

【药理作用】 能控制各种球虫的细胞内发育阶段及各种抗球虫株，杀球虫方式独特，只需用药2d即可，安全性高，10倍过量无任何不良反应，可与任何药物混合使用。对哺乳动物球虫、住肉孢子体和弓形体也有效。

【临床应用】 主要用于驱除犬的球虫。

【注意事项】

① 药液污染工作人员眼或皮肤时，应及时冲洗。

② 药液稀释超过48h后，不宜饮用。

【制剂、用法与用量】

托曲珠利口服液 内服：一次量，每1kg体重，犬20mg，连用2d。

### 磺胺喹噁啉

【理化性质】 为黄色粉末；无臭。微溶于乙醇，其钠盐易溶于水。

【药理作用】 属磺胺类药物，专供抗球虫使用。其作用峰期是第二代裂殖体（感染后第4天），不影响宿主对球虫的免疫力。

【临床应用】 主要用于驱除犬体内的球虫。

【注意事项】 若发现母犬感染球虫，应在产仔前用抗球虫药治疗，预防幼犬感染。

【制剂、用法与用量】

磺胺喹噁啉钠可溶性粉 内服：用125mg/kg混于犬粮中连服5d。

## 二、抗锥虫药

宠物锥虫病是由寄生在血液和组织细胞间的锥虫引起的一类疾病。防治本类疾病，除应用抗锥虫药物外，平时还应重视消灭其传播媒介——吸血昆虫，才能杜绝本病的发生。同时为了提高疗效，还须用足药量，尽早用药。临床常用的药物有三氮脒。

### 三氮脒（贝尼尔，二脒那嗪，血虫净）

【理化性质】 为黄色或橙黄色结晶性粉末；无臭，味微苦。易溶于水，不溶于乙醇。

【药理作用】 本品对锥虫、梨形虫和边虫（无浆体）均有作用，是治疗锥虫病和梨形虫病的高效药，但预防作用较差。对犬的各种巴贝斯虫病治疗作用较好；对猫巴贝斯虫无效。剂量不足时锥虫和梨形虫都可产生耐药性。

【临床应用】 本品与同类药物相比，具有用途广、使用简便等优点，为目前治疗犬锥虫病和梨形虫病较为理想的药物。

【注意事项】 肌内注射局部可出现疼痛、肿胀，经数天至数周可恢复，大剂量应分点注射。

【制剂、用法与用量】

注射用三氮脒　肌内注射：一次量，每1kg体重，犬 3.5mg，连用 1～2 次，连用不超过 3 次，每次间隔 24h。

## 三、抗梨形虫药

梨形虫旧称焦虫，宠物梨形虫病是由蜱传播的寄生于红细胞内的原虫病。尽管梨形虫的种类很多，但患病宠物多以发热、黄疸和贫血为主要临床症状，往往引起患病宠物大批死亡。消灭中间宿主蜱、虻和蝇是防治本病的重要环节，但目前很难做到，所以应用有效的药物进行治疗是目前重要的手段。临床常用药物有：硫酸喹啉脲。

### 硫酸喹啉脲（阿卡普林）

【理化性质】　为淡黄或黄色粉末。易溶于水。

【药理作用】　为传统抗梨形虫药，主要对犬的巴贝斯梨形虫有特效，对泰勒梨形虫疗效较差，对边虫（无浆体）效果较差。

【临床应用】　临床上主要用于驱除犬的巴贝斯梨形虫。

【注意事项】

① 本品毒性较大，忌用大剂量，治疗量亦多出现胆碱能神经兴奋症状，但多数可在半小时内消失；为减轻不良反应，可将总剂量分成 2 份或 3 份，间隔几小时应用。

② 禁止静脉注射。

【制剂、用法与用量】

硫酸喹啉脲注射液　皮下注射：一次量，每1kg体重，犬 0.25mg。

## 四、抗弓形体药

弓形体病是由弓形体（也称弓形虫）引起的疾病，寄生于犬、猫等 200 多种动物及人，犬、猫多为隐性感染，但有时也可引起发病。

### 磺胺间甲氧嘧啶

【理化性质】　本品为白色或类白色的结晶性粉末；无臭，几乎无味；遇光色渐变暗。本品在丙酮中略溶，在乙醇中微溶，在水中不溶；在稀盐酸或氢氧化钠溶液中易溶。

【药理作用】　本品是体内外抗菌作用最强的磺胺药，主要通过抑制叶酸的合成从而抑制弓形体的生长繁殖，对犬、猫弓形体有很好的疗效。本品内服后吸收良好，血中浓度高，易透过血脑屏障，有效血药浓度维持时间长，乙酰化率低，不易发生结晶尿。

【临床应用】　用于预防和治疗犬、猫弓形体病。

【注意事项】

① 治疗时首次剂量加倍，要有足够的剂量和疗程，但连续用药一般不超过 7d。如应用本品疗程长、剂量大，宜同服碳酸氢钠并多给宠物饮水，以防止结晶尿。

② 本品忌与酸性药物如维生素 C、氯化钙、青霉素等配伍。

③ 失水、休克、老龄患宠，对磺胺类药物过敏和肝肾功能损害的宠物，应慎用或避免使用本品。

④ 本品与口服抗凝药、口服降血糖药、苯妥英钠和硫喷妥钠等药物同用时，可使这些药物的作用时间延长或引发毒性，因此在同用或在应用本品之后使用时需调整其剂量。

【制剂、用法与用量】

磺胺间甲氧嘧啶片　内服：一次量，每1kg体重，犬、猫预防量为 25mg，治疗量为

50mg，连用5d。

## 五、抗滴虫药

对宠物危害较大的滴虫病主要有毛滴虫病，主要导致患犬出现流产、不孕和生殖力下降等，常用的药物有甲硝唑。

### 甲 硝 唑

【理化性质】 本品为白色或微黄色结晶；有微臭，味苦。极溶于乙醚，微溶于水。

【药理作用】 本品是临床广泛应用的抗毛滴虫药。其作用机理现在认为是某些厌氧纤毛虫缺乏线粒体而不能产生ATP，其膜上的铁氧还原蛋白能将丙酮酸上的电子转移到甲硝唑这类药物的硝基上，形成有毒还原产物，结合DNA和蛋白质，从而对厌氧原虫产生选择性毒性作用。

【临床应用】 用于犬的生殖道毛滴虫病、犬的贾第鞭毛虫病。

【注意事项】
① 宠物哺乳及妊娠早期不宜使用。
② 剂量过大时要监测宠物的肝、肾功能。

【制剂、用法与用量】
甲硝唑片 内服：一次量，每1kg体重，犬25mg。

## 第四节 杀 虫 药

由螨、蜱、虱、蚤、蝇蛆、蚊等节肢动物引起的宠物外寄生虫病，不仅给宠物造成危害，夺取营养，损坏皮毛，妨碍增重，而且还传播许多人兽共患病，严重危害人体健康。

杀虫药是指具有杀灭这些体外寄生虫作用的药物。杀虫药一般对虫卵无效，因此必须间隔一定时间重复用药。一般说来，所有杀虫药对宠物都有一定的毒性，甚至在规定剂量内，也会出现程度不同的不良反应。因此，在使用杀虫药时，除严格掌握剂量与使用方法外，还需密切注意用药后的宠物反应，一旦发生中毒，应立即采取解救措施。

宠物杀虫药的应用有以下几种方式：

**(1) 局部用药** 多用于个体局部杀虫，现在一般应用油剂、乳剂和软膏等剂型局部涂擦、浇淋等。任何季节均可进行局部用药，但用药面积不宜过大，注意剂量。如透皮剂中含有促进透皮吸收的药物，浇淋后可经皮肤吸收转运至全身，起到驱杀体内外寄生虫的作用。

**(2) 全身用药** 一般采用药浴、喷洒、喷雾，适用于温暖季节和全身杀虫。药浴时要注意药液的浓度、温度和停留时间。

常用的杀虫药包括有机磷类、拟除虫菊酯类和其它杀虫药。

## 一、有机磷类杀虫药

### 二嗪农（螨净）

【理化性质】 为无色油状液体；无臭。微溶于水，性质不稳定，在水和酸碱溶液中分解迅速。

【药理作用】 本品是广谱有机磷杀虫剂，对蝇、蜱、虱以及各种螨均有良好杀灭效果，灭蚊、蝇的药效可维持6～8周，且具有触杀、胃毒、熏蒸等作用，但内服作用较弱。

【临床应用】 二嗪农项圈用于驱杀犬和猫体表的虱和蚤。
【注意事项】 本品对猫较敏感，药浴时必须准确计算剂量，宠物全身浸泡1min为宜。
【制剂、用法与用量】
二嗪农项圈 每只犬、猫一条，使用期4个月。

## 甲基吡啶磷

【理化性质】 本品为白色或类白色结晶性粉末；有异臭。微溶于水，易溶于甲醇、二氯甲烷等有机溶剂。
【药理作用】 本品除对成蝇外，对蜂螂、蚂蚁、跳蚤、臭虫等也有良好杀灭作用。
【临床应用】 主要用于环境杀虫。
【注意事项】 本品对眼有轻微刺激性，喷雾时宠物虽可留于其中，但不能向宠物直接喷射，食物也应转移它处。
【制剂、用法与用量】
甲基吡啶磷可湿性粉剂和颗粒剂 喷洒：$100\sim500g/m^2$ 喷洒地面。

## 二、拟除虫菊酯类杀虫药

拟菊酯类杀虫药，是根据植物除虫菊中有效成分——除虫菊酯的化学结构合成的一类杀虫药，具有杀虫谱广、高效、速效、对动物毒性低、性质稳定、残效期短等优点。因此，广泛用于卫生、农业、畜牧业等，是一类有发展前途的新型杀虫药，但长期应用易产生耐药性。

## 二氯苯醚菊酯

【理化性质】 为暗黄色至棕黄色带有结晶的黏稠液体。不溶于水，易溶于有机溶剂。
【药理作用】 本品属1型菊酯类杀虫剂，主要影响脊椎动物和无脊椎动物的电压依赖性钠通道，延迟和延长该通道激活与失活，导致寄生虫高度兴奋与失活。目前在宠物临床上主要联合吡虫啉一起杀虫，二者具有协同作用，可抑制蜱、蚊子等昆虫吸血，减少血源性传染病的发生和传播。
【临床应用】 主要和吡虫啉联合用于预防和治疗犬体表蚤、蜱、虱的寄生，抵抗蚋和蚊子的叮咬。
【注意事项】 药物应直接滴淋至皮肤上，且3d内勿水洗；禁用于猫及猫科动物。
【制剂、用法与用量】
拜宠爽（二氯苯醚菊酯50mg＋吡虫啉10mg） 滴淋：一次量，每1kg体重，犬0.05～0.2mL。

## 溴氰菊酯（敌杀死，倍特）

【理化性质】 为白色结晶粉末。不溶于水。
【药理作用】 本品是目前使用最广泛的一种拟菊酯类杀虫药。对宠物体外寄生虫有很强的驱杀作用，具有广谱、高效、残效期长、作用迅速、低毒等特点。对蚊、蝇以及犬、猫的螨虫、蜱和跳蚤等均有良好杀灭作用，药效时间长达30d。本品对耐有机磷、有机氯药物的虫体仍有高效。
【临床应用】 临床主要用于防治犬的外寄生虫如虱、螨，以及杀灭环境中的昆虫。
【注意事项】

① 本品对皮肤、黏膜、眼睛、呼吸道有较强的刺激性，药浴中及吹干前，严禁犬、猫等宠物舔舐到药物。

② 本品遇碱分解，对塑料制品有腐蚀性。

【制剂、用法与用量】

溴氰菊酯乳油（含溴氰菊酯5%）　药浴或喷淋：每1000L水加100~300mL。

蜱螨洗剂　药浴或喷淋：每100mL加水20L稀释，临用前摇匀。

## 三、其它类化合物

### 双甲脒（特敌克）

【理化性质】　为双甲脒加乳化剂与稳定剂配制成的微黄色澄明液体；无臭。不溶于水。

【药理作用】　本品为高效、广谱、低毒的杀虫药。对体外寄生虫，如疥螨、痒螨、蜱、虱等各阶段虫体均有极强的杀灭效果。产生作用较慢，一般在用药后24h使虫体解体，48h可使螨从体表脱落。杀灭彻底，残效期长，一次用药可维持药效6~8周。

【临床应用】　主要用于驱杀犬、猫体表的蜱、螨、虱、蚤等寄生虫。

【注意事项】

① 对皮肤有刺激作用，用时注意人员防护。

② 药浴有一定毒副作用，注意用药浓度，且用药后3d内不能用水冲洗宠物。

【制剂、用法与用量】

双甲脒溶液　药浴：每5L水中加入2~5mL，每2周1次，连续使用3~6次。

### 升　华　硫

【理化性质】　为黄色结晶性粉末；有微臭。不溶于水和乙醇。

【药理作用】　本品与动物皮肤组织接触后，生成硫化氢和五硫磺酸，有杀虫、杀螨和抗菌作用。

【临床应用】　主要用于驱除宠物体表的疥螨、痒螨。

【注意事项】

① 注意避免与口、眼及其它黏膜接触。

② 易燃，应密闭保存。

【制剂、用法与用量】

硫磺软膏　10%。外用：局部涂擦。

### 非泼罗尼

【药理作用】　非泼罗尼是苯基吡唑类杀虫剂，对GABA支配的氯化物代谢表现出严重的阻碍作用，干扰氯离子在中枢神经系统突触前后膜之间的正常传递，引起体外寄生虫中枢神经系统紊乱，导致死亡；以胃毒作用为主，兼有触杀和一定的内吸作用。其表现出以下特点：杀虫范围广泛，较低剂量表现出超强效果；安全性高，对哺乳动物无毒副作用；作用效果持久，对蜱虫效力持续20d，对跳蚤效力持续30d以上。

【临床应用】　用于预防和治疗犬、猫体表跳蚤、螨虫、蜱、虱等寄生虫的感染。

【注意事项】

① 本品使用后2d内不能给宠物洗澡。

② 非泼罗尼对哺乳动物毒副作用小，怀孕宠物及幼犬、柯利犬均可正常使用。

③ 使用过程中应避免喷洒到脸部、破损处和眼睛内。

【制剂、用法与用量】

非泼罗尼喷剂　　喷洒：每 1kg 体重，犬、猫 7.5～15μg，每周喷洒 1 次，连用 4 周。

### 案例分析

【基本情况】　德国牧羊犬：6 月龄，公，体重 27kg。主诉：该犬眼睛周围红肿，不时抓挠，饮水正常，大小便正常。

【临床检查】　该犬精神尚可，眼睛周围有炎症、化脓情况，伍德灯真菌检查阴性，眼睛周围刮片镜检，发现蠕形螨，初步诊断为蠕形螨感染。

【治疗方案】　通灭注射液 2.0mL 皮下注射，隔 7d 重复使用；氨苄西林注射液 1.0g、地塞米松注射液 0.5mL、利巴韦林注射液 1.0mL 混合后皮下注射，复合维生素 B 注射液 2.0mL，皮下注射，后两针药物连用 3d。2 周后复诊，患犬已明显好转，继续用药 4 周而愈。

【疗效评价】　通灭注射液的有效成分是多拉菌素，为治疗螨虫病的常用药物，因为螨虫的生长周期是 7d，所以本病例要求主人每周注射 1 次，可有效杀灭螨虫，同时配合抗菌消炎和促进皮肤修复药物，取得了较好的疗效。

### 【复习思考题】

1. 简述抗寄生虫药物的作用机制。
2. 试述广谱抗蠕虫药物，比较它们在抗虫谱、作用和应用上的特点。
3. 分别列出下列常用药物名称：抗线虫药、抗吸虫药、抗血吸药、抗绦虫药、抗球虫药。
4. 吡喹酮可用于哪些病的治疗？有哪些不良反应？

# 第五章 中枢神经系统药物

## 第一节 全身麻醉药

### 一、全身麻醉药概述

**1. 概念与分类**

能引起中枢神经系统部分机能暂停，表现为意识与感觉尤其是痛觉消失，反射与肌肉张力部分或完全消失，但仍保持延脑生命中枢功能的药物称全身麻醉药，简称全麻药。为提高麻醉效果和扩大安全范围，常配合应用镇静药、镇痛药和肌松药，现在有些地方也试用中草药麻醉。

全身麻醉药按其理化性质及给药途径的不同可分为吸入性麻醉药和非吸入性麻醉药。吸入性麻醉药，如乙醚、氟烷、氧化亚氮等。其优点是易控制麻醉的深度与药量；缺点是操作复杂，麻醉从始至终必须有专人控制，并需要有特殊的麻醉设备。非吸入性麻醉药，如水合氯醛、氯胺酮、硫喷妥钠。其优点是操作简单；缺点是不易控制麻醉深度、用药量和麻醉时间。

**2. 麻醉分期**

中枢神经系统各个部位对麻醉药有不同的敏感性，随血药浓度升高，依次出现不同程度的抑制。其作用的顺序是大脑皮层、间脑、中脑、桥脑、脊髓，最后是延脑。麻醉结束后，血药浓度下降，中枢神经系统各个部位依相反顺序恢复其兴奋性。

为了掌握麻醉深度，取得外科麻醉效果，防止麻醉过程中发生事故，必须熟悉掌握全麻药的麻醉分期（麻醉深度）。

一般情况下，人为地将麻醉过程分为四期（镇痛期、兴奋期、外科麻醉期、麻痹期或苏醒期）或三期（诱导期、外科麻醉期、麻痹期或苏醒期），但各期间并无明显界限。

主要分期指标是意识、感觉、呼吸次数与深浅、血压高低、脉搏次数与性质、瞳孔大小、角膜反射有无、骨骼肌张力变化等，作为判断各期的指征。

第一期：镇痛期（随意运动期），指从麻醉给药开始，至意识消失为止。此期主要是网状结构上行激活系统和大脑皮层受抑制。动物只是痛觉的迟钝，但意识尚存，呈现有意识的活动。

第二期：兴奋期（不随意运动期），指从意识丧失开始，此期大脑皮层功能抑制加深，使皮层下中枢失去大脑皮层的控制与调节，动物表现不随意运动性兴奋、挣扎、呼吸极不规则、脉搏频数、血压升高，瞳孔扩大，肌肉紧张等。兴奋期易发生意外事故，不宜进行外科手术。

第三期：外科麻醉期，指从兴奋转为安静、呼吸转为规则开始，麻醉进一步加深，大脑、间脑、中脑、桥脑依次被抑制，脊髓机能由后向前逐渐抑制，但延髓中枢机能仍保持。

根据麻醉深度可分为浅麻醉期和深麻醉期，动物临床一般宜在浅麻醉期进行手术，但同时注意动物的呼吸、心跳、体温等变化。

浅麻醉期：痛觉、意识完全消失，肌肉松弛，呼吸浅表均匀，痛觉反射完全消失；角膜反射和趾反射尚存在。可进行一般外科手术。

深麻醉期：动物出现腹式呼吸，角膜反射和趾反射也消失，舌脱出口而不能回缩。由于深麻醉期不易控制而易转入延脑麻痹期，使动物发生危险，故常避免进入此期。

第四期：麻痹期（中毒）及苏醒期。

麻痹期：麻醉由深麻醉期继续深入，动物瞳孔扩大，呼吸困难，呈现陈-施二氏呼吸，心跳微弱而逐渐停止，最后麻痹死亡，称延脑麻痹期。

苏醒期：麻醉药逐渐被分解代谢，动物麻醉由深变浅，并逐渐苏醒而恢复，称苏醒期。动物虽然苏醒，但站立不稳，易于跌撞，应加以防护。

上述典型分期情况，一般出现于吸入麻醉，当前多采用复合麻醉后，已很难看到，因此，在实践应用时，要仔细观察，综合分析，才能正确判断。

**3. 麻醉方式**

目前使用的全麻药种类虽多，但各种全麻药单独应用都不理想，为了克服全麻药的不足，增强麻醉效果，减少毒副反应，增加麻醉安全性，扩大麻醉药应用范围，临床上常采用复合麻醉方式，即同时或先后应用两种以上麻醉药物或其它辅助药物，以达到理想的外科手术麻醉效果。常用的复合麻醉有下列几种：

（1）**麻醉前给药** 在麻醉前给予某种药物，以减少全麻药的毒副作用和剂量，扩大安全范围。如在麻醉前给予阿托品，以防止在麻醉中唾液和支气管腺体分泌过多而引起异物性肺炎，并可阻断迷走神经对心脏的影响，防止心率减慢或心跳骤停。

（2）**混合麻醉** 将数种麻醉药混合在一起进行麻醉，取长补短，往往可以达到较为安全可靠的麻醉效果。如水合氯醛加酒精、水合氯醛加硫酸镁等。

（3）**配合麻醉** 以某种全麻药为主，配合局部麻醉药进行的麻醉。如先用水合氯醛达到浅麻，然后在术部使用局部麻醉药盐酸普鲁卡因等。这种方式安全范围大，用途广，临床常用。

（4）**基础麻醉** 先用硫喷妥钠、水合氯醛等，使其达到浅麻醉状态，在此基础上再用其它药物维持麻醉深度，可减轻麻醉药的不良反应及增强麻醉效果。

**4. 注意事项**

（1）麻醉前应对动物进行全面检查，了解动物的基本体况、呼吸、脉搏等。对过于衰弱、消瘦、严重心血管疾病、呼吸系统疾病、肝脏疾病及怀孕动物，不宜进行全身麻醉。

（2）在麻醉过程中，要时刻监控动物的呼吸、脉搏、反射等生理指征，以免麻醉过深。如麻醉程度不足可适当追加麻醉；如麻醉过深，应及时打开口腔，引出舌头，进行人工呼吸或注射中枢兴奋药进行解救。

（3）根据需要可选择合适的麻醉方式、麻醉药物、剂量等，能用局麻不用全麻，能用浅麻不用深麻，动物在麻醉前应禁食12h以上。

## 二、诱导麻醉药

### 丙泊酚（2,6-双异丙基苯酚，双异丙酚）

【理化性质】为白色乳剂。每毫升含双异丙酚10mg，同时含精制大豆油、精制蛋黄卵磷脂、甘油和注射用水等。

【药理作用】本品通过激活GABA受体——氯离子复合物，发挥镇静、催眠作用。临床剂量时，丙泊酚增加氯离子传导，大剂量时使GABA受体脱敏感，从而抑制中枢神经系统，产生镇静、催眠效应，其麻醉效价是硫喷妥钠的1.8倍。起效快，作用时间短，以2.5mg/kg静脉注射时，起效时间为30～60s，维持时间约10min左右，苏醒迅速。能抑制咽喉反射，有利于插管，很少发生喉痉挛。对循环系统有抑制作用，本品做全麻诱导时，可引起血压下降，心肌血液灌注及氧耗量下降，外周血管阻力降低，心率无明显变化。丙泊酚可抑制二氧化碳的通气反应，表现为潮气量减少，清醒状态时可使呼吸频率增加，静脉注射常发生呼吸暂停，对支气管平滑肌无明显影响。丙泊酚能降低颅内压及眼内压，减少脑耗氧量和脑血流量，镇痛作用微弱。与其它中枢神经抑制药并用时有协同作用。应用丙泊酚可使血浆皮质激素浓度下降，但肾上腺皮质对外源性皮质激素反应正常。

【临床应用】 用于诱导麻醉，维持麻醉效果。

【注意事项】 对贫血和心、肺、肝、肾功能衰竭的犬、猫慎用。

【制剂、用法与用量】

丙泊酚注射液 10mL:0.2g，50mL:0.5g，100mL:1g。非预先给药，静脉注射：一次量，每1kg体重，犬6～7mg，猫8mg。预先给药，静脉注射：一次量，每1kg体重，犬1～4mg，猫2～5mg。

## 依托咪酯

【理化性质】 本品为白色结晶粉末，极易溶于水、乙醇、甲醇及丙二醇，但水溶液不稳定，必须新鲜配制。

【药理作用】 本品为快速催眠性全身麻醉药，其催眠效应较硫喷妥钠强12倍，催眠作用开始时导致新皮层睡眠，降低皮质下抑制。依托咪酯的作用有部分可通过对脑干网状系统的抑制和激活作用而发挥，对心血管和呼吸系统影响较小。可用于创伤犬、猫的全麻诱导，单次静脉注射量大时可引起短期呼吸暂停，不增加组胺释放，可降低脑内压、脑血流和眼内压。依托咪酯可降低血浆皮质激素浓度，且可持续6～8h，使肾上腺皮质对促肾上腺皮质激素失去正常反应。

【临床应用】 主要用于诱导麻醉和辅助麻醉药。

【注意事项】

① 本品不宜稀释使用。

② 中毒性休克、多发性创伤或肾上腺皮质功能低下者，应同时给予适量氢化可的松。

【制剂、用法与用量】

依托咪酯脂肪乳注射液 10mL:20mg。静脉注射：一次量，每1kg体重，犬0.2～0.6mg，猫0.3～0.8mg。

### 三、非吸入性麻醉药

## 水合氯醛（含水氯醛，水化氯醛，氯氧水）

【理化性质】 白色或无色透明棱柱状结晶，有穿透性、刺激性、腐蚀性，气味特臭，味苦。极易溶于水，水溶液呈中性，久置或遇碱性溶液、日光、热逐渐分解，产生三氯醋酸和盐酸，酸度增高，应遮光、密封保存。

【药理作用】

① 对中枢神经系统的作用 小剂量镇静、中等剂量催眠、大剂量麻醉和抗惊厥。麻醉时疼痛减弱，配合局麻药镇痛效果更好。

② 对心血管系统的作用　对心脏的代谢起抑制作用，表现为心动缓慢。

③ 对代谢的影响　降低新陈代谢，抑制体温中枢，体温可下降 1~5℃。恢复体温需经 10~24h 以上，应注意动物保温，防止感冒的发生。

本品吸收后大部分分布于肝脏和其它组织内，很快被乙醇脱氢酶还原成三氯乙醇，后者具有与水合氯醛相同的中枢抑制作用。由于水合氯醛半衰期很短（仅几分钟），所以主要由三氯乙醇发挥催眠作用，它与葡萄糖醛酸结合而失活，并经肾脏排出。三氯乙醇的血浆半衰期为 8h。

【临床应用】
① 用于镇静、催眠、麻醉和抗惊厥。
② 用于急性胃扩张，肠梗阻，食道、膈肌、肠管、膀胱痉挛性疼痛等疾病的治疗。
③ 可用于士的宁中毒引起惊厥的解救。

【注意事项】
① 本品刺激性强，应用时必须稀释。
② 常用量无毒性，但大剂量可引起心、肝、肾损伤和呼吸抑制。
③ 严重心、肝、肾疾患的犬、猫忌用。
④ 长期使用有成瘾性与耐受性。

【制剂、用法与用量】
① 水合氯醛粉　内服或灌肠：一次量，犬、猫 0.3~1g。
② 水合氯醛乙醇注射液　100mL，250mL。静脉注射：一次量，每 1kg 体重，犬、猫 0.02~0.03g。

## 氯 胺 酮

【理化性质】　药用氯胺酮为盐酸盐，为白色结晶性粉末，无臭味。本品是一种新型镇痛性麻醉药，脂溶性高，比硫喷妥钠高 5~10 倍。易溶于水，呈酸性（pH 值为 3.5~5.5），不溶于乙醚和苯。

【药理作用】
① 对中枢神经系统的作用　既有兴奋作用也有抑制作用。大脑功能呈"分离"状态，即给药后表现为镇静、镇痛作用，但动物仅意识模糊，而尚未完全消失，眼睛睁开，咳嗽和吞咽反射存在，遇有外界刺激，仍能觉醒并表现有意识反应，故将其称为分离麻醉药。同时肌肉张力增加呈木僵样，故又称为"木僵样麻醉"。
② 对心血管系统的作用　本品是唯一能兴奋心血管系统的麻醉药，用药后心率加快、血压增加。
③ 对呼吸系统的作用　具有呼吸抑制作用，但影响弱。
④ 其它　除升高颅内压外，还可增高眼内压。

【临床应用】　本品为短效麻醉药，肌内、静脉注射均可，用于小手术、诊疗处置和镇静性保定。

【注意事项】
① 静脉注射应缓慢，以免引起心率过快、暂时性呼吸减弱，甚至一过性呼吸暂停。
② 大剂量可引起肌肉张力增加、惊厥、呼吸困难、痉挛、心搏暂停和苏醒期延长等。
③ 本品应室温避光保存。

【制剂、用法与用量】
盐酸氯胺酮注射液　2mL：0.1g。肌内注射：一次量，每 1kg 体重，犬 10~20mg，猫

20~30mg；注射前应先按每1kg体重皮下注射硫酸阿托品0.03~0.05mg，以预防流涎和腺体分泌过多引起窒息死亡。

## 二甲苯胺噻唑（静松灵，赛拉唑）

【理化性质】 我国合成的二甲苯胺噻唑是赛拉嗪结构中赛嗪环换成噻唑环的衍生物，可与依地酸组成可溶性盐，取名为保定宁。白色结晶或类白色结晶性粉末，味微苦。易溶于三氯甲烷、乙醚和丙酮，不溶于水。

【药理作用】 本品为镇痛性化学保定剂，具有明显的镇痛、镇静和中枢性肌肉松弛作用。毒性低，安全范围大，无蓄积作用。犬、猫肌内注射或皮下注射后10~15min，静脉注射3~5min发挥作用。

本品抑制心脏传导，心率减慢，心输出量减少，心肌含氧量降低。引起呼吸次数先增加后减少及呼吸加深现象，过量可致呼吸抑制；直接兴奋犬、猫的呕吐中枢，引起呕吐；对子宫平滑肌有一定的兴奋作用，且有降低体温的作用。

【临床应用】 主要用于配合局部麻醉药或全身麻醉药进行各种手术，以达到骨骼肌松弛的目的。

【注意事项】

① 静脉注射剂量过大时可兴奋中枢神经，引起强烈的惊厥直至突发死亡。中毒时可用盐酸苯噁唑及阿托品等解救。

② 静脉注射正常剂量，有时也可发生心脏传导阻滞，心输出量减少，可在用药前先注射阿托品。

③ 对犬、猫可能会引起呕吐现象。

【制剂、用法与用量】

盐酸赛拉嗪注射液 5mL:0.1g，10mL:0.2g。肌内注射：一次量，每1kg体重，犬、猫0.5~1.5mg。

## 速眠新（846合剂）

【理化性质】 为保定宁、氟哌啶醇和双氢埃托啡等药物制成的复方制剂。成分为保定宁（镇静、镇痛、中枢性肌肉松弛）600mg，双氢埃托啡（高强效麻醉性镇痛药，适用于慢性顽固性疼痛）4μg，氟哌啶醇（抗精神病药，作用同氯丙嗪，止吐作用强，镇静作用弱）2.5mg。

【药理作用】 为动物全身麻醉剂，具有中枢性镇痛、镇静和肌肉松弛作用。东莨菪碱和阿托品类药物可以拮抗本药对心血管功能的抑制作用。

【临床应用】 用于全身手术麻醉。

【注意事项】

① 对心血管有一定程度抑制，严重心肺疾患动物禁用，妊娠后期动物慎用。

② 应空腹条件下使用，以避免引起呕吐、排便等不良反应。

③ 用于休克动物保定时，安全性优于其它药品，但应及时采用抗休克措施，以提高手术成功率。

④ 麻醉时间为0.5~1h，如需要延长麻醉时间，可在首次给药后30~40min，追加首次用量的1/2，但应注意观察反应。

⑤ 遇药物副反应剧烈时，可肌内注射东莨菪碱或阿托品对抗心脏抑制，遇呼吸停止时可人工呼吸并及时静脉注射苏醒灵3号或苏醒灵4号进行急救或催醒。

【制剂、用法与用量】

速眠新注射液　1mL，3mL，5mL。肌内注射：一次量，每1kg体重，纯种犬0.04～0.08mL，杂种犬0.08～0.1mL，猫0.1～0.15mL。

## 四、吸入性麻醉药

### 氟烷（三氟氯溴乙烷，氟罗生）

【理化性质】　无色透明、易挥发重质液体。无可燃性，无局部刺激性。性质不稳定，遇光、热可缓慢分解，应避光保存。可与乙醇、三氯甲烷、乙醚等任意混合。

【药理作用】　麻醉作用迅速而强大，诱导期与苏醒期均短。对黏膜无刺激性，不易引起分泌物增多、咳嗽、喉痉挛等。但肌松和镇痛作用较弱，需配合肌松药和镇痛药。浅麻醉对心血管系统影响不明显，但随麻醉加深，血压下降，心率缓慢，心肌收缩力减弱，心输出量减少，因此用氟烷麻醉时要掌握好麻醉深度。

【临床应用】　临床上广泛用于各种年龄的犬、猫手术时的全身麻醉及诱导麻醉。多用于封闭式吸入麻醉，需采用专用的蒸发器控制浓度。

【注意事项】

① 本品有较强的抑制心脏作用，而镇痛和肌松作用较弱，且易引起呼吸抑制；氟烷对肝、肾均有不良影响。

② 由于氟烷气化压高，不能用于开放式给药，只能采用标准蒸发罐（此为吸入麻醉机的关键部件）。当吸入浓度为3％～5％时，氟烷诱导麻醉快，完成气管插管后，再用低浓度（0.75％～1.5％）维持麻醉。由于麻醉起效快，麻醉时应注意监护。有时临床上先以15～20mg/kg体重的硫喷妥钠作基础麻醉，而后插入气管插管，给予氟烷进行吸入麻醉。

③ 因能抑制子宫平滑肌张力，影响催产素的作用，甚至抑制新生幼仔呼吸，故不宜用于剖宫产手术。

④ 具有一定腐蚀性，使用时避免与铜等金属器具接触。

【制剂、用法与用量】

氟烷　20mL，100mL，250mL。吸入麻醉：犬、猫先吸入含70％氧化亚氮和30％氧，经1min后，再加0.5％氟烷于上述合剂中，时间为30min，以后浓度逐渐增大至1％，约经4min达浓度5％为止，此时氧化亚氮浓度减至60％，氧的浓度为40％。

### 甲氧氟烷

【理化性质】　本品为无色透明液体，有水果香味。在室温下不燃不爆，不受光、空气或碱石灰的作用而分解，在脂肪等组织内溶解度高。

【药理作用】　镇痛作用强，当犬、猫处于浅麻状态时，眼睑反射、角膜反射和足底反射均减弱。靠本身的呼吸吸入甲氧氟烷，血中药物浓度不易达到致死浓度。随着麻醉加深，犬、猫的呼吸变慢。

【临床应用】　用于犬、猫手术时的诱导麻醉和维持麻醉，可在氯胺酮、赛拉嗪的诱导下进行麻醉，也可直接应用本品诱导并维持麻醉。

【注意事项】

① 本品能使血液变成鲜红色，同时对肝、肾有不良影响，对肝、肾功能不全的动物应禁用。

② 因会增加出血，故不适宜于产科手术。

③ 麻醉时对呼吸和循环系统具有一定毒性，吸入浓度不宜过高，并在麻醉过程中密切

监测呼吸和心率。

【制剂、用法与用量】
甲氧氟烷　29mL，150mL。吸入麻醉：0.3%浓度用于诱导麻醉，0.5%浓度用于维持麻醉。

## 麻醉乙醚

【理化性质】　本品为无色透明液体；特臭，味灼烈、微甜。具有较强的易挥发性和可燃烧性，蒸气与空气混合后遇火能爆炸。在空气和日光影响下，逐渐氧化变质。本品与乙醇、三氯甲烷、苯、石油醚、脂肪油或挥发油均能任意混合，易溶于水。

【药理作用】　乙醚能广泛抑制中枢神经系统，使其意识、痛觉、反射先后消失，肌肉松弛，便于手术。麻醉浓度对呼吸、血压几乎无影响，对心脏、肝脏、肾脏毒性小，安全范围大。但其麻醉的诱导期较长，常有兴奋不安现象，对呼吸道黏膜刺激性大，唾液和呼吸道分泌物显著增多。

【临床应用】　主要用于犬、猫等小动物的全身麻醉。可单独使用，也可与其它药物混合使用。

【注意事项】
① 乙醚开瓶后在室温中不能超过1h或冰箱内存放不超过3d，氧化变质后不宜使用。
② 全麻前1h，皮下注射阿托品，以抑制呼吸道过多分泌物，并减少乙醚用量。
③ 因其对肝的毒性及局部刺激性强，对肝功能不全、急性上呼吸道感染的动物禁用。
④ 过量麻醉可出现呼吸抑制，心功能紊乱等。
⑤ 本品有易燃易爆的危险，使用时注意明火。

【制剂、用法与用量】
麻醉乙醚　100mL，150mL，250mL。吸入麻醉：犬吸入乙醚前注射硫喷妥钠、硫酸托品，然后用麻醉口罩吸入乙醚，直至出现麻醉特征。猫、兔、鸽等也可直接吸入麻醉，直至出现麻醉特征。

## 氧化亚氮（笑气，一氧化二氮）

【理化性质】　本品为无色、味甜、无刺激性液态气体，性质稳定，不易燃易爆。

【药理作用】　本品麻醉强度约为乙醚的1/7，但毒性小，作用快，无兴奋期，镇痛作用强，苏醒快。对呼吸和肝、肾功能无不良影响。但对心肌有轻度抑制作用。

【临床应用】　主要用于诱导麻醉或与其它全身麻醉药配伍使用。

【注意事项】
① 大手术需配合硫喷妥钠或肌肉松弛剂等，吸入气体中氧气浓度不应低于20%，麻醉终止后，应吸氧10min，以防止缺氧。
② 当动物有低血容量性休克或明显的心脏疾病时，可引起严重的低血压。

【制剂、用法与用量】
氧化亚氮　40L。吸入麻醉：麻醉时，犬、猫用75%氧化亚氮与25%氧混合，通过面罩给予2~3min，然后再加入氟烷，使其在氧化亚氮混合气体中浓度达3%，直至出现下颌松弛等麻醉特征为止。

# 第二节　镇静药、抗癫痫药与抗惊厥药

## 一、镇静药

镇静药能使中枢神经系统产生轻度的抑制作用，减弱机能活动，从而起到缓和激动，消除躁动、不安，恢复安静的药物。主要用于兴奋不安或具有攻击性行为的动物，以使其安静。这类药物在大剂量时还能缓解中枢病理性过度兴奋症状，即具有抗惊厥作用。临床常用的有氯丙嗪、乙酰丙嗪和地西泮等。

## 氯丙嗪（冬眠灵，可乐静，氯普马嗪）

【理化性质】 药用为氯丙嗪的盐酸盐，为白色或乳白色结晶性粉末，无臭味、味苦而麻；粉末或其水溶液遇空气或阳光逐渐变成黄色、粉红色，最后成紫色。易溶于水、乙醇和三氯甲烷，不溶于乙醚，有吸湿性。新鲜配制的10%水溶液pH值为3.5～4.5；与碳酸氢钠、巴比妥类钠盐相遇生成沉淀，遇氧化剂变色。

【药理作用】

① 对中枢神经系统作用 具有强大的中枢安定作用，使狂躁、倔强的动物变得安静、驯服。还能镇痛、止痛、降低体温，并加强催眠药、麻醉药、镇痛药与抗惊厥药的作用。

② 对心血管系统的作用 抑制血管运动中枢，并可直接舒张血管平滑肌，抑制心脏活动，引起T波改变等心电图异常。

③ 对内分泌系统作用 抑制促性腺激素、促肾上腺皮质激素和生长激素的分泌，增加催乳素分泌。

④ 抗休克作用 因其阻断外周α受体，直接扩张血管，解除小动脉与小静脉痉挛，改善微循环。同时扩张大静脉，降低心脏负荷，心力衰竭时可改善心功能。

【临床应用】

① 镇静 因破伤风、脑炎及中枢兴奋药中毒引起的惊厥，使其安静，缓解症状。

② 麻醉前给药 本品配合水合氯醛或其它全麻药可用于全身麻醉。

③ 抗应激反应 犬、猫等在高温季节长途运输时，应用本品可减轻因炎热等不利因素的应激反应，减少死亡率。

【注意事项】

① 犬、猫等动物往往在剂量过大时出现心律不齐、四肢与头部震颤，甚至四肢与躯干僵硬等不良反应。

② 对肝功能有一定影响，偶可引起阻塞性黄疸、肝肿大，停药后可恢复。

③ 可发生过敏反应，常见有皮炎、哮喘、紫癜等。

④ 本品刺激性大，静脉注射时可引起血栓性静脉炎，肌内注射局部疼痛较重，可加用1%盐酸普鲁卡因作深部肌内注射。

⑤ 本品有时可引起精神抑郁，用药时应注意。

【制剂、用法与用量】

盐酸氯丙嗪片 12.5mg, 25mg, 50mg。内服：一次量，每1kg体重，犬、猫 2～3mg。

盐酸氯丙嗪注射液 2mL:0.05g, 10mL:0.5g。肌内注射：一次量，每1kg体重，犬、猫 1～3mg。

## 乙酰丙嗪（马来酸乙酰丙嗪，乙酰普马嗪）

【理化性质】 药用马来酸盐为黄色结晶性粉末，无臭味。易溶于水、乙醇、三氯甲烷，微溶于乙醚。

【药理作用】 本品与氯丙嗪作用相似，13.5mg大约相当于乙酰丙嗪基质10mg。具有镇静、止吐、降体温、降血压作用。镇静作用强于氯丙嗪。

【临床应用】 同氯丙嗪。与哌替啶合用治疗痉挛疝，呈良好的安定镇痛效果，此时用药量为各自的1/3量即可。

【注意事项】
① 犬、猫等动物在使用后多出现口干，腹部或胃部不适等症状。
② 偶见周围神经炎，嗜睡。
③ 部分动物可能会引起过敏反应，如皮疹、气喘、过敏性休克等。

【制剂、用法与用量】
乙酰丙嗪注射液 2mL：20mg。皮下、肌内或静脉注射：一次量，每1kg体重，犬0.5～1mg，猫1～2mg。

## 地西泮（安定）

【理化性质】 为黄白色结晶性粉末，无臭味，味极苦。极易溶于三氯甲烷，易溶于乙醇和乙醚，不溶于水。应遮光、密封保存。

【药理作用】 具有安定、镇静、催眠、肌肉松弛、抗惊厥、抗癫痫等作用。

【临床应用】
① 用于犬、猫的镇静、催眠、保定、抗惊厥、抗癫痫、基础麻醉及术前给药等。
② 可治疗犬癫痫、破伤风和士的宁中毒等。

【注意事项】 静脉注射要缓慢，以防止造成心血管系统与呼吸系统抑制。

【制剂、用法与用量】
① 地西泮片 2.5mg，5mg。内服：一次量，犬5～10mg，猫2～5mg。
② 地西泮注射液 2mL：10mg。肌内或静脉注射：一次量，每1kg体重，犬、猫0.6～1.2mg。

## 二、抗癫痫药

### 苯妥英钠

【理化性质】 本品为白色粉末，无臭味。在空气中易吸收水分和二氧化碳，析出苯妥英。易溶于水、乙醇，不溶于氯仿和乙醚。

【药理作用】 抗癫痫作用机制尚未阐明，一般认为，增加细胞钠离子外流，减少钠离子内流，而使神经细胞膜稳定，提高兴奋阈，减少病灶高频放电的扩散。另外，本品缩短动作电位间期及有效不应期，还可抑制钙离子内流，降低心肌自律性，抑制交感中枢，对心房、心室的异位节律点有抑制作用，提高房颤与室颤阈值。稳定细胞膜作用及降低突触传递作用，而具抗神经痛及骨骼肌松弛作用。口服吸收较慢，85%～90%由小肠吸收，吸收率个体差异大。在肝脏代谢，主要经肾排泄，碱性尿排泄较快。

【临床应用】 用于治疗癫痫全身发作和局部性发作。

【注意事项】
① 治疗癫痫时静脉注射过快，易引起心律不齐和血压下降，应注意。
② 有时出现过敏反应，如皮肤瘙痒、皮疹、再生障碍性贫血等，如有异常，应及早停药。
③ 偶引起胎儿畸形，妊娠期动物禁用。

【制剂、用法与用量】
① 苯妥英钠片 50mg，100mg。内服：一次量，每1kg体重，犬、猫4～5mg，一日

3次。

②注射用苯妥英钠 100mg,250mg。静脉注射：一次量，每 1kg 体重，犬、猫 2.5mg，一日 2 次。

## 苯巴比妥

【理化性质】 本品为白色有光泽的结晶性粉末，无臭味，味微苦；饱和水溶液呈酸性。本品易溶于乙醇和乙醚，微溶于水。

【药理作用】 本品为长效巴比妥类药物，具有抑制中枢神经系统作用，尤其是大脑皮层运动区，在低于催眠剂量时即可发挥抗惊厥作用。本品抑制脑干网状结构上行激活系统，减少传入冲动对大脑皮层的影响，同时促进大脑皮层抑制过程的扩散，减弱大脑皮层的兴奋性，产生镇静、催眠作用。加大剂量能使大脑、脑干与脊髓的抑制作用加深，骨骼肌松弛，意识及反射消失，直至抑制延髓生命中枢，引起中毒死亡。本品对丘脑新皮层通路无抑制作用，不具有镇痛效果。当高于一般治疗量时可抑制神经元持续性放电，被认为是抗癫痫作用的药理基础。

本品内服及钠盐肌内注射均易吸收，广泛分布于组织及体液中，其中以肝、脑中最多。脂溶性低，进入中枢神经系统较慢，药效维持时间长。犬内服苯巴比妥生物利用度可达 90%，4~8h 达到峰浓度。血浆蛋白结合率为 40%~50%，在犬体内半衰期为 37~75h。本品为肝微粒体酶诱导剂，可促进本身及其它药物在肝内转化。

【临床应用】
① 用于缓解脑炎、破伤风、高热等疾病引起的中枢兴奋症状及惊厥，治疗中枢兴奋药中毒。
② 可用作犬、猫的镇静药和抗癫痫药。

【注意事项】
① 使用过量抑制呼吸中枢时可用安钠咖、戊四氮、尼可刹米等中枢兴奋药解救。
② 内服中毒初期，可用 1:2000 高锰酸钾溶液洗胃，并碱化尿液，以加速本品的排泄。
③ 短时间内不宜连续用药。
④ 肝、肾功能障碍动物慎用。

【制剂、用法与用量】
① 苯巴比妥片 15mg, 30mg, 100mg。内服：一次量，每 1kg 体重，犬、猫 6~12mg。
② 注射用苯巴比妥钠 0.1g, 0.5g。肌内注射：一次量，每 1kg 体重，犬、猫 6~12mg。

## 三、抗惊厥药

惊厥是各种原因引起的中枢神经过度兴奋的一种症状，表现为全身骨骼肌不自主的强烈收缩。常见于高热、破伤风、癫痫发作、中枢兴奋药中毒和农药中毒等。抗惊厥药是指能对抗中枢的过度兴奋症状，消除或缓解骨骼肌非自主性强烈收缩的药物。常用药物为硫酸镁注射液。

## 硫酸镁注射液

【理化性质】 本品为无色的透明液体，为硫酸镁的灭菌水溶液。
【药理作用】 硫酸镁注射给药后主要发挥镁离子作用。镁为动物机体必需元素之一，对神经冲动传导及神经肌肉应激性的维持起重要作用，也是机体多种酶功能活动不可缺少的离子。当血浆中镁离子浓度过低时出现神经及肌肉组织过度兴奋，可致激动。当镁离子浓度升高时引起中枢神经系统抑制，可产生镇静及抗惊厥作用。镁离子松弛骨骼肌的主要原因是由于运动神经末梢乙酰胆碱减少。神经末梢递质的释放需要钙离子参与，钙与镁离子化学性质相似，因而互相竞争。镁离子还有直接舒张外周血管的作用，能降低血压。

【临床应用】
① 可缓解破伤风、癫痫及中枢兴奋药中毒引起的惊厥。
② 可用于治疗膈肌、胆管痉挛或缓解分娩时子宫颈痉挛、尿潴留、慢性砷和钡中毒等。

【注意事项】
① 静脉注射量过大或给药过速时可致呼吸中枢抑制。若发生麻痹，血压剧降会导致死亡。一旦发现中毒迹象，除应立即停药外，可静脉注射5%氯化钙溶液进行解救。
② 与硫酸多黏菌素B、硫酸链霉素、葡萄糖酸钙、盐酸普鲁卡因、四环素、青霉素等有配伍禁忌。
③ 40℃以上高温及冰冻、冷藏可产生沉淀，应室温避光保存。

【制剂、用法与用量】
硫酸镁注射液 10mL:1g，10mL:2.5g。肌内或静脉注射：一次量，犬、猫1~2g。

## 第三节 镇 痛 药

镇痛药是可选择性作用于中枢神经系统痛觉中枢或其受体，在对听觉、触觉和视觉等无明显影响并保持意识清醒的剂量下能选择性地减轻或缓解疼痛的一类药物。该类药物按其成瘾性可分为麻醉性镇痛药（阿片生物碱类镇痛药）和非麻醉性镇痛药。

阿片生物碱类镇痛药有阿片及其合成品（或称阿片类药物）。具有强大的镇痛作用，可用于各种原因引起的急慢性疼痛，但有明显呼吸抑制和镇静作用；长期使用易致耐受性、依赖性和成瘾性，因其对人易造成精神变态而出现药物滥用及停药戒断症状，故此类药被称为麻醉性镇痛药，如吗啡、可待因等；也有一些是人工合成代用品，如哌替啶、美沙酮等，属国际管制的麻醉类药品。非麻醉性的镇痛药是对麻醉性镇痛药进行结构改造而合成的药物，几乎无成瘾作用。

### 一、麻醉性镇痛药

#### 吗 啡

【理化性质】 本品从鸦片中提取。纯净吗啡为无色或白色结晶或粉末；难溶于水，易潮解。随着杂质含量的增加颜色逐渐加深，粗制吗啡则为棕褐色粉末。医用吗啡一般为吗啡的硫酸盐、盐酸盐或酒石酸盐，易溶于水，常制成白色片状或溶于水后制成针剂。

【药理作用】
① 对中枢神经系统的作用 本品具有强烈的麻醉、镇痛作用，是自然存在的任何一种化合物无法比拟的。镇痛范围广泛，几乎适用于各种严重疼痛，包括晚期癌变的剧痛，一次给药镇痛时间可达4~5h，且镇痛时能保持意识及其它感觉不受影响。此外还有明显的镇静作用，能消除疼痛所引起的焦虑、紧张、恐惧等情绪反应，显著提高患病动物对疼痛的耐受力。
② 对呼吸系统的作用 抑制大脑呼吸中枢和咳嗽中枢的活动，使呼吸减慢并产生镇咳

作用。急性中毒会导致呼吸中枢麻痹、呼吸停止而死亡。

③ 对心血管系统的作用 治疗量对血管和心率无明显作用，大剂量可引起体位性低血压及心动过缓。

④ 对消化系统的作用 对胃肠道平滑肌、括约肌有兴奋作用，使其张力提高，蠕动减弱，可用于治疗腹泻。

本品皮下、肌内注射及直肠给药均可吸收。内服通过胃肠道吸收时，首过效应明显，生物利用度低，故常进行注射给药。皮下注射后 30min 吸收 60%，约 1/3 与血浆蛋白结合。未结合型吗啡迅速分布于全身，仅有少量通过血脑屏障，但已足以发挥中枢性药理作用。主要在肝内与葡萄糖醛酸结合而失效，其结合物及少量未结合的吗啡于 24h 内大部分自肾排泄。由于猫缺乏此种代谢途径，猫的半衰期延长，皮下注射血浆半衰期为 3h。吗啡有少量经乳腺排泄，也可通过胎盘进入胎儿体内。

【临床应用】 用于创伤、手术、烧伤等引起的剧痛，犬麻醉前给药，可减少全麻药用量。

【注意事项】

① 治疗量吗啡有时可引起眩晕、恶心、呕吐、便秘、排尿困难、呼吸抑制、嗜睡等副作用。

② 连续反复多次应用易产生耐受性及成瘾，一旦停药，即出现戒断症状，表现为兴奋、流泪、流涕、出汗、震颤、呕吐、腹泻，甚至虚脱、意识丧失等。

③ 急性中毒时，表现为昏迷、瞳孔极度缩小（严重缺氧时则瞳孔散大），呼吸高度抑制、血压降低甚至休克。呼吸麻痹是致死的主要原因。

④ 胃扩张、肠阻塞动物禁用，肝、肾功能异常动物慎用；对猫易引起强烈兴奋，须慎用；幼仔对本品敏感，慎用或不用。

⑤ 禁与氯丙嗪、异丙嗪、氨茶碱、巴比妥类、苯妥英钠、哌替啶等药物混合注射。

【制剂、用法与用量】

盐酸吗啡注射液 1mL：10mg，10mL：100mg。皮下或肌内注射：一次量，每 1kg 体重，犬 0.5～1mg（用于镇痛），0.5～2mg（用于麻醉前给药）。

## 哌替啶（杜冷丁，度冷丁）

【理化性质】 本品多为人工合成品，药用其盐酸盐为白色结晶性粉末，无臭味，味苦。易溶于水、乙醇和三氯甲烷，不溶于乙醚。水溶液呈酸性，常温下性质稳定，能耐高压灭菌。放置时间过长易变为浅红色，不可应用。应遮光、密封保存。

【药理作用】 作用与吗啡相似，可作为吗啡的良好代用品。镇痛作用弱于吗啡，仅相当于吗啡的 1/10～1/8。但毒副作用相应较小，恶心、呕吐、便秘、咳嗽等症状均较轻微。猫肌内注射 11mg/kg，镇痛作用在 2h 内最明显，4h 后作用完全消失。犬皮下注射 20min 后起效，持续 3h。本品有轻度的镇静作用，并增强其它中枢抑制药的作用，犬可用于麻醉前给药。本品有微弱的阿托品样作用，可解除平滑肌痉挛。在消化道痉挛疼痛时，可同时起到镇痛和解痉双重作用。对子宫平滑肌无效，大剂量可致支气管平滑肌收缩。

【临床应用】 主要用于各种创伤性疼痛、术后疼痛、内脏剧烈绞痛等的镇痛，犬、猫麻醉前给药，与氯丙嗪、异丙嗪等合用以抗休克和抗惊厥等。

【注意事项】

① 成瘾性比吗啡弱，但连续应用也会成瘾。

② 不良反应有出汗、口干、恶心、呕吐等。过量可致瞳孔散大、惊厥、心动过速、血

压下降、呼吸抑制、昏迷等。

③ 因对局部有刺激性，一般不做皮下注射，又因其具有心血管抑制作用，易导致血压下降，不宜做静脉注射，可肌内注射给药。

④ 不宜与异丙嗪多次合用，否则可致呼吸抑制，引起休克等不良反应。

⑤ 不宜用于妊娠动物、产科手术。

⑥ 禁用于患有慢性阻塞性肺部疾患、支气管哮喘、肺源性心脏病和严重肝功能不全的动物。

【制剂、用法与用量】

盐酸哌替啶注射液　1mL:25mg，1mL:50mg。皮下或肌内注射：一次量，每1kg体重，犬、猫5～10mg。

## 芬 太 尼

【理化性质】　药用为枸橼酸盐，为白色结晶性粉末，味苦。微溶于水或三氯甲烷，水溶液呈酸性反应。

【药理作用】　属强效麻醉性镇痛药，作用与吗啡、哌替啶相似，但镇痛效力强、起效快、持续时间短、副作用小。其镇痛作用较吗啡强80～100倍，比哌替啶强500倍，与哌替啶合用可增强镇痛作用。犬静脉注射给药后数分钟内显效，猫皮下注射后20～30min显效，一般维持时间1h左右，静脉给药后犬的恢复期约1.5h。

【临床应用】　用于犬的小手术，如牙、眼等手术，可与全麻醉或局麻药合用于其它手术，以减少全麻药的用量和毒性，并增强镇痛效果。也可用于对有攻击性犬的化学保定、捕捉、长途运输及诊断检查等。对猫可用作安定、镇痛药。

【注意事项】

① 与单胺氧化酶抑制剂（如苯乙肼、优降宁等）合用，可引起严重低血压、呼吸停止、休克等，故禁用。

② 中枢抑制剂如巴比妥类、安定剂、麻醉剂，有加强本品的作用，如联合用药，本品的剂量应减少1/4～1/3。

③ 静脉注射宜缓慢，以免呼吸抑制。

④ 大量或长期使用有成瘾性。

【制剂、用法与用量】

芬太尼注射液　2mL:0.1mg。皮下或静脉注射：一次量，每1kg体重，犬0.02～0.04mg。

## 埃 托 啡

【理化性质】　药用盐酸双氢埃托啡，又名二氢埃托啡、双氢埃托啡、双氢乙烯啡。为白色片状结晶，无臭味，味甜。

【药理作用】　本品为高强力麻醉性镇痛剂，镇痛强度约为吗啡的100～200倍，并有镇静与制动作用。对呼吸有抑制作用，成瘾性弱于吗啡。

【临床应用】　常与中枢抑制药赛拉嗪、氯哌啶醇等合用于犬、猫的化学保定，用于吗啡、哌替啶无效的慢性顽固性疼痛，用于诱导麻醉或静脉复合麻醉，还可用于内窥镜检查前给药等。

【注意事项】

① 应用时可出现恶心、乏力、出汗、呕吐等不良反应，大剂量使用可引起中毒，出现

昏迷、呼吸抑制、心脏停搏，甚至死亡。
② 肝功能不全的动物慎用。
【制剂、用法与用量】
埃托啡注射液　1mL:20μg。肌内注射：一次量，每1kg体重，犬0.1～0.15mL；猫、兔，一次量，0.2～0.3mL。

## 二、其它镇痛药

### 曲马多

【理化性质】　本品常用其盐酸盐，白色结晶性粉末，无臭味，味苦，易溶于水。

【药理作用】　本品为合成的非吗啡类强效镇痛药，为阿片受体激动药，镇痛作用与吗啡相似，但副作用比吗啡轻。吗啡拮抗剂纳洛酮能消除本品的镇痛作用。在治疗剂量时本品不引起呼吸抑制，也无明显的心血管系统副作用，无导致平滑肌痉挛作用，通常不引起便秘和排尿困难。口服后20～30min起效，镇痛作用可维持4～6h。

【临床应用】　用于各种中、重度急、慢性疼痛，如术前术后疼痛、骨折及肌肉疼痛、创伤疼痛、牙痛等。

【注意事项】
① 与酒精、镇静药或其它中枢神经系统作用药物合用会引起急性中毒。
② 对阿片类药物过敏的动物慎用。
③ 不宜作为轻度疼痛的止痛药，长期应用也可能发生成瘾。

【制剂、用法与用量】
盐酸曲马多注射液　2mL:50mg，2mL:100mg。皮下、肌内或静脉注射：一次量，犬、猫15～30mg，一日2～3次。

### 赛拉嗪（隆朋，盐酸二甲苯胺噻嗪）

【理化性质】　为白色结晶或类白色结晶性粉末，味微苦。易溶于丙酮和苯，能溶于乙醚和三氯甲烷，微溶于石油醚，不溶于水。

【药理作用】　本品为镇痛性化学保定剂，具有明显的镇痛、镇静和中枢性肌肉松弛作用。毒性低，安全范围大，无蓄积作用。犬、猫肌内或皮下注射10～15min、静脉注射3～5min发挥作用。有抑制心脏传导，减慢心率，减少心搏输出量，降低心肌含氧量的作用。引起呼吸次数先增加后减少及呼吸加深，过量可致呼吸抑制。直接兴奋犬、猫的呕吐中枢，引起呕吐。对子宫平滑肌有一定的兴奋作用，有降低体温的作用。与水合氯醛、硫喷妥钠或戊巴比妥钠等全身麻醉药合用，可减少全麻药的用量和增强麻醉效果。本品可增强氯胺酮的催眠镇静作用，使肌肉松弛，并可拮抗其中枢兴奋反应。

【临床应用】　用于犬、猫的镇静与镇痛，进行化学保定，大剂量或配合局部麻醉药可进行剖宫产、去势等手术，也可用于猫的催吐。

【注意事项】
① 静脉注射剂量过大时可兴奋中枢神经，引起强烈的惊厥直至突发死亡。
② 静脉注射正常剂量，有时也可发生心脏传导阻滞，心输出量减少，可在用药前先注射阿托品。
③ 犬、猫用药后常出现呕吐、肌肉震颤、心动缓慢、呼吸频率下降等，猫可出现排尿增加。

【制剂、用法与用量】

盐酸赛拉嗪注射液　5mL:0.1g，10mL:0.2g。肌内注射：一次量，每1kg体重，犬、猫1～2mg。静脉注射：一次量，每1kg体重，犬、猫0.5～1mg。

## 第四节　中枢兴奋药

### 一、概念与分类

**1. 概念**

中枢兴奋药是一类能选择性地兴奋中枢神经系统，提高其机能活动的药物。

**2. 分类**

**(1) 大脑兴奋药**　能提高大脑皮层的兴奋性，促进脑细胞代谢，改善大脑机能，可引起动物觉醒、神经兴奋与运动亢进，如咖啡因等。

**(2) 延髓兴奋药**　又称为呼吸兴奋药，主要兴奋延髓呼吸中枢，增加呼吸频率和呼吸深度，改善呼吸功能，常用于呼吸衰竭的急救，如尼可刹米、回苏灵、戊四氮等。

**(3) 脊髓兴奋药**　能选择性地兴奋脊髓，小剂量提高脊髓反射兴奋性，大剂量导致强直性惊厥，如士的宁等。

本类药物作用部位的选择性是相对的。随着药物剂量的提高，不但兴奋作用加强，而且对中枢的作用范围亦将扩大。中毒量时，上述药物均能导致中枢神经系统广泛而强烈的兴奋，发生惊厥。严重的惊厥可因能量耗竭而转入抑制，此时不能再用中枢兴奋药来对抗，否则会由于中枢过度抑制而致死。为防止用药过量引发中毒，应严格掌握剂量并密切观察病情，一旦出现反射亢进、肌肉抽搐等症状时应立即减量或停药，并结合输液等对症治疗措施。对因呼吸肌麻痹引起的外周性呼吸抑制，中枢兴奋药无效。对循环衰竭导致的呼吸功能减弱，中枢兴奋药能加重脑细胞缺氧，应慎用。

### 二、常用药物

#### 咖 啡 因

【理化性质】　咖啡因即咖啡碱，是由咖啡或茶叶中提取的一种生物碱，属黄嘌呤类，现已人工合成。本品为白色或带极微黄绿色、有丝光的针状结晶，无臭味，味苦，有风化性。易溶于热水和三氯甲烷中，略溶于水、乙醇或丙酮中，微溶于乙醚中。常与苯甲酸钠制成可溶性苯甲酸钠咖啡因（安钠咖）注射液供临床使用。

【药理作用】

① 对中枢神经系统的作用　对中枢神经系统各主要部位均有兴奋作用，但大脑皮层对其特别敏感。小剂量即能提高对外界的感应性与反应能力，使动物精神活泼，活动能力增强。加大剂量则能兴奋呼吸中枢、血管运动中枢和迷走神经中枢，使血压升高、心率减慢，但作用时间短暂，常被其对心脏与血管的直接作用所拮抗。大剂量时可兴奋包括脊髓在内的整个中枢神经系统，中毒量可引起强直或阵发性惊厥，甚至死亡。

② 对心血管系统的作用　对心脏和血管具有中枢性和末梢性双重作用，前者使心率减慢、血管收缩；后者作用相反。末梢性作用常常占优势，较小剂量时，因兴奋迷走神经而使心率减慢。剂量稍大时，心率、心肌收缩力与心输出量均增加，尤其对心功能不全的动物，心输出量明显增加，对治疗急性心力衰竭很有临床意义。对心血管的作用，较小剂量时兴奋

延髓血管运动中枢，使血管收缩；剂量稍大时对血管壁产生直接作用，使血管舒张，对改善心、肺、肾血管的舒张具有临床意义。

③ 对平滑肌的作用　除对血管平滑肌具有舒张作用外，对支气管、胆道与胃肠道平滑肌也有舒张作用。

④ 对泌尿系统作用　因抑制肾小管对钠离子的重吸收而具有利尿作用，同时因心输出量和肾血流量增加，提高肾小球滤过率，也利于利尿作用的发挥。

⑤ 其它作用　促使糖原、甘油三酯分解，引起血糖升高和血中游离脂肪酸增多；直接兴奋骨骼肌，使其活动增强；引起胃液分泌量和酸度升高。

【临床应用】

① 作为中枢兴奋药，主要用于加速麻醉药的苏醒过程，解救中枢抑制药和毒物的中毒，也用于多种疾病引起的呼吸和循环衰竭。

② 咖啡因与溴化物合用，可调节大脑皮层活动，恢复大脑皮层抑制与兴奋过程的平衡，有助于调节胃肠蠕动和消除疼痛。

③ 安钠咖与高渗葡萄糖、氯化钙配合静脉注射，用于缓解水肿。

④ 作为强心药，用于日射病、热射病及中毒引起的急性心力衰竭。

【注意事项】

① 忌与鞣酸、碘化物及盐酸四环素、盐酸土霉素等酸性药物配伍，以免发生沉淀。与氨茶碱同用可增加其毒性；与麻黄碱、肾上腺素有相互增强作用，不宜同时注射；与阿司匹林配伍可增加胃酸分泌，加剧消化道刺激反应；与氟喹诺酮类药物合用时，可使咖啡因代谢减少，从而使其血药浓度升高。

② 因用量过大或给药过频而发生中毒时，可用溴化物、水合氯醛或巴比妥类药物解救，但不能使用麻黄碱或肾上腺素等强心药物，以防毒性增强。

【制剂、用法与用量】

苯甲酸钠咖啡因（安钠咖）注射液　10mL:2g，20mL:4g。肌内或静脉注射：一次量，犬 0.1～0.3g，猫 0.03～0.1g，一日 1～2 次。

## 尼可刹米

【理化性质】　本品为无色或淡黄色的澄明油状液体，放置于冷处即成结晶，有轻微的特臭，味苦，有吸湿性。易溶于水、乙醇、三氯甲烷和乙醚。

【药理作用】　能选择性地兴奋延髓呼吸中枢，作用于颈动脉窦和主动脉体化学感受器而反射性地兴奋呼吸中枢，呼吸加深加快。对大脑皮层、血管运动中枢和脊髓有微弱的兴奋作用，对其它器官无直接兴奋作用。大剂量或中毒剂量时对大脑皮层运动区及脊髓产生兴奋作用而引起惊厥。内服、注射均易吸收，静脉注射效果较好。作用时间短暂，一次静脉注射可维持 20～30min。

【临床应用】　主要用于各种原因引起的呼吸中枢抑制，如解救中枢抑制药的中毒、疾病所致的中枢性呼吸抑制、新生动物窒息或加速麻醉动物的苏醒等。对解救阿片类药物中毒所致的呼吸衰竭比戊四氮有效，其它病情则药效不如戊四氮。但本品不易引起惊厥，安全范围较宽。

【注意事项】

① 静脉注射速度不宜过快。

② 如剂量过大已接近惊厥剂量时可致血压升高、心律失常、肌肉震颤、强直，甚至惊厥，可静脉注射硫喷妥钠。

③ 兴奋作用之后常出现中枢神经抑制现象。

【制剂、用法与用量】

尼可刹米注射液　2mL:0.5g。皮下、肌内或静脉注射：一次量，每1kg体重，犬1~3mg，猫5~7mg，必要时可间隔2h重复注射一次。

## 樟　脑

【理化性质】　为樟科植物樟树蒸馏而得，现可人工合成。为白色结晶性粉末或无色半透明硬块。有挥发性和刺激性臭味。易溶于乙醇，难溶于水。应遮光、密封保存。

【药理作用】　樟脑吸收后，可兴奋延髓呼吸中枢和血管运动中枢，使呼吸增强、血压回升。对正常状态的动物作用较弱，而对这些中枢处于抑制状态时作用较为明显。可用于中枢抑制、肺炎等感染性疾病和中枢抑制药中毒引起的呼吸抑制；有强心作用，尤其对衰弱的心脏，如某些传染病或中毒病引起的心脏衰弱、心房颤动效果较好。临床使用较多的是氧化樟脑，尤其当机体缺氧时效果更佳；内服有防腐制酵作用，用于消化不良、胃肠臌气等；外用对皮肤、黏膜有温和的刺激作用，使皮肤血管扩张，血液循环旺盛。将本品制成樟脑酊或四三一擦剂，用于治疗挫伤、肌肉风湿症、蜂窝织炎、腱炎等。

【临床应用】　主要用于感染性疾病、中枢性抑制药中毒等引起的呼吸抑制、心脏衰弱等。

【注意事项】

① 本品注射液如出现结晶时，可加温溶解后使用。

② 过量中毒时可静脉注射水合氯醛、硫酸镁和10％葡萄糖溶液解救。

【制剂、用法与用量】

樟脑磺酸钠注射液　1mL:0.1g，5mL:0.5g，10mL:1g。皮下、肌内或静脉注射：一次量，犬0.05~0.1g。

## 硝酸士的宁（番木鳖碱）

【理化性质】　由马钱科植物番木鳖或马钱的种子中提取的一种生物碱，为无色针状结晶或白色结晶性粉末，无臭味，味极苦。易溶于沸水，在水中略溶，微溶于乙醇或三氯甲烷。

【药理作用】　本品小剂量对脊髓有选择性兴奋作用，使脊髓反射加快加强。能增加骨骼肌张力，改善肌无力状态，并可提高大脑皮层感觉区的敏感性，大剂量兴奋延脑乃至大脑皮层。内服或注射均能迅速吸收，体内分布均匀。在肝脏内氧化代谢破坏，约20％以原形由尿及唾液腺排泄，排泄缓慢，易产生蓄积作用。

【临床应用】　用作脊髓兴奋剂，用于治疗神经麻痹性疾病，特别是脊髓性不全麻痹，如后躯委顿、括约肌不全松弛、阴茎脱垂和四肢无力等。作苦味健胃药，治疗慢性消化不良，胃肠弛缓。

【注意事项】

① 妊娠、肾功能不全及有中枢神经系统兴奋症状的犬、猫禁用。

② 本品排泄缓慢，一次剂量从体内排出需要48~72h，重复给药时可产生蓄积作用，用药间隔应为3~4d。

③ 本品毒性大，安全范围小，易发生中毒，表现为反射增强、肌肉震颤、颈部僵硬、口吐白沫，继而发生脊髓惊厥、角弓反张等。此时应保持动物安静，避免外界刺激，并迅速肌内注射巴比妥钠等进行解救。若解救不及时，易窒息而死。

【制剂、用法与用量】

硝酸士的宁注射液　1mL:2mg，10mL:20mg。皮下注射：一次量，犬0.5～0.8mg，猫0.1～0.3mg。

> ### 案例分析
>
> 【基本情况】　京巴犬：4岁，母，体重6kg。主诉：下楼时不小心从台阶滚下，当时惨叫几声，腿跛行，主人未在意；第二天早突然发现后肢拖地，不能行走，前肢尚能站立，已超过12h未排粪、排尿，精神较差。
>
> 【临床检查】　该犬精神沉郁，腹围增大，体温38.7℃，听诊心肺音尚可，胃肠蠕动音减弱，驱赶时后肢拖地行走，针刺腰背部和脚趾部皮肤无明显疼痛反应，挤压腹部皮肤时排出大量尿液，腹腔内有多量秘结粪便，X射线检查和血液常规检查未发现异常。根据检查结果，初步诊断为腰椎损伤。
>
> 【治疗方案】　硝酸士的宁注射液（2mL:4mg）0.12mL百会穴封闭，隔日1次，连用3次；维生素$B_1$注射液1.0mL、维生素$B_{12}$注射液0.5mL，混合后于悬枢、命门、阳关、关后穴注入，每穴0.4mL，一日1次，连用5次；另嘱回家后静养。3日后回访，患犬已明显好转，继续用药4日而愈。
>
> 【疗效评价】　硝酸士的宁为脊髓兴奋药，为治疗腰椎损伤的常用药物，但用量稍大可引起中毒，又因选择了穴位封闭疗法，因此较小用量即可达到治疗目的。维生素$B_1$和维生素$B_{12}$注射液起到营养神经的作用，同样选择穴位注射，具有用药量小、疗效好的特点。

【复习思考题】

1. 麻醉过程分为哪几个期？外科手术在哪一期进行最好？为什么？
2. 麻醉药、镇痛药和抗惊厥药有何不同？它们之间有何关系？
3. 中枢神经兴奋药分为哪几类？各有何特点？
4. 比较咖啡因、樟脑的作用和应用特点？
5. 士的宁的作用部位在何处？在兽医临床上有何用途？中毒时临床上有何症状？如何解救？

# 第六章　外周神经系统药物

外周神经系统包括体神经系统和植物性神经系统。体神经系统又分为运动神经和感觉神经。植物性神经系统又分交感神经和副交感神经。本章主要介绍作用于感觉神经和植物性神经的药物。

## 第一节　局部麻醉药

### 一、简介

**1. 概念**

局部麻醉药简称局麻药，是指能在用药局部可逆性地阻断感觉神经发出的冲动与传导，使局部组织痛觉暂时丧失的药物。

**2. 作用机理**

神经冲动的产生和传导有赖于神经细胞膜对离子通透性的一系列变化。在静息状态下，钙离子与细胞膜上的磷脂蛋白结合，阻止钠离子内流。当神经受到刺激兴奋时，钙离子离开结合点，钠离子通道开放，钠离子大量内流，产生动作电位，从而产生神经冲动与传导。局部麻醉药的作用在于它能与钙离子竞争，并牢固占据神经细胞膜上的钙离子结合点，钠离子通道封闭，钠离子内流受阻；当神经兴奋时，抑制去极化过程而阻滞神经冲动的传导。

**3. 麻醉方式**

局麻药在低浓度时就能阻断感觉神经冲动的传导。当浓度升高时，对神经组织的任何部位都有作用，但不同的神经纤维对局麻药的敏感度不同。这与神经纤维的粗细、分布的深浅及有无髓鞘等有关。感觉神经纤维最细，多分布在表面，大多数无髓鞘，故易被麻醉。而在感觉神经纤维中，痛觉神经纤维最细，故在感觉中痛觉最先消失，依次是冷、温、触、关节感觉和深压感觉，恢复时顺序相反。临床上常用的局部麻醉方式主要有如下几种。

（1）**表面麻醉**　将药液直接滴于、注入、喷雾于黏膜表面，使其通过黏膜下的感觉神经末梢麻醉。用于眼、鼻、咽喉、气管、尿道手术。常用利多卡因。

（2）**浸润麻醉**　沿手术切口线将药液注于皮下及深部组织中，使这些组织内的神经末梢麻醉，阻断疼痛刺激向中枢传导。用于浅表小手术。常用普鲁卡因和利多卡因。

（3）**传导麻醉**　也称区域麻醉或神经干麻醉，是将药液注入神经干周围，使其所支配的区域产生麻醉。用于跛行诊断、四肢和腹壁手术。常用普鲁卡因和利多卡因。

（4）**硬膜外麻醉**　将药液注入硬脊膜外腔，阻断通过此腔穿出椎间孔的脊神经，使后躯麻醉。用于难产、剖宫产、阴茎及后躯的其它手术。常用普鲁卡因。

### 二、常用局部麻醉药

#### 普鲁卡因

【理化性质】　本品为白色结晶或结晶性粉末，易溶于水，常制成注射液。

【药理作用】 本品为短效酯类局麻药。注射后约 1~3min 即可产生麻醉作用，持续 45~60min。但因本品具有扩张血管作用，为延长局麻时间，减少术部出血，常在局麻药物中添加少量的肾上腺素（每 100mL 药物中加入 0.1% 盐酸肾上腺素注射液 0.2~0.5mL），使局麻作用时间延长 1~2h。对皮肤、黏膜穿透力差，故不适于表面麻醉。另外，本品抑制心脏兴奋和传导，延长不应期，降低心脏异位起搏点的规律性，用于治疗心动过速，用普鲁卡因酰胺作抗心律失常药物。

本品在用药部位吸收较快，入血后大部分与血浆蛋白结合，然后被逐渐释放，再分布到全身。组织和血浆中假性胆碱酶可将其快速水解，生成二乙氨基乙醇和对氨苯甲酸，前者具有微弱的局麻效果。水解产物进一步代谢后，随尿排出，能较快地通过血脑屏障和胎盘。

【临床应用】 本品常用于浸润麻醉、传导麻醉、硬脊膜外麻醉和封闭疗法。

【注意事项】

① 本品在体内可分解出对氨基苯甲酸而减弱磺胺的抑菌作用，故不宜与磺胺类药物配伍；碱类、氧化剂易使本品分解，不宜配合使用。

② 本品用量过大可引起中枢神经先兴奋后抑制，甚至造成呼吸麻痹等毒性反应。中毒时，应立即对症治疗，兴奋期可给予小剂量的中枢抑制药，若转为抑制期则不能用兴奋药解救，只能采用人工呼吸等措施。

③ 为延长麻醉时间，应用时可加入 1∶100000 的盐酸肾上腺素。

【制剂、用法与用量】

普鲁卡因注射液 浸润麻醉、封闭疗法：0.25%~0.5% 的溶液，一次量，犬 1~3mL，猫 0.5~1mL。传导麻醉：2% 的溶液，犬 2~5mL，猫 0.5~1mL。硬脊膜外麻醉：2%~5% 的溶液，犬 2~5mL。

## 利 多 卡 因

【理化性质】 本品为白色结晶粉末，无臭，味苦，易溶于水，常制成注射液。

【药理作用】 本品属于酰胺类中效麻醉药。局麻作用比普鲁卡因强 1~3 倍，穿透力强，作用快，扩散广，持续时间长，毒性较小，对组织无刺激性，有轻度扩张血管的作用。其吸收作用表现为对中枢神经的抑制，出现嗜睡现象。但大量吸收可以引起中枢神经兴奋，甚至惊厥，然后转为抑制。还能抑制心室，延长不应期，可治疗心动过速。

本品内服因首过效应而不能达到有效的血药浓度，故治疗心律失常时须静脉注射。局部或注射用药后在 1h 内有 80%~90% 被吸收，进入体内大部分先经过肝微粒体酶系统降解，再进一步被酰胺酶水解，最后随尿排出，少量出现在胆汁中。

【临床应用】

① 本品麻醉力强，作用快，用药后 5min 起效，维持时间可达 1~1.5h；弥散性广，麻醉效能是普鲁卡因的 2 倍，而毒性为普鲁卡因的 1 倍。

② 本品静脉注射能抑制心室的自律性，缩短不应期。

【注意事项】

① 应用剂量过大或静脉注射时可引起毒性反应，出现嗜睡、头晕等中枢神经系统抑制症状，继而可出现惊厥或抽搐、血压下降或心搏骤停。

② 作表面麻醉时，必须严格控制剂量，防止中毒。

【制剂、用法与用量】

利多卡因注射液 浸润麻醉：用 0.25%~0.5% 溶液。表面麻醉：用 2%~5% 溶液。传导麻醉：用 2% 溶液，多点注射，一次量，犬、猫 0.3~2mL。

## 丁 卡 因

【理化性质】 本品为白色结晶或结晶性粉末。无臭，味微苦，有麻舌感。在水中易溶解，在乙醚或苯中不溶。

【药理作用】
① 本品为聚酯类麻药。
② 脂溶性高，组织穿透力强，持续时间长。
③ 局麻作用和毒性均比普鲁卡因强10倍，但产生作用较慢，5～10min不等。

【临床应用】 主要用于眼、鼻、喉的表面麻醉。

【注意事项】
① 无血管收缩作用，应在药物中加入肾上腺素。
② 因毒性大，作用出现慢，一般不做浸润麻醉。
③ 本品的代谢产物可降低磺胺药的抗菌作用。

【制剂、用法与用量】
盐酸丁卡因注射液 表面麻醉：滴眼时，用0.5%～1%溶液。喉头喷雾或气管插管时，用1%～2%溶液。硬膜外麻醉：用0.2%～0.3%溶液。一次量，犬、猫0.3～2mL。

## 第二节 作用于传出神经的药物

作用于传出神经的药物，其基本作用是直接作用于受体或通过影响递质的代谢过程分解消除而产生兴奋或抑制效应。本类药物在兽医临床上常用的主要有拟胆碱药、抗胆碱药、拟肾上腺素药三类。拟胆碱药是指药理作用与递质乙酰胆碱相类似的一类药物，药物有氨甲酰胆碱、毛果芸香碱和甲硫酸新斯的明。抗胆碱药是指能与胆碱受体结合，阻碍递质乙酰胆碱或拟胆碱药与受体结合，产生胆碱作用的一类药物，常用药物为阿托品、东莨菪碱、山莨菪碱等M胆碱受体阻断药。拟肾上腺素药是指药理作用与递质去甲肾上腺素相类似的一类药物，包括：α和β受体激动药，如肾上腺素、麻黄碱等；α受体激动药，如去甲肾上腺素等；β受体激动药，如异丙肾上素等。

### 一、简介

#### 1. 传出神经的分类

传出神经系统包括植物神经系统和运动神经系统。植物神经系统又称为自主神经系统，支配心肌、平滑肌和腺体等效应器官的活动，主要由交感神经和副交感神经系统两部分组成，其特点是自中枢神经系统发出后，都要经过神经节中的突触更换神经元，然后才能到达效应器，故自主神经有节前纤维和节后纤维之分。运动神经分布于骨骼肌并支配其活动，自中枢神经出发，中途不更换神经元，直接到达骨骼肌，无节前和节后纤维之分。

#### 2. 传出神经递质和受体

传出神经兴奋时通过神经末梢释放的化学递质进行信息传递。目前已知的传出神经的主要递质有乙酰胆碱（Ach）和去甲肾上腺素（NA）两种。根据神经冲动时释放递质不同，传出神经可分为胆碱能神经和肾上腺素能神经。胆碱能神经包括运动神经、植物神经的节前纤维、副交感神经节后纤维和少部分交感神经节后纤维（支配汗腺者），它们释放的递质是乙酰胆碱。肾上腺素能神经为大部分交感神经节后纤维，它们释放的递质主要是去甲肾上腺素和少部分肾上腺素。

去甲肾上腺素在神经细胞体和轴突中合成，运动至末梢，贮存于囊泡中。当神经冲动到达肾上腺素能神经末梢时产生去极化，此时细胞膜的通透性发生改变，钙离子内流，促使靠近突触前膜的一些囊泡膜与突触前膜结合，然后形成裂空。通过裂空，将囊泡内去甲肾上腺素、ATP 和多巴胺羟化酶等排入突触间隙-胞裂外，钙离子可促使突触前膜上的微丝收缩，于是膜上出现裂口，小泡内容物即由此释放。

乙酰胆碱是在胆碱能神经细胞体内和其末梢内形成，胆碱乙酰化酶和乙酰辅酶 A 在胞质液内促进胆碱形成乙酰胆碱，乙酰胆碱形成后即贮存在囊泡中。当神经冲动到达时，可能有数百个以上的囊泡，同时向突触间隙释放乙酰胆碱。释放出的递质，通过突触间隙与效应器细胞突触后膜上的受体结合，结合以后导致一系列的生理生化变化，从而使效应器产生兴奋或抑制。

神经递质是通过与受体结合而呈现作用的。受体为特殊的分子结构，可能为蛋白质或酶的活性部分，一般存在于突触前膜或突触后膜，可选择性地同递质或药物结合，从而产生一定的效应。传出神经系统的受体依据神经递质不同分为胆碱受体和肾上腺素受体。胆碱受体与乙酰胆碱结合，可分为：①毒蕈碱型胆碱受体，简称 M 受体，是能选择性地与毒蕈碱（为从毒蕈中提出的生物碱）结合的胆碱受体，位于节后胆碱能神经支配的效应器如心脏、胃肠、腺体、瞳孔等处；②烟碱型胆碱受体，简称 N 受体，是能选择性地与烟碱（烟叶中提取出得生物碱）结合的胆碱受体。N 受体又分为 $N_1$ 受体和 $N_2$ 受体。$N_1$ 受体位于植物神经节、肾上腺髓质等处，$N_2$ 受体位于骨骼肌中。肾上腺素受体位于交感神经节后纤维所支配的效应器细胞膜上，能与去甲肾上腺素、肾上腺素结合。根据它们对不同拟肾上腺素类药物的敏感度，肾上腺素受体又可以分为：①α 型肾上腺素受体，简称 α 受体或甲受体，位于血管、瞳孔开大肌及腺体等处；②β 型肾上腺素受体，简称 β 受体或乙受体，又有 $β_1$ 受体和和 $β_2$ 受体之分，前者位于心脏、肠壁、脂肪等处，后者位于血管、支气管等处。

传出神经递质与受体结合时可兴奋受体呈现一系列作用。

**(1) 胆碱能神经递质作用**

① M 样作用（毒蕈碱样作用） 此类兴奋 M 受体所呈现的作用，表现为心脏兴奋、血管扩张、血液下降、平滑肌收缩、瞳孔缩小、腺体分泌增加等。

② N 样作用（烟碱样作用） 此为兴奋 N 受体所呈现的作用，表现为植物性神经节兴奋、肾上腺髓质分泌、骨骼肌收缩等。

**(2) 肾上腺素能神经递质的作用**

① α 型作用（甲型作用） 此为兴奋 α 受体所呈现的作用，表现为皮肤、黏膜、内脏血管收缩、瞳孔散大等。

② β 型作用（乙型作用） 此为兴奋 β 受体所呈现的作用，表现为心脏兴奋、骨骼肌血管扩张、平滑肌松弛、脂肪和糖原分解等。

胆碱能神经和肾上腺素能神经对机体多器官的作用是相反的。从整体上来说，这两个神经系统功能的相互拮抗并不是对立的，即多数内脏器官是接受胆碱能神经和肾上腺素能神经的双重支配的，其生理功能大多是相互对抗的，表面上似乎是矛盾现象，但在中枢神经系统的调解下，对于机体适应内外环境的变化、维持正常生命活动是完全必要的。可以认为交感神经是调节机体活动状态时的神经系统，而副交感神经则为调节机体在休息状态时的神经系统。动物在活动特别是争斗时，产生心跳加快、血压升高、支气管扩张、呼吸量增大、代谢增强等现象，是由交感神经兴奋引起的；而机体在安静状态时促进消化、维持营养、进行繁殖活动等，则是通过副交感神经调节的。

### 3. 传出神经系统药物作用方式

**（1）直接作用于受体** 大部分药物能与效应器细胞膜上的受体结合，如果产生与递质相似的作用，称为拟似药。如与乙酰胆碱作用相似的药物称为拟胆碱药，与去甲肾上腺素作用相似者称为肾上腺素药。相反，由于药物作用于受体，使神经冲动下传时释放的递质不能与受体结合，从而妨碍了植物神经冲动的传递，产生与递质相反的作用，这类药物称为抗胆碱药物，如阿托品等。

**（2）影响递质**

① 影响递质生物合成 此类药物较少，无临床应用价值，仅作药理学研究的工具药。

② 影响递质的生物转化 在正常机体内，递质在神经末梢释放出来发挥化学传递作用后，即被体内相应的酶破坏而失去作用。乙酰胆碱是由胆碱酯酶破坏而失去作用，故能产生拟胆碱作用。虽然与直接作用于受体的拟胆碱药不同，但药理作用相似，也属于拟胆碱药物。去甲肾上腺素作用消除主要靠突触前膜的摄取进入囊泡中的贮存部位而失去活性，少部分被单胺氧化酶和儿茶酚邻位甲基转移酶破坏，所以这两种酶抑制药的实际意义不如抗胆碱酯酶药物。

③ 影响递质的转运与贮存 如麻黄碱可促进肾上腺素能神经末梢释放去甲肾上腺素，又能与 α、β 受体结合；氨甲酰胆碱可使胆碱能神经末梢释放乙酰胆碱，同时又能同 α、β 受体结合；可卡因可阻止去甲肾上腺素回收至神经末梢，故呈拟肾上腺素作用；利血平能妨碍肾上腺素能神经递质在末梢的贮存，使小泡内递质耗竭，表现降压。

### 4. 传出神经药物分类

按照传出神经药物对突触传递过程的主要作用环节（递质或受体）及作用性质（拟似或拮抗，激动或阻断）进行分类，见表 6-1。

表 6-1 传出神经药物分类

| 分类 | | 药物举例 | 作用环节与作用性质 |
|---|---|---|---|
| 拟胆碱药（胆碱受体激动药） | 节后拟胆碱药 | 毒蕈碱、毛果芸香碱、氨甲酰甲胆碱 | 直接作用于毒蕈碱型胆碱受体 |
| | 完全拟胆碱药 | 乙酰胆碱、氨甲酰胆碱 | 直接作用，部分通过释放乙酰胆碱而作用于毒蕈碱型和烟碱型胆碱受体 |
| | 抗胆碱酯酶药 | 槟榔碱、毒扁豆碱、新斯的明、加兰他敏等 | 抑制胆碱酯酶 |
| 抗胆碱药（胆碱受体阻断药） | 节后抗胆碱药 | 阿托品、普鲁本辛 | 阻断毒蕈碱型胆碱受体 |
| | 神经节阻断药 | 美加明、六甲双铵等 | 阻断神经节烟碱型胆碱受体 |
| | 骨骼肌松弛药 | 琥珀胆碱、筒箭毒碱等 | 阻断骨骼肌烟碱型胆碱受体 |
| 拟肾上腺素药（肾上腺素受体激动药） | α 肾上腺素受体激动药 | 去甲肾上腺素、去氧肾上腺素 | 主要直接作用于 α 肾上腺素受体 |
| | β 肾上腺素受体激动药 | 异丙肾上腺素 | 主要直接作用于 β 肾上腺素受体 |
| | α、β 肾上腺素受体激动药 | 肾上腺素、多巴胺 | 作用于 α 受体和 β 受体 |
| | 部分激动受体部分释放递质 | 麻黄碱 | 部分直接作用于受体，部分促进递质释放 |
| 抗肾上腺素药（肾上腺素受体阻断药） | α 肾上腺素受体阻断药 | 酚妥拉明 | 阻断 $α_1$ 受体和 $α_2$ 受体，属短效类 |
| | | 酚苄明 | 阻断 $α_1$ 受体和 $α_2$ 受体，属长效类 |
| | | 哌唑嗪 | 阻断 $α_1$ 受体 |
| | α、β 肾上腺素受体阻断药 | 育亨宾 | 阻断 $α_2$ 受体 |
| | | 普萘洛尔 | 阻断 $β_1$、$β_2$ 受体 |

## 二、常用药物

### 1. 拟胆碱药

拟胆碱药是一类与神经递质乙酰胆碱相似的药物。按其作用机制不同可分为两大类：

**(1) 直接与胆碱受体结合的拟胆碱药**

① 完全拟似药　作用与乙酰胆碱完全相似，作用于 M 胆碱受体和 N 胆碱受体，如乙酰胆碱、氨甲酰胆碱、槟榔碱。

② 主要作用于 M 胆碱受体的拟胆碱药　如毛果芸香碱。

③ 主要作用于 N 胆碱受体的拟胆碱药　包括作用于神经节的 $N_1$ 受体、作用于骨骼肌的 $N_2$ 受体，如烟碱。

**(2) 抗胆碱酯酶药**　抑制胆碱酯酶的活性，使胆碱能神经末梢所释放的乙酰胆碱破坏减少，浓度增加，从而发挥拟乙酰胆碱作用。

① 可逆性抗胆碱酯酶药　如毒扁豆碱、新斯的明、加兰他敏等。此类药物与乙酰胆碱有结构关系，对胆碱酯酶亲和力强，竞争胆碱酯酶活性中心，抑制酶活性，是可逆的，随排泄而变化。

② 难逆性抗胆碱酯酶药　如有机磷酸酯酶类药物。此类药物一般使心率减慢、瞳孔缩小、血管扩张、胃肠蠕动及腺体分泌增加等。临床上可用于胃肠迟缓、肠麻痹等。

#### 氨甲酰胆碱

【理化性质】　本品系人工合成品，为白色或淡黄色结晶性粉末，易溶于水，其氯化物极易溶于水，常制成注射液和滴眼剂。

【药理作用】

① 本品能直接兴奋 M 受体和 N 受体，且在体内不易被胆碱酯酶水解破坏，作用强而持久。M 受体兴奋时，表现为平滑肌收缩力加强，腺体分泌增加，心率减慢，瞳孔缩小。N 受体兴奋时，主要表现为植物性神经节兴奋，骨骼肌收缩力加强。

② 对平滑肌和腺体的兴奋作用强而持久，对骨骼肌作用不明显。

【临床应用】　本品主要用于肠臌气、大肠便秘、子宫弛缓、胎衣不下、子宫蓄脓等；也可滴眼用于治疗青光眼。

【注意事项】

① 本品作用强烈，在治疗便秘时，应先给予盐类或油类泻药或大量饮水以软化粪便，然后每隔 30～40min 分次小剂量给药。

② 禁用于老龄、瘦弱、妊娠、心肺疾患的动物及顽固性便秘、肠梗阻动物等。

③ 不可肌内注射或静脉注射。

④ 发生中毒时可用阿托品解救。

【制剂、用法与用量】

氨甲酰胆碱注射液　皮下注射：一次量，犬 0.025～0.1mg。滴眼：用 0.75%～0.3%的溶液滴入 1～2 滴，一日 3～4 次。

#### 氯化氨甲酰胆碱

【理化性质】　本品为白色结晶状粉末，易潮解，溶于水和乙醇。水溶液稳定，可高压灭菌。

【药理作用】　仅激动 M 胆碱受体，对 N 受体几乎无作用。由于收缩胃肠道及膀胱平滑肌作用显著，抑制心血管作用极弱，不易被胆碱酯酶水解，作用持久，而广为宠物医师应用。

【临床应用】 用于胃肠弛缓、大肠便秘，也可以用于排出死胎和治疗子宫蓄脓。

【注意事项】 毒性远较氨甲酰胆碱小，过量中毒时可用阿托品完全对抗，临床应用较安全。

【制剂、用法与用量】

氯化氨甲酰胆碱注射液　皮下注射：一次量，犬、猫 0.25～0.5mg。

## 毛果芸香碱（匹罗卡品）

【理化性质】 为人工合成的白色结晶粉末；无臭，味苦。易溶于水，常制成注射液和滴眼剂。

【药理作用】

① 本品能直接作用于 M 受体，呈现 M 样作用。对腺体、胃肠平滑肌及瞳孔括约肌的作用明显，可引起胃肠平滑肌兴奋，使肠道张力、活动增强，使支气管平滑肌张力增大，尿道、膀胱及胆道平滑肌张力也增大，而对心血管系统的作用较弱。

② 对汗腺和唾液腺作用最为显著。

③ 对眼具有缩瞳、降低眼内压和调节痉挛等作用。通过激动瞳孔括约肌的 M 胆碱受体，使瞳孔括约肌收缩，瞳孔缩小。

【临床应用】 本品用于治疗不全阻塞性肠便秘、肠道弛缓、手术后肠麻痹等；也作为缩瞳剂，与阿托品交替使用治疗虹膜炎和青光眼，防止虹膜与晶状体粘连。

【注意事项】

① 治疗便秘时，用药前应大量饮水、补液，并注射安钠咖等强心剂，以防脱水或加重心力衰竭。

② 易引起呼吸困难和肺水肿，用药后应保持患病动物安静，加强护理，必要时采取对症治疗，如注射氨茶碱以扩张支气管，注射氯化钙以制止渗出。

③ 禁用于完全阻塞的肠便秘，以及体弱、妊娠、心肺疾患等动物。

④ 剂量过大时易发生中毒，可用阿托品解救。

【用法与用量】

毛果芸香碱注射液　皮下注射：一次量，犬 3～20mg。滴眼：0.25%～0.3%溶液滴入 1～2 滴，一日 5～6 次。

## 甲硫酸新斯的明（普洛色林）

【理化性质】 为白色结晶粉末。易溶于水，常制成注射液。

【药理作用】

① 本品能可逆性地抑制胆碱酯酶的活性，使乙酰胆碱的分解破坏减少，乙酰胆碱在体内浓度增高，呈现拟胆碱样作用。

② 对心血管系统、腺体及支气管平滑肌的作用较弱，而对胃肠、子宫、膀胱平滑肌的作用强。

③ 本品还能直接作用于骨骼肌运动终板的 $N_2$ 受体，并能促进运动神经末梢释放乙酰胆碱，所以对骨骼肌的兴奋作用强，能提高骨骼肌的收缩力。

【临床应用】 本品主要用于治疗重症肌无力、手术后腹气胀、尿潴留等。

【注意事项】

① 用药过量时可肌内注射阿托品解救，也可静脉注射硫酸镁直接抑制骨骼肌的兴奋性。

② 腹膜炎、肠道或尿道的机械性阻塞及妊娠后期动物禁用，癫痫、哮喘动物慎用。
③ 内服后吸收少且大部分被破坏，一般仅用于皮下、肌内注射给药。

【制剂、用法与用量】
甲硫酸新斯的明注射液　皮下或肌内注射：一次量，犬 0.25～1mg。

## 氢溴酸加兰他敏

【理化性质】　本品为无色或几乎白色结晶性粉末；无臭，味苦。易溶于水，常制成注射液。在乙醇中微溶，在丙酮、乙醚或苯中均不溶解。

【药理作用】　为抗胆碱酯酶药。与新斯的明相比，作用弱，毒性低。由于提高胆碱受体的感受性，使骨骼肌中被抑制的神经传导恢复，改善因神经肌肉传导障碍引起的麻痹状态，从而增强其运动机能。由于本品能透过血脑屏障，故中枢作用较强。

【临床应用】　同甲硫酸新斯的明。

【注意事项】　同甲硫酸新斯的明。

【制剂、用法与用量】
氢溴酸加兰他敏注射液　皮下注射：一次量，犬、猫 0.1～0.3mg。

### 2. 抗胆碱药

## 阿 托 品

【理化性质】　系从茄科植物颠茄、莨菪或曼陀罗中提取的生物碱。硫酸阿托品为无色结晶或白色结晶性粉末；无臭。在水中极易溶解，在乙醇中易溶。

【药理作用】　阿托品能与乙酰胆碱竞争 M 胆碱受体，从而阻断乙酰胆碱 M 样作用。阿托品对 M 受体阻断作用选择性极高，大剂量也能阻断神经节 $N_1$ 受体，药理作用广泛。

① 解除平滑肌痉挛　阿托品具有松弛内脏平滑肌的作用，其作用强度与剂量的大小和内脏的平滑肌的机能状态有关。治疗量的阿托品，对正常活动平滑肌的影响较小，但当平滑肌痉挛或处于过度收缩状态时，阿托品的收缩作用表现明显。在各种内脏平滑肌中，阿托品对胃肠平滑肌解痉作用最强，膀胱逼尿肌次之，而对胆管、输尿管和支气管平滑肌作用最弱。

② 抑制腺体分泌　能抑制唾液腺、支气管腺、胃肠道腺体、泪腺等分泌，用药后会引起口干和口渴的感觉。

③ 对心血管的影响　大剂量可加速心率，而治疗量则可以短暂减慢心率；大剂量可以解除小动脉痉挛，改善微循环。

④ 对眼的作用　散大瞳孔，升高眼内压，导致视麻痹。

⑤ 对中枢的作用　治疗剂量的阿托品可轻度兴奋延髓及其高级中枢而引起弱的迷走神经兴奋作用，较大剂量可轻度兴奋延脑和大脑，5mg 时中枢兴奋明显加强，中毒剂量（10mg 以上）可见明显中枢中毒症状；持续的大剂量可见中枢兴奋转为抑制，由于中枢麻痹和昏迷可致循环和呼吸衰竭。

⑥ 解毒作用　阿托品是拟胆碱药中毒的主要解药。当动物有机磷农药中毒时，体内乙酰胆碱大量蓄积，表现强烈的 M 样和 N 样作用。阿托品能迅速有效地解除 M 样作用的中毒症状，特别是解除支气管痉挛，抑制支气管腺体分泌，缓解胃肠道症状和对抗心脏抑制作用。阿托品也能解除部分中枢神经系统的中毒症状，但对 N 样作用的中毒症状无效。

【临床应用】
① 缓解胃肠平滑肌的痉挛性疼痛。

② 麻醉前给药，可减少呼吸道分泌。

③ 解救有机磷农药中毒。

④ 局部给药用于虹膜睫状体炎及散瞳。

【注意事项】

① 较大剂量可强烈收缩胃肠平滑肌。

② 过量中毒时可以引起瞳孔散大、心动过速、肌肉震颤、烦躁不安、运动奋进、兴奋随之抑制，常死于呼吸麻痹。解救时宜作对症治疗，可注射拟胆碱药物。

【制剂、用法与用量】

① 硫酸阿托品片　内服：一次量，每1kg体重，犬、猫0.02～0.04mg。

② 硫酸阿托品注射液　皮下、肌内或静脉注射：一次量，每1kg体重，麻醉前给药，犬、猫0.02～0.05mg；解除有机磷中毒，犬、猫0.1～0.15mg。

## 东莨菪碱

【理化性质】　本品为无色或白色结晶状粉末；无臭，微有风化性。在水中易溶，在乙醇中略溶，在氯仿中极微溶解，在乙醚中不溶。

【药理作用】　作用与阿托品相似。散瞳和抑制腺体分泌作用比阿托品强。对心血管、支气管和胃肠平滑肌的作用较弱。中枢作用与阿托品不同，治疗剂量时具有中枢抑制作用。本品的中枢作用因剂量和动物种类不同而有区别。

【临床应用】　与阿托品相似。

【注意事项】

① 对抗胆碱药过敏者禁用。

② 与尿道前列腺功能紊乱有关的尿潴留、失代偿性心功能不全动物禁用。

③ 与其它具有阿托品样药物合用会加重阿托品样不良反应。

④ 偶有口干、兴奋、发肿、心率加快等反应。

【制剂、用法与用量】

氢溴酸东莨菪碱注射液　皮下注射：一次量，犬0.1～0.3mg。

## 颠茄

【理化性质】　颠茄为茄科植物颠茄的干燥全草，主要含有莨菪碱等生物碱。

【药理作用】　同东莨菪碱

【临床应用】　同东莨菪碱。

【制剂、用法与用量】

颠茄酊　皮下注射，一次量，犬0.2～1mL。

## 琥珀胆碱（司可林）

【理化性质】　由琥珀酸与2分子胆碱组成。白色或近白色结晶粉末。无臭，味苦。易溶于水，水溶液呈酸性，见光易分解。在碱性溶液中快速分解失效。微溶于乙醇和氯仿，不溶于乙醚。应遮光、密封保存。

【药理作用】　本品具有明显的肌肉松弛作用，首先是头部的眼肌、耳肌等小肌肉，继而是头部、颈部肌肉，再次为四肢和躯干肌肉，最后是膈肌。当用药过量时，由于膈肌麻痹而窒息死亡。

【临床应用】

① 肌松性保定药，如犬、猫运输时进行保定。
② 手术时用于麻醉辅助药。

【注意事项】
① 老龄、体弱、营养不良及妊娠期宠物忌用。
② 用药过程中出现呼吸抑制或停止时，宜立即拉出舌头，同时进行人工呼吸、输氧。
③ 心脏衰弱时，可立即注射安钠咖，严重者可用肾上腺素。

【制剂、用法与用量】
氯化琥珀胆碱注射液　肌内注射：一次量，犬、猫 0.06～0.11mg。

## 筒箭毒碱

【理化性质】　由南美产树种马钱子科及防己科植物中提得的一种生物碱。

【临床应用】　筒箭毒碱是最早应用于临床的典型的非极化型肌松药。药效稳定，肌松效果可靠。因内服难吸收，故静脉给药为主要途径。给药后可即刻产生肌肉松弛作用（静脉注射后约 1min 呈现作用），3～5min 肌松作用达高峰，45min 左右可恢复肌张力。本品可引起所有骨骼肌弛缓性瘫痪，大剂量时，具有引起呼吸肌麻痹的作用。

【注意事项】
① 本品安全范围小，大剂量使用可引起较长时间呼吸暂停，应慎用。
② 中毒时可用新斯的明解救。

【制剂、用法与用量】
氯化筒箭毒碱注射液　静脉注射：一次量，每 1kg 体重，犬 0.4～0.5mg，猫 0.3mg，兔 0.2mg。

**3. 拟肾上腺素药**

## 肾上腺素

【理化性质】　本品为白色结晶性粉末，极微溶于水，常制成盐酸盐注射液。

【药理作用】
① 兴奋心脏　激动心脏 $\beta_1$ 受体，加强心肌收缩力，加快心率，加速传导，增加心输出量；扩张冠状血管，改善心肌供血，但可增加心肌耗氧量，提高心肌兴奋性。如剂量过大或静脉注射过快，可引起心律失常，甚至心室纤颤。
② 收缩或扩张血管　激动血管 $\alpha$ 受体，使皮肤黏膜血管强烈收缩，腹腔内脏，尤其是肾血管显著收缩；激动 $\beta_2$ 受体，使骨骼肌血管和冠状血管扩张。
③ 升高血压　小剂量使收缩压升高，舒张压不变或下降；大剂量使收缩压和舒张压均升高。
④ 激动支气管平滑肌受体　可迅速而有力地松弛支气管平滑肌。

【临床应用】　本品用于心脏骤停的急救，缓解荨麻疹、支气管哮喘、休克、血清病和血管神经性水肿等过敏性疾患；亦常与局部麻醉药并用，以延长其麻醉时间。

【注意事项】
① 可引起心律失常，表现为过早搏动、心动过速，甚至心室纤维性颤动。
② 与全麻药（如水合氯醛、氟烷）合用时，易发生心室颤动。不能与洋地黄、钙剂并用。
③ 用药过量尚可致心肌局部缺血、坏死。
④ 皮下注射误入血管或静脉注射剂量过大、速度过快，可使血压骤升、中枢神经系统

抑制和呼吸停止。

⑤ 局部用 1:(5000~100000) 溶液，制止鼻衄、牙龈出血、术野渗血等出血；每 100mL 局麻药液中，加入 0.1% 肾上腺素溶液 0.5~1mL，使局麻药液含 1:(100000~200000) 肾上腺素，以收缩局部小血管，延缓局麻药吸收，从而延长局麻时间，并避免吸收中毒。

【制剂、用法与用量】

盐酸肾上腺素注射液　皮下注射：一次量，犬 0.1~0.5mL，猫 0.1~0.2mL（犬、猫需稀释 10 倍后注射）。静脉注射：一次量，犬 0.1~0.3mL，猫 0.1~0.2mL。用时以生理盐水稀释 10 倍。

## 去甲肾上腺素

【理化性质】　本品系人工合成品，药用其酒石酸盐，为白色或近乎白色结晶性粉末。无臭，味苦；遇光易分解，在中性尤其是碱性溶液中，迅速氧化变为粉红色乃至棕色而失效。在酸性溶液中较稳定，在水中易溶，在乙醇中微溶，在三氯甲烷及乙醚中不溶。

【药理作用】　与肾上腺素相比，对心脏 $\beta_1$ 受体作用较弱，对支配支气管平滑肌和血管上的 $\beta_2$ 受体几乎无作用。对皮肤、黏膜血管和肾血管有较强的收缩作用，但冠状血管扩张，主要与心脏兴奋、心脏代谢物腺苷增加及血压升高有关。对心脏作用较肾上腺素弱，激动心脏 $\beta_1$ 受体，使心肌收缩力加强，心率加快，传导加速，心输出量增加。小剂量时升压作用不明显，较大剂量时因血管剧烈收缩时外周阻力明显提高，故收缩压与舒张压均明显升高。由于其升压作用较强，可增加休克时心脏、大脑等重要器官的血液供应，临床上常用于休克的治疗。

本品内服无效，皮下或肌内注射很少吸收，一般采用静脉滴注给药。药物入血后很快消失，较多分布于去甲肾上腺素能神经支配的心脏器官及肾上腺髓质，不易通过血脑屏障。肝脏是外源性去甲肾上腺素主要代谢场所，注入的去甲肾上腺素大部分被儿茶酚胺氧位甲基转移酶和单胺氧化酶降解，代谢物随尿排出。由于去甲肾上腺素在机体内迅速被摄取及代谢，故作用时间短暂。

【临床应用】　用于神经源性休克、药物中毒等引起休克的应急治疗。若长时期或大剂量应用反而加重休克时的微循环障碍。故在输液或输血后，患病动物血压仍然低下时，可以适当应用本品提高血压，增加心、脑及其它重要器官的血液供应。

【注意事项】

① 用于休克早期的应急抢救，且要在短时间内小剂量静脉注射，若长时间大剂量应用可导致血管持续性强烈收缩，加重组织缺血、缺氧，使机体的微循环障碍恶化。

② 静脉注射时严防药液外漏，以免引起局部组织坏死。

③ 禁用于器质性心脏疾病及高血压患病动物。

④ 本品遇光即渐变色，应遮光保存。

【制剂、用法与用量】

重酒石酸去甲肾上腺素注射液　静脉注射：一次量，犬 0.1~0.3mL，猫 0.1~0.2mL，临用时稀释成每 1mL 中含有 4~8μg 药液。

## 异丙肾上腺素

【理化性质】　本品为白色或类白色结晶性粉末；味微苦，无臭。在水中易溶，在乙醇中微溶。水溶液呈酸性反应。

【药理作用】　本品对 $\beta_1$、$\beta_2$ 受体具有强烈的兴奋作用，但对 α 受体几乎没有作用。对心脏有较强的兴奋作用，对静脉扩张作用较弱，心率加快。可扩张骨骼肌血管，对肾和肠系膜血管也有扩张作用，对静脉扩张作用比较弱。由于本品能兴奋血管，外周阻力降低，从而使舒张压下降，提高心肌活动效率。由于兴奋 $\beta_2$ 受体可以使支气管平滑肌松弛，此作用略强于肾上腺素。亦具有抑制组胺及其它过敏性物质释放的作用。

【临床应用】 主要用于平喘药，以缓解急性支气管痉挛所致的呼吸困难；也用于心脏房室阻滞、心脏骤停和休克的治疗。

【注意事项】
① 用于抗休克时，应先补充血容量，以免因血容量不足导致血压下降。
② 溶液在空气中逐渐由红色变成红褐色，遇碱则迅速变色，故禁与碱性药物配伍应用。

【制剂、用法与用量】
盐酸异丙肾上腺素注射液　皮下或肌内注射：一次量，犬、猫 0.1～0.2mg。静脉注射：一次量，犬、猫 0.1～1mg，临用时加入 5% 葡萄糖溶液中缓慢滴入，直至发挥疗效。

## 麻 黄 碱

【理化性质】 本品是从麻黄碱科植物草麻黄或贼麻黄中提取的生物碱，现可人工合成。一般制成其盐酸盐，为白色针状结晶或结晶性粉末。无臭。味苦。遇光易分解。在水中易溶，在乙醇中溶解，在三氯甲烷与乙醚中不溶。

【药理作用】 本品化学结构与肾上腺素相似，既能直接激动 α 受体和 β 受体，产生拟肾上腺素作用，又可促进去甲肾上腺素能神经末梢释放去甲肾上腺素，发挥间接拟肾上腺素作用，但作用较肾上腺素弱而持久。对支气管平滑肌 $\beta_2$ 受体有较强的作用，使支气管平滑肌松弛，故常用作平喘药。对中枢神经系统兴奋作用比肾上腺素强。

本品可内服吸收，皮下及肌内注射吸收更快，可通过血脑屏障进入脑脊髓液。不易被单胺氧化酶代谢，只有少量肝内代谢，大部分以原形从尿中排出。

【临床应用】 主要用作平喘药，治疗支气管哮喘；外用可治疗鼻炎，以消除黏膜充血肿胀。

【注意事项】
① 对肾上腺素、异丙肾上腺素等拟肾上腺素药物过敏的动物，对本品也过敏。
② 本品应遮光保存。
③ 不良反应可见食欲缺乏、恶心、呕吐、口渴、排尿困难、肌肉无力等。
④ 本品中枢兴奋作用较强，用量过大，易产生躁动不安，甚至发生惊厥等中毒症状。严重时可用巴比妥类药物缓解。

【制剂、用法与用量】
① 盐酸麻黄碱片　内服：一次量，犬 0.01～0.03g。
② 盐酸麻黄碱注射液　皮下或肌内注射：一次量，犬 0.01～0.03g。

### 案例分析

【基本情况】 阿富汗犬；1.5 岁，公，体重 19kg。主诉：前天因偷吃大量爆米花后出现绝食，精神差，带至附近宠物诊所治疗，诊所大夫给该犬皮下注射氨苄青霉素 2.0g，盐酸甲氧氯普胺 1.0mL；注射后约 20min 出现严重呼吸困难、意识不清、粪尿失禁等症状，诊所大夫意识到情况危急，要求转院抢救治疗。

【临床检查】 该犬呼吸困难，重度啰音，心跳快，约 200 次/min，不停抽搐，痛觉几乎消失。初诊为氨苄青霉素过敏。其它未做过多检查，先抢救治疗。

**【治疗方案】** 快速吸氧，同时用盐酸肾上腺素 1.0mL，加入 0.9% 生理盐水 5mL 静脉推注；麻黄素注射液 20mg 肌内注射；约 10min 后该犬症状缓解，呼吸和抽搐症状趋于稳定。用 10% 葡萄糖注射液 100mL，10% 葡萄糖酸钙 10mL，维生素 C（500mg）3 支混合一次静脉注射；盐酸苯海拉明注射液 1.0mL，地塞米松磷酸钠注射液 5mg 分别肌内注射。经以上抢救治疗 30min 后过敏症状基本消失，再吸氧 30min 后痊愈出院。

**【疗效评价】** 盐酸肾上腺素是抢救过敏性休克的重要药物，情况危急时可静脉推注，以缩短抢救时间；同时麻黄素可扩张气管、支气管平滑肌、缓解呼吸困难，防止该犬因缺氧窒息死亡；待症状缓解后用以高糖、葡萄糖酸钙、维生素 C 等药物以抑制渗出，加速渗出液的排泄，预防和治疗肺水肿；地塞米松磷酸钠和盐酸苯海拉明主要是巩固治疗，一般在休克症状缓解后使用，可获得良效。

## 【复习思考题】

1. 阿托品的作用有哪些？如何应用？
2. 肾上腺素的作用有哪些？如何应用？
3. 局部麻醉药的麻醉方式有哪些？如何合理应用局部麻醉药？

# 第七章 自体活性物质与解热镇痛抗炎药

自体活性物质是动物体内普遍存在、具有广泛生理活性的物质的统称。正常情况下它们以前体物质或贮存状态存在，当受到某种因素影响而被激活或释放时，其微量即能产生广泛、强烈的生物效应。如组胺、5-羟色胺、缓激肽、前列腺素等。

## 第一节 组胺与抗组胺药

组胺是广泛存在于体内的自体活性物质，在皮肤、支气管黏膜、胃肠黏膜及脑脊液中浓度较高。体内的组胺主要存在于肥大细胞及嗜碱性粒细胞中，与蛋白质结合后以无活性的状态存在。在物理或化学等因素的刺激下能使肥大细胞脱颗粒，导致组胺由结合型变为游离型，并释放至周围组织，释放后与靶细胞上特异性受体结合，产生生物效应。

### 一、组胺

**1. 组胺受体**

组胺受体有 $H_1$、$H_2$、$H_3$ 三种亚型，兴奋时产生各种生物学效应。各亚型受体功能见表 7-1。

表 7-1 组胺受体功能

| 受体 | 分布 | 生理效应 | 阻断剂 |
| --- | --- | --- | --- |
| $H_1$ | 支气管、胃肠、子宫等平滑肌<br>皮肤、血管<br>心房、房室结 | 收缩<br>扩张，通透性增加，水肿<br>收缩增强，传导减慢 | 苯海拉明<br>异丙嗪<br>氯苯那敏、阿司咪唑 |
| $H_2$ | 胃壁细胞<br>血管<br>心室、窦房结 | 分泌增多<br>扩张<br>收缩加强，心率加快 | 西咪替丁<br>雷尼替丁<br>法莫替丁 |
| $H_3$ | 支气管、胃肠道<br>中枢与外周神经末梢 | 扩张<br>负反馈性调节，抑制组胺合成与释放 | 硫丙米胺 |

**2. 组胺的生理作用**

（1）**对血管的作用** 表现为血管扩张，毛细血管通透性增加，结果导致局部血流量增加，血浆从血管进入组织间隙，引起局部红肿及皮肤温热感，$H_1$ 和 $H_2$ 受体均参与组胺的血管扩张作用，但 $H_1$ 的扩血管作用更明显。

（2）**对其它平滑肌的作用** 组胺通过兴奋 $H_1$ 受体产生平滑肌收缩作用，大剂量时可使胃肠平滑肌和妊娠子宫平滑肌收缩而导致腹泻和流产。

（3）**对胃腺的作用** 小剂量即可激动胃黏膜壁细胞上的 $H_2$ 受体，使胃酸分泌显著增加。

（4）**对神经系统的作用** 通过 $H_1$ 受体的介导，组胺对感觉神经末梢有强烈刺激作用，皮肤感觉神经末梢最为敏感，可引起皮肤疼痛和痒感。

组胺本身无治疗作用，临床应用已逐渐减少，目前仅作为诊断用药，但其受体阻断药在临床上却有重要药理作用和应用。

## 二、抗组胺药

### 1. $H_1$ 受体阻断药

$H_1$ 受体阻断药与 $H_1$ 受体之间有较高的亲和力,但无内在活性,能竞争性阻断 $H_1$ 受体而产生拮抗作用。临床常用的药物有盐酸苯海拉明、盐酸异丙嗪、马来酸氯苯那敏等。

#### 盐酸苯海拉明

【理化性质】 本品为白色结晶性粉末;无臭,味苦。易溶于水及乙醇。

【药理作用】

① 抗外周组胺 $H_1$ 受体效应 本品竞争性的阻断 $H_1$ 受体,引起胃肠道、气管、支气管平滑肌收缩,仅能部分对抗组胺的扩血管和降血压作用,不能阻断组胺刺激胃酸分泌的作用。

② 中枢作用 本品在治疗剂量有镇静与嗜眠作用。

【临床应用】 本品可对抗组胺引起的各种皮肤、黏膜变态反应,如皮疹、荨麻疹、皮肤瘙痒等。与氨茶碱、麻黄碱、维生素C、钙剂合用效果更好。也可用于治疗伴有组胺释放的组织损伤性疾病(如烧伤、冻伤、湿疹、脓毒性子宫炎等)。

【注意事项】

① 本品仅为对症治疗药物,且必须持续用药直至症状消除为止。

② 对于严重过敏病例,先使用肾上腺素进行急救,再连用本品3d。

③ 大剂量静脉注射时易出现中毒症状,如嗜眠、头晕、头痛、口干、恶心、呕吐等。

【制剂、用法与用量】

① 盐酸苯海拉明片 内服:一次量,犬0.02~0.06g,猫0.01~0.03g,一日1次。

② 盐酸苯海拉明注射液 肌内注射:一次量,犬0.5~1mg,一日1次。

#### 盐酸异丙嗪(非那根)

【理化性质】 本品为白色或类白色的粉末或颗粒;几乎无臭,味苦。在空气中久置变为蓝色。在水中极易溶解,在乙醇、氯仿中易溶。应遮光、密封保存。

【药理作用】 本品的抗组胺作用较苯海拉明强且持久,药效持续12h以上,副作用较小。可加强局麻药、镇静药和镇痛药的作用,还有降温、止吐作用。

【临床应用】 用于皮肤及黏膜过敏、过敏性鼻炎、哮喘、食物过敏等。还可与氯丙嗪、杜冷丁等配合使用,以加强抗过敏作用。

【注意事项】

① 注射液为无色的澄明液体,如出现变色,不可使用。

② 忌与碱性溶液或生物碱合用。

③ 本品有刺激性,不宜做皮下注射。

【制剂、用法与用量】

① 盐酸异丙嗪片 内服:一次量,犬0.05~0.2g,猫0.05~0.1g。

② 盐酸异丙嗪注射液 肌内注射:一次量,犬0.025~0.1g。

#### 马来酸氯苯那敏(扑尔敏、氯苯吡胺)

【理化性质】 本品为白色结晶性粉末;无臭,味苦。易溶于水、乙醇和三氯甲烷,在乙醚中微溶，水溶液呈酸性。应遮光、密封保存。

【药理作用】 本品抗过敏作用强且持久，对中枢神经的抑制作用较轻，嗜眠副作用小。服后10～30min生效，能持续3～6h。

【临床应用】 主要用于皮肤黏膜的过敏性疾病，如荨麻疹、过敏性鼻炎、药疹、虫咬、神经性皮炎等。

【制剂、用法与用量】

① 马来酸氯苯那敏片　内服：一次量，犬2～4mg，猫1～2mg，一日1次。

② 马来酸氯苯那敏注射液　肌内注射：一次量，犬2～4mg，猫1～2mg。

## 赛庚啶

【理化性质】 本品为白色或浅黄色结晶性粉末，无臭，味微苦，其盐酸盐微溶于水、乙醇和氯仿，几乎不溶于乙醚。应遮光、密封保存。

【药理作用】 本品对$H_1$受体的作用强于扑尔敏，并有轻、中度的抗5-羟色胺及抗胆碱能神经的作用。

【临床应用】 主要用于过敏性疾病的管理和作为食欲刺激剂，也可作为血清素用于治疗猫的主动脉血栓栓塞，与其它介质共同参与侧支血管收缩。

【注意事项】 使用本品有轻度镇静、多食、体重增加的现象，并可降低癫痫样发作的阈值。

【制剂、用法与用量】

塞庚啶片　4mg。内服：一次量，犬2～4mg，猫1～2mg，一日2次，作为食欲刺激剂时可于餐前20min内服。

**2. $H_2$受体阻断药**

$H_2$受体阻断药可选择性的阻断胃壁细胞的$H_2$受体，拮抗组胺引起的胃酸分泌。常用药物有西咪替丁、雷尼替丁等。

## 西咪替丁（甲氰咪胍、甲氰咪胺）

【理化性质】 本品为人工合成品。

【药理作用】 通过与组胺争夺胃壁细胞上的$H_2$受体而阻断组胺作用。本品可减少胃液的分泌量和降低胃液中氢离子浓度，还可抑制胃蛋白酶和胰酶的分泌。

【临床应用】 用于中、小动物胃炎、胃肠溃疡、胰腺炎和急性胃肠出血。

【注意事项】 西咪替丁能抑制肝药酶活性，抑制华法林、苯妥英钠、茶碱、苯巴比妥、安定、普萘洛尔等药物的代谢，合用时，应调整这些药物剂量。

【制剂、用法与用量】

西咪替丁片　内服：一次量，犬、猫5～10mg，一日2次。

## 雷尼替丁

【理化性质】 又名呋喃硝胺，常用其盐酸盐，为白色或淡黄色结晶性粉末；有异臭，味微苦带涩；极易潮解，吸潮后颜色变深。在水或甲醇中易溶，在乙醇中略溶，在丙酮中几乎不溶。

【药理作用】 本品为一种$H_2$受体阻断剂，通过与组胺争夺胃壁细胞上的$H_2$受体而阻断组胺作用。作用比西米替丁强5～8倍。本品可降低胃酸和胃酶的活性，但对胃泌素和性激素的分泌无影响。

【临床应用】 临床上主要用于胃酸分泌过多引起的胃炎、胃肠溃疡的治疗。
【制剂、用法与用量】

① 雷尼替丁片　75mg，150mg，300mg。口服或肠外给药：一次量，每1kg体重，犬、猫2mg，一日1次。

② 雷尼替丁注射液　1mL∶25mg。肌内或静脉注射：一次量，每1kg体重，犬、猫2~2.5mg，一日1次。

### 法莫替丁

【理化性质】 本品为白色或黄白色结晶性粉末；无臭，味微苦；易溶于二甲基酰胺和冰醋酸，难溶于甲醇，极难溶于水。

【药理作用】本品是继西米替丁和雷尼替丁后又一种新型的$H_2$受体阻断剂，通过与组胺争夺胃壁细胞上的$H_2$受体而阻断组胺作用。作用比西米替丁强30多倍，比雷尼替丁强6~10倍，且不良反应比西米替丁小。但对肝脏药酶的抑制作用较轻微。

【临床应用】临床上主要用于胃炎、食道炎、胃肠溃疡的治疗。
【制剂、用法与用量】

法莫替丁片　20mg，40mg。口服或肠外给药：一次量，每1kg体重，犬、猫0.5~1mg，一日2次。

**3. 其它抗组胺药**

### 奥美拉唑

【理化性质】 本品为白色或类白色结晶性粉末；无臭；遇光易变色。

【药理作用】 本品是一种新型胃酸分泌抑制剂，抑制胃酸作用较西米替丁强且药效持续时间更长，对基础胃酸和刺激引起的胃酸分泌都有很强的抑制作用。对组胺、五肽胃泌素及刺激迷走神经引起的胃酸分泌也有明显的抑制作用，对$H_2$受体拮抗剂不能抑制的、由二丁基环腺苷酸引起的胃酸分泌也有强而持久的抑制作用。

【临床应用】 临床上主要用于治疗胃和十二指肠溃疡、食道炎引起的胃酸分泌过多。
【制剂、用法与用量】

① 注射用奥美拉唑　40mg。静脉注射：一次量，每1kg体重，犬、猫0.5~1.5mg，一日1次，最多可连用8周。

② 奥美拉唑片　10mg，20mg，40mg。口服或肠外给药：一次量，每1kg体重，犬0.5~1.5mg，猫0.75~1mg，一日1次。

## 第二节　解热镇痛抗炎药

### 一、简介

解热镇痛抗炎药是一类具有退高热、减轻局部钝性疼痛作用，而且大多数还兼有抗炎、抗风湿作用的药物。因本类药物的化学结构和抗炎作用机制与甾体类糖皮质激素有所不同，故称为非甾体类抗炎药。

花生四烯酸是构成细胞膜磷脂的一种脂肪酸。机体受到刺激或损伤后会释放出AA，在环氧化酶或脂氧化酶的氧化作用下，分别生成前列腺素和白三烯。COX存在两种亚型：一种是结构性的环氧化酶（COX-1）；另一种是诱导性的环氧化酶（COX-2）。COX-1属于体内的正常成分，存在于大多数组织细胞，具有维持胃血流量及胃黏膜分泌，保护黏膜不受损伤，保持肾血流量，水和电解质平衡以及血管的稳定等作用；而由 COX-1 催化产生的血栓素 $A_2$（$TXA_2$）能使血小板凝集，在出血时可促进血液凝固，利于止血。一旦 COX-1 被药物抑制，这种正常功能受损，就会出现胃、肾和血小板功能的障碍，发生胃部不适、恶心、呕吐、胃溃疡、血凝不良、出血、水肿、电解质紊乱、肾功能不全等不良反应。诱导性的环氧化酶（COX-2）主要存在于骨骼和关节，受炎症刺激而产生，是感染部位 PG 产生的关键酶。

PG 是刺激外周痛觉感受器有力的炎症化学介质，为强烈致痛物质。此外，PG 还能提高痛觉感受器对缓激肽等其它致痛物质的敏感性，在炎症过程中对疼痛起放大作用。机体发热是由于各种病理因素刺激嗜中性粒细胞，使之产生并释放 IL-1、IL-6 等细胞因子，后者作为内源性致热原作用于下丘脑体温调节中枢，使 PGE 合成与释放增多。PGE 再作用于体温调节中枢，使体温调定点升高，这时机体产热增加，散热减少，体温升高。因此，一般疾病都会伴有不同程度的炎症、发热和疼痛。

**1. 作用与应用**

非甾体抗炎药物主要作用机理是通过抑制 COX 减少 AA 向炎症介质 PG 转化，从而降低 PG 的合成及释放而起到解热、消炎和镇痛的作用。

**（1）解热作用** 本类药物对各种原因引起的高热都具有一定的解热作用，但仅能降低发热动物的体温，而不影响正常动物的体温，并且不能将体温降至正常体温之下，这与氯丙嗪对体温的影响不同。

解热镇痛抗炎药能抑制中枢 PGE 的合成与释放，使异常升高的体温调定点下调至正常，机体散热机能相对加强而产热减少，体温逐渐下降至体温调定点，随后产热、散热逐渐平衡，体温最终稳定于正常值。

由于发热是机体的防御性反应之一，热型更是诊断传染病的重要依据。因此，一般发热动物可不必急于使用解热药。但热度过高或持久发热消耗体力，引起头痛、昏迷、惊厥，严重者可危及生命，这时应用解热药可降低体温，缓解高热引起的并发症。

**（2）镇痛作用** 解热镇痛药仅有中等程度镇痛作用，对各种严重创伤性剧痛及内脏平滑肌绞痛无效；对临床常见的慢性钝痛如肌肉或关节痛、头痛、牙痛、神经痛等则有良好镇痛效果。

本类药物的镇痛作用部位主要在外周神经系统。在组织损伤或炎症时，局部产生和释放缓激肽、组胺及 PG 等致痛物质。缓激肽和组胺直接作用于痛觉感受器而引起疼痛，PG 能提高痛觉感受器对致痛物质的敏感性，对炎性疼痛起到放大作用，而 PG（$PGE_1$、$PGE_2$ 及 $PGF_{2\alpha}$）本身也有致痛作用。解热镇痛药一方面减弱了炎症时 PG 的合成，另一方面阻断了痛觉冲动经下丘脑向大脑皮层的传递，因而产生镇痛作用。

**（3）抗炎与抗风湿作用** 大多数解热镇痛药都有抗炎作用，对控制风湿性及类风湿性关节炎的症状有一定疗效，但只是减轻炎症的红、肿、热、痛等临床症状，不能根治，也不能阻止疾病发展及并发症的发生。

本类药物的抗炎作用在于阻止 PG 的合成；稳定溶酶体膜，减少水解酶的释放；抑制缓激肽的生成。抗风湿作用则是本类药物解热、镇痛和抗炎作用的综合结果。

**2. 不良反应及注意事项**

**（1）** 本类药物多属对症治疗，不能解除疾病的病因与诱因，有时可因用药掩盖了症状而影响诊断。因此，对诊断不明的动物应避免使用，尤其是在某些高热且伴有神经症状的病例中，如中暑（日射病和热射病）、母犬产后抽搐（产后急性低血钙症），如不及时采取对因治疗，而仅简单解热镇痛，可引起多数病犬急性死亡。

（2）老龄及体弱动物可因高热骤降、大汗，引起虚脱，故解热镇痛药应用必须适量。

（3）本类药物均对消化道有明显刺激作用，可诱发或加重溃疡和出血，故有消化道溃疡的动物最好避免使用或慎用。

（4）除用于风湿热及风湿性或类风湿性关节炎外，一般疗程不宜超过1周。

（5）本类药物之间有交叉过敏反应，如对阿司匹林过敏，应用吲哚美辛、萘普生、布洛芬也有可能过敏。

（6）本类药物有不同程度的肝、肾毒性，对肝、肾功能不全动物应慎用或禁用。

（7）本类药物多数可引起粒细胞减少或再生障碍性贫血，因此长期用药应定期检查血常规。对造血功能不全的动物应避免使用，尤其是安乃近或含氨基比林的复方制剂应禁用。

（8）阿司匹林、水杨酸盐、吲哚美辛等易透过胎盘，诱发畸胎，故怀孕动物应禁用。

## 二、常用药物

根据药理作用不同，本类药物可分为解热镇痛药、抗风湿药和抗痛风药。若按药品化学结构的不同则可分为：①水杨酸类，如阿司匹林（乙酰水杨酸）、水杨酸钠等；②乙酰苯胺类，如对乙酰氨基酚（扑热息痛）等；③吡唑酮类，如氨基比林（匹拉米洞）、安乃近、保泰松（布它酮）等；④丙酸类，如萘普生（萘洛芬）、酮洛芬（优洛芬）、布洛芬（芬必得）等；⑤邻氨苯甲酸类，如甲灭酸（扑湿痛）、甲氯芬那酸（抗炎酸钠）、托芬那酸等；⑥其它类，如辛可芬、氟尼辛葡甲胺、替泊沙林、双氯芬酸、托芬那酸、美洛昔康等。

本类药物均具有镇痛作用，但在抗炎作用方面则各具特点，如乙酰水杨酸和吲哚美辛的抗炎作用较强，某些有机酸的抗炎作用中等，而苯胺类几乎无抗炎作用。

### 阿司匹林（乙酰水杨酸、醋柳酸）

【理化性质】 为白色结晶或结晶性粉末，无臭或微带醋酸臭。易溶于乙醇，溶于氯仿或乙醚，微溶于水或无水乙醚。应遮光、密封保存。

【药理作用】

① 本品解热、镇痛效果好，抗炎、抗风湿作用显著。解热效果好而且疗效确实；镇痛作用较水杨酸钠强。

② 可抑制抗体产生及抗原抗体的结合反应，并抑制炎性渗出而呈现抗炎作用，对急性风湿症有特效。

③ 较大剂量时，能抑制肾小管对尿酸重吸收而促进其排泄。

【临床应用】 用于发热、风湿症、软组织炎症和神经、关节、肌肉疼痛的治疗。

【注意事项】

① 不宜空腹投药，对胃肠炎症、溃疡动物禁用。

② 治疗痛风时，可同服等量碳酸氢钠，以防尿酸在肾小管内沉积。

③ 大剂量及中毒量的阿司匹林可致完全相反的药理作用，如体温升高、促进血小板凝集和血栓形成等，因此需注意其使用剂量及疗程。

④ 妊娠期及哺乳期动物慎用。

⑤ 本品对猫毒性大，不宜使用。

⑥ 阿司匹林中毒时，可补充碳酸氢钠碱化尿液促进其排出，并配合使用5%葡萄糖溶液及电解质。

【制剂、用法与用量】

① 镇痛　内服：一次量，每 1kg 体重，犬 11～26mg，一日 2 次。猫对此药敏感，应慎用。

② 退热　内服：一次量，每 1kg 体重，犬 11mg，一日 2 次。

③ 抗炎、抗风湿、抗血栓　内服：一次量，每 1kg 体重，犬 25mg，一日 1 次或隔日 1 次。

## 水杨酸钠（柳酸钠）

【理化性质】　为无色或微淡红色的细微结晶或鳞片，或白色结晶性粉末。无臭或微有特殊臭气，味甜咸。易溶于水和乙醇。应遮光密封保存。

【药理作用】　本品的解热镇痛作用弱于阿司匹林、氨基比林，内服后对胃的刺激性比阿司匹林大，在临床上不单独用作解热镇痛药。有较强抗炎抗风湿作用，用药后数小时即可使痛觉减轻，消肿和降温。有促进尿酸盐排泄的作用，对痛风有效。

【临床应用】　多用于治疗风湿、类风湿性关节炎，也用于治疗急、慢性痛风症。

【注意事项】

① 对凝血功能的影响同阿司匹林，对胃肠道刺激作用比阿司匹林强。

② 大剂量长时间服用可引起耳聋、肾炎，并可使血中凝血酶原降低而引起内出血，故有出血倾向动物忌用。

③ 应用时须与淀粉拌匀后灌服或经稀释后缓慢静脉注射，不可漏于血管外。

【制剂、用法与用量】

① 水杨酸钠片　内服：一次量，犬 0.2～2g。

② 水杨酸钠注射液　静脉注射：一次量，犬 0.1～0.5g。

## 对乙酰氨基酚（扑热息痛）

【理化性质】　为白色结晶或结晶性粉末，无臭，味微苦。易溶于热水和乙醇，溶于丙酮，微溶于水。应遮光、密封保存。

【药理作用】　本品解热、镇痛作用较强而持久；抗炎、抗风湿作用弱，无实际疗效。对血小板及凝血机制无影响，副作用小。

【临床应用】　常用于犬等中小动物的发热、肌肉痛、关节痛和风湿症的治疗。

【注意事项】

① 剂量过大或长期使用，可引起高铁血红蛋白症，使组织缺氧、发绀。

② 大剂量可引起肝、肾损伤，在给药 12h 内使用乙酰半胱氨酸或蛋氨酸可以预防肝损伤。

③ 猫不宜使用，可引起严重毒性反应（如结膜发绀、贫血、黄疸、脸部水肿等）。

【制剂、用法与用量】

① 对乙酰氨基酚片　内服：一次量，每 1kg 体重，犬 10mg，一日 2 次。

② 对乙酰氨基酚注射液　肌内注射：一次量，犬 0.1～0.5g。

## 安乃近（诺瓦经）

【理化性质】　本品是氨基比林和亚硫酸钠结合的化合物，为白色或微黄色结晶性粉末。易溶于水，略溶于乙醇。水溶液久置易氧化变黄，故其注射液内含有还原剂，以增加其稳定性。应遮光、密封保存。

【药理作用】　本品解热作用是氨基比林的 3 倍，镇痛作用与氨基比林相同，肌内注射吸收迅速,药效维持3～4h。有一定的抗炎抗风湿作用。

【临床应用】 常用于神经痛、肌肉痛、关节痛、发热性疾病及风湿症等。

【注意事项】

① 长期应用可引起粒性白细胞减少症,也可引起自身免疫溶血性贫血,故不应长期使用。

② 抑制凝血酶原的形成,加重出血的倾向。

③ 不能与氯丙嗪合用,以防止体温骤降。

④ 不宜使用穴位注射,犬不适用于关节部位,以防引起肌肉萎缩及关节功能障碍。

⑤ 不能与巴比妥类及保泰松合用,因其相互作用影响肝微粒体酶活性。

【制剂、用法与用量】

① 安乃近片  内服:一次量,犬 0.5～1g,猫 0.2g。

② 安乃近注射液  皮下或肌内注射:一次量,犬 0.3～0.6g,猫 0.1g。

## 保泰松(布他酮)

【理化性质】 为白色或微黄色结晶性粉末,味微苦。难溶于水,能溶于乙醇,易溶于碱性溶液或氯仿,性质较稳定。

【药理作用】 本品有解热、镇痛、消炎和抗风湿的作用。其解热作用比氨基比林弱,且毒性大,因此不单独用作解热药。对非风湿性的疼痛,其镇痛作用也比阿司匹林弱。除因炎症引起的疼痛外,一般不作镇痛用。较大剂量可减少肾小管对尿酸盐的再吸收,故可促进尿酸排泄。

【临床应用】 主要用于风湿病、关节炎、腱鞘炎、黏液囊炎及睾丸炎,也可用于急性痛风的治疗。

【注意事项】

① 不良反应发生率高,不宜长期大量使用。

② 消化道溃疡动物慎用。

③ 保泰松诱导肝药酶,加速自身代谢,也加速强心苷代谢;还可通过与血浆蛋白的置换,加强苯妥英钠、肾上腺皮质激素及磺胺类药物的毒性。

④ 偶尔可见皮疹、粒细胞缺乏、血小板减少、再生障碍性贫血等症。

【制剂、用法与用量】

保泰松片  内服:一次量,每1kg体重,犬 2～20mg,一日 3 次,连用 2d,然后逐减到最低剂量,最大剂量为每天 800mg。

## 萘普生(萘洛芬,消痛灵)

【理化性质】 为白色或类白色结晶性粉末,无臭或几乎无臭。不溶于水,易溶于乙醇、甲醇,略溶于乙醚。

【药理作用】 本品具有消炎、镇痛、解热作用。消炎作用为保泰松的 11 倍,阿司匹林的 55 倍,镇痛作用为阿司匹林的 7 倍,退热作用为阿司匹林的 22 倍。

【临床应用】 可用于治疗风湿病、肌腱炎、痛风、肌炎和软组织炎症的疼痛、跛行及关节炎等。

【注意事项】

① 犬对本品敏感,可见出血或胃肠道毒性。

② 消化道溃疡动物慎用。

③ 长期使用易引起肾功能损伤。
④ 可致黄疸和血管神经性水肿。
⑤ 与速尿或氢氯噻嗪利尿药并用时，可使利尿药排钠利尿效果下降。

【制剂、用法与用量】
萘普生片　内服：一次量，每1kg体重，犬首次5mg，维持量1.2～2.8mg，一日1次，连用5～7d。

## 酮洛芬（优洛芬）

【理化性质】　为白色或类白色结晶性粉末，无臭或几乎无臭。在水中几乎不溶，极易溶于甲醇，易溶于乙醇、丙酮或乙醚。

【药理作用】　具有消炎、镇痛及解热作用。消炎作用强，副作用小，毒性低。同等剂量下消炎镇痛作用比阿司匹林强150倍，解热作用为吲哚美辛的4倍，而毒性仅为其1/20。

【临床应用】　主要作为消炎止痛药，用于风湿症、关节炎、肌炎、痛风、关节和软骨损伤及术后疼痛。

【注意事项】　毒性小，偶见短暂的呕吐和腹泻。

【制剂、用法与用量】
① 酮洛芬片　内服：一次量，每1kg体重，犬、猫1mg，一日1次，连用5d。
② 酮洛芬注射液　皮下注射：一次量，每1kg体重，犬、猫2mg，一日1次，连用3d。

## 布洛芬（芬必得、抗风痛）

【理化性质】　为白色结晶性粉末，有特殊臭味。易溶于乙醇、丙酮或乙醚，几乎不溶于水，在氢氧化钠或碳酸钠溶液中易溶。

【药理作用】　具有较强的解热、镇痛、抗炎、抗风湿作用。镇痛作用不如阿司匹林，主要特点是胃肠反应较轻，易耐受。

【临床应用】　主要用于风湿性关节炎及一般的解热镇痛。

【注意事项】　偶尔可见皮肤过敏、视力减退。长期应用易出现胃肠受损。

【制剂、用法与用量】
布洛芬片　内服：一次量，每1kg体重，犬、猫5～10mg，一日2～3次。

## 甲氯芬那酸（抗炎酸钠）

【理化性质】　常用其钠盐，为白色结晶性粉末，可溶于水，水溶液pH为8.7。

【药理作用】　具有较强的抗炎、镇痛、解热作用。本药在控制类风湿性关节炎和骨关节炎的效果上比阿司匹林显著，胃肠反应也较轻，易耐受。

【临床应用】　主要用于风湿性关节炎、某些软组织损伤及一般的解热镇痛。

【注意事项】
① 不得用于胃肠溃疡、胃肠道及其它组织出血、心血管疾病、肝肾功能紊乱、脱水及对本品过敏的动物。
② 与阿司匹林及其它非甾体类抗炎药物可能存在交叉过敏反应，故对因上述药物引起的支气管痉挛、过敏性鼻炎或荨麻疹的动物不宜使用。
③ 可增强华法林的作用，因此合用时应该减少华法林的用量。

【制剂、用法与用量】
甲氯芬那酸片　内服：一次量，每1kg体重，犬、猫1.1mg，一日1次，连用5～7d。

## 甲灭酸（甲芬那酸，扑湿痛）

【理化性质】 为白色或类白色结晶性粉末，味初淡后苦，无臭。几乎不溶于水，稍溶于乙醇。

【药理作用】 具有较强的抗炎、镇痛、解热作用。镇痛作用比阿司匹林强，抗炎作用为阿司匹林的 5 倍，解热作用持续时间长。

【临床应用】 主要用于风湿痛、神经痛及其它炎性疼痛。

【注意事项】
① 本品对胃肠道有刺激性，故胃及十二指肠溃疡犬、猫禁用。
② 可加剧哮喘症状，故禁用于哮喘犬、猫。
③ 肾功能不全者慎用，怀孕期忌用。

【制剂、用法与用量】
甲灭酸片 内服：一次量，犬、猫 100mg，首次剂量加倍，一日 3 次，连续用药不宜超过 7d。

## 氟尼辛葡甲胺（氟尼辛）

【理化性质】 是氟尼辛与葡甲胺 1∶1 形成的复盐。白色或类白色粉末；无臭，有吸湿性。在水、乙醇、甲醇中溶解。

【药理作用】 本品属于烟酸类衍生物，是动物专用解热、镇痛、消炎、抗风湿药物。单独或与抗生素联合用药能够明显改善临床症状，并可增强抗生素的活性。

【临床应用】 用于犬、猫的发热性、炎性疾患，肌肉疼痛和软组织痛等；也可用于犬内毒素血症、腐败性腹膜炎、骨关节炎等。

【注意事项】
① 不得用于胃肠溃疡、胃肠道及其它组织出血、心血管疾病、肝肾功能紊乱、脱水及对本品过敏的动物。
② 因犬对本品敏感，建议仅使用 1 次，或连续使用不超过 3d。
③ 勿与其它非甾体类抗炎药物同时使用。
④ 静脉注射宜缓慢。

【制剂、用法与用量】
① 氟尼辛葡甲胺颗粒 内服：一次量，每 1kg 体重，犬、猫 2mg，一日 1~2 次，连用不超过 5d。
② 氟尼辛葡甲胺注射液 肌内或静脉注射：一次量，每 1kg 体重，犬、猫 1~2mg，一日 1~2 次，连用不超过 5d。

## 替泊沙林（卓比林）

【理化性质】 为白色无味晶体。不溶于水，溶于乙醇和多数有机溶剂。

【药理作用】 具有抗炎、解除手术后疼痛、关节疼痛等药物活性。

【临床应用】
① 可用于减轻并控制犬因肌肉、骨骼病产生的疼痛及炎症。
② 由于对白细胞三烯的抑制作用，替泊沙林也可用于过敏的辅助治疗。
③ 为减轻手术疼痛，于手术麻醉前 30min 口服用药一次，手术后用药 3~5d。
④ 治疗脊椎损伤、髋关节发育不良、犬急慢性关节炎，需连续用药 7d。

【注意事项】
① 饭后服用，食物可以帮助吸收。
② 在治疗期间，少数病例会产生呕吐或腹泻，极少数会发生掉毛或红斑等症状，停药数天即可自行恢复。
③ 以下情况慎用：血小板异常的出血性体质；肝肾功能不全；进行性肾功能损伤的有关药物（脱水和利尿药）同时使用；肝肾耐受性较差的小型犬；胃肠道疾病及手术。
④ 本品与血浆蛋白结合率高，可置换出与蛋白结合的其它药物（苯妥因、丙戊酸、口服抗凝血药、其它抗炎药物、水杨酸盐、磺胺类药、磺酰脲类降糖药等），从而提高后者的血药浓度，延长作用时间，增强疗效。

【制剂、用法与用量】
替泊沙林片　内服：首次给药，每1kg体重，犬20mg，维持剂量10mg，一日1次。

## 双氯芬酸（双氯灭痛）

【理化性质】　为白色结晶性粉末。可溶于水，水溶液呈碱性。
【药理作用】　双氯芬酸为异丁芬酸类的衍生物，为一种新型的强效消炎镇痛药。其镇痛、消炎及解热作用比吲哚美辛强2～2.5倍，比阿司匹林强26～50倍。
【临床应用】　用于风湿性关节炎、非炎性关节痛、关节炎、非关节性风湿病、非关节性炎症引起的疼痛，各种神经痛、癌症疼痛、创伤后疼痛及各种炎症所致发热等。

【注意事项】
① 常见不良反应为胃肠道反应，如腹泻、恶心及腹痛等。
② 与阿司匹林及其它非甾体抗炎药间可能存在交叉过敏，故对因上述药物引起的支气管痉挛、过敏性鼻炎或荨麻疹的动物不宜使用。
③ 可增强华法林的作用，合用时应减少华法林的剂量。
④ 不宜与阿司匹林合用。
⑤ 用药期间若出现消化性溃疡或胃肠道出血，应及时停药。

【制剂、用法与用量】
双氯芬酸片　内服：一次量，犬25～70mg，一日2次。

## 托芬那酸（特芬它）

【药理作用】　本品为邻氨基苯甲酸类药物，具有抗炎镇痛作用。
【临床应用】　主要用于犬、猫关节炎和肌肉疼痛的治疗。

【注意事项】
① 犬、猫按推荐剂量给药，相对安全。口服有呕吐和腹泻的报道。已有研究证明，低于10倍推荐剂量给药时，本品不具有明显的肾毒性或肠道毒性。
② 具有明显的抗凝血和抑制血小板功能的作用，不建议术前使用。
③ 托芬那酸与血浆蛋白结合率高，可置换与蛋白结合的其它药物（苯妥因、丙戊酸、水杨酸盐、磺胺类药、磺酰脲类降糖药等），从而提高后者的血液药物浓度，延长作用时间，增强作用疗效。
④ 本品可降低胰岛素作用，使血糖升高。
⑤ 与保钾利尿药同用时可引起高钾血症。
⑥ 阿司匹林可降低本品的生物利用度。
⑦ 有胃肠道出血和溃疡的动物禁用。

【制剂、用法与用量】

① 急性疼痛　皮下或肌内注射：一次量，每 1kg 体重，犬、猫 4mg，一日 1 次，连用 3~5d。

② 慢性疼痛　内服：一次量，每 1kg 体重，犬、猫 4mg，一日 1 次，连用 3~5d。

### 美洛昔康（莫比可）

【药理作用】　本品为长效选择性 COX-2 抑制药，对 COX-1 抑制作用弱。因此，其发挥抗炎作用的同时对胃肠道及肾脏的不良反应少，有明显的消炎、解热、镇痛作用。

【临床应用】　主要用于犬的骨关节炎症状的治疗。

【注意事项】

① 不推荐用于妊娠动物或不足 6 月龄的犬、猫，由于美洛昔康可分泌到乳汁中，所以哺乳动物慎用。

② 禁用于高度过敏性犬、猫，以及肝脏、心脏、肾脏功能受损和出血的犬、猫。

③ 美洛昔康与血浆蛋白高度结合，它可置换其它与血浆高度结合的药物。

【制剂、用法与用量】

① 镇痛　内服：一次量，每 1kg 体重，犬（首次）0.2mg，维持剂量 0.1mg，一日 1 次。

② 消炎　皮下注射：一次量，每 1kg 体重，猫 0.2mg，一日 1 次，连用 2d；后改为 0.025mg 给药，每周 2~3 次。

## 第三节　皮质激素类药物

### 一、简介

肾上腺皮质激素是肾上腺皮质细胞所分泌的激素的总称，属甾体类化合物。根据其生理功能可分为三类：

① 盐皮质激素　由球状带分泌，主要有醛固酮和去氧皮质酮等，主要调节组织中电解质的转运和水的分布。药理剂量时只用作肾上腺皮质功能不全的替代疗法，在兽医临床上实用价值不大。

② 糖皮质激素　由束状带合成和分泌，主要有氢化可的松和可的松等，其分泌和生成受促皮质素（ACTH）调节，主要调节糖、脂肪和蛋白质的代谢，并能提高机体对各种不良刺激的抵抗力。药理剂量时具有明显的抗炎、抗毒素、抗休克和免疫抑制作用，被广泛应用于兽医临床。

③ 性激素　由网状带所分泌，影响第二性征，主要为雄激素，因其生理功能弱，无药理学意义。临床上常用的皮质激素主要是糖皮质激素。

**1. 药理作用**

糖皮质激素作用广泛而复杂，且随剂量不同而异。生理情况下所分泌的糖皮质激素主要影响物质代谢过程，超生理剂量的糖皮质激素则还有抗炎、抗免疫等药理作用。

**(1) 抗炎作用**　糖皮质激素有强大的抗炎作用，对各种原因（如物理、化学、生理、免疫等）所引起的炎症，以及炎症的不同阶段，均有强大的抗炎作用。在炎症早期可减轻渗出、水肿、毛细血管扩张、白细胞浸润及吞噬反应，从而减轻红、肿、热、痛等症状；在后期可抑制毛细血管和纤维细胞的增生，延缓肉芽组织生成，防止粘连及瘢痕形成，减轻后遗症。

但应注意，炎症反应是机体的一种防御功能，炎症后期的反应更是组织自我修复的重要过程。因此，糖皮质激素在抑制炎症、减轻症状的同时，也降低了机体的防御功能，可诱发感染扩散、阻碍创口愈合，故必须结合对因治疗。

**(2) 免疫抑制作用**　糖皮质激素是临床上常用的免疫抑制剂之一。对免疫过程的不同环节均有抑制作用。首先抑制巨噬细胞对抗原的吞噬和处理。其次，对敏感动物由于淋巴细胞的破坏和解体，使血中淋巴细胞迅速减少。小剂量主要抑制细胞免疫，大剂量则能抑制由 B 细胞转化成浆细胞的过程，使抗体生成减少，干扰体液免疫。另外，还可干扰补体参与免疫反应，影响补体激活。

**(3) 抗毒素作用**　能提高机体对细菌内毒素的耐受力，但不能中和内毒素，对细菌外毒素的损害无保护作用。糖皮质激素在感染性毒血症中的解热与改善中毒症状的作用，与其稳定溶酶体膜、减少内致热原的释放、降低体温调节中枢对内致热原的敏感性有关。

**(4) 抗休克作用**　可用于各种严重休克，特别是中毒性休克。其机理除与抗炎、抗毒素及免疫抑制作用的综合因素有关外，主要的药理基础是糖皮质激素能稳定溶酶体膜，减少溶酶体酶的释放，降低体内活性物质如组胺、缓激肽、儿茶酚胺的浓度，以及减少心肌抑制因子（MDF）的形成，防止因此所致的心肌收缩力减弱、心输出量降低、内脏血管收缩等循环衰竭。此外，大剂量的糖皮质激素能扩张痉挛收缩的血管，降低外周血管的阻力，并降低血管对某些缩血管活性物质的敏感性，改善微循环阻滞，增加回心血量，对休克也能起到良好的治疗作用。

**(5) 物质代谢**

① 糖代谢　糖皮质激素能促进糖原异生，减慢葡萄糖分解为 $CO_2$ 的氧化过程；减少机体组织对葡萄糖的利用，从而增加肝糖原、肌糖原含量并升高血糖。

② 蛋白质代谢　促进淋巴和皮肤等的蛋白质分解，抑制蛋白质的合成，久用可致生长减慢、肌肉消瘦、皮肤变薄、骨质疏松、淋巴组织萎缩和伤口愈合延缓等。

③ 脂肪代谢　促进脂肪分解，抑制其合成。久用能增高血胆固醇含量，并激活四肢皮下的脂肪酶，使四肢脂肪减少，还使脂肪重新分布于面部、胸、背及臀部，形成向心性肥胖。这可能与不同部位的脂肪组织对激素的敏感性不同有关。

④ 水盐代谢　对水盐代谢的影响较小，尤其是人工半合成品。但长期使用仍可引起水、钠潴留，低血钾，并促进钙、磷的排出，长期应用可致骨质脱钙。

**(6) 其它作用**　增加红细胞、血小板、嗜中性白细胞的数量，而降低淋巴细胞和嗜酸性白细胞的数量。此外，还能增加血红蛋白和纤维蛋白的含量。

**2. 临床应用**

**(1) 严重的感染性疾病**　如各种败血症、中毒性肺炎、中毒性菌痢、腹膜炎、产后急性子宫内膜炎等，在应用有效的抗菌药物治疗感染的同时，可用皮质激素作辅助治疗。病毒性感染一般不用激素，因其用后可减低机体的防御能力，反而使感染扩散而加剧。

**(2) 过敏性疾病**　荨麻疹、血清病、过敏性哮喘、过敏性皮炎、过敏性湿疹等，应以肾上腺受体激动药和抗组胺药治疗，病情严重或无效时，也可应用皮质激素辅助治疗，减轻抗原-抗体反应所致的组织损害和炎症过程。

**(3) 休克**　如中毒性休克、过敏性休克、创伤性休克等。感染中毒性休克时，在有效的抗菌药物治疗下，可短时间突击使用大剂量皮质激素，见效后即停药；对过敏性休克，皮质激素为次选药,可与首选药肾上腺素合用;对心源性休克,须结合病因治疗;对低血容量性休克,在补液、补电解质或输血后效果不佳者,可合用超大剂量的皮质激素。

(4) **局部性炎症**　关节炎、腱鞘炎、黏膜囊炎、乳房炎、结膜炎、角膜炎等。早期应用皮质激素可迅速消炎止痛,防止角膜混浊和疤痕粘连,减少后遗症发生。

(5) **引产**　糖皮质激素的引产作用,可能因使雌激素分泌增加,黄体酮浓度下降所致。

**3. 不良反应**

(1) **诱发或加重感染**　长期使用糖皮质激素,可抑制机体的防御机能,使机体的抵抗力降低,易诱发细菌感染或加重感染,甚至使病灶扩大或散播,导致病情恶化。故严重感染性疾病应与足量的抗菌药物配合使用,在激素停用后还要继续用抗菌药物治疗。对一般感染性疾病不宜使用激素治疗。

(2) **扰乱代谢平衡**　糖皮质激素的保钠排钾作用常导致动物水肿和低钾血症;加速蛋白质异化和增加钙、磷排泄作用,易引起肌肉萎缩无力、骨质疏松、幼宠生长抑制等,并可影响创伤愈合。故用药期间应补充维生素 D、钙及蛋白质,怀孕期及幼龄动物不宜长期使用;骨软症、骨折和外科手术后不宜使用。

(3) **免疫抑制作用**　因糖皮质激素干扰机体免疫过程,故在结核菌素、鼻疽菌素诊断期和疫苗接种期等不宜使用。

(4) **肾上腺皮质机能不全**　长期用药通过负反馈作用,抑制丘脑下部和垂体前叶,减少促肾上腺皮质激素(ACTH)的释放,导致肾上腺皮质萎缩和机能不全。如突然停药,可出现停药综合征,如发热、无力、精神沉郁、食欲不振、血糖和血压下降等。因此必须采取逐渐减量、缓慢停药的方法。

## 二、常用药物

### 氢化可的松

【**理化性质**】　为天然的糖皮质激素。白色或近白色结晶性粉末;无臭,初无味,随后有持续的苦味。遇光渐变质。不溶于水,略溶于乙醇和丙酮。应遮光、密封保存。

【**药理作用**】　本品有较强的抗炎、抗毒素、抗休克和免疫抑制作用,水钠潴留作用较弱。

【**临床应用**】　临床多用其静脉注射制剂治疗严重的中毒性感染或其它危急病例。局部应用有较好疗效,用于乳房炎、眼科炎症、皮肤过敏性炎症、关节炎和腱鞘炎等治疗。

【**注意事项**】

① 较强的免疫抑制作用,细菌感染必须配合大剂量有效的抗菌药物。

② 妊娠后期大剂量使用可引起流产,因此孕期犬、猫禁用。

③ 严重肝功能不良、骨软症、骨折治疗期、创伤修复期、疫苗接种期犬、猫禁用。

④ 长时间使用不能突然停药,应逐渐减量,直至停药。

⑤ 苯巴比妥、苯妥英钠、利福平等肝药酶诱导剂可促进本品的代谢,使药效降低。

⑥ 有较强的水钠潴留和排钾作用,而噻嗪类利尿药、两性霉素 B 也能促进钾排泄,与本品合用时注意补钾。

⑦ 本品可使内服抗凝血药的疗效降低,合用时适当增加其剂量。

【**制剂、用法与用量**】

氢化可的松注射液　静脉注射：一次量，犬5～20mg。用前用生理盐水或5%葡萄糖注射液稀释缓慢静脉注射，一日1次。

## 醋酸泼尼松（强的松）

【理化性质】　为白色或类白色结晶性粉末；无臭，味苦。本品不溶于水，常制成眼膏或片剂。

【药理作用】
① 抗炎与糖原异生作用比氢化可的松强4倍，而水钠潴留及排钾作用较轻。
② 能促进蛋白质转变为葡萄糖，减少机体对糖的利用，使血糖和肝糖原增加，出现糖尿。
③ 增加胃液分泌。

【临床应用】　本品主要供内服和局部使用，用于腱鞘炎、关节炎、皮肤炎症、眼科炎症及严重的感染性、过敏性疾病等。

【注意事项】
① 因抗炎、抗过敏作用强，副作用小，故较常用。
② 眼部有感染时应配合抗菌药使用，但角膜溃疡动物忌用。

【制剂、用法与用量】
醋酸泼尼松片　内服：一次量，每1kg体重，犬、猫0.5～2mg，一日2～3次。

## 氢化泼尼松（强的松龙、泼尼松龙）

【理化性质】　常用其醋酸酯，为白色或几乎白色结晶性粉末；无臭，味苦。在乙醇或氯仿中微溶，在水中几乎不溶。应遮光、密封保存。

【药理作用】　本品具有抗炎、抗过敏和免疫抑制作用，疗效与泼尼松相当，抗炎作用较强、水盐代谢作用弱。

【临床应用】　用于犬、猫炎症性、过敏性疾病。

【注意事项】　同醋酸泼尼松。

【制剂、用法与用量】
氢化泼尼松片　内服：一次量，每1kg体重，犬、猫0.1～0.25mg，一日1次。

## 地塞米松（氟美松）

【理化性质】　为白色或类白色结晶性粉末；无臭，味苦。本品不溶于水，其醋酸盐常被制成片剂，磷酸盐常被制成注射剂。

【药理作用】　本品作用与氢化可的松相似，但作用较强，显效时间长，副作用小。抗炎作用与糖异生作用为氢化可的松的25倍，而水钠潴留及排钾作用却仅为其3/4。

【临床应用】　同氢化可的松。

【注意事项】
① 易引起怀孕犬、猫早产、流产。
② 急性细菌性感染时，应与抗菌药物配伍使用。
③ 禁用于骨质疏松症和疫苗接种期。

【制剂、用法与用量】
① 地塞米松片　内服：一次量，犬、猫0.5～2mg。
② 地塞米松磷酸钠注射液　肌内或静脉注射：一次量，犬、猫0.125～1mg。

## 倍他米松

【理化性质】 为白色或类白色结晶性粉末；无臭，味苦。本品几乎不溶于水，常制成片剂。

【药理作用】 本品与地塞米松的作用相似。抗炎作用与糖异生作用为氢化可的松的30倍，而水钠潴留及排钾作用却比地塞米松低。

【临床应用】 常用于犬、猫的炎症性、过敏性疾病。

【注意事项】 同氢化可的松。

【制剂、用法与用量】

倍他米松片　内服：一次量，犬、猫 0.25～1mg。

## 醋酸氟氢松（醋酸肤轻松、仙乃乐）

【理化性质】 为白色或类白色结晶性粉末；无臭，味苦。本品几乎不溶于水，常制成乳膏剂。

【药理作用】

① 本品外用可使真皮毛细血管收缩，抑制表皮细胞增殖和再生，抑制结缔组织内纤维细胞的新生，稳定细胞内溶酶体膜，防止溶酶体酶释放所引起的组织损伤。

② 具有较强抗炎及抗过敏作用。局部涂敷，对皮肤、黏膜的炎症，皮肤瘙痒和过敏性反应等都能迅速显效，止痒效果好。

【临床应用】 各种皮肤病，如湿疹、过敏性皮炎、脂溢性皮炎、皮肤瘙痒等。

【注意事项】

① 本品对并发细菌感染的皮肤病，需配合使用相应的抗菌药物。

② 真菌性或病毒性皮肤病禁用。

③ 大面积或长期使用可引起皮肤皱缩及毛细血管扩张，诱发变态反应性皮炎和毛囊炎。

④ 本品作用强而副作用小，但大剂量使用可引起中枢神经先兴奋后抑制，甚至造成呼吸麻痹等毒性反应。

【制剂、用法与用量】

醋酸氟氢松软膏　外用：一次量，犬、猫 0.25～1g，涂于患处。

### 案例分析

【基本情况】 博美犬；4岁，母，体重7kg。主诉：精神沉郁，眼鼻流出大量分泌物，吃喝正常。

【临床检查】 该犬精神沉郁，体温40℃，严重干咳，有清亮鼻涕流出，少量脓性眼屎，心肺检测无异常，经胶体金试纸检测CDV为阳性。根据检查结果，诊断为犬瘟热。

【治疗方案】 0.9%氯化钠注射液100mL，利巴韦林注射液2mL，混匀后静脉滴注，一日1次，连用5d；5%葡萄糖注射液100mL，头孢曲松钠0.5g，清开灵10mL，混匀后静脉滴注，一日1次，连用5～7d；维生素C注射液1mL，肌内注射，一日1次，连用5d；犬瘟热单克隆抗体5mL，肌内注射，一日1次，连用5d，停7d后，再用3～5d；地塞米松1mL，肌内注射，一日1次，连用3d。

【疗效评价】 利巴韦林是病毒性疾病的常用药物，可起到消除病因的效果；头孢曲松钠为抗生素类药物，主要起防止呼吸道继发感染的作用；地塞米松起到减轻炎症反应、缓解疾病症状的作用；犬瘟热单克隆抗体是特异性的治疗药物，主要清除体内的犬瘟热病毒。

**【复习思考题】**

1. 试述 $H_1$ 受体阻断剂的用途及不良反应。
2. 试述 $H_2$ 受体阻断剂的用途及不良反应。
3. 比较阿司匹林与氯丙嗪对体温的影响有何不同。
4. 阿司匹林可用于治疗严重创伤、肿瘤晚期的剧痛吗？为什么？
5. 简述解热药使用的基本原则。
6. 糖皮质激素与非甾体类抗炎药物在抗炎作用及临床应用上的差异是什么？
7. 试述糖皮质激素的药理作用及临床应用。

# 第八章 消化系统药物

消化系统疾病是犬、猫等宠物的常见病、多发病。作用于消化系统的药物种类繁多,根据其作用及临床应用,可分为健胃药与助消化药、催吐药与止吐药、泻药与止泻药、肝胆辅助治疗药与营养药等。

## 第一节 健胃药与助消化药

### 一、健胃药

凡能提高食欲,促进消化液的分泌,加强消化机能的药物称为健胃药。临床上健胃药主要适用于功能性食欲不振,或作为病因治疗的辅助药物。

按其性质与作用分为苦味健胃药、芳辛性健胃药和盐类健胃药三类。

**1. 苦味健胃药**

苦味健胃药多来源于植物,如龙胆、大黄、马钱子等,主要利用它们强烈的苦味,内服可刺激舌部味觉感受器,反射性地兴奋食物中枢,加强唾液和胃液分泌,促进食欲,增强消化机能。此作用在动物消化不良、食欲减退时更显著。

应用时应注意制成合理的剂型,如散剂、舔剂、溶液剂、酊剂等;在饲前经口给药(不能用胃导管);用量不宜过大,过量服用苦味健胃药反而抑制胃液的分泌;同一种药物不宜长期反复应用,以免宠物产生耐受性和药效降低,应与其它健胃药交替使用。

#### 龙 胆

【理化性质】 为龙胆科植物龙胆的干燥茎和根。粉末为淡棕黄色。味极苦。应遮光、密封保存。

【药理作用】 本品内服时,可刺激舌的味觉感觉器,反射性地引起食欲中枢兴奋,促进消化,改善食欲。

【临床应用】 主要用于食欲不振、消化不良及一般热性疾病的恢复期。

【制剂、用法与用量】

① 龙胆酊 由龙胆末 100g 加 40% 酒精 1000mL 浸制而成。内服:一次量,犬 1~3mL。

② 复方龙胆酊(苦味酊) 由龙胆末 100g、橙皮末 40g、豆蔻末 10g,加 70% 酒精 1000mL 浸制而得。内服:一次量,犬 1~4mL。

**2. 芳辛性健胃药**

本类药物的特点是含有挥发油、辛辣素、苦味质等成分,具有挥发性的香味。可刺激嗅觉和味觉感受器及消化道黏膜,能反射性地增加消化液分泌,促进胃肠蠕动。另外,其还有轻度的抑菌和制酵作用。药物吸收后,部分挥发油经呼吸道排出时能刺激支气管腺体的分泌,故有轻度祛痰作用。因此,健胃、祛风、制酵、祛痰是挥发油的共有作用。临床上常将本类药物配成复方制剂，用于消化不良、胃肠内轻度发酵和积食等。

## 陈皮（橙皮）酊

【理化性质】 为芸香科植物柑橘果皮的醇制剂，橙黄色澄明液体。含挥发油、川皮酮、橙皮苷、维生素 $B_1$ 和肌醇等。

【药理作用】 内服后能刺激消化道黏膜，加强胃肠分泌与蠕动，具有健胃祛风等作用。

【临床应用】 主要用于消化不良、积食、气胀等。

【制剂、用法与用量】
陈皮酊　陈皮末100g，加70%酒精1000mL浸制而成。内服：一次量，犬10～20mL。

**3. 盐类健胃药**

内服少量的盐类，通过渗透压作用，可轻度刺激消化道黏膜，反射性地引起胃肠蠕动增强，消化液分泌增加，提高食欲。吸收后又可补充离子，调节体内离子平衡。

## 碳酸氢钠（小苏打）

【理化性质】 为白色结晶性粉末。无臭，味咸，易溶于水，水溶液呈弱碱性。在潮湿空气中可缓慢分解放出 $CO_2$ 变为碳酸钠，碱性增强。应遮光、密封保存。

【药理作用】

① 碳酸氢钠是一种弱碱，内服后能迅速中和胃酸，缓解幽门括约肌的紧张度。对胃黏膜卡他性炎症，能溶解黏液和改善消化。进入肠道后，能促进已被消化的食物吸收。

② 碳酸氢钠是体液酸碱平衡的缓冲物质。内服或注射吸收后能增加血液中的碱储，降低血中 $H^+$ 浓度，临床上常用于防治酸中毒。

③ 碳酸氢钠由尿中排泄，使尿液的碱性增高，可增加磺胺类药物及水杨酸在尿中的溶解度，减轻其在泌尿道析出结晶的副作用。

④ 内服碳酸氢钠时，有一部分从支气管腺体排泄，能增加腺体分泌，兴奋纤毛上皮，溶解黏液和稀释痰液，而呈现祛痰作用。

【临床应用】 本品与大黄、氧化镁等配伍，发挥健胃作用，治疗慢性消化不良。静脉注射5%碳酸氢钠可缓解重症肠炎、大面积烧伤等引起的酸中毒。碱化尿液，可预防磺胺类、水杨酸类药物的副作用及加强链霉素治疗泌尿道疾病的疗效。内服祛痰药时，可配合少量碳酸氢钠，使痰液易于排出。

外用2%～4%溶液冲洗清除污物，溶解炎性分泌物，疏松上皮，达到减轻炎症的目的，治疗子宫、阴道等黏膜的各种炎症。

【注意事项】

① 碳酸氢钠在中和胃酸时，能迅速产生大量的二氧化碳，刺激胃壁，促进胃酸分泌，出现继发性胃酸增多。另外，二氧化碳能增加胃内压，故禁用于胃扩张犬，以免引起胃破裂。

② 碳酸氢钠水溶液放置过久，强烈振摇或加热能分解出二氧化碳，使之变为碳酸钠，碱性增强。水溶液如需长时间保存时，瓶口要密封。

③ 使用碳酸氢钠注射液时，宜稀释成1.4%溶液缓慢静脉注射，勿漏出血管外。

④ 对于胃酸偏高性消化不良，应饲前给药。

【制剂、用法与用量】

碳酸氢钠片　0.3g，0.5g。内服：一次量，犬 0.5～2g。

## 人 工 盐

**【理化性质】**　为多种盐类的混合物，含干燥硫酸钠 44％、碳酸氢钠 36％、氯化钠 18％、硫酸钾 2％。白色结晶性粉末，易溶于水，水溶液呈弱碱性。

**【药理作用】**　内服小剂量人工盐，能促进胃肠分泌和蠕动，中和胃酸，加强消化。内服大剂量人工盐，同时大量饮水可起缓泻作用，可用于初期便秘。此外，本品有利胆作用，用于胆道炎的辅助治疗。本品中的碳酸氢钠经支气管腺排出时，有轻度祛痰作用。

**【临床应用】**　常用于消化不良、胆管炎、大肠便秘早期的治疗。

**【注意事项】**　本品禁与酸性物质或酸类健胃药、胃蛋白酶等配用。

**【制剂、用法与用量】**

① 健胃　内服：一次量，犬 5～10g。

② 缓泻　内服：一次量，犬 20～40g。

## 二、助消化药

### 1. 概念与分类

助消化药是指能促进胃肠消化过程的药物。多为消化液的成分，能增进食物的消化，用于消化道分泌功能不足时，发挥替代疗法的作用。常用的助消化药有：胃蛋白酶、稀醋酸、干酵母、乳酶生等。

### 2. 常用药物

## 胃 蛋 白 酶

**【理化性质】**　本品来源于猪、牛的胃黏膜，经提取而得。黄色粉末，易溶于水。水溶液呈酸性。加热 70℃以上或遇碱均易破坏失效。遇鞣酸、没食子酸、重金属盐产生沉淀。

**【药理作用】**　内服后在酸性环境中，能分解蛋白质为蛋白胨，有助于消化。

**【临床应用】**　主要用于胃液分泌不足引起的消化不良。

**【注意事项】**

① 忌与碱性药物配伍。在 70℃以上的温度可迅速失效，遇鞣酸、金属盐则产生沉淀，有效期 1 年。

② 当胃液分泌不足时，胃蛋白酶原和盐酸都相应减少，因此，在补充胃蛋白酶的同时，一定要补充稀盐酸。用前先将稀盐酸加水 50 倍稀释，再加入胃蛋白酶片，于饲喂前灌服。

**【制剂、用法与用量】**

胃蛋白酶片　内服：一次量，犬 0.2～0.5g，猫 0.1～0.2g。

## 胰 酶

**【理化性质】**　由猪、牛、羊的胰脏提取，内含胰蛋白酶、胰淀粉酶和胰脂肪酶等。淡黄色粉末。易溶于水，不溶于乙醇。遇酸、碱、重金属盐或加热易失效。

**【药理作用】**　本品能消化蛋白质、淀粉和脂肪，使其分解为氨基酸、单糖、脂肪酸和甘油，以便从小肠吸收。

**【临床应用】**　主要用于病后恢复期和幼犬、猫的消化不良，也用于胰脏机能障碍引起的消化不良。胰酶在中性或弱碱性环境中作用最强，同时也可免受胃酸的破坏，故常与碳酸氢钠同服。

【制剂、用法与用量】
　　胰酶片　内服：一次量，犬 0.2～0.5g，猫 0.1～0.2g。

## 稀　醋　酸

　　【理化性质】　本品为无色澄明液体，有强烈臭味。含醋酸量为 5.5%～6.5%，与水或酒精均能任意混合。应遮光、密封保存。

　　【药理作用】　本品能激活胃蛋白酶原转变为胃蛋白酶，并保持胃蛋白酶发挥作用时所需要的酸性环境；胃内容物达到一定的酸度后，可促使幽门括约肌松弛，有利于胃的排空；酸性食糜进入十二指肠刺激肠黏膜，反射性引起幽门括约肌收缩，使十二指肠黏膜产生胰泌素，反射性引起胰液、胆汁和胃液的分泌，有利于蛋白质和脂肪等进一步消化；保持一定的酸性环境，有利于小肠上部对钙、铁等盐类的溶解和吸收，并能抑制细菌的繁殖，抑制胃内发酵。

　　【临床应用】　主要治疗幼龄宠物的消化不良。由于醋酸的局部防腐和刺激作用较强，外用对扭伤和挫伤有一定效果。2%～3%的稀释液可治疗口腔炎；0.1%～0.5%的稀释液冲洗阴道治疗阴道滴虫病等。

　　【注意事项】　用前加水稀释成 0.5% 左右。

　　【制剂、用法与用量】
　　稀醋酸溶液　内服：一次量，犬、猫 1～2mL。

## 干　酵　母

　　【理化性质】　本品为麦酒酵母菌或葡萄汁酵母菌的干燥菌体，从啤酒的发酵液中滤取干燥物粉碎即得。为淡黄白色或淡黄棕色的片剂、颗粒或粉末。易潮解。应遮光、密封保存。

　　【药理作用】　每克本品约含维生素 $B_1$ 0.1～0.2mg，维生素 $B_2$ 0.04～0.06mg，烟酸 0.03～0.06mg。此外，本品中还含有维生素 $B_6$、维生素 $B_{12}$、叶酸、肌醇、转化酶、麦芽糖酶等。上述维生素是体内酶系统的重要组成部分，参与体内糖、脂肪、蛋白质的代谢过程和生物氧化过程，因而能促进机体各系统、器官的机能活动。

　　【临床应用】　常用于宠物的食欲不振、消化不良和 B 族维生素缺乏症等。

　　【注意事项】　内服时，宜嚼碎吞服。

　　【制剂、用法与用量】
　　干酵母片　0.2g，0.3g，0.5g。内服：一次量，犬 8～12g，猫 2～4g。

## 乳　酶　生

　　【理化性质】　本品为白色或淡黄色干燥粉末；微臭。难溶于水。

　　【药理作用】　本品为活乳酸杆菌的活菌制剂干燥制剂，内服能在肠内分解糖类生成乳酸，使肠内酸度增高，从而抑制肠内腐败菌的繁殖，并能防止蛋白质发酵，减少肠内产气，有促进消化和止泻作用。

　　【临床应用】　用于消化不良，肠臌气和幼龄犬、猫腹泻等。

　　【注意事项】　本品为活乳酸杆菌的活菌制剂，故不宜与抗菌药物、吸附剂、鞣酸、酊剂等配伍，并禁用热水调药，以免降低药效；宜于饲前给药。

　　【制剂、用法与用量】
　　乳酶生片　0.1g。内服：一次量，犬 0.3～0.5g，猫 0.1～0.3g。

## 第二节 催吐药与止吐药

### 一、催吐药

**1. 概念**

催吐药为引起呕吐的药物。催吐机制为直接刺激催吐化学感受区而催吐（如阿扑吗啡）或通过刺激消化道黏膜反射性地兴奋呕吐中枢而催吐（如硫酸铜）。

**2. 常用药物**

#### 阿扑吗啡（去水吗啡，缩水吗啡，盐酸阿扑吗啡）

【理化性质】 本品为无色或微带黄绿色的澄明液体。应遮光、密封保存。

【药理作用】 本药系吗啡衍生物，能直接刺激延脑的催吐化学感受区，反射性兴奋呕吐中枢，产生强烈的催吐作用。作用快而强，给药后 3～10min 发挥作用。此外，本药尚保留有吗啡的某些药理性质，如有轻微的镇痛作用和呼吸抑制作用。

【临床应用】 主要用于排出胃内毒物。

【注意事项】 剂量过大可引起持续性呕吐及中枢抑制，甚至死亡，故不可与中枢神经抑制剂合用。

【制剂、用法与用量】

盐酸阿扑吗啡注射液　1mL:5mg。皮下注射：一次量，犬 2～3mg。

#### 硫 酸 铜

【理化性质】 本品为蓝色透明晶体或蓝色结晶性粉末；无臭，有金属味。易溶于水，微溶于乙醇，溶于甘油。

【药理作用】

① 硫酸铜稀溶液在黏膜表面有收敛作用，其浓溶液及其固体有腐蚀性。有抑菌作用，为弱的防腐消毒剂。

② 内服刺激消化道黏膜，反射性地兴奋呕吐中枢，很快引起恶心呕吐。

【临床应用】 主要用于抢救意外中毒及不能洗胃的宠物。

【注意事项】

① 用量不宜过大，浓度不宜过高，否则会损伤胃黏膜，甚至造成急性胃穿孔。

② 过量时可用青霉胺、依地酸二钠解毒。

【制剂、用法与用量】

硫酸铜粉　内服：一次量，犬 0.1～0.5g，猫 0.05～0.1g，用水稀释成 1% 溶液。

### 二、止吐药

**1. 概念与分类**

防止或减轻恶心和呕吐的药物。止吐药通过不同环节抑制呕吐反应，包括以下几类：

① 噻嗪类药物，如氯丙嗪、异丙嗪、奋乃静、三氟拉嗪等，主要抑制催吐化学感受区，对各种呕吐均有效。

② 抗组胺药，常用于晕动病呕吐，如敏克静、安其敏、苯海拉明、乘晕宁等。

③ 抗胆碱药，如东莨菪碱等。

其它还有甲氧氯普胺（胃复安）、多潘立酮（吗丁啉）、止吐灵、氯丁醇等。

**2. 常用药物**

## 甲氧氯普胺（胃复安，灭吐灵）

【理化性质】 本品为白色结晶性粉末，遇光变成黄色，毒性增强。应遮光、密封保存。

【药理作用】 对多巴胺 $D_2$ 受体有阻断作用，抑制延髓催吐化学感受区，发挥强止吐作用。阻断胃肠多巴胺受体，可引起从食道至近段小肠平滑肌运动，加速胃的正向排空（多巴胺使胃体平滑肌松弛，幽门肌收缩）和加速肠内容物从十二指肠向回盲部推进，发挥胃肠促动药作用。

【临床应用】 胃肠胀满性呕吐及药物性呕吐。

【注意事项】 本品忌与阿托品、颠茄制剂等配合，以免降低药效。妊娠期禁用。

【制剂、用法与用量】

① 胃复安片  5mg，10mg，20mg。内服：一次量，犬、猫 10～20mg。

② 胃复安注射液  1mL:10mg，1mL:20mg。肌内注射：一次量，犬、猫 10～20mg。

## 爱茂尔（溴米那普鲁卡因）

【理化性质】 本品为无色的澄明液体。

【药理作用】 本品有镇静催眠作用。盐酸普鲁卡因常量抑制突触前膜乙酰胆碱释放，产生一定肌肉阻断作用，可增强非去极化肌松药的作用，并直接抑制平滑肌，可解除平滑肌痉挛。

【临床应用】 用于神经性呕吐和妊娠呕吐，也用于晕车、胃痉挛等呕吐。

【注意事项】

① 给药期间偶有危重和特殊情况，应监测呼吸与循环。

② 对溴米那普鲁卡因、苯酚有过敏史的宠物禁用。

【制剂、用法与用量】

溴米那普鲁卡因注射液  2mL。皮下或肌内注射：一次量，犬 2mL，对顽固性呕吐可酌情适当增加注射次数。

## 多潘立酮（吗丁啉）

【理化性质】 为白色结晶性粉末；味苦。不溶于水。应遮光密封保存。

【药理作用】 本品可阻断催吐化学感受区多巴胺的作用，抑制呕吐的发生；可促进上胃肠道的蠕动和张力恢复正常，并能加速饲后胃排空。此外，还可增进贲门括约肌的紧张性，促进幽门括约肌饲后蠕动的扩张度。本品不影响胃液的分泌。由于其通过血脑屏障弱，故无明显的镇静、嗜睡及锥体外系的副作用。

【临床应用】 由胃排空延缓、胃食管反流、慢性胃炎、食道炎等各种原因引起的恶心呕吐的治疗。

【注意事项】

① 对本品过敏宠物禁用。

② 对怀孕期、心脏病患犬慎用。

③ 当抗酸剂或抑制胃酸分泌药物与本品合用时，前两类药不能在饲前服用，应于饲后服用，即不宜与本品同时服用。饲喂前 15～30min 服用。

【制剂、用法与用量】

① 吗丁啉片 10mg。内服：一次量，每1kg体重，犬0.5~1mg，猫0.05~0.1g。
② 吗丁啉注射液 2mL:10mg。肌内注射，一次量，每1kg体重，犬0.1~0.5mg，必要时可重复用药。

### 舒必利（止吐灵）

【理化性质】 本品为白色或类白色结晶性粉末；无臭，味微苦。易溶于冰醋酸或稀醋酸，较难溶于乙醇和丙酮，不溶于水、乙醚、氯仿与苯。

【药理作用】 本品为中枢性止吐药，止吐作用强大。口服止吐时，作用为氯丙嗪的166倍，皮下注射比氯丙嗪强142倍。止吐效果好于胃复安。

【临床应用】 治疗各种原因引起的呕吐。

【制剂、用法与用量】
舒必利片 内服：一次量，犬0.3~0.5mg。

### 氯苯甲嗪（美克洛嗪，氯苯苄嗪，美其敏，敏可静）

【理化性质】 为白色或淡黄色结晶粉末；无臭，无味。

【药理作用】 本品为组胺受体的拮抗剂，可对抗组胺引起的降压效应及过敏反应等。亦可通过抑制前庭神经而止吐，可维持12~24h。

【临床应用】 适用于各种皮肤黏膜过敏疾病，亦可用于妊娠及晕动症引起的恶心、呕吐。

【制剂、用法与用量】
盐酸氯苯甲嗪片 内服：一次量，犬25mg，猫12.5mg。

## 第三节 泻药与止泻药

### 一、泻药

凡能促进肠管蠕动，增加肠内容积或润滑肠腔、软化粪便、促进排粪的一类药物称为泻药。临床上主要用于治疗便秘，排除肠内毒物及腐败分解产物；或服用驱虫药后，除去肠内残存的药物和虫体。根据泻药作用机理，将其分为容积性泻药、刺激性泻药、润滑性泻药和神经性泻药四类。

**1. 容积性泻药**

临床上常用的有硫酸钠和硫酸镁，它们均为盐类，因此又名盐类泻药。其水溶液含有不易被胃肠黏膜吸收的$SO_4^{2+}$、$Mg^{2+}$等离子，在肠内形成高渗，能吸收大量水分，并阻止肠道水分被吸收，软化粪便，增加肠内容积，并对肠壁产生机械性刺激，反射性地引起肠蠕动增强。同时，盐类的离子对肠黏膜也有一定的化学刺激作用，促进肠蠕动，加快粪便排出。

盐类泻药的致泻作用与溶液的浓度和量有密切关系。高渗溶液能保持肠腔水分，并能使体液的水分向肠腔转移，增大肠管容积，发挥致泻作用。硫酸钠的等渗溶液为3.2%，硫酸镁为4%。导泻时，应配成6%~8%溶液灌服，主要用于大肠便秘。服药后经3~8h排粪。如果与大黄等植物性泻药配伍，可产生协同作用。

盐类溶液浓度过高（10%以上），不仅会延长致泻时间，降低致泻效果，而且进入十二指肠后，能反射性地引起幽门括约肌痉挛，妨碍胃内容物排空，有时甚至引起肠炎。

## 硫酸钠（芒硝）

**【理化性质】** 为无色透明大块结晶或颗粒状粉末；味苦而咸。易溶于水。易失去结晶水而风化。应遮光、密封保存。

**【药理作用】** 本品内服小剂量时，能适度刺激消化道黏膜，使胃肠的分泌与蠕动增加，故有健胃作用；内服大剂量时，在肠内解离出的 $SO_4^{2-}$ 和 $Na^+$ 不易被肠壁吸收，在肠腔内保留大量水分（480g硫酸钠可保持15L水），增加肠内容积，并稀释肠内容物，软化粪便，促进排粪。

**【临床应用】** 配成4％～6％溶液灌服，治疗大肠便秘，排除肠内毒物或辅助驱虫。10％～20％硫酸钠溶液用于化脓创和瘘管的冲洗、引流。

**【注意事项】**
① 使用浓度为4％～6％，不宜过高或过低。
② 小肠阻塞时因阻塞部位接近胃，不宜选用盐类泻药，否则，易继发胃扩张。
③ 禁与钙盐配合使用。

**【制剂、用法与用量】**
① 健胃　内服：一次量，犬0.2～0.5g。
② 导泻　内服：一次量，犬10～25g，猫2～5g。

## 硫酸镁（泻盐，硫苦）

**【理化性质】** 为无色细小针状结晶或斜方形柱状结晶；味苦而咸。易溶于水。有风化性。应遮光、密封保存。

**【作用与应用】** 本品内服、外用的作用和应用与硫酸钠基本相同。因其在单位体积内解离的离子数较硫酸钠少，所以泻下作用较硫酸钠弱。此外，内服尚可因刺激十二指肠黏膜，反射性地使总胆管括约肌松弛和胆囊排空，有利胆作用；静脉注射硫酸镁溶液有抑制中枢神经作用，缓解骨骼肌痉挛。

**【临床应用】** 本品配成6％～8％溶液灌服，可治疗大肠便秘及排除肠内毒物或辅助驱虫。25％的注射液静脉注射可辅助治疗破伤风。

**【制剂、用法与用量】**
硫酸镁溶液　内服：一次量，犬10～20g，猫2～15g，常配成6％～8％溶液。

### 2. 刺激性泻药

本类药物内服后，在胃内一般无变化，到达肠内后，分解出有效成分，对肠黏膜感受器产生化学性刺激，反射性促进肠管蠕动和增加肠液分泌，产生泻下作用。临床常用的有大黄、芦荟、番泻叶、蓖麻油、巴豆油、牵牛子、酚酞等。

## 大　黄

**【理化性质】** 本品为蓼科植物大黄的干燥根茎，味苦。其有效成分为苦味质、鞣质和蒽醌苷类的衍生物（大黄素、大黄酚和大黄酸等）。

**【药理作用】** 大黄的作用与用量有密切关系。内服小剂量时，苦味质发挥其苦味健胃作用；内服中等剂量时，鞣质发挥其收敛止泻作用；内服大剂量时，因蒽醌苷类被吸收，在体内水解为大黄素和大黄酚等，再由大肠分泌进入肠腔，刺激大肠黏膜，使肠蠕动增强，引起泻下。因含鞣质，致泻后往往继发便秘，故临床很少单独作为泻药，常与硫酸钠配合使用。大黄还有较强的抗菌作用，能抑制金黄色葡萄球菌、大肠杆菌、痢疾杆菌、铜绿假单胞菌、链球菌及皮肤真菌等。

【临床应用】 主要作为健胃药。也可与硫酸钠配用治疗大肠便秘。大黄末与石灰粉（2∶1）配成撒布剂，可治疗化脓创；与地榆末配合调油，涂擦于局部，可治疗烧伤和烫伤等。

【制剂、用法与用量】

① 健胃　内服：一次量，犬 0.5～2g。

② 导泻　内服：一次量，犬 2～7g。

③ 止泻　内服：一次量，犬 3～7g。

## 蓖麻油

【理化性质】 蓖麻油是由大戟科植物蓖麻的种子压榨而得的淡黄色黏稠油液，味淡带辛。能溶于醇（1∶3），不溶于水。

【药理作用】 蓖麻油本身无刺激性，只有润滑性。内服进入十二指肠后，被胰酶水解为蓖麻油酸和甘油，该物质能刺激肠黏膜，促进蠕动，使小肠内容物迅速向大肠推进，约 3～8h 发生泻下。另外一部分未被水解的蓖麻油以原形通过肠道，对肠壁起润滑作用，有利于泻下。用药后经 4～8h 可引起排粪。

【临床应用】 主要用于宠物小肠便秘，也可作为外科手术前或诊断检查前清洁肠道。

【注意事项】 采用冷压法制成的工业用蓖麻油，含有蓖麻毒蛋白，不能服用，内服时应煮沸，以免发生中毒。妊娠、肠炎宠物及应用脂溶性驱虫药时，不能用蓖麻油作泻药。

【制剂、用法与用量】

蓖麻油溶液　内服：一次量，犬 5～25mL，猫 4～10mL。

## 酚 酞

【理化性质】 为白色或类白色结晶性粉末；无臭，无味。不溶于水，能溶于醇。

【药理作用】 本品内服后在胃内不溶解，故无刺激性。到达肠内遇胆汁及碱性肠液时，则缓慢分解为水溶性盐，刺激肠黏膜，促进蠕动，并阻止水分被肠壁吸收，引起泻下。

【临床应用】 主要用于犬、猫小肠便秘。

【制剂、用法与用量】

酚酞片（果导片）0.05g，0.1g。内服：一次量，犬 0.2～0.5g。

**3. 润滑性泻药**

本类药物内服后，多以原形通过肠道，起润滑肠壁、软化粪便及阻止肠内水分吸收的作用，使粪便易于排出。临床常用的有：液体石蜡、花生油、棉籽油、菜籽油等，故又名油类泻药。

## 液体石蜡（石蜡油）

【理化性质】 为无色、无味透明的中性油状液。不溶于水及醇，可与多种油任意混合。

【药理作用】 内服后在肠道内不易被消化吸收，以原形通过肠道，软化粪便，润滑及保护肠黏膜。

【临床应用】 应用于小肠便秘、积食及孕期宠物的便秘。

【注意事项】 本品不宜长期反复使用，以免影响消化及阻碍脂溶性维生素和钙、磷的吸收。

【制剂、用法与用量】

液体石蜡溶液　内服：一次量，犬 10～30mL，猫 5～10mL。

### 植 物 油

【理化性质】　从植物的果实、种子、胚芽中得到的油脂，如芝麻油、花生油、菜籽油、豆油等。植物油的主要成分是直链高级脂肪酸和甘油生成的酯。

【药理作用】　大量内服本品后，除少量在肠内消化分解，多数以原形通过肠道，其润滑肠道、软化粪便、促进排粪。

【临床应用】　应用于小肠便秘、积食及孕期动物的便秘。

【注意事项】　不能用于排出脂溶性毒物。

【制剂、用法与用量】

植物油　内服：一次量，犬 15～30mL。

## 二、止泻药

止泻药是能制止腹泻的药物。止泻药的作用，由于具有收敛作用，形成蛋白膜而保护肠黏膜；或具有吸附作用，吸附毒素、毒物等，从而减少对肠黏膜的刺激；或具有抗菌作用，而使肠道炎症消退。临床上止泻药多与消炎药等配合应用。

**1. 保护性止泻药**

### 鞣 酸 蛋 白

【理化性质】　鞣酸蛋白为淡黄色粉末；无味，无臭。不溶于水及酸。

【药理作用】　本品内服后在肠内经胰蛋白酶分解，缓慢释放出鞣酸，使肠黏膜表层内的蛋白质沉淀，形成一层保护膜而减轻刺激，降低炎性渗出物和减少肠蠕动，起收敛止泻作用。

【临床应用】　主要用于犬、猫等消化不良性腹泻。

【注意事项】

① 本品不宜过量服用，否则可引起便秘。

② 本品能影响胰酶、胃蛋白酶、乳酶生等的药效，不宜与之同服。

③ 本品不应与碱性药物同服，因可能破坏 B 族维生素。

④ 细菌性痢疾等感染性腹泻不能应用本品。

⑤ 对本品过敏者禁用。

【制剂、用法与用量】

鞣酸蛋白片　0.25g，0.5g。内服：一次量，犬 0.2～2g，猫 0.15～2g。

### 次硝酸铋（次硝苍，碱式硝酸铋，硝酸氧铋）

【理化性质】　本品为白色结晶性粉末；无臭，无味。应遮光、密封保存。

【药理作用】　内服后一般不被吸收，大部分被覆于肠黏膜表面，呈机械性保护作用。在胃内酸性环境中游离出的小部分铋离子，到达肠内后，与肠内硫化氢结合，形成不溶性硫化铋，减轻了硫化氢对肠壁的刺激，使肠蠕动减弱，而达到止泻的目的。另外，铋离子还有抑菌作用。可用于胃肠炎、腹泻等。

【临床应用】　主要用于犬、猫的肠炎和腹泻。撒布剂或 10% 的软膏用于湿疹、烧伤的治疗。

【注意事项】

① 应当注意次硝酸铋在肠内溶解后，还可产生亚硝酸盐，用量过大时易造成吸收中毒。

② 不可与碳酸盐、碘化物及有机酸盐配伍应用。
③ 可出现胃肠功能障碍及食欲缺乏。
④ 由细菌感染所致肠炎，宜先控制感染后再应用本品。

【制剂、用法与用量】
次硝酸铋片　0.3g，0.5g。内服：一次量，犬0.3～2g，猫0.4～0.8g。

**2. 吸附性止泻药**

### 药 用 炭

【理化性质】　本品为黑褐色粉末；无臭，无味。不溶于水。应遮光、密封保存。

【药理作用】　本品具有非常大的比表面积，能有效地从胃肠道中吸附肌酐、尿酸等有毒物质，使这些毒性物质不在体内循环，而从肠道中排出体外，使体内肌酐、尿酸积存量降低。能吸附气体、化学物质、细菌、毒素及营养物质、生物碱、重金属盐等。

【临床应用】　常用于犬、猫的肠炎、腹泻及中毒的解救。

【注意事项】
① 本品不能反复使用，以免影响营养物质的消化和吸收。
② 不宜与维生素、抗生素、洋地黄、生物碱类、乳酶生及其它消化酶类等药物合用，以免被吸附而影响疗效。

【制剂、用法与用量】
药用炭片　0.3g，0.5g。内服：一次量，犬0.3～5g，猫0.15～0.25g。

### 白 陶 土

【理化性质】　为白色或类白色细粉，或易碎的块状物；加水湿润后，有类似黏土的气味，颜色加深。本品在水、稀酸或氢氧化钠溶液中几乎不溶。

【药理作用】　本品主要含硅酸铝，有吸附和保护作用。因白陶土带负电荷，只能吸附带正电荷的物质，如生物碱、碱性染料等，其吸附作用较药用炭弱。

【临床应用】　内服用于治疗胃肠炎、腹泻等；外用治疗溃疡、糜烂性湿疹和烧伤。白陶土能保水和导热，与食醋配伍制成冷却剂湿敷于局部，治疗急性关节炎、日射病、热射病及风湿性蹄叶炎等。

【制剂、用法与用量】
白陶土　内服：一次量，犬1～5g，一日3次。

**3. 抗菌性止泻药**

因微生物感染所引起腹泻，临床上往往首先考虑使用抗菌药物进行对因治疗，使肠道炎症消退而止泻。如选用磺胺脒、氟苯尼考、喹诺酮类、黄连素和庆大霉素等，均有较强的抗菌止泻作用。

**4. 抑制肠蠕动的止泻药**

当腹泻不止或有剧烈腹痛时，为了防止脱水，消除腹痛，可选用肠道平滑肌抑制药，如阿托品、颠茄、止泻宁等，松弛胃肠平滑肌，减少肠管蠕动而止泻。

### 盐酸地芬诺酯（苯乙哌啶，止泻宁）

【理化性质】　为白色或几乎白色的粉末或结晶性粉末；无臭。本品在氯仿中易溶，在甲醇中溶解，在乙醇或丙酮中略溶，在水或乙醚中几乎不溶。

【药理作用】　本品为阿片类似物，属非特异性的止泻药。内服后易被胃肠道吸收，能增加肠张力，抑制或减弱胃肠蠕动，收敛而减少胃肠道的分泌，从而迅速控制腹泻。

【临床应用】 本品为控制急性腹泻的有效药物，主要用于犬、猫的急性或慢性功能性腹泻的对症治疗。可与抗菌药物合用治疗细菌性腹泻。

【注意事项】 不宜用于细菌毒素引起的腹泻，否则因毒素在肠中停留时间过长反而会加重腹泻。

【制剂、用法与用量】

① 盐酸地芬诺片 0.3g，0.5g。内服：一次量，每1kg体重，犬0.1～0.2mg，猫0.05～0.1mg。

② 复方盐酸地芬诺酯片 每片含盐酸苯乙哌啶2.5mg，硫酸阿托品0.025mg。内服：一次量，犬2.5mg。

### 三、泻药与止泻药的合理选用

**1. 泻药的合理选用**

大肠便秘的早、中期，一般首选盐类泻药如硫酸钠或硫酸镁，也可大剂量灌服人工盐缓泻。

小肠阻塞的早、中期，一般以选用液体石蜡、植物油为主。优点是容积小，对小肠无刺激性，且有润滑作用。

排除毒物，一般选用盐类泻药，不宜用油类泻药，以防促进脂溶性毒物吸收而加重病情。

便秘后期，局部已产生炎症或其它病变时，一般只能选用润滑性泻药，并配合补液、强心、消炎等。

在应用泻药时，要防止因泻下作用太强，水分排出过多而引起脱水或继发肠炎。对泻下作用强烈的泻药一般只投药一次，不宜多用。用药前注意给予充分饮水。对幼龄、妊娠及体弱宠物的便秘，多选用人工盐或润滑性泻药。单用泻药不能奏效时，应进行综合治疗。如治疗便秘时，泻药与制酵药、强心药、体液补充剂配合应用，效果较好。

**2. 止泻药的合理选用**

腹泻是机体的一种保护性反应，有利于细菌、毒物或腐败分解产物的排出。腹泻的早期不应立即使用止泻药，应先用泻药排除有害物质，再用止泻药。但剧烈或长期腹泻，不仅影响营养物质吸收，严重的会引起机体脱水及钾、钠、氯等电解质紊乱，这时必须立即应用止泻药，并注意补充水分和电解质等，采取综合治疗措施。

治疗腹泻时，应先查明腹泻的原因，然后根据需要，选用止泻药。如细菌性腹泻，特别是严重急性肠炎时，应给予抗菌药止泻，一般不选用吸附药和收敛药；对大量毒物引起的腹泻，不急于止泻，应先用盐类泻药以促进毒物排出，待大部分毒物从消化道排出后，方可用碱式硝酸铋等保护受损的胃肠黏膜，或用活性炭吸附毒物；一般的急性水泻，往往导致脱水、电解质紊乱，应首先补液，然后再用止泻药。

## 第四节 肝胆辅助治疗与营养药

肝胆辅助治疗与营养药是一些能为宠物提供营养或改善新陈代谢，从而提高其对疾病的抵抗力或增强机体解毒能力的药物。其作用机理各有差异，可根据病情选择使用。

## 三磷酸腺苷

【理化性质】 本品为白色冻干块状物或粉末；无臭，微有酸性。有引湿性，易溶于水，不溶于有机溶剂。在碱性溶液中稳定。

【药理作用】 本品为一种辅酶，是体内生化代谢的主要能量来源，参与体内脂肪、蛋白质、糖、核酸及核苷酸的代谢。

【临床应用】 常用于急/慢性肝炎、心力衰竭、心肌炎、血管痉挛和进行性肌肉萎缩。

【制剂、用法与用量】

三磷酸腺苷注射液 肌内或静脉注射：一次量，犬 10～40IU。

## 辅酶 A

【理化性质】 本品为白色或类白色的冻干块状或粉状物。有引湿性，易溶于水。

【药理作用】 本品为体内乙酰化反应的辅酶。参与体内乙酰化反应，对糖、脂肪和蛋白质的代谢起着重要作用，如三羧酸循环、肝糖原积存、乙酰胆碱合成、降低胆固醇量、调节血脂含量及合成甾体物质等，均与本品有密切关系。

【临床应用】 用于各种原因引起的白细胞减少症、血小板减少症、各种心脏疾患、急慢性肝炎、肝硬化等。

【注意事项】 急性心肌梗死动物及对本品过敏者禁用。

【制剂、用法与用量】

辅酶 A 注射液 肌内或静脉注射：一次量，犬 50～100IU。

## 肌 苷

【理化性质】 本品为白色粉末，无臭，味微苦涩。易溶于水、稀盐酸或氢氧化钠溶液，难溶于乙醇，氯仿等。

【药理作用】

① 本品为腺嘌呤的前体，能直接透过细胞膜进入体细胞，参与体内核酸代谢、能量代谢和蛋白质的合成。

② 活化丙酮酸氧化酶系，提高辅酶 A 的活性，活化肝功能，并使处于低能缺氧状态下的组织细胞继续进行代谢，有助于受损肝细胞功能的恢复，并参与机体能量代谢与蛋白质合成。

③ 提高 ATP 水平，并可转变为各种核苷酸。可刺激体内产生抗体，还可促进肠道对铁的吸收，活化肝功能，加速肝细胞的修复。有增强白细胞增生的作用。

【临床应用】 用于治疗急、慢性肝炎、肝硬化及白细胞减少、血小板减少等；也可作为冠心病、心肌梗死、风湿性心脏病、肺源性心脏病的辅助用药。

【制剂、用法与用量】

① 肌苷片 内服：一次量，成年大型犬 0.2～0.4g，一日 3 次，必要时用量可加倍；幼犬，一次量 0.1～0.2g，一日 3 次。

② 肌苷注射液 静脉注射：一次量，成年大型犬 0.2～0.6g，可用 5% 葡萄糖注射液或注射用生理盐水 20mL 稀释注射，一日 1～2 次；幼犬 0.1～0.2g，一日 1 次。

## 细胞色素 C

【理化性质】 本品来源于牛心或马心，为红色冻干粉末，溶于水，灭菌水溶液为橙红色的澄明液体。

【药理作用】
① 在呼吸链中的作用　本品为生物氧化过程中的电子传递体。其作用原理为在酶存在的情况下，对组织的氧化、还原有迅速的酶促作用。通常外源性细胞色素C不能进入健康细胞，但在缺氧时，细胞膜的通透性增加，细胞色素C便有可能进入细胞及线粒体内，增强细胞氧化，能提高氧的利用率。

② 可诱导细胞凋亡　细胞色素C是一种细胞色素氧化酶，是电子传递链中唯一的外周蛋白，位于线粒体内侧外膜。从线粒体中泄露出的细胞色素C有诱导细胞凋亡的作用。

【临床应用】　本品用于组织缺氧的急救和辅助用药，如一氧化碳中毒、严重休克缺氧、麻醉及肺部疾病引起的呼吸困难等。

【制剂、用法与用量】
细胞色素C注射液　肌内或静脉注射：一次量，成年大型犬15～30mg，一日1～2次，加25%葡萄糖液20mL混匀后，缓慢注射，亦可用5%～10%葡萄糖液或生理盐水稀释后滴注。

## 肝泰乐（葡萄糖醛酸内酯）

【理化性质】　为白色结晶或结晶性粉末；无臭，味微苦。遇光色渐变深；溶于水后，一部分内酯变成葡萄糖醛酸，达成平衡状态，呈酸性反应。

【药理作用】　本品能降低肝淀粉酶的活性，防止糖原分解，使肝糖原量增加，脂肪储量减少。肝泰乐进入机体后可与含有羟基或羧基的毒物结合，形成低毒或无毒结合物由尿排出，有保护肝脏及解毒作用，所以常用于治疗食物中毒、药物中毒。

葡萄糖醛酸内酯是构成机体结缔组织及胶原，特别是软骨、骨膜、神经鞘、关节囊、腱、关节液等的组成成分。

【临床应用】　主要用于犬急慢性肝炎、肝硬化、食物及药物中毒。亦可用于关节炎、风湿病等的辅助治疗。

【注意事项】
① 偶有轻度胃肠不适，减量或停药后即消失。
② 对本品过敏犬、猫禁用。
③ 当药品性状发生改变时禁止服用。

【制剂、用法与用量】
① 葡醛内酯片　内服：一次量，犬0.1g，一日2次。
② 葡萄糖醛酸内酯注射液：肌内或静脉注射，一次量，犬0.1g。

## 强力宁（甘草酸单铵，甘草甜素，甘草皂苷，强力新）

【理化性质】　结晶体有强甜味，易溶于热水及乙醇，几乎不溶于乙醚。

【药理作用】　具有皮质激素样作用，可调节免疫、保肝和抗纤维化。

【临床应用】　用于急、慢性病毒性肝炎，中毒性肝炎，肝硬化，流行性出血热等。

【注意事项】　偶尔出现口渴、低血钾或血压升高，一般停药后即消失。长期应用，应监测血钾、血压等变化。

【制剂、用法与用量】
强力宁注射液　400mg:20mL（甘草酸单胺）。静脉注射：一次量，犬10～20mL，加入10%葡萄糖注射液100～200mL滴注，一日1次。

## 强力解毒敏（复方甘草酸铵注射液）

【理化性质】 本品为无色澄明液体。以甘草酸铵为主药并辅以多种氨基酸配伍而成的复方制剂。其组分为每支2mL含甘草酸铵4mg、甘氨酸40mg、L-半胱氨酸盐酸盐2mg。

【药理作用】 具有肾上腺皮质激素样作用，但无激素样副作用；并通过稳定细胞膜，拮抗过敏介质等多种途径发挥其抗炎、抗过敏作用；亦可用于解毒。

【临床应用】 用于犬、猫过敏性疾病、药物及化学物质中毒的解毒。在输血前或输血同时，肌内注射本品可防止发热、恶心、呕吐等副作用。亦可用于病毒性肝炎以及肿瘤放疗、化疗的辅助治疗。

【注意事项】 长期大剂量使用本品时应检测血钾、血压变化，应避免与利尿剂合用。

【制剂、用法与用量】
复方甘草酸铵注射液　皮下或肌内注射，一次量，犬2mL。静脉注射：适用于重症患犬，一次量，犬10~20mL，一日1次，用5%~10%葡萄糖注射液稀释后缓慢滴注。

### 案例分析

【基本情况】 松狮犬：5月龄，母，体重17kg。近一周以来持续拉肚子，粪便呈糊状，但饮食欲正常，精神状况好，主人未在意。从昨天下午开始拉水样粪便，带血，饮食欲、精神状况都不如以前。平时该犬以喂犬粮为主，并按时驱虫和注射疫苗。

【临床检查】 精神状态尚可，眼窝微陷，体温39.2℃。听诊：心音、肺呼吸音正常，胃蠕动音增强。触诊：腹部紧张，抗拒检查，但测体温时从体温计带出大量胶冻样肠黏膜，且有多量血丝。建议主人化验诊断。血常规：RBC $8.2\times10^{12}$ 个/L，WBC $18.2\times10^{9}$ 个/L，PLT $8\times10^{10}$ 个/L，PCV 56%；CPV（－），CCV（－）；粪便镜检未见虫卵。初步诊断为急性胃肠炎。

【治疗方案】 复方生理盐水200mL、ATP 5mg、辅酶A 100IU、维生素C 500mg，50%葡萄糖10mL混合一次静脉注射；庆大霉素12万国际单位、654-2 1.0mL混合皮下注射。药用炭（0.5g）4片，带回（中间禁食6~8h），晚上喂服。第二天复诊，已明显好转，巩固一次痊愈。

【疗效评价】 处方中能量合剂可迅速改善患犬脱水状态，维生素C有抑制渗出、止血、提高机体免疫力的作用；庆大霉素主要对肠道细菌效果较好，654-2可松弛胃肠平滑肌，缓解痉挛性腹痛症状，二者合用以达到标本兼治目的。药用炭有较强的吸附病原微生物及其毒素的作用，常用于犬、猫胃肠炎的治疗，但忌与抗生素、活菌制剂及食物同时服用，以免降低疗效。

## 【复习思考题】

1. 苦味健胃药的作用机理是什么？
2. 如何合理选择健胃药与助消化药？
3. 氯化钠的临床应用有哪些？
4. 盐类泻剂的作用机理是什么？
5. 如何合理应用泻药？注意事项有哪些？
6. 乳酶生为什么能止泻？

# 第九章 呼吸系统药物

在犬、猫等宠物的内科疾病中，呼吸系统疾病是常见病和多发病，且在疾病发生、发展的过程中，常表现为积痰、咳嗽和喘息等临床症状。根据药物的作用特点，可将呼吸系统药物分为祛痰药、镇咳药、平喘药等三类。

## 第一节 祛痰药

凡能促进气管与支气管分泌，使痰液稀释，易于排出的药物称为祛痰药。

在病理情况下，由于炎症对支气管黏膜的刺激，使分泌物增多，形成黏稠物并附着于呼吸道内壁不能排出，因而导致咳嗽，严重的可引起喘息。

### 氯化铵（氯化铔）

【理化性质】 为白色结晶性粉末。无臭，味咸。易溶于水，有吸湿性。

【药理作用】 内服能刺激胃黏膜，通过兴奋迷走神经，引起支气管腺体分泌增加；同时，吸收后的氯化铵有一部分经呼吸道排出，通过晶体渗透压作用带出一定量的水分，使稠痰变稀，易于咳出。此外，氯化铵通过代谢经肾脏排出时，有一定利尿作用。

【临床应用】 临床上主要用于呼吸道炎症初期、痰液黏稠而不易咳出的病例。

【注意事项】 氯化铵易使磺胺类药物析出结晶，造成泌尿道损伤，因此不应与磺胺类药物配伍应用。

【制剂、用法与用量】

氯化铵片 300mg。内服：一次量，每1kg体重，犬、猫40～200mg，一日3次，连用3d。

### 碘 化 钾

【理化性质】 为无色透明结晶或白色颗粒状粉末。易溶于水，水溶液呈中性反应。易潮解，应遮光、密封保存。

【药理作用】 内服可刺激胃黏膜，反射性地增加支气管腺体分泌；吸收后有一部分碘离子迅速从呼吸道排出，直接刺激支气管腺体，促进分泌，稀释痰液，易于咳出。另外，碘化钾吸收后，参与甲状腺素的代谢，同时进入病变组织中，起到溶解病变、杀菌消炎的作用。

【临床应用】
① 用于慢性或亚急性支气管炎。
② 用于配制碘酊和复方碘溶液。

【注意事项】 本品刺激性强，不适用于急性支气管炎的治疗。

【制剂、用法与用量】

碘化钾片 10mg。内服：一次量，每1kg体重，犬5～10mg，一日2次，连用3d。

### 乙酰半胱氨酸（痰易净，易咳净）

**【理化性质】** 为白色结晶性粉末。可溶于水和乙醇。为黏痰溶解性祛痰剂。

**【药理作用】** 分子中含有巯基（—SH），可使多肽链中的双硫键（—S—S—）断裂，从而降低痰液的黏度，使之易于咳出，且对脓性和非脓性痰液均有效。

**【临床应用】** 用于急慢性支气管炎、支气管扩张、喘息等引起痰液黏稠和咳痰困难的疾病治疗。

**【注意事项】** 不宜与一些金属如铁、铜、橡胶及氧化剂接触。对呼吸道黏膜有一定的刺激作用，偶尔可引起支气管痉挛。

**【制剂、用法与用量】**

乙酰半胱氨酸溶液　浓度 10%～20%。喷雾：一次量，犬 2～5mL，一日 3 次，连用 3d。

### 溴苄环己铵

**【理化性质】** 为半合成的鸭嘴花碱衍生物。白色结晶性粉末。微溶于水。

**【药理作用】** 有较强的溶解黏痰作用，可使痰液中的黏多糖纤维素或黏蛋白裂解，降低痰液黏度；还作用于气管、支气管腺体细胞，促其分泌黏滞性较低的小分子黏蛋白，改善分泌的流变学特性和抑制黏多糖合成，使黏痰减少，从而稀释痰液，易于咳出。本品还可促进呼吸道黏膜的纤毛运动，并刺激胃黏膜，引起反射性的祛痰作用。

**【临床应用】** 适用于慢性支气管炎、哮喘等痰液黏稠不易咳出的病例。

**【注意事项】** 偶有恶心、返逆及血清转氨酶升高现象。

**【制剂、用法与用量】**

溴苄环己铵片　8mg。内服：一次量，每 1kg 体重，犬 6～15mg，一日 3 次，连用 3d。

## 第二节　镇咳药

凡能降低咳嗽中枢的兴奋性，减轻或制止咳嗽的药物称为镇咳药。

咳嗽是呼吸道受异物或炎性产物的刺激而产生的防御性反应，能使异物或炎性产物排出，但频繁而剧烈的咳嗽可导致呼吸道损伤，造成肺气肿、心功能障碍等不良后果。临床上常用的镇咳药有喷托维林、可待因、甘草、杏仁、二氧丙嗪等。

### 可待因（甲基吗啡）

**【理化性质】** 本品从阿片中提取，也可由吗啡甲基化而得。无色细微结晶；味苦。易溶于水。

**【药理作用】** 直接抑制延髓咳嗽中枢，呈现迅速而强大的镇咳作用，并有镇痛作用。镇咳作用为吗啡的 1/4，镇痛作用为吗啡的 1/10～1/12。镇咳剂量不抑制呼吸，成瘾性较吗啡弱。

**【临床应用】** 主要应用于各种原因所致的剧烈无痰性干咳。

**【注意事项】** 偶有呕吐和便秘现象，久用可成瘾，过量可致中枢兴奋、烦躁不安和呼吸抑制。

**【制剂、用法与用量】**

磷酸可待因片　15mg，30mg。内服：一次量，每 1kg 体重，犬 1～2mg，猫 0.25～

0.5mg，一日 2～3 次，连用 3d。

## 喷托维林（咳必清）

**【理化性质】** 为白色结晶性粉末。有吸湿性，易溶于水，水溶液呈酸性。

**【药理作用】** 可选择性抑制咳嗽中枢，强度为可待因的 1/3，能抑制呼吸道感受器，松弛支气管平滑肌，较大剂量时可有阿托品样的平滑肌解痉作用。

**【临床应用】** 临床上常与祛痰药合用，治疗急性呼吸道炎症引起的剧烈咳嗽。

**【注意事项】**
① 有部分药物可从呼吸道排出，对呼吸道黏膜有轻度的局麻作用。
② 对于痰多动物不宜单独应用，对心功能不全并有肺淤血病例忌用。
③ 偶有口干、便秘等不良反应。

**【制剂、用法与用量】**
① 枸橼酸喷托维林片 25mg。内服：一次量，每 1kg 体重，犬 5～10mg，一日 3 次，连用 3d。
② 复方枸橼酸喷托维林糖浆 100mL（含枸橼酸喷托维林 2g、氯化铵 3mg 及薄荷油 0.008mL）。内服：一次量，每 1kg 体重，犬 2～4mL，一日 3 次，连用 3d。

## 第三节 平 喘 药

凡能解除支气管平滑肌痉挛，扩张支气管，缓解喘息的药物称平喘药。临床上许多药物都有松弛平滑肌的作用，如肾上腺素、咖啡因、阿托品等。

## 氨 茶 碱

**【理化性质】** 是茶碱和乙二胺的复盐。白色或淡黄色的颗粒或粉末；微有氨臭，味苦。易溶于水，水溶液呈碱性。应遮光、密封保存。

**【药理作用】** 通过抑制磷酸二酯酶，减少 cAMP（环磷酸腺苷）的降解，增加细胞内 cAMP 的浓度而实现其作用。具有扩张血管、松弛平滑肌、兴奋中枢神经系统、强心和利尿作用。松弛支气管平滑肌作用较强，当支气管平滑肌处于痉挛状态时作用更明显。

**【临床应用】**
① 用于痉挛性支气管炎，急、慢性支气管哮喘和心力衰竭时气喘的治疗。
② 有强心作用，可作为心性水肿的辅助治疗。

**【注意事项】**
① 本品对局部有刺激性，应深部肌内注射或静脉注射。
② 静脉注射量不宜过大，并以葡萄糖溶液稀释至 2.5% 以下浓度，缓慢注入。
③ 不宜与酸性药物配伍。

**【制剂、用法与用量】**
① 氨茶碱片 50mg，100mg，200mg。内服：一次量，每 1kg 体重，犬、猫 5～20mg，一日 3 次，连用 3d。
② 氨茶碱注射液 2mL:0.25g，2mL:0.5g，5mL:1.25g。肌内或静脉注射：一次量，每 1kg 体重，犬 50～100mg，一日 1 次，连用 3d。

## 麻 黄 碱

**【理化性质】** 为麻黄科植物麻黄中提取的一种生物碱（麻黄素）。常用其盐酸盐。本品为白色结晶；无臭，味苦。易溶于水，能溶于醇。应遮光、密封保存。

【药理作用】 作用与肾上腺素相似，均能松弛平滑肌、扩张支气管、强心、收缩血管等。作用比肾上腺素缓和而持久。另外，吸收后易透过血脑屏障，有明显的中枢兴奋作用。

【临床应用】
① 临床上用于治疗轻度的支气管哮喘。
② 用于急、慢性支气管炎的治疗。
③ 用于心功能减弱的治疗。

【注意事项】 本品中枢兴奋作用较强，用量过大，动物易产生骚动不安，甚至发生惊厥等神经症状，严重时可用巴比妥类药物缓解。

【制剂、用法与用量】
① 盐酸麻黄素片 0.25mg。内服：一次量，每1kg体重，犬 2~6mg，猫 0.4~1mg，一日2次，连用3d。
② 盐酸麻黄碱注射液 1mL:30mg，5mL:150mg。皮下注射：一次量，每1kg体重，犬 2~6mg。一日1次，连用3d。

---

### 案例分析

【基本情况】 博美犬：5岁，雌性，体重3kg。主诉：前天开始食欲减少，没有精神，主人没有理会，昨天出现不食，咳嗽，流透明清亮鼻液，喜欢趴着，不爱走动，排便，排尿正常。

【临床检查】 该犬精神沉郁，食欲废绝，体温39.8℃，听诊肺部有啰音，叩诊有散在浊音，X射线检查肺区呈大小不一的点状阴影，肺纹理增粗；CDV（-）；血常规检查，白细胞增多，根据检查初步诊断为支气管肺炎。

【治疗方案】 注射用氨苄青霉素1.0g，0.2%地塞米松注射液2mL，注射用水4mL，一次肌内注射，一日2次，连用3d；氯化铵0.5g，内服，一日2次，连用3d。另嘱回家后多饮水。3日后回访，患犬已明显好转，继续用药3日巩固治疗。

【疗效评价】 氨苄青霉素为抗菌消炎药，为抗革兰阳性菌常用药物，地塞米松具有抗炎、抗毒素作用，可提高机体对细菌内毒素的耐受力；氯化铵具有止咳、祛痰作用。本病例采用对因治疗和对症治疗相结合的方法，以达到标本兼治的目的。

---

### 【复习思考题】

1. 常用的祛痰、镇咳、平喘药有哪些，临床上如何应用？
2. 如何选用祛痰、镇咳、平喘药？

# 第十章 血液循环系统药物

## 第一节 作用于心脏的药物

血液循环的原动力是心肌的收缩，只有心脏输出足量血液能满足机体代谢需求时，才可保障机体的生理机能正常。心脏功能的良好与否，不仅影响健康动物的活动性能，而且关系到患病动物的病情进展情况或愈后的判断。因此，对心脏本身的疾病或心脏以外原因引起的心脏机能障碍，选用恰当的药物来保护心脏功能，纠正心力衰竭，增加心输出量，具有重要的临床意义。

### 一、强心药

**1. 概念**

凡是能提高心肌兴奋性，增强心肌收缩力，改善心脏功能，在临床上用于治疗急、慢性心功能不全的药物，均可称为强心药。具有强心作用的药物很多，如强心苷（洋地黄、地高辛等）、黄嘌呤类（咖啡因、茶碱）、儿茶酚胺类（肾上腺素）等，必须根据药理学的作用机理，结合疾病的性质，合理选用。

**2. 药理作用**

强心苷对心脏有高度选择性作用，它能直接加强心脏收缩力，有效解决心力衰竭时心肌收缩减弱这一主要矛盾。用药后使心肌收缩期缩短，心输出量增加，心室排空完全，舒张期相对延长，这样可减少心肌的耗氧量，提高心脏工作效率，也改善了静脉充血和动脉血量不足的状态，减轻或消除呼吸困难、水肿和发绀等症状。

**3. 临床应用**

强心苷有较严格的适应证，主要用于慢性心力衰竭及慢性心衰的急性发作。慢性心功能不全（充血性心力衰竭）的主要病因是由于毒物或细菌毒素、过劳、重症贫血、维生素 $B_1$ 缺乏、心肌炎症及瓣膜病损等因素损害了心肌，导致心肌收缩力减弱，心输出量下降，最终不能满足机体组织代谢的需要。此时，心脏发挥其代偿适应功能，若病因不除，时间一久，心脏则失去代偿能力，发生心功能不全。此病以静脉系统充血为主要特征，故又称充血性心力衰竭，同时伴有呼吸困难、水肿和发绀等症状。

咖啡因、樟脑是中枢兴奋药，具有一定的强心作用。其作用迅速，维持时间短，适用于过劳、过热、中毒、中暑等过程中的急性心力衰弱。在这种情况下，机体的主要矛盾不在心脏，而在于这些急性疾病引起的动物机体障碍，血管紧张力下降，回心血流量减少，心输出量不足，心搏动增加，心肌疲劳，造成心力衰竭。在使用咖啡因或樟脑，调整动物体机能，增强心肌收缩力，改善血液循环的同时，应积极治疗原发病，消除病因，动物机体可逐渐恢复，也就解除了心脏的过重负担。

肾上腺素的强心作用快而有力，它能提高心肌的兴奋性，扩张冠状血管，改善心肌的缺血、缺氧状态。但肾上腺素提高组织的耗氧量，并在剂量较大时，可能诱发心律不齐或心室颤动。因此，肾上腺素不用于心力衰竭的治疗，而用于心跳骤停的心脏复苏。

黄嘌呤类（咖啡因、茶碱）、儿茶酚胺类（肾上腺素）虽然也能影响心血管的功能，但因为它们还具有其它重要的药理作用，故分别在有关章节讨论。

**4. 不良反应**

(1) **胃肠道反应** 最常见早期中毒反应，是由于药物兴奋了延髓催吐化学感受区引起。剧烈呕吐时应减量或停药。

(2) **中枢神经系统反应** 如出现视觉异常即为中毒先兆，需停药。

(3) **心脏反应** 是强心苷最危险的毒性反应，主要表现为各种类型的心律失常，均需停药。

**5. 常用药物**

各种强心苷类药物，对心脏的作用在本质上是一样的，都是加强心肌收缩力、减慢心率、抑制传导，使心输出量增加，减轻淤血症状，消除水肿，但在作用特点上则有快慢、久暂的不同。临床上分为慢效类和速效类。慢效类显效慢，代谢和排泄也慢，作用持续时间长，适用于慢性心功能不全，如洋地黄叶和洋地黄毒苷等；速效类奏效快，代谢和排泄也快，作用持续时间短，适用于急性心功能不全或慢性心功能不全的急性发作，如毛花丙苷、毒毛花苷K、铃兰毒苷、西地兰、地高辛、黄夹苷和福寿草总苷等。

## 洋 地 黄

【**理化性质**】 本品系玄参科植物紫花洋地黄的干叶或叶粉。叶内有效成分是洋地黄毒苷、吉妥辛、原级苷毛花洋地黄毒苷（毛花丙苷）和二级苷地高辛等，二者均可以提纯，已广泛应用于临床。

犬、猫内服洋地黄，在肠内吸收良好，约2h呈现作用，6～10h作用达最高峰。洋地黄有一部分经胆汁排至肠腔，经肝肠循环被再吸收，故作用时间持久，需停药2周后，作用才完全消除。洋地黄在心肌附着比较牢固，破坏和排泄较慢，连续用药，易引起蓄积中毒。

【**药理作用**】 洋地黄所含的强心苷对心脏有加强心肌收缩力、减慢心率等作用。用药后可使心输出量增加，淤血症状减轻，水肿消失，尿量增加。尤其是它在加强心肌收缩力的同时，可使舒张期延长，心室充盈完全，还能消除因心功能不全引起的代偿性心率过快，并使扩张的心脏体积减小，张力降低，使心肌总的耗氧量降低，工作效率提高。

【**临床应用**】 用于治疗慢性心功能不全（充血性心力衰竭）。此外，对心脏传导系统有抑制作用，可用于治疗心房纤颤和室上性阵发性心动过速。

洋地黄制剂一般分为两个步骤给药：第一步，于短期内应用足够剂量，使其发挥充分的疗效，此剂量称作全效量或洋地黄化量，达到全效量的指征是心脏情况改善，心率减慢接近正常，尿量增加；第二步，即在达到全效量后，每天再给予一定剂量，补充每天的消耗量以维持疗效，此剂量称作维持量。

全效量的给药方法有以下两种：

① **缓给法** 适用于慢性、病情较轻的动物。将洋地黄全效量分为8剂，每8h内服一剂。首次投药量为全效量的1/3，第二次为全效量的1/6，第三次及以后每次为全效量的1/12。

② **速给法** 适用于急性、病情较重的动物。可静脉注射洋地黄毒苷注射液。首次注射全效量的1/2，以后每隔2h注射全效量的1/10。达到洋地黄化后，每天投予一次维持量（全效量的1/10）。应用维持量的时间长短随病情而定，往往需要维持用药1～2周或更长时间，其量也可按病情作适当调整。

在整个用药过程中，应密切观察症状的变化，以防中毒。2周内用过洋地黄等强心苷的，忌用速给法，更忌用其它快速强心苷类药物静脉注射。

【注意事项】
① 因洋地黄排泄慢，易蓄积中毒。因此用药前应详细询问病史，对2周内未曾用过洋地黄的动物，才能按常规给药。
② 用药期间，不宜合用肾上腺素、麻黄碱及钙剂，以免增强毒性。
③ 禁用于急性心肌炎、心内膜炎、创伤性心包炎以及主动脉瓣闭锁不全等。
④ 洋地黄安全范围窄，易于中毒。胃肠道反应往往是中毒的早期征兆，如食欲减退、腹泻等，在犬等动物可出现恶心、呕吐。此时可减少用量或暂时停药。心脏反应是洋地黄中毒的危险症状，严重时可引起死亡。主要表现为早搏、阵发性心动过速等异位自律点兴奋症状。此时应及时补充钾盐，内服或静脉注射氯化钾（静脉注射须稀释为0.1%～0.3%的浓度）。中毒也可因抑制窦房结而出现窦性心动过缓，此时可皮下注射阿托品。

【制剂、用法与用量】
① 洋地黄片　内服：全效量，每1kg体重，犬30～40mg；维持量，内服全效量的1/10。
② 洋地黄酊　内服：全效量，每1kg体重，犬0.3～0.4mL；维持量，内服全效量的1/10。
③ 洋地黄毒苷（地吉妥辛）注射液　5mL:1mg，10mL:2mg。静脉注射：全效量，每1kg体重，犬0.006～0.012mL；维持量，注射全效量的1/10。

## 地高辛（狄戈辛）

【理化性质】　白色细小片状结晶或结晶性粉末；无臭，味苦。不溶于水和乙醚，微溶于稀醇。

【药理作用】　属中效类强心苷，增强心肌收缩力的作用较洋地黄强而迅速，能显著减缓心率，具有较强的利尿作用。

【临床应用】　常用于各种原因引起的慢性心功能不全、阵发性室上性心动过速、心房颤动等。

【注意事项】　不能以任何方式和任何药物配伍注射，也不能与酸、碱类药物配伍。其它同洋地黄。

【制剂、用法与用量】
① 地高辛片　内服：一次量，每1kg体重，小型犬10μg，大型犬5μg，猫4μg，一日2次。
② 地高辛注射液　2mL:0.5mg。静脉注射：首次量，每1kg体重，犬0.01mg；维持量，犬0.005mg，一日2次。

## 毒毛旋花子苷K（毒毛花苷K）

【理化性质】　白色或微黄色结晶粉末，溶于水和乙醇，内服吸收不良，常用针剂静注。

【药理作用】　本品作用与洋地黄相似，但本品排泄迅速，蓄积作用小，比洋地黄作用快，维持时间短。

【临床应用】　适用于急性心功能不全或慢性心功能不全的急性发作，特别是心衰而心率较慢的危急病例。

【注意事项】　本品虽然蓄积性较小，但用过洋地黄的动物，必须经1～2周后才能应用，否则会增加洋地黄在体内的蓄积，引起中毒。另外，本品口服吸收不佳，皮下注射可引起局部炎症反应，只宜静脉注射。心血管有严重病变、急性心肌炎、细菌性心内膜炎动物忌用。

【制剂、用法与用量】
毒毛花苷K注射液　1mL:0.25mg，2mL:0.5mg。静脉注射：一次量，每1kg体重，犬0.25～0.5mg，猫0.08mg。用葡萄糖溶液或生理盐水稀释10～20倍，缓慢注射，必要时2～4h后以小剂量重复注射1次。

## 福寿草总苷

**【理化性质】** 本品为淡黄色非结晶性粉末,味苦,易溶于水及乙醇。

**【药理作用】** 其强心作用与洋地黄相似。静脉注射作用迅速,10min内即可显效,且较温和而稳定,蓄积作用小,不良反应较少。此外,还有轻度的镇静作用。

**【临床应用】** 适用于急性、慢性心力衰竭、心房颤动、心房扑动及室上性心动过速。

**【注意事项】** 与洋地黄相似。

**【制剂、用法与用量】**

福寿草总苷注射液　1mL:0.25mg,2mL:0.5mg。静脉注射:全效量,犬 0.25~0.5mg。用5％葡萄糖注射液稀释10~20倍,分3~4次,间隔6~12h缓慢注入;维持量,犬 0.1~0.15mg,一日1次。

## 二、非苷类正性肌力药

非苷类正性肌力药是一类在化学结构上既不是强心苷类,也不属儿茶酚胺类的正性肌力药,具有增强心肌收缩力以及直接扩张血管的作用。在增加心肌收缩力的同时,并不增加心肌耗氧量;其作用也不被β受体阻滞剂所对抗,与体内儿茶酚胺的储量无关;该类药物作用并不激活心肌细胞膜的腺苷酸环化酶。

## 氨力农（氨吡酮，氨双吡酮，氨利酮）

**【理化性质】** 本品为白色结晶,不溶于水,易溶于酸性水溶液。

**【药理作用】** 本品是一种新型的非苷、非儿茶酚胺类的强心药,口服和静脉注射都有效。其作用机制主要是通过抑制磷酸二酯酶而增加环磷酸腺苷(cAMP)的浓度,使细胞内钙浓度增高,从而增强心肌收缩力。血管扩张作用可能是直接松弛血管平滑肌的结果。加强心肌收缩和舒张血管的双重作用,能增加心排血量,降低心脏前、后负荷,降低左心室充盈压,改善左心室功能,增加心脏指数,但并不引起心律失常,还可使房室结功能和传导功能增强。

**【临床应用】** 适用于治疗各种原因引起的急、慢性心力衰竭。由于本品小剂量就有正性肌力作用,故可将小剂量氨力农与血管扩张剂合用,以治疗心力衰竭,效果较好。

**【注意事项】**

① 有严重主动脉或肺动脉瓣膜疾病的动物禁用。

② 长期大剂量用本药,可出现血小板减少症,减量或停药后即可好转。

**【制剂、用法与用量】**

① 氨力农片　内服:一次量,每1kg体重,犬 2~10mg。

② 氨力农注射液　2mL:50mg,2mL:100mg。静脉注射:一次量,每1kg体重,犬 1~10mg。

## 米力农（甲腈吡酮，米利酮）

**【药理作用】** 系氨力农的同系物,兼有正性肌力作用和血管扩张作用。但是其作用较强,为氨力农的10~30倍,且无减少血小板的作用。犬内服本品在30min内生效,1~2.5h达最大效应,作用可维持6h。其增加心脏指数优于氨力农,对动脉压和心率无明显影响。

**【临床应用】** 适用于急、慢性充血性心力衰竭。

**【注意事项】**

① 心肌梗死急性期禁用。

② 肾功能不全的患病动物应减量。

③ 过量时可导致动物血压下降,心动过速。

**【制剂、用法与用量】**

米力农片　内服：一次量，每 1kg 体重，犬 0.5~1mg，一日 2 次。

## 匹莫苯丹（匹莫苯）

【药理作用】系苯并咪唑-哒嗪酮的衍生物。本品主要增加肌纤维对 $Ca^{2+}$ 的敏感性而表现强而持久的正性肌力作用；同时能选择性抑制细胞内磷酸二酯酶Ⅲ的活性，使细胞内 cAMP 水平增加，从而使跨膜钙内流增加，促进去极化后细胞内结合位置的钙释放，以使心肌收缩力增强和血管扩张。

【临床应用】适用于房室瓣膜关闭不全或心肌肥大引起的中、轻度充血性心力衰竭。临床上常与利尿剂配合使用。

【注意事项】
① 只适用于治疗有临床心力衰竭症状的犬。
② 长期服用可见食欲不振、昏睡、腹泻、共济失调症状。
③ 肥大性心肌病、急性心肌梗死、严重心律失常患犬慎用。

【制剂、用法与用量】
① 匹莫苯丹胶囊 2.5mg，5mg。内服：一次量，每 1kg 体重，犬 0.3~0.5mg。
② 匹莫苯丹片 5mg。内服：一次量，每 1kg 体重，犬 0.3~0.5mg。

## 三、抗心律失常药

在正常情况下，心脏的冲动来自窦房结，依次经心房、房室结、房室束及浦氏纤维，最后传至心室肌，引起心脏节律性收缩。在病理状态时或在药物的影响下，心脏冲动的形成失常，或传导发生障碍，或不应期异常，产生心律失常，如窦性心律过速、过早搏动、心房扑动、心房颤动等。

## 硫酸奎尼丁

【理化性质】本品为白色细针状结晶；无臭，味极苦，遇光颜色逐渐变暗。略溶于水，易溶于沸水或乙醇，水溶液呈中性或碱性反应。

【药理作用】本品对大多数房性和室性心律失常均有效，为广谱抗心律失常药。其治疗浓度可抑制异位节律点的自律性，而对窦房结的自律性无明显影响。本品又能减慢传导速度，延长心肌的有效不应期。

【临床应用】临床可消除异位节律，治疗早搏；治疗心房颤动，以恢复窦性节律；也可治疗阵发性室上性心动过速。

【注意事项】
① 犬服用本品后可出现厌食、呕吐和腹泻等胃肠道反应，以及出现衰弱、低血压和负性心力作用。
② 犬服用本品后出现兴奋、出汗、肌颤、共济失调等，是血管性虚脱的先兆。
③ 出现充血性心力衰竭，可静脉注射洋地黄制剂。

【制剂、用法与用量】
硫酸奎尼丁片　内服：一次量，每 1kg 体重，犬 6~16mg，猫 4~8mg，一日 3~4 次。

## 普鲁卡因胺

【理化性质】常用其盐酸盐。为白色或淡黄色结晶性粉末，无臭，有吸湿性。在水中易溶，在乙醇中溶解，在氯仿中微溶，在乙醚中极微溶解。

【药理作用】 能延长心房的不应期,降低房室的传导性及心肌的自律性。但对心肌收缩力的抑制较奎尼丁弱。

【临床应用】 适用于阵发性心动过速、频发早搏、心房颤动和心房扑动,常与奎尼丁交替使用。

【注意事项】 静脉注射速度过快可引起血压显著下降,故最好能监测心电图和血压。肾衰动物应适当减小剂量。

【制剂、用法与用量】
① 普鲁卡因胺片 内服:一次量,每1kg体重,犬8~20mg,一日4次。
② 普鲁卡因胺注射液 1mL:0.1g,2mL:0.2g,5mL:0.5g,10mL:1g。静脉注射:一次量,每1kg体重,犬6~8mg,在5min内注完,然后改为肌内注射,每1kg体重,6~20mg,一日3~4次。

## 四、降血压药

高血压按发病原因可分为原发性高血压和继发性高血压。原发性高血压是在各种因素影响下,血压调节功能失调所致;继发性高血压,其血压的升高是某些疾病的表现,如继发于肾动脉狭窄、肾实质病变、嗜铬细胞瘤、妊娠等。合理应用抗高血压药物,能控制血压并减少或防止心、脑、肾等并发症,包括心衰、猝死等,从而降低发病率及死亡率,延长寿命。

血压的生理调节极为复杂,在众多神经、体液调节机制中,交感神经系统、肾素-血管紧张素-醛固酮系统及内皮系统起着重要作用,许多抗高血压药物往往通过影响这些系统而发挥降压效应。

### 1. 扩张血管药

#### 肼屈嗪(肼苯哒嗪)

【理化性质】 常用其盐酸盐。白色或淡黄色结晶性粉末;无臭。在水中溶解,在乙醇中微溶,在乙醚中极微溶解。

【药理作用】 具有中等强度的降血压作用,其特点为:舒张压下降较为显著,并能增加肾血流量。用药后30~40min显效,主要扩张小动脉,对静脉作用小,使周围血管阻力降低,心率加快,心脏每搏量和心排血量增加。长期使用可致肾素分泌增加,醛固酮增加,水钠潴留而降低效果。

【临床应用】 常与氢氯噻嗪、利血平、胍乙啶等药物合用治疗肾型高血压或舒张压较高患病犬、猫。

【注意事项】
① 服用后可出现耐药性及恶心等不良反应。
② 本药长期大剂量使用,可引起类风湿性关节炎。
③ 心动过速或心功能不全犬、猫慎用。

【制剂、用法与用量】
① 肼屈嗪片 内服:一次量,每1kg体重,犬0.5mg,猫2.5mg,一日2次,连用2~3d。
② 肼屈嗪注射液 1mL:20mg。皮下或肌内注射:一次量,每1kg体重,犬0.5~2mg,一日2次,连用2~3d。

#### 硝普钠

【理化性质】 本品为红棕色粉末或结晶;无臭或几乎无臭。在水中极易溶解,在乙醇中微溶。

【药理作用】 属硝基扩张血管药,口服不吸收,需静脉滴注给药,起效快,约1min,

停药 5min 内血压回升。其作用机理为增加血管平滑肌细胞内环磷酸腺苷水平而扩张血管。

【临床应用】 用于高血压危象，特别对伴有急性心肌梗死或左室功能衰竭的严重高血压的患病犬、猫。

【注意事项】
① 本药遇光易破坏，故滴注的药液应新鲜配制和避光。
② 不良反应有呕吐、出汗、头痛、心悸，均是过度降压所引起。因此，需通过调整滴注速度来维持血压至所需水平。

【制剂、用法与用量】
注射用硝普钠　静脉注射：一次量，犬 0.5～5mg，猫 0.2～1mg，一日 2 次，连用 2～3d。临用前以 5% 葡萄糖溶液 2～3mL 溶解后再用同一溶液稀释至所需浓度，缓慢静脉注射。

### 2. α 受体阻断药

#### 酚苄明

【理化性质】 常用其盐酸盐。为白色或者类白色结晶性粉末；无臭，几乎无味。在乙醇或氯仿中易溶，在水中极微溶解。

【药理作用】 为 $α_1$、$α_2$ 阻断剂，有血管舒张作用，用药 1 次可持续 3～4 日。

【临床应用】 用于外周血管痉挛性疾病，也可用于休克和嗜铬细胞瘤的治疗。

【注意事项】
① 易引起体位性低血压，心悸和鼻塞等不良反应，临床应用时注意。
② 口服可致恶心、呕吐及疲乏等。
③ 静脉注射或用于休克时必须缓慢，充分补液和密切监护。

【制剂、用法与用量】
盐酸酚苄明片　内服：一次量，犬 0.5～3mg，猫 0.2～1mg，一日 2 次，连用 2～3d。

### 3. 血管紧张素转化酶抑制剂

#### 贝那普利

【理化性质】常用其盐酸盐。为白色或类白色结晶性粉末；无臭。在乙醇中易溶，在水中极微溶解。

【药理作用】
① 降压　本品在肝内水解为贝那普利拉，成为一种竞争性血管紧张素转换酶抑制剂，使血管紧张素Ⅰ不能转换为血管紧张素Ⅱ，结果血浆肾素活性增高，醛固酮分泌减少，血管阻力降低。贝那普利还干扰缓激肽的降解，同样使血管阻力降低。本品虽被认为主要通过抑制肾素—血管紧张素—醛固酮系统而降低血压，但对低肾素活性的高血压也有效。
② 减低心脏负荷　心力衰竭时本品扩张动脉与静脉，降低周围血管阻力或后负荷，减低肺毛细血管嵌压或前负荷，也降低肺血管阻力，从而改善心脏排血量，使运动耐量时间延长。

【临床应用】
① 用于治疗高血压，可单独应用或与其他利尿剂合用。
② 用于治疗心力衰竭，可单独应用或与强心药合用

【注意事项】
① 不良反应较少，少数病犬、猫出现干咳、头痛、腹泻、皮疹、味觉消失、蛋白尿、血管神经性水肿等。
② 肾动脉狭窄及怀孕期犬、猫慎用。

**【制剂、用法与用量】**
盐酸贝那普利片 内服：一次量，犬 0.5～5mg，猫 0.2～2mg，一日 1 次，连用 2～3d。

## 第二节 止血药与抗凝血药

### 一、简介

止血药是指能加速血液凝固或抑制血凝块溶解，或影响小血管壁功能，降低毛细血管通透性，加强其收缩功能而制止出血的药物，主要用于治疗各种出血。抗凝血药是指通过干扰凝血过程中某些环节而延缓血液凝固时间或防止血栓形成的药物。

凝血过程是一个复杂的生化反应过程，它的重要环节首先是形成凝血酶原激活物——凝血活素，促使凝血酶原转变为凝血酶；在凝血酶的催化下，将纤维蛋白原转变为密集的纤维蛋白丝网，网罗血小板和血细胞，形成血凝块，堵住创口，制止出血。

正常血液中还存在着纤维蛋白溶解系统，简称纤溶系统。其主要包括纤维蛋白溶酶原（纤溶酶原）及其激活因子，能使血液中形成的少量纤维蛋白再溶解。机体内的凝血和抗凝之间相互作用，保持着动态平衡。

### 二、常用药物

#### 1. 止血药

按照临床应用可将止血药分为全身性止血药和局部性止血药两类。根据全身性止血药的作用机理，可将其分为三类：第一类是通过促进各类凝血因子活性，加速血液凝固过程而发挥作用的药物，如酚磺乙胺、亚硫酸氢钠甲萘醌；第二类是通过抑制纤维蛋白溶解过程而发挥作用的药物，如 6-氨基己酸、凝血酸等；第三类是通过改善血管壁的正常结构，加强其收缩功能，维持其完整性而发挥促凝作用的药物，如安络血。

#### 明 胶 海 绵

**【理化性质】** 本品为白色或微黄色质轻软而多孔的海绵状物品，具有吸水性强、在水中不溶、在胃蛋白酶溶液中能完全被消化的特点。

**【药理作用】** 本品多孔且表面粗糙，敷于出血部位，可形成良好的凝血环境，血液流入其中，血小板被破坏，可促进血浆凝血因子的激活，加速血液凝固。

**【临床应用】** 临床上用于外伤及各种外科手术的止血。在止血部位经 4～6 周即可完全被吸收。

**【注意事项】** 本品系灭菌制剂，在使用过程中要求无菌操作。打开包装后不宜再行消毒，以免延长明胶海绵被组织吸收的时间。

**【制剂、用法与用量】**
吸收性明胶海绵 可按出血创面的面积，将本品切成所需大小，轻揉后敷于创口渗血区，再用纱布按压即可止血。

#### 氧化纤维素（止血纤维素）

**【理化性质】** 本品属于局部性止血药，外观为白色或乳白色纤维状物或其纺织物。味酸，略有焦臭，不溶于水及酸，溶于稀碱。

**【药理作用】** 作用机理与明胶海绵相同。

【临床应用】 使用时以无菌操作法敷于出血处，本品可被组织吸收，不必取出。

## 淀粉海绵

【理化性质】 本品外观为白色多孔海绵状物，不溶于水。

【药理作用】 其作用原理与明胶海绵相同，用于局部止血。由于质地较硬脆，在软的脑组织上使用时不能施压，故不适用于脑部止血。

【临床应用】 临用时，以灭菌生理盐水浸软后，取出，挤去水分，敷于出血处。

另外，0.1%盐酸肾上腺素溶液、5%明矾溶液、5%～10%鞣酸溶液等也常用作局部止血药。

## 酚磺乙胺（止血敏）

【理化性质】 本品为白色粉末，水中易溶，乙醇中溶解。有吸湿性。遇光易变质，应遮光、密封保存。

【药理作用】 能促进血小板增生，促使凝血活性物质及血小板释放，增强血小板机能及血小板黏合力，缩短凝血时间，加速凝血块收缩；还能增强毛细血管的抵抗力，减少毛细血管壁通透性，从而发挥止血效果。止血作用迅速，毒性低，无副作用。

【临床应用】 适用于各种出血，如手术前后预防出血及止血、鼻出血、消化道出血、膀胱出血、子宫出血等，也可与其它止血药合用。

【制剂、用法与用量】

酚磺乙胺注射液 2mL:0.25g，10mL:1.25g。肌内或静脉注射：一次量，每1kg体重，犬2～4mL，猫1～2mL。如用于一般出血性疾病，每日给药2～3次；如为减少手术出血，可于手术前15～30h注射。必要时可每隔2h注射1次，也可与维生素$K_3$或6-氨基己酸等配合应用。

## 维生素K

【理化性质】 由苜蓿叶中提取的称维生素$K_1$；由腐败鱼粉中提取的称维生素$K_2$，它是细菌的代谢产物，动物胃肠道细菌也能合成。维生素$K_1$、维生素$K_2$都是结构比较复杂的萘醌类。亚硫酸氢钠甲萘醌称维生素$K_3$，乙酰甲萘醌称维生素$K_4$。后两者是人工合成的结构简单的萘醌类。宠物临床上常用的是维生素$K_1$与$K_3$，外观为白色结晶性粉末，无臭或微有特臭，有吸湿性，遇光分解。易溶于水，微溶于乙醇。应遮光、密封保存。

【药理作用】 天然维生素K（$K_1$，$K_2$）为脂溶性，需要胆汁协助吸收，作用较强且持久。合成维生素K（$K_3$，$K_4$）为水溶性，不需要胆汁协助即可吸收，作用较弱。

维生素K的主要作用是促进肝脏合成凝血酶原，并能促进血浆凝血因子Ⅶ、Ⅸ、Ⅹ在肝脏内合成。如维生素K缺乏，则肝脏合成凝血酶原和上述凝血因子的机制发生障碍，引起凝血时间延长，容易发生出血不止现象。

【临床应用】 临床上用于毛细血管性及实质性出血，如胃肠、子宫、鼻及肺出血，抗凝血性杀鼠药中毒、磺胺喹噁啉中毒等；患阻塞性黄疸及急性肝炎时，凝血酶原合成障碍。长期内服肠道广谱抗菌药的宠物，在其它出血性疾患对因治疗的同时，可用本品作辅助治疗。

【注意事项】

① 天然的维生素$K_1$和$K_2$无毒性，人工合成的维生素$K_3$和$K_4$则具有刺激性，长期应用可刺激肾脏而引起蛋白尿，还能引起溶血性贫血和肝细胞损害。

② 本品用生理盐水稀释后，宜缓慢进行静脉注射，成年犬、猫不超过10mg/min，幼龄

犬、猫不超过 5mg/min。

③ 巴比妥类药物可使维生素 $K_3$ 加速代谢；庆大霉素、林可霉素可使维生素 K 对低凝血酶原症的治疗无效；另外也不能与维生素 C、维生素 $B_{12}$、苯妥英钠配伍应用。

④ 临产犬、猫大剂量应用可使新生仔犬、猫出现溶血、黄疸和胆红素血症。

⑤ 肝功能不良的患病犬、猫应改用维生素 $K_1$。

【制剂、用法与用量】

① 维生素 $K_1$ 注射液　1mL:10mg。皮下、肌内或静脉注射：一次量，每 1kg 体重，犬、猫 0.5～2mg。

② 维生素 $K_3$ 注射液　1mL:4mg，10mL:40mg。肌内注射：一次量，犬 10～30mg，猫 1～5mg，一日 2～3 次。

## 6-氨基己酸（氨己酸）

【理化性质】　本品为白色或黄白色结晶性粉末；无臭，味苦。能溶于水，其 3.52% 水溶液为等渗溶液。应遮光、密封保存。

【药理作用】　低浓度时能抑制纤维蛋白溶酶原的激活因子，从而减少纤维蛋白的溶解，达到止血目的；高浓度时还可直接抑制纤维蛋白溶酶的活性。

【临床应用】　适用于纤维蛋白溶解症所致的出血，如外科大型手术出血、肺出血、子宫出血及消化道出血等。

【注意事项】

① 对一般出血不宜使用。

② 对泌尿系统手术后的血尿，因易发生血凝块阻塞尿道，故不宜使用。

【制剂、用法与用量】

6-氨基己酸注射液　10mL:1g。静脉注射：首次量，犬 4～6g，加于 100～200mL 生理盐水或葡萄糖溶液中；维持量，犬 1～1.5g，一日 2 次。

## 氨甲苯酸（对羧基苄胺）

【理化性质】　本品为白色结晶性粉末，无臭，味微苦，有吸湿性，溶于水。

【药理作用】　属于抗纤维蛋白溶解药。止血机理与 6-氨基己酸相同，但没有 6-氨基己酸易于排泄的特点。止血效力较 6-氨基己酸强 4～5 倍。毒性低，副作用小。

【临床应用】　对一般渗血疗效较好，对严重出血则无止血作用。

【注意事项】　同 6-氨基己酸。

【制剂、用法与用量】

氨甲苯酸注射液　10mL:0.1g。静脉注射：一次量，犬 0.1～0.3g。临用前与葡萄糖溶液或生理盐水混合后缓慢注入。

## 安特诺新（安络血，肾上腺色腙，卡巴克洛）

【理化性质】　本品是肾上腺色素缩胺脲与水杨酸钠的复合物，为橙红色粉末。易溶于水及乙醇。遇光易变质。应遮光、密闭保存。

【药理作用】　没有拟肾上腺素样作用，对机体的血压和心率无影响，但它可以促进断裂的毛细血管断端回缩；增加毛细血管壁的抵抗力，增强毛细血管壁的弹力，并降低其通透性，减少血液渗出。

【临床应用】　常用于因毛细血管损伤或通透性增高引起的出血，如衄血、肺出血、血尿、产后出血、手术后出血等。

【注意事项】

① 本品注射液禁与青霉素 G、脑垂体后叶素混合使用；抗组胺药和抗胆碱药可抑制本品的止血作用，合用时应间隔 48h，否则应将本品的首次用量增加。

② 本品不影响凝血过程，对大出血、动脉出血疗效较差。

【制剂、用法与用量】

① 安特诺新注射液　2mL:10mg，5mL:25mg。肌内注射：一次量，犬 2~4mL，一日 2~3 次。

② 安特诺新片　2.5mg，5mg。内服：一次量，犬 5~10mg，一日 2~3 次。

## 凝血质（凝血活素）

【理化性质】　本品为淡黄色软脂状块或粉末，易溶于醚，与水能形成胶状混悬液。应遮光、密闭保存。

【药理作用】　能促进凝血酶原转变为凝血酶，加速纤维蛋白原转变为纤维蛋白，因而加速血液凝固过程。

【临床应用】　外用治疗创伤或外科手术的出血，可用灭菌纱布或脱脂棉浸润凝血质注射液，敷于局部出血处。内用可治疗鼻出血、肺出血、便血、尿血等。

【注意事项】　禁止静脉注射，以免引起血管栓塞。

【制剂、用法与用量】

凝血质注射液　2mL:15mg，20mL:150mg。皮下或肌内注射：一次量，犬 5~10mL。如有沉淀，可放入 60℃水中温热 5min，摇匀后使用。

**2. 抗凝血药**

抗凝血药物分为体外抗凝血药物和体内抗凝血药物。如在输血或血样检验时，为了防止血液在体外凝固，须加入抗凝剂，称为体外抗凝。当手术后或患有形成血栓倾向的疾病时，为防止血栓形成和扩大，向体内注射抗凝剂，称为体内抗凝。常用的抗凝血药物有枸橼酸钠、肝素、草酸钠、依地酸二钠等。

## 枸橼酸钠（柠檬酸钠）

【理化性质】　无色或白色结晶粉末；味咸。易溶于水，难溶于醇。在湿空气中微有潮解性，在热空气中有风化性。

【药理作用】　钙离子参与凝血过程的每一个步骤，缺乏钙离子时，血液便不能凝固。枸橼酸钠能与血浆中钙离子形成难解离的可溶性复合物，使血浆钙离子浓度迅速降低而使血液凝固受阻。

【临床应用】　本品主要用于体外抗凝血，如输血或化验室血样抗凝时，常配成 2.5%~4% 灭菌溶液，每 100mL 全血中加入 10mL。采用静脉滴注输血时，所含枸橼酸钠并不引起血钙过低反应，因为枸橼酸钠在体内易氧化，机体氧化速度已接近其输入速度。

【注意事项】

① 输血时，若枸橼酸钠用量过大，可引起血钙降低，导致心功能不全，遇此情况，可静脉注射钙剂以防止低血钙症。

② 枸橼酸钠碱性较强，不适于血液生化检查。

【制剂、用法与用量】

枸橼酸钠注射液　10mL:0.25g。外用：体外抗凝，每 100mL 血液加入 10mL 本品。

## 肝素（肝素钠）

【理化性质】 本品是从牛、猪、羊的肝脏和肺中提取的一种含黏多糖的硫酸酯。白色无定形粉末；无味，有吸湿性。易溶于水，不溶于乙醇、丙酮等有机溶剂。

【药理作用】 本品作用于内源性和外源性凝血途径的凝血因子，在体内、体外都有抗凝血作用。肝素的作用机理是在较低浓度时对抗凝血活素，阻碍凝血酶原转变为凝血酶；高浓度时可抑制凝血酶的活性，阻碍纤维蛋白原转变为纤维蛋白；阻止血小板的凝集和裂解。因此，肝素影响血液凝固过程的各个环节，最终使纤维蛋白不能形成。

【临床应用】
① 作为体外抗凝剂，用于输血和血样保存。
② 作为体内抗凝剂，防治血栓栓塞性疾病。如犬、猫的弥散性血管内凝血、肾病综合征、心肌疾病等。

【注意事项】
① 肝素口服无效，需进行注射给药。由于其在体内半衰期较短，每次用药仅维持 4～6h。用药时防止过量而引起自发性出血。
② 本品刺激性强，肌内注射可形成高度血肿，应酌情加入 2% 盐酸普鲁卡因。
③ 快速给药时可引起血管扩张和动脉压下降。
④ 禁用于出血性素质和血液凝固延缓的各种疾病，如肝功能不全、肾功能不全等。
⑤ 禁止与阿米卡星、庆大霉素、卡那霉素、青霉素、链霉素等抗生素及麻醉性镇痛药、氢化可的松等配伍使用。

【制剂、用法与用量】
肝素钠注射液 2mL:1000U，2mL:5000U，2mL:12500U。肌内或静脉注射：一次量，每 1kg 体重，犬 150～250U，猫 250～375U。
用于体外抗凝，每 500mL 血液用肝素钠 100U。用于实验室血样，每 1mL 血样加肝素钠 10U。

## 藻酸双酯钠

【理化性质】 本品是以海藻为基础原料提取的，属多糖类化合物。白色或类白色冻干块状物或粉末。

【药理作用】 本品能降低血液黏度，扩张血管，改善微循环并能使凝血酶失活，具有抗凝血和降血脂作用。

【临床应用】 用于体内抗凝，防止血栓栓塞性疾病。

【注意事项】
① 肝、肾功能不全犬、猫禁用。
② 不用于静脉推注和肌内注射。

【制剂、用法与用量】
① 藻酸双酯钠片 50mg。内服：一次量，犬 30～50mg。
② 藻酸双酯钠注射液 2mL:100mg。静脉注射：一次量，每 1kg 体重，犬、猫 1～2mg，一日 1 次。

## 华法林钠（苄丙酮香豆素钠）

【理化性质】 为白色结晶性粉末；无臭，味微苦。极易溶于水，易溶于乙醇，几乎不溶于氯仿和乙醚。

【药理作用】 本品为维生素K拮抗剂，可抑制肝合成凝血因子Ⅱ、Ⅶ、Ⅸ、Ⅹ。内服后2～7d起效，与肝素不同，在体外无抗凝作用。本品能透过胎盘屏障，不通过乳汁。

【临床应用】 临床上用于长期治疗或预防血栓性疾病。

【注意事项】
① 因乙酰水杨酸、保泰松、羟基保泰松、水合氯醛、奎尼丁、蛋白同化激素、四环素类、磺胺类等药物能增强本品的抗凝血作用，从而增加出血倾向，故禁止合并使用。
② 因苯巴比妥、格鲁米特和苯妥英钠能加速本品的代谢，减弱其抗凝血作用，因此合并使用时应谨慎。
③ 维生素K对本品过量引起的出血有特效。

【制剂、用法与用量】
华法林片 2.5mg。内服：一次量，每1kg体重，犬、猫1mg，一日2～3次。

## 双香豆素

【理化性质】 为白色或乳黄色结晶性粉末；微有香气，味稍苦。在水中几乎不溶，在强碱溶液中易溶，可形成可溶性盐。

【药理作用】 为口服抗凝药，在体外无效。抗凝作用及注意事项同华法林，与肝素相比，其作用特点是缓慢、持久。内服后约经1～2d才能发挥作用，一次用药后可维持4d左右。

【临床应用】 主要用于预防与治疗血管内栓塞、术后血栓性静脉炎等。

【制剂、用法与用量】
双香豆素片 50mg。内服：首次给药，每1kg体重，犬、猫1～2mg；维持量，每1kg体重，犬、猫0.5～1mg，一日2次。

## 第三节 抗贫血药

### 一、概念

贫血是指循环血液中红细胞数或血红蛋白量低于正常值的病理状态。而抗贫血药是指能增强机体造血机能、补充造血必需物质、改善贫血状态的药物，或称补血药。

### 二、分类

临床上常按其病因和发病机理，分为出血性贫血、营养性贫血（包括缺铁所致的低色素性小红细胞性贫血和缺乏维生素$B_{12}$或叶酸所致的巨幼红细胞性贫血）、溶血性贫血及再生障碍性贫血。出血性贫血在治疗时以输血、扩充血容量为主，辅助给予造血物质。营养性贫血多是由于造血物质丢失过多，或造血物质摄入量不足引起，如寄生虫引起的慢性贫血、缺铁性贫血、缺乏维生素$B_{12}$或叶酸所造成的巨幼红细胞性贫血等；在治疗时除消除病因外，还需要补充铁、铜、维生素$B_{12}$及叶酸等造血物质。溶血性贫血多因细菌毒素、蛇毒、化学毒物中毒及附红细胞体、血孢子虫感染和异型输血等导致体内红细胞大量崩解，超过机体造血代偿能力；治疗时以除去病因为主，再补充造血物质，以促进红细胞生成。再生障碍性贫血是因机体受到外界物理（X射线的过量照射）、化学因素（苯、重金属等）刺激或骨髓造血机能受到损害，所引起的红细胞、白细胞及血小板减少症；治疗较为困难，在除去病因的同时可输血，并采用中西医结合的综合治疗手段，也可试用氯化钴、皮质激素、同化激素

（如苯丙酸诺龙）等治疗。

## 三、常用药物

### 铁 制 剂

临床常用的有硫酸亚铁、葡萄糖铁和葡聚糖铁钴注射液等。

【药理作用】 铁是血红蛋白构成的必需物质，同时也是肌红蛋白、细胞色素、血红素酶和金属黄素蛋白的重要成分。一般情况下，动物每日因体内代谢而损失的铁可完全由饲料中含有的铁补充而维持体内铁的平衡。但吮乳期或生长期幼龄宠物、妊娠期或泌乳期宠物因需铁量增加而摄入量不足；胃酸缺乏、慢性腹泻等而致肠道吸收铁的功能减退；慢性失血使体内贮铁耗竭；急性大出血后恢复期，铁作为造血原料需要增加时，都必须补铁。

【临床应用】 铁制剂主要用于缺铁性贫血的治疗和预防。

【注意事项】

① 对胃肠道黏膜有刺激性，大量内服可引起肠坏死、出血，严重时可致休克。

② 铁与肠道内硫化氢结合，生成硫化铁，使硫化氢减少，对肠蠕动的刺激作用降低，可导致便秘，并排黑粪。

③ 含钙、磷酸盐、鞣酸以及抗酸药均可使铁盐沉淀，妨碍铁的吸收。

④ 本品可与四环素类抗生素形成络合物，互相妨碍吸收。

⑤ 禁用于消化道溃疡、肠炎等动物。

【制剂、用法与用量】

① 硫酸亚铁片 内服：一次量，犬 $0.05\sim0.5g$，猫 $0.05\sim0.1g$。

② 葡聚糖铁钴注射液 $2mL:0.2g$（Fe），$10mL:1g$（Fe）。肌内注射：一次量，犬 $10\sim50mg$。

③ 右旋糖酐铁注射液 肌内注射：一次量，每 1kg 体重，犬 $10\sim20mg$，猫 $50mg$。

### 维生素 $B_{12}$

【理化性质】 维生素 $B_{12}$ 是一类含钴的化合物，在动物体内有多种形式，如氰钴胺、羟钴胺、甲基钴胺等。通常药用的是氰钴胺，含钴 4.5%，为深红色结晶或结晶性粉末，无臭，无味，吸湿性强，在水或乙醇中略溶。

【药理作用】 维生素 $B_{12}$ 具有广泛的生理作用。参与机体的蛋白质、脂肪和糖类代谢，帮助叶酸循环利用，促进核酸的合成，为动物生长发育、造血、上皮细胞生长及维持神经髓鞘脂蛋白的合成和保持其功能完整性所必需的物质。维生素 $B_{12}$ 的缺乏可引起巨幼红细胞性贫血，生长发育障碍等。

【临床应用】 主要用于治疗维生素 $B_{12}$ 缺乏所致的贫血，如巨幼红细胞性贫血；也可用于神经炎、神经萎缩、再生障碍性贫血、放射病、肝炎等的辅助治疗。

【制剂、用法与用量】

维生素 $B_{12}$ 注射液 $1mL:0.1mg$，$1mL:0.5mg$，$1mL:1mg$。肌内注射：一次量，犬、猫 $0.1mg$。一日 1 次或隔日 1 次，连用 $7\sim10d$。

### 叶 酸

【理化性质】 叶酸广泛存在于酵母、绿叶蔬菜、豆饼、苜蓿粉、麸皮、籽实类中。动物内脏、肌肉、蛋类中含量较多。药用叶酸多为人工合成品。橙黄色结晶粉，极难溶于水，遇光失效。应遮光、密封保存。

【药理作用】 叶酸在体内以四氢叶酸形式参与一碳基团的代谢，它与某些氨基酸的互变及嘌呤、嘧啶的合成密切相关。当叶酸缺乏时，血细胞成熟、分裂停滞，造成巨幼红细胞性贫血和白细胞减少。

【临床应用】 主要用于防治叶酸缺乏症。

【制剂、用法与用量】

叶酸片 5mg。内服：一次量，犬、猫2.5～5 mg。

---

**案例分析**

【基本情况】 京巴犬：3岁，母，体重4kg。主诉：3周前曾发生链球菌感染，病愈后出现食欲减退、倦怠、夜间剧烈咳嗽等表现。

【临床检查】 该犬在静息状态无明显异常，运动后出现精神委顿、呼吸困难、咳嗽症状。肺部听诊有捻发音，叩诊呈浊音；心脏听诊可见心音弱、心律不齐。初步诊断为细菌性感染后继发心肌炎。

【治疗方案】 头孢唑啉钠0.3g，5%葡萄糖100mL，混合静脉注射，连用1～2周；呋塞米10mg，奎尼丁50mg，分别内服，一日3次，连用3日；5%葡萄糖100mL加入维生素C 300mg，维生素$B_1$ 2mL、ATP、COA各1支混合一次静脉注射。

【疗效评价】 以足够剂量及疗程的抗菌药（头孢唑啉钠）控制脓毒败血症；奎尼丁防止心脏衰竭并抗心律失常；呋塞米缓解肺水肿引起的呼吸困难；维生素C、维生素$B_1$、ATP、辅酶A改善心肌代谢，修复损伤心肌。

---

【复习思考题】

1. 强心类药物根据其作用特点可分为哪几类？强心苷的作用特点是什么？
2. 全身止血药主要有哪几类？作用特点如何？
3. 抗凝血药有哪些临床应用？

# 第十一章 利尿药与脱水药

## 第一节 利 尿 药

凡能作用于肾脏，促进电解质和水的排泄，增加尿量的药物称为利尿药。

利尿药用于治疗各种水肿或积水，也用于促进体内毒物和尿道上部结石的排出。按其作用强度和作用部位一般分为三类：高效利尿药（呋塞米、利尿酸等）、中效利尿药（氢氯噻嗪、氯噻酮等）和低效利尿药（螺内酯、氨苯蝶啶等）。部分中草药也有利尿作用，效果温和，副作用小，如车前子、茯苓、泽泻、猪苓等。

### 呋塞米（速尿、呋喃苯胺酸）

【理化性质】 为白色或类白色结晶性粉末；无臭，无味。水中不溶，乙醇中略溶。应遮光、密封保存。

【药理作用】 主要作用于髓袢升支的髓质部和皮质部，抑制 $Cl^-$ 的重吸收，通过离子作用相应减少 $Na^+$、$K^+$ 重吸收。伴随 $Cl^-$、$Na^+$、$K^+$ 的排出，带走大量水分，因此产生强大的利尿作用。静脉注射后 1h 发挥最大药效，药效可维持 4~6h。另外，速尿还可增加尿中 $Ca^{2+}$、$Mg^{2+}$ 的排出量。

【临床应用】 用于各种原因引起的水肿，尤其对肺水肿疗效较好，并能促进尿道上部结石的排出。另外，在其它利尿剂无效时，本品仍可发挥利尿作用。

【注意事项】

① 在其它利尿剂有效时尽量不使用速尿。

② 切忌反复使用，易造成机体脱水、低钾与低氯血症，要严格掌握剂量及给药次数，并注意补钾。

③ 禁与洋地黄、氨基糖苷类药物配伍。

【制剂、用法与用量】

① 呋塞米片 20mg，50mg。内服：一次量，每 1kg 体重，犬、猫 2.5~5mg。一日 2 次，连用 3~5d，停药 2~4d 后可重复使用。

② 呋塞米注射液 2mL:0.02g，10mL:0.1g。肌内或静脉注射：一次量，每 1kg 体重，犬、猫 1~5mg，一日 1 次或隔日 1 次，连用 3d。

### 氢氯噻嗪（双氢克尿噻、双氢氯尿噻）

【理化性质】 为白色结晶性粉末；无臭，味微苦。不溶于水，微溶于乙醇，在氢氧化钠溶液中溶解。应遮光、密封保存。

【药理作用】 抑制髓袢升支皮质部和远曲小管近端对 $Na^+$ 的主动重吸收，通过离子作用，相应地使 $Cl^-$ 重吸收减少，通过晶体渗透压的作用带出大量水分，产生较强的利尿作用。

【临床应用】

① 用于各种类型的水肿，对心性水肿效果较好，是中度、轻度心性水肿的首选药。
② 用于胸、腹部炎性肿胀及某些急性中毒病的辅助治疗。

【注意事项】
① 长期大量用药，易引起低血钾，应配合氯化钾使用。
② 禁与洋地黄配伍。

【制剂、用法与用量】
① 氢氯噻嗪片　25mg，250mg。内服：一次量，每1kg体重，犬、猫3～4mg，一日2次，连用3d。
② 氢氯噻嗪注射液　5mL:0.125g，10mL:0.25g。肌内或静脉注射：一次量，每1kg体重，犬10～25mg，一日1次，连用3d。

## 螺内酯（安体舒通）

【理化性质】　为淡黄色粉末；味稍苦。可溶于水和乙醇。

【药理作用】　本品是醛固酮的拮抗剂。主要影响远曲小管与集合管的 $K^+$、$Na^+$ 交换过程，抑制 $K^+$ 的排出，有保 $K^+$ 排 $Na^+$ 作用，故称保钾性利尿药。在排 $Na^+$ 的同时，带走 $Cl^-$ 和水分而产生利尿作用。

【临床应用】　临床上主要与氢氯噻嗪等药物配合应用治疗肝性水肿、心性水肿、肾性水肿等。

【注意事项】　本品一般不作首选药，也不单独应用，可与氢氯噻嗪等药物配合应用，以加强利尿作用，纠正低血钾症。

【制剂、用法与用量】
螺内酯片　内服：一次量，每1kg体重，犬、猫2～4mg，一日2次，连用3d。

## 第二节　脱　水　药

脱水药是指能使组织脱水的药物。由于此类药物在体内不易被代谢，多以原形经肾脏排泄，提高原尿渗透压，使尿量排出增多，有利尿作用，因此，又名渗透性利尿药。

主要用于肺水肿、脑炎、脑室积水、严重的组织水肿、眼内压过高及急性肾功能不全等疾病的治疗，并具有促进某些毒物排出的作用。本类药物主要有甘露醇、山梨醇、高渗葡萄糖注射液等。

## 甘　露　醇

【理化性质】　为白色结晶性粉末；无臭、味甜。能溶于水，微溶于乙醇。等渗溶液为5.07%，临床上多用20%高渗溶液。

【药理作用】
① 脱水作用　静脉注射高渗溶液后，迅速提高血液渗透压，吸收组织间水分进入血管，产生脱水作用。本品不能进入眼及中枢神经系统，但通过渗透压的作用能降低颅内压和眼内压。静脉注射后20min即可显效，能维持6～8h。
② 利尿作用　由于本品在体内不被代谢，经肾小球滤过时，在肾小管内形成高渗，从而带出水分产生利尿作用。

【临床应用】　临床上主要用于降低眼内压、创伤性脑水肿及其它组织水肿，治疗因急性肾功能衰竭所引起的少尿或无尿症，对肾起保护作用。

【注意事项】

① 宜缓慢静脉注射，防止漏注到血管外。

② 心功能不全或心性水肿的动物禁用。

③ 本品低温保存时，易析出结晶，微热溶解后再用，不影响药效。

【制剂、用法与用量】

甘露醇注射液　100mL:20g，250mL:50g。静脉注射：一次量，每1kg体重，犬、猫5～10mL，一日2～3次，连用3d。

## 山 梨 醇

【理化性质】　甘露醇的同分异构体。白色结晶性粉末；无臭，味甜，有吸湿性，易溶于水。等渗溶液为5.48%，常配成25%溶液使用。

【药理作用】　本品作用与甘露醇相似，用法也相同。但山梨醇在体内有部分被代谢转化为糖原，浓度降低，失去高渗作用，疗效较甘露醇低。

【临床应用】　主要用于组织脱水，降低颅内压，消除水肿。

【注意事项】　同甘露醇。

【制剂、用法与用量】

山梨醇注射液　25%。静脉注射：一次量，每1kg体重，犬、猫5～10mL，一日2～3次，连用3d。

## 第三节　脱水药和利尿药的合理应用

在临床上，水肿或积水是许多疾病的临床症状。重要的器官发生水肿，必须消除症状，否则严重影响器官功能，易造成动物器官衰竭而死亡。如急性肺水肿、脑膜炎、急性脑室积水等。

脱水药和利尿药均有利尿、脱水作用，但作用有所侧重，在治疗急性水肿时，二者要合理配合，提高治疗效果。例如使用氢氯噻嗪治疗急性肺水肿，其机理是加强血液中水分排出，使血液浓缩，渗透压增加，间接从肺组织中吸收水分。脑、肺等重要器官水肿时要使用脱水剂，并配合利尿药物，以保证器官功能尽快恢复。

> **案例分析**
>
> 【基本情况】　德国牧羊犬；公，体重10kg。主诉：昨晚回家后发现犬坐立不安，弓背，精神较差，不爱吃食，一天未见排粪、排尿。
>
> 【临床检查】　触诊肾区抗拒检查，少尿，体温40.3℃。尿液检查：尿蛋白（+++），比重降低，白细胞增多，无结晶。B超检查：肾区显示广泛低密度阴影，回声减弱，肾盂出现较大面积无回声液性暗区。血常规检查：白细胞轻度升高。初步诊断为急性肾炎。
>
> 【治疗方案】　5%葡萄糖生理盐水250mL，注射用氨苄青霉素4g，0.2%地塞米松磷酸钠注射液2mL，混合一次静脉滴注，一日1次，连用3d；呋塞米10mg，一次肌内注射，一日1次，连用2d。
>
> 【疗效评价】　葡萄糖生理盐水能够补充机体能量，调节酸碱平衡；氨苄青霉素抗菌消炎；地塞米松具有消炎、抗毒素作用，可提高机体对细菌内毒素的耐受性；呋塞米具有消肿、利尿作用，可缓解肾脏负担。本病例采用对因、对症相结合的方法，治疗效果较好。

**【复习思考题】**

1. 临床上常用的利尿药有哪些,如何选用?
2. 临床上常用的脱水药有哪些,如何选用?
3. 利尿药与脱水药有哪些异同点,为何长时间应用利尿药要补钾?

# 第十二章 生殖系统药物

哺乳动物在受到内在因素和外界因素的作用后，可引起下丘脑分泌促性腺激素释放激素（GnRH）；GnRH能促进垂体前叶分泌促卵泡素（FSH）和促黄体素（LH）等促性腺激素释放；FSH和LH经血液循环到达性腺（卵巢和睾丸），调节性腺的机能，促进其分泌雌激素、孕激素、雄激素等性激素，并能促进卵泡发育和排卵。

## 第一节 生殖激素类药物

### 一、性激素

#### 甲基睾丸酮（甲睾酮，甲基睾丸素，甲基睾酮）

【理化性质】 为白色或乳白色结晶性粉末；无臭，无味。不溶于水，微有吸湿性。应遮光、密封保存。

【药理作用】 本品能促进雄性生殖器官的发育，维持其正常活动；增强蛋白质的合成，促进肌肉与骨骼的生长；对抗雌性激素；刺激骨髓的造血机能，使红细胞生成加快。

【临床应用】 临床上主要用于雄性犬、猫性欲缺乏；骨折后愈合缓慢；抑制雌性犬、猫发情、泌乳，母犬假妊娠等。

【注意事项】 长期使用易引起肝脏损坏；心功能不全及前列腺囊肿的动物慎用，孕犬、猫及哺乳期动物禁用。

【制剂、用法与用量】

甲基睾丸酮片 5mg。内服：一次量，每1kg体重，犬1～2mg，猫0.5～1mg，一日1次，连用5～7d。

#### 苯丙酸诺龙（苯丙酸去甲睾酮）

【理化性质】 本品属人工合成品。白色或乳白色结晶性粉末，几乎不溶于水，溶于乙醇和脂肪油。

【药理作用】 本品为蛋白质同化激素。能促进蛋白质的合成，抑制分解，增加氮的潴留，促进钙在骨质中沉积，因而能增加体重、促进生长和骨骼形成。

【临床应用】 主要用于热性病和各种消耗性疾病所引起的体质衰弱、营养不良、贫血及发育迟缓等；也可用于促进组织修复，如大手术、骨折、创伤愈合等。

【注意事项】 本品长期使用可引起肝损坏及发情紊乱；用药时应多喂蛋白质和钙含量高的食物。

【制剂、用法与用量】

苯丙酸诺龙注射液 1mL:10mg，1mL:25mg。皮下或肌内注射：一次量，每1kg体重,犬、猫0.2~1mg,每10~14d注射1次,重症病例每3~4d注射1次。

## 苯甲酸雌二醇

【理化性质】 本品为白色结晶性粉末;无臭。不溶于水,常制成注射液。应遮光、密封保存。

【药理作用】

① 促进雌性器官和第二性征的正常生长和发育。引起子宫颈黏膜细胞增大和分泌增加,阴道黏膜增厚,促进子宫内膜增生和增加子宫平滑肌张力;提高子宫内膜对孕激素和子宫平滑肌对催产素的敏感性。也可使雄性睾丸萎缩,副性腺退化,最终引起不育。

② 增加骨骼钙盐沉积,加速骨骺闭合和骨的形成。

③ 促进蛋白质合成,增加水、钠潴留。

④ 影响促性腺激素的释放。即反馈作用于垂体前叶,抑制FSH分泌,从而促使LH分泌,导致泌乳抑制、黄体形成、排卵及雄性激素的分泌。

【临床应用】

① 用于卵巢机能正常而发情不明显的犬、猫。

② 治疗子宫内膜炎、子宫蓄脓、胎衣不下、排出死胎等。

③ 应用催产素促进孕犬、猫分娩时,预先注射本品,能提高催产素的效果。

④ 治疗老年犬及阉割犬的尿失禁、母犬性器官发育不全及假孕犬乳房胀痛等。

【注意事项】

① 妊娠早期的宠物禁用,以免引起流产或胎儿畸形。

② 可作治疗药物,但具有致癌作用。

③ 可引起在犬、猫等小动物的血液恶病质,如血小板和白细胞下降等,严重时可致再生障碍性贫血。

④ 可引起囊性子宫内膜增生和子宫蓄脓。

⑤ 过量应用可使发情期延长、泌乳减少、早熟、卵泡囊肿,调整剂量可减轻或消除这些不良反应。

【制剂、用法与用量】

苯甲酸雌二醇注射液 1mL:1mg,1mL:2mg。肌内注射:一次量,犬0.2~0.5mg,猫0.1~0.2mg。

## 黄体酮(孕酮,孕激素,助孕素)

【理化性质】 本品主要由黄体及胎盘产生,肾上腺皮质和睾丸也能产生少量本品。白色或类白色结晶性粉末。不溶于水,溶于乙醇、乙醚及植物油,极易溶于氯仿。应遮光、密封保存。

【药理作用】

① 本品在雌激素作用的基础上,促进子宫内膜及腺体发育,抑制子宫肌收缩,减弱子宫平滑肌对催产素的反应,起保胎作用;通过反馈机制抑制垂体前叶黄体生成素的分泌,抑制发情和排卵。

② 在雌激素刺激乳腺导管发育的基础上,可刺激乳腺腺泡发育,为泌乳作准备。

【临床应用】 本品作保胎药用于预防和治疗习惯性或先兆性流产,与维生素E同用效果更好;也用于母犬同期发情。

【注意事项】 长期应用可使妊娠期延长。

【制剂、用法与用量】

① 黄体酮注射液 1mL：10mg，1mL：50mg。肌内注射：一次量，犬 2~5mg，猫 1~3mg。

② 复方黄体酮注射液 1mL：黄体酮20mg与苯甲酸雌二醇2mg。肌内注射：一次量，犬 2~5mg，猫 1~3mg。

## 二、促性腺激素

### 卵泡刺激素（垂体促卵泡素、促卵泡素、FSH）

【理化性质】 本品系从猪、羊垂体前叶中提取而得，属于一种糖蛋白。白色或类白色冻干块状物或粉末，易溶于水。

【药理作用】 本品能刺激卵泡的生长和发育，在黄体生成素的协同作用下，可促进卵泡分泌雌性激素，表现发情，并使成熟的卵泡排卵。对雄性可促进精子的生成。

【临床应用】 主要用于雌性犬、猫催情，提高同期发情效果；治疗持久黄体、卵泡停止发育及两侧卵泡交替发育等卵巢疾病。

【注意事项】 本品注射前应先检查卵巢的变化，酌情决定用药剂量和次数；剂量过大或长期应用，可引起卵巢囊肿。

【制剂、用法与用量】

注射用垂体促卵泡素 50mg。皮下、肌内或静脉注射：一次量，犬 5~15mg（临用时用 5~15mL 生理盐水溶解），猫 2~10mg，一日1次，连用5d可诱导发情。

### 黄体生成素（促黄体激素，垂体促黄体素，LH）

【理化性质】 本品从猪、羊垂体前叶中提取而得，属于一种糖蛋白。白色或类白色冻干块状物或粉末。易溶于水。

【药理作用】 本品在卵泡刺激素作用的基础上，可促进成年雌性犬、猫卵泡成熟和排卵，形成黄体，分泌黄体酮。对雄性犬、猫，能促进雄性激素分泌，提高性欲，促进精子形成，增加精液量。

【临床应用】 用于成熟卵泡排卵障碍、卵巢囊肿、早期习惯性流产、不孕及雄性犬、猫性欲减退、精液量减少等。

【注意事项】 禁止与抗肾上腺素药、抗胆碱药、抗惊厥药、麻醉药和安定药等抑制LH释放和排卵的药物同用；反复或长期使用，可导致抗体产生，降低药效。

【制剂、用法与用量】

注射用垂体促黄体素 25mg。皮下、肌内或静脉注射：一次量，犬 1mg（临用前用 5mL 生理盐水溶解），一日1次，连用7d。

### 马促性素（孕马血促性素、孕马血清、马促性腺激素、PMSG）

【理化性质】 本品是由孕马子宫内膜杯状细胞产生的一种糖蛋白，以45d至3个月的孕马血清中含量最高，包括促卵泡激素和促黄体激素两种成分。白色或类白色的粉末。溶于水，水溶液不稳定。

【药理作用】 具有卵泡刺激素和黄体生成素两种活性。能促进卵泡发育和成熟，引起发情，促进成熟卵泡排卵。对雄性犬、猫，能促进雄激素分泌，提高性欲。

【临床应用】 主要用于不发情或发情不明显的雌性犬、猫，促使发情、排卵、受孕。

【注意事项】 配好的溶液应在数小时内用完；直接用孕马血清时，供血马必须健康；不宜重复使用，以免产生抗体和抑制垂体促性腺功能。

【制剂、用法与用量】

马促性腺激素粉针 400IU，1000IU，3000IU。皮下、肌内或静脉注射：一次量，犬20～200IU，猫25～100IU（临用前用灭菌生理盐水溶解），一日1次或隔日1次。

### 绒促性素（人绒毛膜促性腺激素、HCG）

【理化性质】 本品为孕妇胎盘绒毛膜产生的一种糖蛋白，从孕妇尿中提取而得。白色或灰白色粉末，易溶于水。

【药理作用】 本品与黄体生成素作用相似。能促使成熟卵泡排卵并形成黄体。对雄性动物能促进分泌雄性激素，提高性欲。

【临床应用】 主要用于促进排卵，提高受胎率，增加同期发情效果；治疗卵巢囊肿、习惯性流产和雄性动物的性机能减退等。

【注意事项】 配好的溶液应在4h内用完；治疗习惯性流产应在怀孕后期每周注射一次；提高受胎率，应于配种当天注射；治疗性机能障碍，每周注射2次，连用4～6周；多次使用疗效降低，并可引起过敏反应。

【制剂、用法与用量】

注射用绒促性素 500IU，1000IU，2000IU，5000IU。肌内注射：一次量，犬25～300IU，猫250IU，一周2～3次（临用前用注射用水或生理盐水溶解）。

## 三、前列腺素

前列腺素（PG）为一类有生物活性的不饱和脂肪酸，广泛分布于机体各组织和体液中，本品从动物精液或猪、羊的羊水中提取，现已能人工合成，并有多种类型的新衍生物。

前列腺素的种类很多，其基本结构是一个环戊烷核心和两条脂肪酸侧链。根据五碳环构型的不同，可分为A、B、C、D、E、F、G、H、I九型，但有实际意义的只有E、F、A、B四型。字母的右下角以数字表示侧链上的双键数目，如E型带有一个双键表示为$PGE_1$，两个双键者表示为$PGE_2$，依此类推。在PGF系列中还以希腊文α来表示羟基的构型，例如$PGF_{1α}$、$PGF_{2α}$等。PG具有广泛而复杂的生理功能和药理作用，但对各种平滑肌的作用是其主要作用。在宠物临床上主要利用其对生殖系统的作用。与动物生殖功能有关的有$PGE_1$、$PGE_2$、$PGF_{1α}$以及氯前列醇、氟前列醇等。

### 地诺前列素（前列腺素$F_{2α}$、$PGF_{2α}$）

【理化性质】 本品是从动物精液或猪、羊的羊水中提取，目前多用人工合成品。无色结晶。溶于水、乙醇。

【药理作用】 本品对生殖、循环、呼吸等系统具有广泛作用。其中对生殖系统的作用表现为：兴奋子宫平滑肌，特别是妊娠子宫；使黄体退化或溶解，促进发情，缩短排卵期，使雌性动物在预定时间发情、排卵；促进输卵管收缩，影响精子运行至受精部位及胚胎附植；作用于丘脑-垂体前叶，促进垂体释放黄体生成素（LH）；影响精子的发生和移行。

【临床应用】 主要用于溶解黄体，使其同时发情；治疗雌性动物卵巢、黄体囊肿或持久性黄体；用于不发情或发情不明显；用于催产、引产、子宫蓄脓、慢性子宫内膜炎、排出死胎；用于增加雄性动物的精液射出量和提高人工授精率。

【注意事项】 用作子宫收缩药时应注意剂量,以防宫缩过强而发生子宫破裂;用于引产时,可见排粪次数略有增加,呼吸加快,造成胎衣不下、子宫出血和急性子宫内膜炎。急性或亚急性心血管系统、消化系统、呼吸系统疾病的犬、猫禁用。

【制剂、用法与用量】
地诺前列素注射液 1mL:1mg,1mL:5mg。肌内注射或子宫内注入:一次量,每1kg体重,犬、猫0.1~0.25mg,一日1~2次,连用5~7d。

## 氯前列醇

【理化性质】 常用其钠盐。本品为人工合成的$PGF_{2\alpha}$同系物。白色或类白色非晶形粉末。溶于水和乙醇。

【药理作用】 本品有强烈溶解黄体及收缩子宫的作用。

【临床应用】 用于怀孕犬、猫的流产,还可用于诱导分娩。

【注意事项】 急性或亚急性心血管系统、消化系统、呼吸系统疾病的犬、猫禁用。

【制剂、用法与用量】
氯前列醇(钠盐)注射液 2mL:0.2mg,2mL:0.5mg。肌内注射:一次量,每1kg体重,犬1~5μg。

## 第二节 子宫收缩药

### 缩宫素(催产素)

【理化性质】 本品为白色无定形粉末或结晶性粉末,溶于水。常制成注射液。

【药理作用】
① 选择性兴奋子宫,加强子宫平滑肌的收缩。其兴奋子宫平滑肌作用因剂量大小、体内激素水平而不同。小剂量能增加妊娠末期子宫肌的节律性收缩,收缩舒张均匀;大剂量则能引起子宫平滑肌强直性收缩,使子宫肌层内的血管受压迫而起止血作用。

② 能促进乳腺腺泡和腺导管周围的肌上皮细胞收缩,促进排乳。

【临床应用】 本品用于子宫收缩无力时催产、引产及产后出血、胎衣不下和子宫复旧不全的治疗。

【注意事项】 产道阻塞、胎位不正、骨盆狭窄及子宫颈口尚未开张时,禁用于催产。

【制剂、用法与用量】
缩宫素注射液 5mL:50IU,1mL:10IU,1mL:0.5IU。皮下或肌内注射:一次量,犬2~10IU,猫2~5IU。治疗子宫出血时,用生理盐水或5%葡萄糖注射液稀释后,缓慢静脉注射。

### 垂体后叶素

【理化性质】 本品为垂体后叶水溶性成分的灭菌水溶液。

【药理作用】 含缩宫素和加压素,有收缩子宫、抗利尿和升高血压的作用。

【临床应用】 主要用于催产、产后子宫出血和胎衣不下等。

【注意事项】
① 临产时,若产道阻塞、胎位不正、骨盆狭窄、子宫颈口尚未开张,禁用本品。
② 用量大时可引起血压升高、少尿及腹痛。

【制剂、用法与用量】

垂体后叶素注射液　1mL:10IU，5mL:50IU。皮下或肌内注射：一次量，犬 2~30IU，猫 2~5IU。治疗子宫出血时，用生理盐水或 5% 葡萄糖注射液稀释后，缓慢静脉注射。

## 马来酸麦角新碱

【理化性质】　本品为白色或类白色结晶性粉末，略溶于水，常制成注射液。

【药理作用】　能选择性地作用于子宫平滑肌，作用强而持久。由于子宫平滑肌强直性收缩，机械性压迫肌纤维中的血管，因而可阻止出血。

【临床应用】　临床上主要用于治疗产后子宫出血、产后子宫复旧不全等。

【注意事项】

① 对子宫体和子宫颈都具兴奋效应，临产前子宫或分娩后子宫最敏感。但稍大剂量即引起强直收缩，故不适于催产和引产。

② 胎儿未娩出前或胎盘未剥离排出前禁用。

③ 与缩宫素或其它麦角制剂有协同作用，不宜与其联用。

【制剂、用法与用量】

马来酸麦角新碱注射液　1mL:0.5mg，1mL:0.2mg，2mL:0.5mg，10mL:5mg。肌内或静脉注射：一次量，犬 0.1~0.5mg，猫 0.05~0.2mg。

---

**案例分析**

【基本情况】　阿拉斯加雪橇犬：5 岁，母，体重 18kg。主诉：有过生育史，2 月前再次受孕，今早突然发现患犬有分娩迹象，但因上次正常分娩，主人未在家中辅助分娩，待上午 10 时回家时，发现患犬未能正常分娩，地面有水样物，不知是羊水还是尿液。

【临床检查】　该犬精神尚可，腹围大，体温 37.6℃，触诊胎儿有蠕动迹象，阴道探诊，子宫颈口完全开张，羊水部分流出，胎头朝外，B超检查胎位正常，患犬不断努责，但无胎儿娩出，初诊为由于激素分泌不足导致难产。

【治疗方案】　肌内注射催产素 5IU，20min 后观察，患犬努责增强，子宫颈口进一步开张，10min 后产下仔犬，个体较大，随后仔犬陆续娩出。最后触诊腹部未见其它胎儿，分娩完毕。

【疗效评价】　催产素间接刺激子宫平滑肌收缩，模拟正常分娩的子宫收缩作用，用于催产、引产，使用时注意检查孕犬子宫颈口是否开张，是否由于催产素分泌不足引起的难产。同时，还要注意胎位是否正常，此病例较适合使用，且治疗效果较好。

---

## 【复习思考题】

1. 简述黄体酮的作用。
2. 催产素应用中的注意事项有哪些？
3. 马来酸麦角新碱的作用有哪些？
4. 前列腺素的作用有哪些？

# 第十三章 调节水盐代谢的药物

## 第一节 水和电解质平衡药

### 一、简介

水和电解质是动物体内体液的主要成分。其含量的稳定,可使体液保持一定的渗透压和酸碱度,保证机体的新陈代谢,维持动物正常的生命活动。许多疾病可不同程度地影响水、电解质代谢,导致平衡紊乱,其中较常见的是脱水和钠、钾代谢紊乱。这时,必须适时补液,使平衡恢复。

**1. 补液的意义**

正常情况下,动物的体液约占体重的60%～70%(包括细胞内液和细胞外液)。某些疾病,如剧烈腹泻、呕吐、大出汗等使水和电解质大量排出,加之摄入很少,必将造成不同程度的脱水。如果损失占体重10%的体液,就可引起严重的物质代谢障碍,损失20%～25%的体液就会引起死亡。因此,为了维持动物机体正常的新陈代谢活动,恢复体液平衡,必须根据脱水程度和脱水性质,及时补液。

**2. 补液的方法、用量**

补液的方法较多。宠物临床多采用内服、腹腔注射和静脉注射的方法。

确定补液的量一般以"缺多少补多少"为原则,目前常根据宠物机体脱水程度来估算,如一条30kg的犬出现轻度脱水,失水量约占体重的2%～4%(中度脱水,失水量约占4%～8%;重度脱水,失水量约占10%),补液量为:$30×4\%=1200mL$,但在临床中,常根据具体情况给予小于上述计算量的剂量。

### 二、常用药物

#### 氯 化 钠

【理化性质】 为白色结晶性粉末;无臭,味咸,有吸湿性。易溶于水,微溶于乙醇,水溶液呈中性。应遮光、密封保存。

【药理作用】

① 维持细胞外液恒定的渗透压和容量 细胞外液中90%晶体渗透压是依靠氯化钠维持和调节的。

② 调节体液的酸碱平衡 血液缓冲系统中的主要缓冲碱为$HCO_3^-$,常由于钠离子的增减而升降,因而钠盐参与体液平衡的调节。

③ 维持神经肌肉的兴奋性 当$Na^+$、$K^+$浓度增高时,则肌肉应激性增高。

【临床应用】 主要用于防治低钠综合征、低渗性脱水和等渗性脱水(如烧伤、腹泻、中毒、休克)等,也可用于失血过多、血压下降。临床上应用1%～3%氯化钠溶液冲洗新鲜创，5%～10%氯化钠溶液冲洗化脓创。生理盐水可用于洗眼、鼻及口腔，也可作为某些粉针剂的稀释液。

【注意事项】 禁用于肺水肿，对有心脏衰竭、肾炎、腹水、颅内疾病及有酸中毒倾向的宠物应慎用。

【制剂、用法与用量】
① 氯化钠注射液（生理盐水） 500mL:4.5g，100mL:0.9g。静脉注射：一次量，每1kg体重，犬10～20mL，猫8～10mL，一日2～3次，连用3～5d。
② 浓氯化钠注射液 50mL:5g，250mL:25g。用法与生理盐水相同。
③ 复方氯化钠注射液（林格液） 100mL:(氯化钠0.85g、氯化钙0.033g、氯化钾0.03g)。用法与生理盐水相同。

## 氯 化 钾

【理化性质】 本品为白色立方形或长棱形结晶性粉末；味咸涩。易溶于水。应遮光、密封保存。

【药理作用】 钾离子为细胞内液中主要的阳离子，是维持细胞内液渗透压和机体酸碱平衡的主要成分，也是维持神经肌肉兴奋性和心脏自动节律作用的重要物质。

【临床应用】 主要用于钾摄入不足或排钾过量所致的钾缺乏症或低血钾症，如严重腹泻、应用大剂量利尿剂或肾上腺糖皮质激素等引起的低血钾症以及解除洋地黄中毒时的心律不齐等。

【注意事项】
① 静脉注射钾盐应缓慢，防止血钾浓度突然上升而造成心脏骤停；为防止副作用的发生，应以5%～10%葡萄糖溶液稀释，浓度不应超过0.3%。
② 肾功能障碍、尿闭及机体脱水、循环衰竭等情况禁用或慎用。
③ 氯化钾内服给药，对胃肠道有刺激性，应稀释后在饭后灌服。

【制剂、用法与用量】
氯化钾注射液 10mL:1g。静脉注射：一次量，犬150～750mg，猫50～150mg，临用前以5%葡萄糖注射液稀释至0.1%～0.3%浓度缓慢静脉注射。

## 口服补液盐

【理化性质】 口服补液盐其构成比例为氯化钠3.5g、碳酸氢钠2.5g、氯化钾1.5g、葡萄糖20g，混合均匀制成白色粉剂。

【药理作用】 本品含动物机体所必需的营养成分：葡萄糖、$K^+$、$Na^+$、$Cl^-$、$HCO_3^-$。动物口服后可以扩充血容量，利用以上离子和葡萄糖的协同作用调节体内电解质及酸碱平衡，纠正代谢性酸中毒，具有碱化尿液、中和胃酸、祛痰、健胃等作用。$K^+$还参与糖及蛋白质代谢，从而维持神经肌肉兴奋性和心脏自动节律，增加机体抗病力。

【临床应用】 用于细菌性疾病、病毒性疾病的辅助治疗，缓解某些中毒性疾病的病情及发挥抗应激作用。此外，口服补液盐还能促进生长发育，可提高幼龄宠物的成活率。

【注意事项】 剧烈腹泻未停前、伴有休克或病情严重及发生食盐中毒宠物不能应用。此外，本品不能与酸性药物配伍，对大中型宠物及危重病例急救时应先输液，后酌情用本品补液。

【制剂、用法与用量】 临用前在1000mL 40℃的温水中加27.5g口服补液盐（ORS）配成溶液，或适当稀释后供自饮或灌服，每1kg体重，犬、猫30～40mL，分4～6次补完。

## 第二节 酸碱平衡药

### 碳酸氢钠（小苏打）

【理化性质】 为白色结晶性粉末；无臭，味咸。易溶于水。常制成注射液和片剂。

【药理作用】

① 能直接增加机体的碱贮。由于碳酸氢根离子与氢离子结合成碳酸，再分解为二氧化碳和水，二氧化碳由肺排出体外，致使体液的氢离子浓度降低，代谢性酸中毒得以纠正。

② 具有碱化尿液、中和胃酸、祛痰、健胃等作用。

【临床应用】

① 用于解除酸中毒、胃肠卡他。

② 用于碱化尿液，以防止磺胺代谢物等对肾脏的刺激性，以及加速酸性药物的排泄等。

【注意事项】

① 静脉注射碳酸氢钠应避免与酸性药物混合应用。

② 过量静脉注射时，可引起代谢性碱中毒和低血钾。

③ 充血性心力衰竭、肾功能不全、水肿、缺钾等宠物慎用。

④ 与糖皮质激素合用，易发生高血钠症和水肿等。

⑤ 碳酸氢钠对局部组织有刺激作用，静脉注射时勿漏出血管外。

【制剂、用法与用量】

碳酸氢钠注射液 10mL：0.5g，250mL：12.5g，500mL：25g。静脉注射：一次量，每1kg体重，犬、猫40～160mg，用2.5倍生理盐水稀释成1.4%的浓度进行注射。

### 乳 酸 钠

【理化性质】 为无色或几乎无色透明液体。易溶于水。常制成注射液。

【药理作用】 本品在体内经乳酸脱氢酶转化为丙酮酸，再经三羧酸循环氧化脱羧生成二氧化碳，继而转化为碳酸根离子而纠正酸中毒，但作用不及碳酸氢钠迅速和稳定。

【临床应用】 本品用于治疗代谢性酸中毒，尤其是高血钾症等引起的心律失常伴有酸血症的宠物。

【注意事项】

① 水肿、肝功能障碍、休克、缺氧、心功能不全宠物慎用。

② 一般不宜用生理盐水或其它含氯化钠溶液稀释本品，以免形成高渗溶液。

【制剂、用法与用量】

乳酸钠注射液 20mL：2.24g。静脉注射：一次量，犬50～200mL，猫20～50mL。

### 缓 血 酸 胺

【理化性质】 为白色结晶固体或粉末；略有特异臭。易溶于水，水溶液为碱性。应遮光、密封保存。

【药理作用】 本品为不含钠的有机氨基碱，对纠正酸中毒有双重作用。能通过细胞膜，对细胞内外体液均有缓冲作用，既能中和挥发性酸，又能清除碳酸，并且不含钠，适用于忌钠病例。

【临床应用】 本品适用于治疗代谢性酸中毒和急性呼吸性酸中毒，也可应用于伴有急性肾功能衰竭、水肿或心力衰竭的酸中毒的宠物。

【注意事项】
① 本品呈碱性，注射时，药液不可漏出血管外，否则会引起局部组织坏死。
② 慢性呼吸性酸中毒及肾性酸中毒的宠物忌用。

【制剂、用法与用量】
缓血酸胺注射液　10mL:0.725g，20mL:1.456g，100mL:7.28g。一次量，每1kg体重，犬、猫2～3mL，用等量5%葡萄糖注射液稀释后静脉注射。

## 第三节　能量补充药

### 葡　萄　糖

【理化性质】　为白色或无色结晶性粉末。易溶于水，常制成注射液。

【药理作用】
① 供给能量，补充血糖　葡萄糖是机体重要能量来源之一，在体内氧化代谢释放出能量，供机体利用。
② 等渗补充体液，高渗可消除水肿　5%葡萄糖溶液与体液等渗，输入机体后，葡萄糖很快被吸收、利用，并供给机体水分。25%～50%葡萄糖溶液为高渗液，大量输入机体后能提高血浆渗透压，使组织水分吸收入血，经肾脏排出带走水分，从而消除水肿，但作用较弱，维持时间较短，且可引起颅内压回升。
③ 强心利尿　葡萄糖可供给心肌能量，改善心肌营养，从而增强心脏功能。胰岛素可提高心肌细胞对葡萄糖的利用率，以每4g葡萄糖加入1IU的胰岛素的比例混合静脉注射，疗效更好。大量输入葡萄糖溶液，尤其是高渗液，由于体液容量的增加和部分葡萄糖自肾排出并带走水分，因而产生渗透性利尿作用。
④ 解毒　肝脏的解毒能力与肝内糖原含量有关，同时某些毒物通过与葡萄糖的氧化产物葡萄糖醛酸结合或依靠糖代谢的中间产物乙酰基的乙酰化作用而使毒物失效，故具有一定解毒作用。

【临床应用】　本品用于重病、久病、体质虚弱的宠物以补充能量，也用作脱水、失血、低血糖症、心力衰竭、酮血症、妊娠中毒症、药物与农药中毒、细菌毒素中毒等的辅助治疗。

【注意事项】　本品的高渗性注射液静脉注射应缓慢，以免加重心脏负担，并勿漏到血管外。

【制剂、用法与用量】
葡萄糖注射液　5%，10%，50%。静脉注射：一次量，每1kg体重，犬、猫10～80mL，可用于高渗性脱水、大失血等。10%葡萄糖注射液，用于重病、久病、体质过度虚弱的宠物以及仔犬、猫低血糖症。50%葡萄糖注射液，用于脑水肿、肺水肿的辅助治疗。

### 脂　肪　乳

【理化性质】　本品系由注射用大豆油经注射用卵磷脂乳化并加注射用甘油制成的灭菌乳状液体。

【药理作用】　脂肪乳进入血液后与血中载脂蛋白C结合，在载脂蛋白酶的作用下，甘油三酯分解成为游离脂肪酸，为机体提供能量和必需脂肪酸，游离脂肪酸亦可与血浆中白蛋白结合，或经肝脏氧化，或转化为极低密度脂蛋白，再进入血流。

【临床应用】 用于需要高能量的宠物（如肿瘤及其它恶性病）、肾损害、禁用蛋白质的宠物和由于某种原因不能经胃肠道摄取营养的宠物，以补充适当能量和必需脂肪酸。

【注意事项】

① 在滴注过程中或停止滴注不久，偶见体温上升和寒战、呕吐等早期不良反应，应适当控制滴注速度，可减轻不良反应。

② 血栓，严重肝、肾功能不全，黄疸，高脂血症，糖尿病伴酮血症及败血症宠物禁用。

③ 除可与等渗葡萄糖注射液、氨基酸注射液配伍外，本品不得同其它药物、营养素或电解质溶液混合。

【制剂、用法与用量】

脂肪乳注射液 静脉注射：一次量，每 1kg 体重，犬 10～15mL，猫 5～10mL，一日 2 次，连用 2～3d。

## 第四节 血容量扩充药

### 右旋糖酐

【理化性质】 为白色或类白色无定形粉末或颗粒。右旋糖酐分为中分子（平均相对分子质量 7 万，又称右旋糖酐 70）、低分子（平均相对分子质量 4 万，又称右旋糖酐 40）和小分子（平均相对分子质量 1 万）三种，均易溶于水，常制成注射液。

【药理作用】

① 补充有效循环血容量 静脉滴注中分子右旋糖酐，可增加血液胶体渗透压，吸引组织中水分进入血管中，从而扩充血容量。因分子体积大，不易透过血管，在血液循环中存留时间较长，由肾脏排泄缓慢（1h 约排出 30%，24h 内约排出 50%），扩容作用较持久（约 12h）。低分子右旋糖酐静脉注射后也有扩充血容量的作用，但自肾脏排泄较快，扩容作用维持时间较短（约 3h）。

② 改善微循环，防止弥散性血管内凝血 静脉滴注低分子右旋糖酐，红细胞表面覆盖右旋糖酐，能增加红细胞膜外负电荷，由于相同电荷相互排斥，可使聚合或淤塞血管的红细胞解聚，降低血液黏滞性；同时抑制凝血因子Ⅱ的激活，使凝血因子Ⅰ和Ⅲ活性降低，产生防止弥散性血管内凝血和抗血栓形成的作用。小分子右旋糖酐扩容作用弱，改善微循环较好。

③ 渗透性利尿作用 右旋糖酐在肾小管中不被重吸收，可使其渗透压升高，产生渗透性利尿作用，但维持时间短。

【临床应用】

① 中分子右旋糖酐用于低血容量性休克。

② 低分子右旋糖酐用于低血容量性休克，预防术后血栓和改善微循环。

③ 小分子右旋糖酐用于解除弥散性血管内凝血和急性肾中毒。

【注意事项】

① 静脉注射应缓慢，用量过大可致出血。

② 充血性心力衰竭和有出血性疾患宠物禁用，肝、肾疾患宠物慎用。

③ 偶见过敏反应，可用苯海拉明或肾上腺素药物治疗。

④ 与维生素 $B_{12}$ 混合可发生变化，与卡那霉素、庆大霉素合用可增强其毒性。

【制剂、用法与用量】

右旋糖酐 70 或右旋糖酐 40 葡萄糖注射液　静脉注射：一次量，每 1kg 体重，犬、猫 10~20mL。

## 血　浆

【理化性质】　呈淡黄色液体（因含有胆红素）。

【药理作用】

① 维持血浆胶体渗透压。

② 组成血液缓冲体系，参与维持血液酸碱平衡。

③ 运输营养和代谢物质。血浆蛋白质为亲水胶体，许多难溶于水的物质与其结合变为易溶于水的物质。

④ 血浆蛋白分解产生的氨基酸，可用于合成组织蛋白质或氧化分解供应能量。

⑤ 参与凝血和免疫作用。

⑥ 血浆的无机盐主要以离子状态存在，正负离子总量相等，保持电中性。这些离子在维持血浆晶体渗透压、酸碱平衡以及神经肌肉的正常兴奋性等方面起着重要作用。

【临床应用】　用于失血性休克、严重烧伤及低蛋白血症，可代替全血扩充血容量，抗贫血。

【注意事项】

① 新鲜冰冻血浆融化后必须在 2h 内输完，特殊情况不用时，不可再冰冻，如放在 4℃ 冰箱内，必须 24h 输注，不可在 10℃ 环境放置超过 24h。

② 血浆融化后发现颜色异常或有凝集，禁止输注。

③ 血浆输注时应用输血器，对血浆起滤过作用，以免纤维蛋白的凝块阻塞针头。输注前后用生理盐水冲管，以防血浆与所输溶液中的药物发生反应，确保血浆的作用和输入量的准确。

④ 输注过程要严密观察宠物有无过敏反应，如荨麻疹、皮疹等，发现后应给予静脉注射地塞米松，口服或肌内注射非那根。

【制剂、用法与用量】

注射用血浆　静脉注射：一次量，每 1kg 体重，犬 2~10mL。

## 白　蛋　白

【理化性质】　采集健康免疫犬的血浆，用现代生物技术分离、提取并经病毒灭活处理精制而成的生物制剂，其中白蛋白纯度在 96% 以上。

【药理作用】

① 维持血浆胶体渗透压的恒定。

② 具有运输功能，如运输脂肪酸、激素、微量金属离子、酶、维生素和药物等。

③ 增强动物的免疫力和抵抗力。

【临床应用】　用于促进手术后的愈合；消除水肿和腹水；治疗营养不良性低蛋白血症。

【注意事项】

① 对白蛋白有严重过敏、高血压、急性心脏病、正常血容量及高血容量的心力衰竭、严重贫血、肾功能不全的宠物禁止使用。

② 本品开启后，应一次输注完毕，不得分次或给其它动物注射；运输及贮存过程中严禁冻结。

③ 输注过程中如发现有不适反应，应立即停止使用。

④ 一般采用静脉滴注或静脉推注，为防止大量注射时机体组织脱水，可采用5％葡萄糖注射液或氯化钠注射液适当稀释作静脉滴注。

⑤ 本品连续或间断使用1～10d后，如在短期内（2个月）再次使用，过敏的概率会增加，输注时请密切观察宠物反应。

【制剂、用法与用量】

注射用犬血白蛋白　　静脉注射：一次量，每1kg体重，犬1～2mL，一日1次。

### 案例分析

【基本情况】　约克夏犬：2月龄，公，体重0.75kg。主诉：刚从犬市买回20d，回家后一直喂犬粮，一日3次，今早突然发现倒地抽搐，口流涎，不能站立，遂送来就医。

【临床检查】　该犬精神沉郁，体温35.4℃，牙龈发白，听诊心肺音减弱；血常规检查RBC $3.3×10^{12}$个/L，WBC $11×10^9$个/L，CPV（－），CCV（－），CDV（－）。结合临床症状，初步诊断为低血糖。

【治疗方案】　复方生理盐水40mL，50％葡萄糖注射液3mL，混合一次静脉注射；5％葡萄糖30mL，犬血白蛋白1.5mL混合静脉注射；地塞米松磷酸钠注射液1mg皮下注射。输液结束后，该犬不再抽搐，能自行站立走路。同时嘱其回家后注意保暖，少吃多餐。

【疗效评价】　幼犬低血糖是常见病和多发病，尤其小型犬和寒冷季节多发，如果发现早，多数能治愈。处方中在补糖同时，加入了白蛋白以补充营养，维持机体胶体渗透压的平衡和稳定；同时使用了激素药物地塞米松，并加强保暖措施，以增强机体对低血糖的耐受性，提高治愈率。

### 【复习思考题】

1. 简述氯化钠、氯化钾、口服补液盐临床应用时的注意事项。
2. 碳酸氢钠、乳酸钠及缓血酸胺在临床上有哪些应用？
3. 葡萄糖的药理作用有哪些？
4. 血容量扩充药物有哪些临床应用？

# 第十四章 调节新陈代谢的药物

## 第一节 维生素

维生素是动物体维持正常代谢和机能所必需的一类有机化合物。与三大营养物质不同，维生素主要是构成酶的辅酶（或辅基），参与机体物质和能量代谢。缺乏时，可引起特定的维生素缺乏症。

动物体内的维生素主要由饲料供给，少数维生素也能在体内合成，机体一般不会缺乏。但如果饲料中维生素不足、动物吸收或利用发生障碍以及需要量增加等，均会引起维生素缺乏症，这时，需要应用相应的维生素进行治疗，同时还应改善饲养管理条件，采取综合防治措施。

维生素分为脂溶性维生素和水溶性维生素两大类。脂溶性维生素包括维生素 A、维生素 D、维生素 E 和维生素 K。水溶性维生素包括 B 族维生素和维生素 C。

### 一、脂溶性维生素

#### 维生素 A

【理化性质】 维生素 A 存在于动物体组织、蛋及全奶中。植物中只含有维生素 A 的前体物质——类胡萝卜素，它们在动物体内可转变为维生素 A。

【药理作用】

① 维持视网膜的微光视觉 维生素 A 参与视网膜内视紫红质的合成，视紫红质是感光物质，能使动物在弱光下看清周围的物体。当其缺乏时，可出现视物障碍，在弱光中视物不清，即夜盲症，甚至完全丧失视力。

② 维持上皮组织的完整性 维生素 A 参与组织间质中黏多糖的合成，黏多糖对细胞起着黏合、保护作用，是维持上皮组织正常结构和机能所必需的物质。缺乏时，皮肤、黏膜、腺体、气管和支气管的上皮组织干燥和过度角化，可出现干眼病、角膜软化、皮肤粗糙等症状。

③ 参与维持正常的生殖机能 缺乏时，公犬睾丸不能合成和释放雄激素，性机能下降。母犬发情周期紊乱，孕犬因胎盘损害，造成胎儿被吸收或流产、死胎。幼犬生长停顿，发育不良。

【临床应用】 本品主要用于防治维生素 A 缺乏症，补充妊娠期、泌乳期及幼龄动物生长期的需要。也可用于增加机体对感染的抵抗力，对皮肤、黏膜的炎症以及烧伤有促进愈合的作用。如皮肤硬化症、干眼病、夜盲症、角膜软化症、母犬流产、公犬生殖力下降、幼犬生长发育不良等。

【注意事项】 本品大剂量对抗糖皮质激素的抗炎作用，且过量可致中毒。

【制剂、用法与用量】

① 维生素 AD 油　1g。内服：一次量，犬 5～10mL，一日 1 次。

② 鱼肝油　内服：一次量，犬 5～10mL，一日 1 次。

③ 维生素 AD 注射液　1mL。肌内注射：一次量，犬 0.2～2mL，猫 0.5mL，一日 1 次。

## 维生素 D

【理化性质】　维生素 D 为类固醇衍生物，主要有维生素 $D_2$（25-羟麦角钙化醇）和维生素 $D_3$（25-羟胆钙化醇）。植物中的麦角固醇（$D_2$ 原）、动物皮肤中的 7-脱氢胆固醇（$D_3$ 原），经日光或紫外线照射可转变为维生素 $D_2$ 和维生素 $D_3$。此外，鱼肝油、乳、肝、蛋黄中维生素 $D_3$ 含量丰富。

【药理作用】　维生素 D 本身无生物活性，须在肝内羟化酶的作用下，变成 25-羟麦角钙化醇或 25-羟胆钙化醇，然后经血液转运到肾脏，在甲状旁腺激素的作用下进一步羟化形成 1,25-二羟麦角钙化醇和 1,25-二羟胆钙化醇，才有生物学活性。活化的维生素 D 能促进小肠对钙、磷的吸收，保证骨骼正常钙化，维持正常的血钙和血磷浓度。当维生素 D 缺乏时，钙、磷的吸收代谢机制紊乱，引起幼犬佝偻病、成犬骨软症等。

【临床应用】　临床上用于防治佝偻病和骨软化症等，亦可用于妊娠和泌乳期犬、猫，以促进钙、磷的吸收。

【制剂、用法与用量】

① 维生素 $D_2$ 注射液　0.5mL:3.75mg（15 万国际单位），1mL:7.5mg（30 万国际单位），1mL:15mg（60 万国际单位）。皮下或肌内注射：一次量，犬 0.25 万～0.5 万国际单位，一日 1 次。

② 鱼肝油　内服：一次量，犬、猫 5～10mL，一日 1 次。

## 维生素 E（生育酚）

【理化性质】　一种抗氧化剂，主要存在于绿色植物及种子中。

【药理作用】

① 抗氧化作用　维生素 E 对氧十分敏感，极易被氧化，可保护其它物质不被氧化。在细胞内，维生素 E 可通过与氧自由基发生反应，抑制有害的脂类过氧化物（如过氧化氢）产生，阻止细胞内或细胞膜上的不饱和脂肪酸被过氧化物氧化、破坏，保护生物膜的完整性。维生素 E 与硒有协同抗氧化作用。

② 维护内分泌功能　维生素 E 可促进性激素分泌，调节性腺的发育和功能，有利于受精和受精卵的植入，并能防止流产，提高繁殖力。此外，维生素 E 还有抗毒、解毒、抗癌作用及提高机体的抗病能力。

当维生素 E 缺乏时，动物表现生殖障碍、细胞通透性损害和肌肉病变。如公犬睾丸发育不全、精子量少且活力降低，母犬胚胎发育障碍、产死胎、流产、脑软化、渗出性素质、白肌病、骨骼肌、心肌等萎缩、变性、坏死等。

【临床应用】　临床上主要用于防治动物的维生素 E 缺乏症，还可用于缓解和治疗溶血性贫血。

【制剂、用法与用量】

维生素 E 注射液　1mL:50mg，10mL:500mg。皮下或肌内注射：一次量，犬 0.03～0.1g，一日 1 次。

## 维生素 K

【理化性质】 维生素 K 广泛存在于自然界中。维生素 $K_1$ 存在于各种植物中；维生素 $K_2$ 由肠道细菌合成，它们是一类脂溶性且具有甲萘醌基结构的化学物质；维生素 $K_3$ 称亚硫酸氢钠甲萘醌；维生素 $K_4$ 称乙酰甲萘醌。维生素 $K_3$ 临床上常用，为白色结晶性粉末，有吸湿性，易溶于水，遇光易分解，遇碱或还原剂易失效。应遮光、密封保存。

【药理作用】 肝脏是合成凝血酶原的场所，而凝血酶原的合成，必须有维生素 K 的参与。故维生素 K 不足或肝功能发生障碍时，都会使血中凝血酶原减少，而引起出血。通常哺乳动物大肠内细菌能合成维生素 K，一般不会出现维生素 K 缺乏症。但当长期连续给予广谱抗菌药物时，会因抑制肠内细菌，引起维生素 K 缺乏而造成出血。此外，严重的肝脏疾病、胆汁排泄障碍及肠道吸收机能减弱等疾病，也会发生维生素 K 缺乏而致出血。

【临床应用】 临床上用于毛细血管性及实质性出血，如胃肠、子宫、鼻及肺出血。

【注意事项】 维生素 $K_1$、$K_2$ 无毒性，维生素 $K_3$、$K_4$ 有刺激性，长期应用可刺激肾脏而引起蛋白尿，还能引起溶血性贫血和肝细胞损害。

【制剂、用法与用量】

① 亚硫酸氢钠甲萘醌注射液　1mL:4mg，10mL:40mg。肌内注射：一次量，犬 10~30mg，一日 2~3 次。

② 维生素 $K_1$ 注射液　1mL:10mg。肌内或静脉注射：一次量，犬、猫 0.5~2mg。

## 二、水溶性维生素

## 维生素 $B_1$（硫胺素）

【理化性质】 维生素 $B_1$ 广泛存在于种子外皮和胚芽中，动物肝脏和瘦猪肉中含量较多，反刍动物瘤胃和马的大肠内微生物也能合成，供机体吸收利用。

【药理作用】

① 参与糖代谢　维生素 $B_1$ 是丙酮酸脱氢酶系的辅酶，参与糖代谢过程中的 α-酮酸（如丙酮酸、α-酮戊二酸）氧化脱羧反应，对释放能量起重要作用。缺乏时，丙酮酸不能正常地脱羧进入三羧酸循环，造成丙酮酸堆积，能量供应减少，使神经组织功能受到影响。表现神经传导受阻，出现多发性神经炎症状，如疲劳、衰弱、感觉异常、肌肉酸痛、肌无力等。严重时，可发展为运动失调、惊厥、昏迷甚至死亡，还可导致心功能障碍。

② 抑制胆碱酯酶活性　维生素 $B_1$ 可轻度抑制胆碱酯酶的活性，使乙酰胆碱作用加强。缺乏时，胆碱酯酶活性增强，乙酰胆碱水解加快，胃肠蠕动缓慢，消化液分泌减少，动物表现食欲不振、消化不良、便秘等症状。

【临床应用】 临床上主要用于防治维生素 $B_1$ 缺乏症，也可作为神经炎、心肌炎的辅助治疗药。给动物大量输入葡萄糖时，可适当补充维生素 $B_1$，以促进糖代谢。

【注意事项】 维生素 $B_1$ 对多种抗生素都有灭活作用，不宜与抗生素混合应用。维生素 $B_1$ 水溶液呈微酸性，不能与碱性药物混合应用。

【制剂、用法与用量】

① 维生素 $B_1$ 片　10mg，50mg。内服：一次量，犬 10~25mg，猫 5~10mg，一日 1 次。

② 维生素 $B_1$ 注射液　1mL:10mg，1mL:25mg，10mL:250mg。皮下或肌内注射：一次量，犬 10~25mg，猫 5~10mg，一日 1 次。

## 维生素 $B_2$（核黄素）

【理化性质】 维生素 $B_2$ 广泛存在于酵母、青绿饲料、豆类、麸皮中，犬、猫胃肠内微生物也能合成。

【药理作用】 维生素 $B_2$ 是体内黄酶类的辅基，在生物氧化呼吸链中起着递氢作用，参与碳水化合物、脂肪、蛋白质和核酸代谢，还参与维持眼的正常视觉功能。当缺乏时，动物则脱毛且毛皮质量受损。

【临床应用】 本品主要用于防治维生素 $B_2$ 缺乏症，如脂溢性皮炎、胃肠机能紊乱、口角溃烂、舌炎、阴囊皮炎等。也常与维生素 $B_1$ 合用，发挥复合维生素 B 的综合疗效。

【注意事项】 维生素 $B_2$ 对多种抗生素也有不同程度的灭活作用，不宜与抗生素混合应用。

【制剂、用法与用量】

① 维生素 $B_2$ 片 5mg，10mg。内服：一次量，犬 10~20mg，猫 5~10mg，一日 1 次。

② 维生素 $B_2$ 注射液 2mL:10mg，5mL:25mg，10mL:50mg。皮下或肌内注射：一次量，犬 10~20mg，猫 5~10mg，一日 1 次。

## 维生素 $B_6$

【理化性质】 维生素 $B_6$ 的盐酸盐为白色或类白色的结晶或结晶性粉末；无臭、味酸苦。易溶于水，微溶于乙醇。在碱性溶液中、遇光或高温时均易被破坏。应遮光、密封保存。

【药理作用】 维生素 $B_6$ 内服后经胃肠吸收，原形药与血浆蛋白几乎不结合，转化为活性产物磷酸吡哆醛，可较完全地与血浆蛋白结合，血浆半衰期可长达 15~20d。本品在肝内代谢，经肾排出。磷酸吡哆醛可透过胎盘，并经乳汁泌出。

维生素 $B_6$ 在红细胞内为磷酸吡哆醛，作为机体不可缺乏的辅酶，可参与氨基酸、碳水化合物及脂肪的正常代谢。此外，维生素 $B_6$ 还参与色氨酸将烟酸转化为 5-羟色胺的反应；并可刺激白细胞的生长，是形成血红蛋白所需要的物质。

维生素 $B_6$ 缺乏的症状主要表现在皮肤和神经系统。当食物中缺乏维生素 B 族，每天又服用吡哆醇拮抗剂，几周内即可产生眼、鼻和口部皮肤脂溢样皮肤损害，伴有舌炎和口腔炎。服用吡哆醇后，皮肤损害迅速清除。神经系统方面表现为周围神经炎，伴有滑液肿胀和触痛。

【临床应用】 主要用于维生素 $B_6$ 缺乏的预防和治疗。用于长期大剂量服用抗结核药异烟肼所引起的周围神经炎，因抗癌药和放射治疗引起的胃肠道反应，以及糙皮病、白细胞减少症等。用于全胃肠道外营养因摄入不足所致营养不良，进行性体重下降时维生素 $B_6$ 的补充。

【制剂、用法与用量】

① 维生素 $B_6$ 片 10mg。内服：一次量，犬 0.02~0.08g，一日 1 次。

② 维生素 $B_6$ 注射液 1mL:25mg，1mL:50mg，2mL:100mg。皮下或肌内注射：一次量，犬 0.02~0.08g，一日 1 次。

## 烟酰胺与烟酸（维生素 PP）

【理化性质】 烟酰胺为白色结晶性粉末；无臭或几乎无臭，味苦。在水或乙醇中易溶，在甘油中溶解。烟酸为白色结晶或结晶性粉末；无臭或有微臭，味微酸。水溶液显酸性反应。在水中略溶，在乙醇中微溶，在乙醚中几乎不溶；在碳酸钠试液或氢氧化钠试液中均易溶。

【药理作用】 烟酸在体内转化成烟酰胺后起作用。烟酰胺是辅酶Ⅰ和辅酶Ⅱ的组成部分，作为许多脱氢酶的辅酶，在体内氧化还原反应中起传递氢的作用。它与糖酵解、脂肪代谢、丙酮酸代谢，以及高能磷酸键的生成有着密切关系，在维持皮肤和消化器官正常功能方面起重要作用。犬烟酸缺乏时，可引起"黑舌病"。

【临床应用】 临床用于防治烟酸缺乏症。如溃疡性口炎、肠炎和顽固性腹泻、皮肤湿疹、肝脏疾病等。

【制剂、用法与用量】

① 烟酰胺与烟酸片 50mg，100mg。内服：一次量，每1kg体重，犬2.5~5mg，一日2~3次。

② 烟酰胺与烟酸注射液 2mL:20mg，1mL:50mg。肌内注射：一次量，每1kg体重，犬2.5~5mg，一日1次。

③ 烟酰胺片 50mg，100mg。内服：一次量，每1kg体重，2~6mg，一日2~3次。

## 泛酸（维生素$B_5$）

【理化性质】 泛酸具有旋光性，仅右旋体有生物活性。其游离酸呈黄色稠油状物。溶于水，难溶于其它有机溶剂。对酸、碱和热不稳定。制成钙盐后较稳定。

【药理作用】 泛酸在半胱氨酸和ATP参与下转变成辅酶A，辅酶A是酰基转移酶的辅酶，它所含的巯基可与酰基形成硫酯，在代谢中起传递酰基的作用。这样的反应在糖的有氧氧化，糖原异生，脂肪酸的合成和分解，甾醇、甾体激素的合成等中有重要作用。泛酸还在脂肪酸、胆固醇及乙酰胆碱的合成中起着十分重要的作用，并参与维持皮肤和黏膜的正常功能和毛皮的色泽，增强机体对疾病的抵抗力。

【临床应用】 临床上主要用于治疗肝病、肾病、白细胞减少症等。

【制剂、用法与用量】

泛酸钙片 20mg。内服：一次量，每1kg体重，犬0.5~1mg，一日2~3次。

## 维生素H（生物素、辅酶R）

【理化性质】 本品为白色针状结晶。极微溶于水和乙醇，不溶于其它有机溶剂。对热稳定；遇氧化剂、强酸、强碱易破坏。

【药理作用】 维生素H是动物体内多种酶的辅酶，参与体内的脂肪酸和碳水化合物的代谢；促进蛋白质的合成；还参与维生素$B_{12}$、叶酸、泛酸的代谢。缺乏时，动物会出现食欲不振、皮屑性皮炎、脱毛等。

【临床应用】 临床上主要用于维生素H缺乏症。

【制剂、用法与用量】

维生素H粉 内服：犬、猫可混饲，每吨饲料中加入200~300mg。

## 维生素C（抗坏血酸）

【理化性质】 维生素C广泛存在于新鲜水果、蔬菜和青绿饲料中。

【药理作用】

① 参与体内氧化还原反应 维生素C极易氧化脱氢，又有很强的还原性，在体内参与氧化还原反应而发挥递氢作用。如使红细胞的高铁血红蛋白还原为有携氧功能的低铁血红蛋

白；在肠道内促进三价铁还原为二价铁，有利于铁的吸收；使叶酸还原为二氢叶酸，继而还原为有活性的四氢叶酸，参与核酸形成过程。

② 参与细胞间质合成　维生素C能参与胶原蛋白的合成。胶原蛋白是细胞间质的主要成分，故维生素C能促进胶原组织、结缔组织、骨、软骨、皮肤等细胞间质的合成，保持细胞间质的完整性，增加毛细血管壁的致密性，降低其通透性及脆性。

③ 解毒作用　维生素C在谷胱甘肽还原酶的催化下，使氧化型谷胱甘肽还原为还原型谷胱甘肽，还原型谷胱甘肽的巯基（—SH）能与金属铅、砷离子及细菌毒素、苯等相结合而排出体外，保护含巯基酶的—SH不被毒物破坏，具有解毒作用。

④ 增强机体抗病力　维生素C能提高白细胞和吞噬细胞的功能，促进抗体形成，增强抗应激能力，维护肝脏的解毒功能，改善心血管功能。

⑤ 抗炎与抗过敏作用　维生素C能拮抗组胺和缓激肽的作用，并直接作用于支气管β受体而松弛支气管平滑肌，还能抑制糖皮质激素在肝脏中的分解破坏，因而对炎症和过敏有对抗作用。

⑥ 促进多种消化酶的活性　维生素C能激活胃肠道各种消化酶（淀粉酶除外）的活性，有助于消化。

【临床应用】　临床常作为急性或慢性传染病、热性病、慢性消耗性疾病、中毒、慢性出血、高铁血红蛋白症及各种贫血的辅助治疗，也用于风湿病、关节炎、骨折与创伤愈合不良、过敏性疾病等的辅助治疗。

【注意事项】　不宜与磺胺类、氨茶碱等碱性药物配用；与维生素A和维生素D有拮抗作用。

【制剂、用法与用量】

① 维生素C片　100mg。内服：一次量，犬0.1~0.5g，一日1次。

② 维生素C注射液　2mL:0.25g，5mL:0.5g，20mL:2.5g。肌内或静脉注射：一次量，犬0.02~0.1g，一日1次。

## 胆　碱

【理化性质】　胆碱是季铵碱，为无色结晶，吸湿性很强；易溶于水和乙醇，不溶于氯仿、乙醚等非极性溶剂。

【药理作用】　胆碱是合成乙酰胆碱和磷脂的必需物质，并能刺激肝细胞生成抗体；促进肝、肾的脂肪代谢。另外，胆碱也是体内蛋氨酸合成所需的甲基源之一。缺乏时，可引起严重的肝和肾功能障碍，消化不良，生长停滞，会出现体重减轻、呕吐、肝脏脂肪含量增加甚至坏死。如肝内脂肪沉积、肝脂肪变性等。

【临床应用】　临床上主要用于胆碱缺乏症。

【制剂、用法与用量】

氯化胆碱粉　内服：犬、猫可混饲，每1kg饲料中加入1g。

## 第二节　氨　基　酸

### 赖　氨　酸

【药理作用】　赖氨酸是宠物的必需氨基酸之一，能促进宠物机体发育、增强免疫功能，并有提高中枢神经组织功能的作用。赖氨酸为碱性必需氨基酸，由于谷物食品中的赖氨酸含量甚低，且在加工过程中易被破坏而缺乏，故称为第一限制性氨基酸。宠物体内只有补充了足够的 L-赖氨酸才能提高食物蛋白质的吸收和利用，达到均衡营养，促进生长发育。

【临床应用】 临床上主要用于赖氨酸缺乏症。

【制剂、用法与用量】

赖氨酸粉 内服：犬、猫可混饲，每1t饲料中加入3.5～9.0g。

## 蛋 氨 酸

【理化性质】 本品为白色薄片状结晶或结晶性粉末。有特殊气味。味微甜。

【药理作用】 对肝脏有保护作用，可抗肝硬变、脂肪肝及各种急性、慢性、病毒性、黄疸性肝炎；对心肌有保护作用，保护心肌细胞线粒体免受损害。缺乏时引起食欲减退、发育不良、体重减轻、肝肾机能减弱、肌肉萎缩、皮毛变质等。

【临床应用】 临床上主要用于蛋氨酸缺乏症。

【制剂、用法与用量】

苏氨酸粉 内服：犬、猫可混饲，每1t饲料中加入3.3～4.4g。

## 苏 氨 酸

【理化性质】 本品为白色斜方晶系或结晶性粉末；无臭，味微甜。253℃熔化并分解。高温下溶于水，25℃溶解度为20.5g/100mL；不溶于乙醇、乙醚和氯仿。

【药理作用】 苏氨酸能平衡氨基酸，促进蛋白质合成和沉积，消除因赖氨酸过量造成的体重下降，减轻色氨酸或蛋氨酸过量引起的生长抑制；吸收进入体内后可转变为其它氨基酸，特别是在饲料氨基酸不平衡时更为明显；苏氨酸缺乏会抑制免疫球蛋白及T、B淋巴细胞的产生，进而影响免疫功能；调节脂肪代谢，在宠物饲料中添加苏氨酸对机体脂肪代谢有明显的影响，它能促进磷脂合成和脂肪酸氧化。

【临床应用】 临床上主要用于苏氨酸缺乏症。

【制剂、用法与用量】

苏氨酸粉 内服：犬、猫可混饲，每1t饲料中加入4.3～8.1g。

## 17-氨基酸

【药理作用】 具有促进动物体蛋白质代谢，纠正负氮平衡，补充蛋白质，加快伤口愈合的作用。

【临床应用】 主要用于手术、严重创伤、大面积烧伤引起的氨基酸缺乏及各种疾病引起的低蛋白血症等。

【注意事项】 滴注过快可引起恶心、呕吐等不良反应。严重肝肾功能障碍的宠物慎用；对氮质血症、无尿症、心力衰竭及酸中毒等未纠正前禁用。

【制剂、用法与用量】

17-氨基酸注射液 250mL。静脉注射：一次量，犬、猫20～100mL。

## 第三节 钙 和 磷

### 一、钙

#### 氯 化 钙

【理化性质】 本品为白色、坚硬的碎块或颗粒；无臭，味微苦。易溶于水，极易潮解。

应遮光、密封保存。

【药理作用】

① 促进骨骼和牙齿的钙化　从而有利于动物的正常发育。

② 维持神经肌肉的正常兴奋性　当血钙浓度降低时，神经肌肉的兴奋性增高，甚至出现强直性痉挛；反之，则神经肌肉兴奋性降低，出现软弱无力等症状。

③ 抗过敏、消炎作用　钙能致密毛细血管内皮细胞，降低毛细血管的通透性，减少渗出和防止水肿。

④ 其它作用　钙离子能对抗血镁过高引起的中枢抑制和横纹肌松弛作用，可解救镁盐中毒；作为重要的凝血因子，可参与凝血过程。

【临床应用】　主要用于钙缺乏症，如钙、磷不足引起的抽搐、痉挛、软骨症和佝偻病。也可用于炎症初期及某些过敏性疾病的治疗，如皮肤瘙痒、血清病、荨麻疹、血管神经性水肿等。也可用于解除镁中毒。

【注意事项】

① 本品刺激性大，只宜静脉注射，不可漏注于血管外，以免引起局部肿胀和坏死。

② 静脉注射速度宜慢，以免血钙骤升，导致心律紊乱，使心脏停止于收缩期。

③ 钙与强心苷类均能加强心肌的收缩，二者不能合用。

【制剂、用法与用量】

① 氯化钙注射液　10mL:0.3g，10mL:0.5g，20mL:0.6g，20mL:1g。静脉注射：一次量，犬 0.5～1g，猫 0.1～0.5g。

② 氯化钙葡萄糖注射液　20mL:1g，100mL:5g。静脉注射：一次量，犬 5～10mL，猫 3～5mL。

## 葡萄糖酸钙

【理化性质】　本品为白色结晶或颗粒状粉末；无臭、无味。能溶于水，水溶液呈中性；不溶于乙醇或乙醚等有机溶剂。

【药理作用】　内服钙剂自小肠吸收，主要从尿液中排出，少量自粪便排出，也由唾液、汗腺、乳汁、胆汁和胰液排出。甲状旁腺、降钙素和维生素 D 维持内环境钙的稳定。

钙是体内含量最大的无机物，是维持神经、肌肉、骨骼、细胞膜和毛细血管通透性正常功能所必需的物质。钙离子是许多酶促反应的重要激活剂，对许多生理过程是必需的，如神经冲动传递，平滑肌和骨骼肌的收缩，肾功能，呼吸和血液凝固等。

【临床应用】　本品刺激性小，比氯化钙安全，用于钙缺乏，急性低血钙性抽搐。

【注意事项】　注射液若有沉淀，宜微温溶解后使用，静脉注射速度宜缓慢，且禁止与强苷、肾上腺素等药物合用。

【制剂、用法与用量】

葡萄糖酸钙注射液　20mL:2g，50mL:5g，100mL:10g，500mL:50g。静脉注射：一次量，犬 0.5～2g，猫 0.5～1.5g。

## 维丁胶性钙

【理化性质】　本品为白色半透明乳浊液。

【药理作用】　能够迅速补充机体钙的缺乏，促进钙、磷吸收，并使之在体内沉积骨化。

【临床应用】　用于治疗不宜内服的各种维生素 D 缺乏症，也可用于治疗支气管哮喘。

【注意事项】　个别犬、猫注射后，局部会出现红肿和过敏现象，量大应分点注射，用前摇匀，若有水油分离现象时禁用。

【制剂、用法与用量】

维丁胶性钙注射液　1mL：钙0.5mg，维生素$D_2$0.125mg。皮下或肌内注射：一次量，犬1～3mL，一日1次或隔日1次。

### 乳酸钙

【理化性质】　本品为白色或类白色结晶性或颗粒性粉末；几乎无臭，无味。微有风化性。能溶于水，几乎不溶于乙醇、氯仿和乙醚。

【药理作用】　内服后约有1/3在肠道吸收，维生素D可促进钙的吸收。主要自粪便排出，部分从尿液中排出。

【临床应用】　用于防治钙缺乏症，如佝偻病等。

【制剂、用法与用量】

乳酸钙粉　内服：一次量，犬0.5～2g，猫0.2～0.5g，一日2～3次。

## 二、磷

### 磷酸二氢钠

【理化性质】　本品为无色结晶或白色粉末。易溶于水，常制成注射液、片剂等。

【药理作用】　磷是骨、牙齿的组成成分，单纯缺磷也能引起佝偻病和骨软症；磷参与构成磷脂，以维持细胞膜的结构和功能；磷是三磷酸腺苷、脱氧核糖核酸与核糖核酸的组成成分，参与机体的能量代谢，对蛋白质合成有重要作用；磷还能构成磷酸盐缓冲对，参与体液酸碱平衡的调节；磷是核酸的组成成分，可参与蛋白质的合成；参与体脂肪的转运与贮存。

【临床应用】　本品为磷补充药，临床上主要用于钙、磷代谢障碍疾病（佝偻病、软骨症及产后瘫痪等）以及急性低血磷或慢性缺磷症。

【注意事项】　本品与补钙剂合用，可提高疗效。

【制剂、用法与用量】

磷酸二氢钠注射液　静脉注射：一次量，犬、猫0.5～1g，一日2次。

## 第四节　微量元素

## 一、铜

### 硫酸铜

【理化性质】　本品为深蓝色透明结晶块，或深蓝色结晶性颗粒或粉末。有风化性，溶于水，难溶于乙醇。硫酸铜含铜量为25.5%。

【药理作用】　铜能促进骨髓生成红细胞和血红蛋白的合成，促进铁在胃肠道的吸收，并使铁进入骨髓。缺铜时，会引起贫血，红细胞寿命缩短，以及生长停滞等；铜是多种氧化酶（如细胞色素氧化酶、抗坏血酸氧化酶、酪氨酸酶、单胺氧化酶、黄嘌呤氧化酶等）的组成成分，与生物氧化密切相关；铜能催化酪氨酸氧化生成黑色素，使毛发变黑色，缺乏时，可使毛褪色、毛弯曲度降低或脱落。铜还能促进磷脂的生成而有利于大脑和脊髓的神经细胞形成髓鞘，缺乏时，脑和脊髓神经纤维髓鞘发育不正常或脱髓鞘。硫酸铜还可以促进蛋氨酸的利用，能使蛋氨酸增效 10% 左右。

【临床应用】 主要用于犬、猫的铜缺乏症，也可作为犬的催吐药。

【制剂、用法与用量】

硫酸铜粉　内服：一次量，每 1kg 体重，犬 20~30mg。

## 二、锌

### 硫酸锌

【理化性质】 本品为无色透明的棱柱状或细针状结晶，或颗粒性结晶性粉末；无臭、味涩，有风化性。极易溶于水，易溶于甘油，不溶于乙醇。

【药理作用】 锌在蛋白质的生物合成和利用中起重要作用。锌是碳酸酐酶、碱性磷酸酶、乳酸脱氢酶等的组成成分，决定酶的特异性。锌又是维持皮肤、黏膜的正常结构与功能，以及促进伤口愈合的必要因素。缺锌时犬、猫生长缓慢，血浆碱性磷酸酶的活性降低，精子的产生及其运动性降低，伤口及骨折愈合不良。

0.1%~0.5% 溶液对黏膜有收敛作用，外用可作为黏膜的收敛和消炎药；1% 溶液内服可刺激胃黏膜，反射性地引起呕吐。

【临床应用】 主要用于锌缺乏症，也可作为黏膜的收敛和消炎药，也可作为犬、猫的催吐药。

【注意事项】 锌摄入过多可影响蛋白质代谢和钙的吸收，并导致钙缺乏症。

【制剂、用法与用量】

硫酸锌片　内服：一次量，每 1kg 体重，犬 2~3mg，一日 1 次。

## 三、锰

### 硫酸锰

【理化性质】 本品为浅红色结晶性粉末。易溶于水，不溶于乙醇。

【药理作用】 体内硫酸软骨素的形成需要锰。硫酸软骨素是形成骨基质黏多糖的重要成分。因此，体内缺锰时，骨的形成和代谢发生障碍，主要表现为腿短而弯曲、跛行、关节肿大；幼年犬、猫可发生运动障碍。此外，体内缺锰时，母犬、母猫发情障碍，不易受孕；公犬、公猫性欲降低，精子生成障碍等。

【临床应用】 主要用作饲料补充剂，防治锰缺乏症。

【制剂、用法与用量】

硫酸锰片　内服：一次量，犬 0.1~0.2g，一日 1 次。

## 四、硒

### 亚硒酸钠

【理化性质】 本品为白色结晶，在空气中稳定，易溶于水，不溶于乙醇。

【药理作用】 亚硒酸钠主要有以下功能：

① 抗氧化　硒是谷胱甘肽过氧化物酶的组成成分，参与所有过氧化物的还原反应，能使细胞膜和组织免受过氧化物的损害。

② 参与辅酶 Q 的合成　辅酶 Q 在呼吸链中起递氢作用，参与 ATP 的生成。

③ 维持犬、猫正常生长　硒蛋白是肌肉组织的正常成分，缺乏时可发生白肌病样的严重肌肉损害，以及心、肝和脾的萎缩或坏死。

④ 维持精细胞的结构和机能　缺硒可致睾丸曲细精管发育不良，精子减少。此外，硒可降低汞、铅、银等重金属的毒性，增强机体免疫力。

【临床应用】　硒在临床上用于防治硒缺乏症，如与维生素 E 联用，效果更好。

【注意事项】　硒具有一定的毒性，用量过大可发生中毒，表现运动失调、鸣叫、起卧、出汗、严重的体温升高、呼吸困难等。中毒后服用砷剂，可减少体内硒的吸收和促进硒从胆汁排出。也可喂含蛋白质丰富的饲料，结合补液、补糖，缓解中毒。

【制剂、用法与用量】

亚硒酸钠注射液　1mL:2mg，5mL:5mg，5mL:10mg。肌内注射：一次量，犬、猫 0.5～3mL，隔 15d 给药一次。

亚硒酸钠维生素 E 注射液　1mL，5mL，10mL。肌内注射：一次量，犬、猫 1～2mL。

## 五、碘

### 碘

【理化性质】　为灰黑色或蓝黑色、有金属光泽的片状结晶或块状物；质脆，有特臭。在常温中能挥发。在水中几乎不溶，溶于碘化钾或碘化钠的水溶液中，在乙醇、乙醚或二硫化碳中易溶，在氯仿中溶解，在四氯化碳中略溶。

【药理作用】　碘是甲状腺素的重要组成成分。甲状腺素具有调节新陈代谢的重要作用，包括促进蛋白质合成、调节能量的转换、加速生长发育等作用。犬、猫缺乏时可引起甲状腺肿大、脱毛、全身性皮肤干燥、稀疏以及体重增加。但碘摄入过量可引起犬、猫眼泪分泌过多、流涎以及皮肤干燥和变薄等。

【临床应用】　主要用于防治碘缺乏症。

【注意事项】　有口腔疾患动物慎用；急性支气管炎、肺水肿、高钾血症、甲状腺功能亢进症、肾功能受损的动物慎用。

【制剂、用法与用量】

复方碘口服溶液　1mL 中含碘 50mg，碘化钾 100mg。内服：一次量，犬 0.1～0.3mL。

## 六、钴

### 氯化钴

【理化性质】　本品为紫红色或红色单斜系结晶，稍有风化性。极易溶于水及乙醇，水溶液呈桃红色，醇溶液为蓝色。应遮光、密封保存。

【药理作用】　临床上常用氯化钴。钴是红细胞、维生素 $B_{12}$、核苷酸还原酶和谷氨酸变位酶的必需成分之一，但迄今为止还无证据说明钴本身是动物必需的。犬、猫以维生素 $B_{12}$ 形式利用。此外，维生素 $B_{12}$ 是甲基丙二酰辅酶 A 异构酶的辅酶，此酶催化甲基丙二酰辅酶转变为琥珀酰辅酶 A，故维生素 $B_{12}$ 在丙酸代谢中尤为重要。另外，钴为红细胞生成所必需，具有兴奋骨髓制造红细胞的作用，且钴还参加 DNA 的合成和氨基酸的代谢。

【临床应用】　主要用于防治恶性贫血、肝脂肪变性等钴缺乏症，也可用于促进食欲和增重。

【注意事项】　饲用过多的钴可原因不明地引起中毒，动物表现为食欲减退、体重下降、贫血。

【制剂、用法与用量】

氯化钴片　20mg，40mg。内服：一次量，犬5～15mg。

### 案例分析

【基本情况】　贵宾犬：3岁，母，体重2.7kg。主诉：生3只仔犬，刚满28d，从昨天起突然喘气厉害，呻吟，流涎，抽搐，口吐白沫，行走困难，很快发展为四肢肌肉震颤。

【临床检查】　该犬精神沉郁，乳房肿大，体温41.5℃，呼吸132次/min，心跳185次/min，全身肌肉强直性痉挛，抽搐，卧地不起，表现痛苦，头向后仰，眼结膜发绀，眼向上翻，角弓反张，四肢呈游泳状，张口伸舌。根据检查结果，初步诊断为产后缺钙。

【治疗方案】　葡萄糖注射液100mL，10%葡萄糖酸钙15mL，混合后缓慢静脉注射。用药后15min，患犬症状开始缓解，体温降到40.2℃，呼吸90次/min，心跳152次/min；30min后，体温39.0℃，呼吸72次/min，心跳138次/min，患犬抽搐症状消失，呈睡眠状态，表现极度疲劳。输液结束后，体温38.4℃，呼吸25min，心跳122次/min，患犬能站立行走，基本恢复正常。次日静脉注射10%葡萄糖酸钙10mL，患犬已经完全恢复正常。为预防复发，以后每天内服钙片，每次2片，每天2次，随后追访，未见复发。

【疗效评价】　钙有维持神经肌肉正常兴奋性的作用，当血钙浓度降低时，神经肌肉的兴奋性增高，甚至出现强直性痉挛；反之，则神经肌肉兴奋性降低，出现软弱无力等症状。葡萄糖酸钙为治疗产后缺钙症的常用药物，但本品刺激性大，只宜静脉注射，不可漏注血管外，以免引起局部肿胀和坏死，静脉注射速度宜慢，以免血钙骤升，导致心律紊乱，使心脏停止于收缩期。

### 【复习思考题】

1. 简述维生素$B_1$、维生素C、维生素D、维生素E的作用与应用。
2. 佝偻病、软骨病怎样治疗？
3. 微量元素硒、锌、铜、钴可防治犬、猫哪些疾病，如何选用？

# 第十五章 抗肿瘤药物

肿瘤组织主要由增殖细胞群、非增殖细胞（$G_0$）群和无增殖能力的细胞群组成。根据对增殖周期中各阶段细胞的敏感性不同，抗肿瘤药物常分为以烷化剂为代表的周期非特异性药物和以抗代谢药为代表的周期特异性药物；联合用药、大剂量间歇疗法、序贯疗法等用药方法在抗肿瘤药物的使用中起到积极的治疗作用。免疫功能调节药物包括免疫抑制剂和免疫增强剂；免疫抑制剂可非特异性地降低机体的免疫能力，临床常用环孢霉素A、硫唑嘌呤等治疗自身免疫性疾病；免疫增强剂主要利用其免疫增强作用，治疗免疫缺陷疾病、慢性感染及作为肿瘤性疾病的辅助治疗，临床常用药物有转移因子、胸腺素、干扰素等。

## 第一节 概 述

肿瘤是严重威胁动物机体健康的常见病、多发病，目前尚无满意的防治措施。治疗恶性肿瘤的方法主要为手术切除、免疫治疗、药物治疗和内分泌治疗，其中药物治疗是当今主要的治疗手段。但现有的抗肿瘤药物除了杀灭肿瘤细胞外，同时也对正常的体细胞有杀灭作用，从而在使用过程中会出现严重的不良反应。同时随着抗肿瘤药物的不断应用，肿瘤细胞也对部分药物产生了耐药性，降低了药物的治疗效果。近年来，在分子生物学、细胞动力学、免疫学的理论指导下以及采用联合用药的方法，恶性肿瘤药物治疗的疗效有显著的提高，并明显减少了不良反应及耐药性的发生。

### 一、细胞增殖动力学

**1. 细胞增殖周期**

恶性肿瘤在病程中，肿瘤细胞常不断地进行增殖，肿瘤细胞从一次分裂结束到下一次分裂结束这一间隔周期称为细胞增殖周期。此期间在复杂的酶系统控制下发生了一系列有规律的变化，先合成DNA，以DNA为模板转录合成RNA，由RNA翻译合成蛋白质。

细胞增殖周期分为四个时相。$G_1$期为DNA合成前期，刚分裂出来的子细胞继续增大，合成RNA、蛋白质，为S期DNA的合成作准备。S期为DNA合成期，DNA不断增加，增加1倍，将平均分到两个子细胞中去。DNA是控制肿瘤增殖、代谢的主要成分，也是许多抗肿瘤药物作用的主要对象。$G_2$期为DNA合成后期，以S期合成的DNA为模板，转录合成RNA，再翻译合成蛋白质。M期为有丝分裂期，分裂为两个含有全部遗传信息的子细胞。在一个肿瘤群体内可有不同增殖期的肿瘤细胞，亦有因缺少营养成分或受机体免疫抑制处于静止状态，暂时不增殖但有增殖能力的$G_0$期细胞，还有已分化完全不能再增殖，直至死亡的终末期细胞。

**2. 肿瘤组织构成**

肿瘤组织主要由增殖细胞群、非增殖细胞（$G_0$）群和无增殖能力的细胞群组成。

**（1）增殖细胞群** 指正处于按指数分裂增殖阶段的细胞群，这部分细胞在肿瘤全部细胞群中所占的比例称为生长比率（GF）。增长迅速的肿瘤，GF值较大，接近1，对药物最敏感，药物疗效也好；增长慢的肿瘤，GF 值较小，0.5～0.01，对药物敏感性低，疗效较差。同一种肿瘤早期的 GF 值较大，药物的疗效也较好。

（2）**非增殖细胞**（$G_0$）**群** 这类细胞具有增殖能力，对药物不敏感，属处于细胞的非增殖阶段，只有当在增殖周期中的肿瘤细胞因药物治疗或者其它原因明显减少时，该细胞群可进入增殖周期。因此，该类细胞既是肿瘤药物治疗的障碍，也是肿瘤细胞反复增殖的根源。

（3）**无增殖能力细胞群** 该类细胞不进行分裂，最后自然死亡。

**3. 抗肿瘤药物基本作用**

（1）细胞周期非特异性药物主要杀灭增殖细胞群中各期细胞。该类药物选择性差，而且对于非增殖细胞群几乎无效。如烷化剂、抗癌抗生素等。

（2）细胞周期特异性药物仅对某一增殖周期中的肿瘤细胞有较强的杀灭作用，选择性比较高。可分为两类，一类是作用于 S 期药物，如甲氨蝶呤、阿糖胞苷等；另一类是作用于 M 期的药物，如长春碱等。

## 二、抗肿瘤药物的作用机理及分类

**1. 作用机理**

（1）**抑制核酸合成** 核酸是一切生物的重要生命物质，此类抗肿瘤药物可在不同环节阻止核酸和蛋白质的合成，从而影响肿瘤细胞的分裂增殖，属于细胞周期特异性抗肿瘤药。根据药物主要干扰的生化步骤或所抑制的靶酶不同，可进一步分为：①二氢叶酸还原酶抑制剂（抗叶酸剂），如氨甲蝶呤等；②嘧啶类核苷酸抑制剂，影响尿嘧啶核苷的甲基化（抗嘧啶剂），如氟尿嘧啶等；③嘌呤类核苷酸抑制剂（抗嘌呤剂），如巯嘌呤，6-硫鸟嘌呤等；④核苷酸还原酶抑制剂，如羟基脲等；⑤DNA 多聚酶抑制剂，如阿糖胞苷等。

（2）**破坏 DNA 结构和功能** DNA 结构功能的破坏可导致细胞分裂，增殖停止甚至死亡。少数受损细胞的 DNA 可修复而存活下来，引起耐药。如烷化剂、铂类化合物、丝裂霉素等。

（3）**干扰转录过程阻止 RNA 合成** 如蒽环类，可嵌入 DNA 双螺旋链的碱基对之间，干扰转录过程，阻止 mRNA 的形成。代表性的药物有柔红霉素、放线菌素 D 等。

（4）**影响蛋白质合成** 根据药物主要干扰的生化步骤可分为：①影响微管蛋白装配的药物，干扰有丝分裂中纺锤体的形成，使细胞停止于分裂中期；如长春新碱、紫杉醇及秋水仙碱等；②干扰核蛋白体功能，阻止蛋白质合成的药物，如三尖杉酯碱；③影响氨基酸供应，阻止蛋白质合成的药物，如门冬酰胺酶可降解血中门冬酰胺，使瘤细胞缺乏此氨基酸，不能合成蛋白质。

（5）**影响体内激素平衡** 与激素相关的肿瘤如乳腺癌、子宫内膜癌，仍部分地保留了对激素的依赖性和受体。通过内分泌或激素治疗，可改变原来机体的激素平衡和肿瘤生长的内环境，从而抑制肿瘤的生长。另一类药物如他莫昔芬则是通过竞争肿瘤表面的受体，干扰雌激素对乳腺癌的刺激。而肾上腺皮质激素则可通过影响脂肪酸的代谢而引起淋巴细胞溶解，因此对急性白血病和恶性淋巴瘤有效。激素类药包括雌、雄激素和肾上腺皮质激素等。

**2. 不良反应**

多数抗肿瘤药物治疗指数小，选择性差，杀伤肿瘤细胞的同时，对正常组织细胞也有杀伤作用，特别是对增殖更新快的骨髓、淋巴组织、胃肠黏膜上皮、毛囊和生殖细胞等正常组织损伤更明显。

（1）**骨髓抑制** 绝大多数抗肿瘤药物对造血系统都有不同程度的毒性作用。一般损伤

DNA 的药物对骨髓的抑制作用较强，抑制 RNA 合成的药物次之，影响蛋白质合成的药物对骨髓的抑制作用较小。

**(2) 胃肠反应** 表现为呕吐、厌食、急性胃炎、腹泻、便秘等，严重时出现胃肠道出血、肠梗阻、肠坏死，还有不同程度的肝损伤。

**(3) 变态反应** 一般变态反应临床主要表现为皮疹、血管神经性水肿、呼吸困难、低血压、过敏性休克等。

**(4) 肾损伤及膀胱毒性** 肾损伤包括肾功能异常，血清肌酐升高或蛋白尿，甚至少尿、无尿，急性肾功能衰竭。化学性膀胱炎包括尿频、尿急、尿痛及血尿。

**(5) 其它** 神经系统反主要表现：外周神经包括肢体麻木和感觉异常、可逆性末梢神经炎、下肢无力。中枢神经包括意识混乱、昏睡、罕见惊厥和意识丧失。植物神经包括小肠麻痹引起的便秘、腹胀等。

**3. 分类**

按照药物来源和化学性质分类：

(1) **烷化剂** 如氮芥、苯丁酸氮芥、环磷酰胺等。
(2) **抗代谢药** 如甲氨蝶呤、阿糖胞苷等。
(3) **抗生素** 如更生霉素、多柔比星等。
(4) **植物药** 如长春新碱、秋水仙素等。
(5) **激素类** 如肾上腺皮质激素、雄激素、雌激素等。
(6) **其它药物** 如顺铂、卡铂、门冬酰胺酶等。

## 第二节 常用抗肿瘤药物

### 一、烷化剂

烷化剂又称烃化剂，是一类化学性质很活泼的化合物。它们具有活泼的烷化基团，能与细胞中 DNA 或蛋白质中的氨基、羟基和磷酸基等起作用，常可形成交叉连接或引起脱嘌呤作用，造成 DNA 结构和功能的损害，甚至引起细胞死亡。

#### 氮 芥

【理化性质】 常用其盐酸盐，为白色结晶性粉末；有吸湿性与腐蚀性。在水中极易溶解，在乙醇中易溶。应遮光、密封保存。

【药理作用】 与鸟嘌呤第 7 位氮共价结合，产生 DNA 双链内的交叉连接或 DNA 的同链内不同碱基的交叉连接。$G_1$ 期及 M 期细胞对氮芥的细胞毒作用最为敏感，由 $G_1$ 期进入 S 期延迟。大剂量时对各周期的细胞和非增殖期细胞均有杀伤作用。

【临床应用】 主要用于恶性淋巴瘤及癌性胸膜、心包及腹腔积液。对急性白血病无效。

【注意事项】

① 局部刺激性强，必须静脉注射；漏出血管外易引起溃疡，一旦漏出血管外应立即局部皮下注射 0.25% 硫代硫酸钠或生理盐水及冷敷 6~12h。

② 骨髓抑制作用可持续 9~20d。

③ 除胃肠道反应外，还多见毛发脱落、黄疸等症状。

【制剂、用法与用量】

氮芥注射液 静脉注射：一次量，犬 5~10mg，每周 1~2 次，疗程间隔为 2~4 周。

## 苯丁酸氮芥（瘤可宁）

**【理化性质】** 为类白色结晶性粉末；微臭。遇光或放置日久，色逐渐变深。不溶于水，易溶于乙醇、氯仿。

**【药理作用】** 作用机制基本同于氮芥，主要引起DNA链的交叉连接而影响DNA的功能。

**【临床应用】** 主要用于慢性淋巴细胞性白血病。

**【注意事项】**

① 消化道反应、骨髓抑制均较轻，但大剂量或长期应用则骨髓抑制较深，恢复时间延长。

② 偶见过敏、皮疹、发热。

③ 长期或者大剂量应用会导致间质性肺炎及抽搐。

**【制剂、用法与用量】**

苯丁酸氮芥片　内服：首次给药，每1kg体重，犬、猫0.1～0.2mg；维持剂量，每1kg体重，犬、猫0.03～0.1mg，总量400～500mg为1疗程。

## 环磷酰胺

**【理化性质】** 为白色结晶或结晶性粉末（失去结晶水即液化），在室温中稳定。在水中溶解，水溶液不稳定，故应在溶解后短时间内使用。易溶于乙醇。应避免高热（32℃以下）及日光照射。

**【药理作用】** 属于周期非特异性药物，作用机制与氮芥相同。

**【临床应用】** 对恶性淋巴瘤、白血病、多发性骨髓瘤均有效，对神经母细胞瘤、横纹肌瘤、骨肉瘤及多种癌症也有一定疗效。

**【注意事项】** 同氮芥。

**【制剂、用法与用量】**

① 环磷酰胺片　内服：抗癌用，一次量，犬50～100mg，一日2次，连用2～4周；抑制免疫用，一次量犬25～55mg，一日2次，连用4～6周。

② 环磷酰胺注射液　静脉注射：一次量，每1kg体重，犬4mg，一日1次，可用到总剂量8～10g。目前多提倡中等剂量间歇给药，一次量，犬0.6～1g，每5～7日1次，疗程和用量同上；亦可一次大剂量给予每1kg体重20～40mg，间隔3～4周再用。

## 二、抗代谢药

### 甲氨蝶呤

**【理化性质】** 为橙黄色结晶性粉末。几乎不溶于水，溶于稀盐酸，易溶于稀碱溶液。应遮光、密封保存。

**【药理作用】** 四氢叶酸是体内合成嘌呤核苷酸和嘧啶脱氧核苷酸的重要辅酶，本品作为一种叶酸还原酶抑制剂，主要抑制二氢叶酸还原酶而使二氢叶酸不能还原成有生理活性的四氢叶酸，从而使DNA的生物合成受到抑制。此外，本品对胸腺核苷酸合成酶也有抑制作用，但抑制RNA与蛋白质合成的作用则较弱，本品主要作用于细胞周期的S期，属细胞周期特异性药物，对$G_1$期、S期的细胞也有延缓作用，对$G_1$期细胞的作用较弱。

**【临床应用】** 全身用药治疗绒毛膜上皮癌、恶性葡萄胎、各类急性白血病、肺癌、头颈部癌、消化道癌及恶性淋巴瘤等。

【注意事项】
① 胃肠道反应主要为口腔炎、口唇溃疡、咽炎、恶心、呕吐、胃炎及腹泻。
② 骨髓抑制主要表现为白细胞下降，对血小板亦有一定影响，严重时可出现皮肤或内脏出血。
③ 肾脏损害常见于高剂量时，出现血尿、蛋白尿、尿少、氮质血症、尿毒症等。
④ 还有毛发脱落、皮炎、色素沉着及药物性肺炎等不良反应，鞘内或头颈部动脉注射剂量过大时，可出现头痛、背痛、呕吐、发热及抽搐等症状。
⑤ 妊娠早期使用可致畸胎。

【制剂、用法与用量】
甲氨蝶呤注射液　静脉注射：一次量，犬 10～20mg，一日 1 次，连用 5～10d，1 疗程剂量为 80～100mg。

## 阿糖胞苷

【理化性质】 白色或类白色结晶粉末，溶于水、乙醇、氯仿。应遮光、密封、冷藏保存。

【药理作用】 本品主要作用于细胞 S 增殖期的嘧啶类抗代谢药物，通过抑制细胞 DNA 的合成，干扰细胞的增殖。阿糖胞苷进入体内经激酶磷酸化后转为二磷酸及三磷酸阿糖胞苷，从而抑制细胞 DNA 聚合及合成。

本品为细胞周期特异性药物，对处于 S 增殖期细胞的作用最敏感，抑制 RNA 及蛋白质合成的作用较弱。

【临床应用】 主要用于急性白血病。对急性粒细胞白血病疗效最好，对急性单核细胞白血病及急性淋巴细胞白血病也有效。一般均与其它药物合并应用。

【注意事项】
① 骨髓抑制、消化道反应常见，少数可见肝功能异常、发热、皮疹。
② 四氢尿苷可抑制脱氨酶，延长阿糖胞苷血浆半衰期，提高血中浓度，起增效作用。
③ 本品可使细胞部分同步化，继续使用环磷酰胺等药物可增效。

【制剂、用法与用量】
阿糖胞苷注射液　静脉注射：一次量，每 1kg 体重，犬 2～5mg，一日 1 次，连用 10～14d。

## 三、抗生素

## 放线菌素 D（更生霉素）

【理化性质】 为鲜红色结晶或橙红色结晶性粉末；无臭，有吸湿性，遇光及热不稳定，使其效价降低。几乎不溶于水。应遮光、密封保存。

【药理作用】 在细胞内通过还原酶活化后起作用，使 DNA 解聚，同时阻断 DNA 的复制；高浓度时对 RNA 和蛋白质的合成也有抑制作用。主要作用于晚 $G_1$ 期和早 S 期细胞，在酸性及乏氧条件下也有作用。

【临床应用】 本品对多种实体肿瘤有效，特别是对消化道癌，是目前常用的抗肿瘤药物之一。

【注意事项】

① 骨髓抑制、消化道反应常见，少数可见肝功能异常、发热、皮疹、毛发脱落等。

② 本品溶解后需在 4～6h 内用完。与维生素 C、维生素 $B_6$ 等配伍静脉应用时，可使本品疗效显著降低。

【制剂、用法与用量】

放线菌素 D 注射液　静脉注射：一次量，犬、猫 0.2～0.4mg，一日 1 次。

### 多柔比星（阿霉素）

【理化性质】　盐酸盐为橘红色针状结晶。易溶于水，水溶液稳定。在碱性溶液中迅速分解。应遮光、密封保存。

【药理作用】　嵌入 DNA 配对碱基之间，干扰转录过程，阻止 mRNA 的形成，起到抗肿瘤作用。既能抑制 DNA 的合成，也影响 RNA 的合成，所以对细胞周期各阶段均有作用，为细胞周期非特异性药物。此外，多柔比星还可导致自由基的生成，能与金属离子结合，与细胞膜结合。自由基的形成与心脏毒性有关。多柔比星对乏氧细胞也有效。

【临床应用】　本品为广谱抗肿瘤药，对急性白血病、淋巴瘤、肺癌及多种其它实体性肿瘤均有效。

【注意事项】

① 骨髓抑制、消化道反应常见，少数可见肝功能异常、发热、皮疹、毛发脱落等。

② 剂量过大可导致心肌炎，甚至心力衰竭。辅酶 $Q_{10}$、维生素 C、维生素 E 等具有清除自由基的作用，可降低本品的心脏毒性。

【制剂、用法与用量】

多柔比星注射液　静脉注射：一次量，犬 10～20mg，一日 1 次，连用 3d，间隔 3 周再给药。

## 四、植物药

### 长春新碱（醛基长春碱）

【理化性质】　常用其硫酸盐。为白色或类白色结晶性粉末，无臭，有吸湿性。遇光或热易发黄。易溶于水。对光极敏感。应遮光、密封保存。

【药理作用】　本品除作用于微管蛋白外，还干扰蛋白质代谢及抑制 RNA 多聚酶的活力，并抑制细胞膜类脂质的合成、氨基酸在细胞膜的转运。因此，本品除作用于 M 期外，还对 $G_1$ 期有作用。

【临床应用】　临床多用于急性及慢性白血病、恶性淋巴瘤、小细胞肺癌、消化道癌等。

【注意事项】

① 有消化道反应及骨髓抑制作用。

② 本品刺激性强，不可漏至血管外。

【制剂、用法与用量】

长春新碱注射液　静脉注射：一次量，犬 0.02mg/kg，一周 1 次，总量 6～10mg 为一疗程。

### 秋 水 仙 素

【理化性质】　本品为百合科植物秋水仙中提取出的一种生物碱，也称秋水仙碱。纯秋水仙素呈黄色针状结晶；味苦，有毒。熔点 157℃。易溶于水、乙醇和氯仿。遇光色变深。

【药理作用】
① 和中性粒细胞微管蛋白的亚单位结合而改变细胞膜功能，抑制中性粒细胞的趋化、黏附和吞噬作用。
② 抑制磷酸酯酶 $A_2$，减少单核细胞和中性白细胞释放前列腺素和白三烯。
③ 抑制局部细胞产生白细胞介素-6 等，从而达到控制关节局部的疼痛、肿胀及炎症反应。

【临床应用】
① 痛风　本品可能是通过减低白细胞活动和吞噬作用及减少乳酸形成，从而减少尿酸结晶的沉积，减轻炎性反应，起止痛作用。主要用于急性痛风，对一般疼痛、炎症和慢性痛风无效。
② 抗肿瘤　可抑制细胞的有丝分裂，有抗肿瘤作用，但毒性大，现已少用。

【注意事项】
① 消化道反应　恶心、食欲减退、呕吐、腹部不舒适感以及腹泻。
② 骨髓毒性反应　主要是对骨髓的造血功能有抑制作用，导致白细胞减少、再生障碍性贫血等。
③ 肝脏损害　可引起肝功能异常，严重者可发生黄疸。
④ 肾脏损害　可出现蛋白尿现象，一般不会引起肾功能衰竭。

【制剂、用法与用量】
秋水仙素片　内服：用于治疗急性痛风，首次量，犬 1mg，维持量 0.5mg，一日 2～3 次直至症状缓解或出现不良反应。用于治疗急性痛风性关节炎发作时 24h 内不可超过 6mg，并在症状缓解后 48h 内不需服用，72h 后每日服用 0.5～1mg，连服 7d。预防痛风急性发作：每日或隔日 0.5～1mg。

## 第三节　抗肿瘤药物的合理应用

合理用药是肿瘤药物治疗成功的关键，根据抗肿瘤药物的作用机制和细胞增殖动力学制定出合理的用药方案，不仅可以提高疗效、延缓肿瘤细胞的耐药性产生，而且还可以降低药物毒性。因此，以下几种用药方法在联合用药时可以考虑使用：

### 一、大剂量间歇疗法

一般均采用机体能耐受的最大剂量，特别是对病期较早、健康状况较好的动物应用环磷酰胺、甲氨蝶呤等时，大剂量间歇用药法常比较小剂量连续用药法效果好。此方法杀灭的肿瘤细胞多，且间歇给药可诱导 $G_0$ 期细胞进入增殖期，并减少肿瘤的复发，还有利于造血功能的恢复和减少耐药性的产生。

### 二、序贯疗法

根据细胞增殖动力学规律用药，针对增长缓慢的实体瘤，其 $G_0$ 期细胞较多，一般先用周期非特异性药物，杀灭增殖期及部分 $G_0$ 期细胞，使瘤体缩小并促进 $G_0$ 期细胞进入增殖周期，继而选择周期特异性药物杀死增殖期细胞；相反，对生长比率高的肿瘤（如急性白血病），则先用杀灭 S 期或 M 期的周期特异性药物，以后再用周期非特异性药物杀灭其它各期细胞，待 $G_0$ 期细胞进入周期时，可重复上述疗程。按此给药的方法称为序贯疗法。此外，瘤细胞群中的细胞往往处于不同时期，若将作用于不同时期的药物联合应用，还可收到各药分别打击各期细胞的效果。

## 三、联合疗法

选择不同作用机制的抗肿瘤药物联合应用，不仅可增强疗效，也可以避免毒性增加甚至减轻毒性反应。如阿糖胞苷与巯嘌呤合用可以从不同环节阻止肿瘤细胞生长。多数抗肿瘤药物都有一定的骨髓抑制作用，而长春碱抑制骨髓作用轻，激素类有刺激骨髓造血功能，与其它药物联合使用可降低不良反应。

## 第四节 免疫功能调节药物

机体的免疫系统包括免疫器官、免疫细胞及免疫分子，免疫系统发挥着识别和处理抗原性异物的功能。正常的免疫功能对机体的防疫反应、自身稳定及免疫监视等诸多方面发挥着重要的作用。当免疫功能异常时，可出现免疫病理性反应，如自身免疫性疾病、变态反应、免疫缺陷症等，因此需要免疫功能调节性药物来恢复机体的免疫机能。

影响免疫功能的药物有两类：免疫抑制药能抑制免疫活性过强者的免疫反应；免疫增强药能扶持免疫功能低下者的免疫功能。

## 一、免疫抑制剂

免疫抑制剂是一类能抑制机体免疫细胞的增殖和功能，降低机体免疫反应的药物。临床常用的免疫抑制药有环孢素、肾上腺皮质激素类、烷化剂和抗代谢药等，多用于治疗自身免疫性疾病和抑制器官移植的排异反应。

免疫抑制药都缺乏选择性和特异性，对正常和异常的免疫反应均呈抑制作用，故长期应用后，除了各药的特有毒性外，易出现因降低机体抵抗力而诱发感染、增加肿瘤发生率及影响生殖系统功能等不良反应。

### 硫唑嘌呤（依木兰）

【理化性质】 淡黄色粉末或结晶性粉末，无臭；味略苦。在稀氨溶液中易溶，在水中几乎不溶。

【药理作用】 本品具有嘌呤拮抗作用。由于免疫活性细胞在抗原刺激后的增殖期需要嘌呤类物质，此时给予嘌呤拮抗剂，可抑制 DNA 的合成，从而抑制淋巴细胞的增殖，即阻止抗原敏感淋巴细胞转化为免疫母细胞，产生免疫抑制作用。对 T 淋巴细胞的抑制作用比较强，对 B 淋巴细胞的抑制作用比较弱。

【临床应用】
① 器官移植时有排异反应，多与皮质激素合用。
② 广泛应用于类风湿性关节炎、自身免疫性溶血性贫血、活动性慢性肝炎、溃疡性结肠炎、重症肌无力等自身免疫性疾病。因不良反应多且严重，所以不作为以上疾病治疗的首选药。

【注意事项】
① 大剂量或长时间使用可有严重骨髓抑制，可见粒细胞减少，甚至再生障碍性贫血。偶尔可见中毒性肝炎、黏膜溃疡以及厌食、恶心、口腔炎等。
② 增加细菌、病毒和真菌感染的易感性。
③ 可导致胎儿畸形，因此孕期慎用。

【制剂、用法与用量】

硫唑嘌呤片　内服：一次量，每 1kg 体重，犬、猫 1~3mg。

## 环孢霉素 A（环孢素）

【药理作用】　主要抑制 T 细胞功能。可选择性地改变淋巴细胞功能，抑制淋巴细胞在抗原或分裂原刺激下的分化、增殖，抑制其分泌白细胞介素及干扰素等，抑制 NK 细胞的杀伤活力。环孢素与靶细胞受体结合后形成的复合物抑制 T 细胞活化及众多细胞因子的表达。

【临床应用】
① 器官移植时的排异反应，多与皮质激素合用。
② 广泛应用于类风湿性关节炎、自身免疫性溶血性贫血、慢性肾炎等自身免疫性疾病。

【注意事项】
① 常见有震颤、厌食、恶心、呕吐等不良反应。
② 用量过大、时间过长有可逆性的肝、肾损伤。用药期间宜监测肝、肾功能。
③ 可导致胎儿畸形，因此孕期慎用。

【制剂、用法与用量】
环孢霉素 A 片　内服：一次量，每 1kg 体重，犬、猫 10mg，视病犬临床症状可酌量增减。

## 二、免疫增强剂

免疫增强剂又称免疫激活剂，因大多数免疫增强药可能使过高的或过低的免疫功能调节到正常水平，临床主要用其免疫增强作用，治疗免疫缺陷疾病、慢性感染和作为肿瘤的辅助治疗。近年来也发现黄芪、人参、枸杞子、党参、五味子、冬虫夏草、灵芝和银耳多糖等传统中药也具有提高免疫功能的作用。

## 免疫球蛋白（丙种球蛋白）

【药理作用】　是健康动物血浆或血清中的免疫球蛋白，其中以丙种球蛋白为主。因含有健康动物血清中所具有的各种抗体，因此有增强机体抵抗力及预防感染的作用。

【临床应用】　用于免疫缺陷症及病毒性和细菌性疫病的预防和治疗。

【注意事项】　注射大量时可见局部疼痛和暂时性的体温升高。

【制剂、用法与用量】
注射用免疫球蛋白　静脉注射：一次量，每 1kg 体重，犬 1~3mL，一日 1 次，视病犬临床症状可酌量增减，可用 5% 葡萄糖注射液作适当稀释后滴注，速度为 15~20 滴/min。

## 转 移 因 子

【药理作用】　是从健康动物血液或者动物脾脏中提取的多核苷酸肽，相对分子质量小于 5000，可将细胞免疫活性转移给受体以提高后者的细胞免疫功能，由此获得的免疫力较持久。由于它没有抗原性，所以不存在输注免疫活性细胞的配型和相互排异问题。

【临床应用】
① 治疗某些抗生素难以控制的病毒性、细菌性及真菌性细胞内感染。
② 对恶性肿瘤可作为辅助治疗剂，对自身免疫性疾病和细胞免疫功能低下的有关疾病也有一定的疗效。

【注意事项】　低温（-20℃）保存。

【制剂、用法与用量】

转移因子注射液　皮下注射：一次量，犬、猫2mL，1~2周1次，慢性病以1~3个月为1疗程。

## 胸腺素（胸腺肽）

【药理作用】　是动物胸腺内的多种多肽类激素。本品可诱导淋巴干细胞转变为T细胞，并进一步分化成熟为具有特殊功能的各亚型T细胞群，能增强成熟T细胞对抗原或者其它刺激的反应，促使T细胞产生各种细胞因子，因而有增强细胞免疫功能的作用，对体液免疫的影响较小。

【临床应用】　临床主要用于细胞免疫缺陷的疾病、某些自身免疫性疾病和晚期肿瘤。

【注意事项】　常见不良反应为发热，偶尔可见皮疹及荨麻疹。

【制剂、用法与用量】

胸腺素注射液　皮下或肌内注射：一次量，每1kg体重，犬、猫2mg，一日1次，也可静脉滴注，每次20~80mg溶于0.9%生理盐水或5%葡萄糖注射液中，开始滴注速度要慢，观察无不良反应再将速度调至常量。7d为一疗程，根据病情疗程可增加。

## 干　扰　素

【药理作用】　干扰素（IFN）是病毒进入机体后诱导宿主细胞产生的一类具有多种生物学活性的糖蛋白，无抗原性，但具有高度的种属特异性，不能被免疫血清中和，但可被蛋白酶灭活。目前可通过大肠杆菌、酵母菌基因工程重组而获得，称为重组干扰素（r干扰素）。根据其抗原性和理化性质的不同，干扰素可分为α、β、γ三类。

干扰素具有抗病毒、抑制细胞增殖、调节免疫及抗肿瘤作用。

在抗病毒方面，它是一个广谱抗病毒药，其机制可能是作用于蛋白质合成阶段，临床可用于病毒感染性疾病。其免疫调节作用在小剂量时对细胞免疫和体液免疫都有增强作用，大剂量则产生抑制作用。IFN的抗肿瘤作用在于它既可直接抑制肿瘤细胞的生长，又可通过免疫调节发挥作用。本品对某些类型的淋巴瘤、黑色素瘤、乳癌等有效；而对肺癌、胃肠道癌及某些淋巴瘤无效。

【临床应用】　可用于病毒性疾病及肿瘤性疾病的辅助治疗。

【注意事项】

① 常见的不良反应有发热、疲劳、食欲下降、恶心、呕吐等症状。偶见嗜睡、呼吸困难、肝功能降低、白细胞减少及过敏反应等。

② 严重心、肝、肾功能不全，骨髓抑制动物禁用。

③ 具有高度的种属特异性，因此需针对动物种属类别选择适用的药物。

【制剂、用法与用量】

注射用杂合干扰素　皮下注射：一次量，犬10万~20万国际单位，一日1次，3~5d为一个疗程。可用原液直接滴鼻、滴眼，每次1~2滴，每日用药5~6次。也可以用吸雾方法给药。

## 白细胞介素-2（T细胞生长因子，TCGF）

【药理作用】　由TH细胞产生，可促进和维持T细胞的增殖与分化；诱导及增强自然杀伤（NK）细胞、淋巴因子激活的杀伤（LAK）细胞、B细胞的活性；促进抗体分泌；诱导干扰素产生。

【临床应用】　临床多用于细菌、真菌及病毒感染，多种肿瘤及先天或后天免疫缺陷症的治疗。

【注意事项】 4℃保存。

【制剂、用法与用量】

白细胞介素-2注射液　肌内注射：一次量，每1kg体重，犬、猫3万～5万国际单位，一日1次，连用3～5次。重症加量，如需要稀释可用灭菌生理盐水。

## 聚肌胞（聚胞苷酸）

【药理作用】 干扰素诱生剂，具有广谱抗病毒作用及免疫抑制作用。

【临床应用】 多用于病毒性疾病的治疗。

【制剂、用法与用量】

聚肌胞注射液　肌内注射：一次量，每1kg体重，犬0.04mg，一日1次，连用3d。

### 案例分析

【基本情况】 京巴犬：11岁，母，体重9kg。主诉：近两个月来一直感觉该犬状态不好，精神差，吃食少，走路没劲；10d前发现不吃东西，呕吐，一日2～3次，开始呕吐物为黄色黏液，后来呕吐物中带黑色血块，喜饮水，但近两天饮水后也出现呕吐症状，遂来院就医。

【临床检查】 该犬精神沉郁，眼窝下陷，呈中度脱水状，体温38.4℃，呼吸和心跳尚可，触诊胃肠空虚，内无硬物感，平时该犬无喜食垃圾、异物习惯；血常规检查、肝肾功能检查无明显异常；B超和X射线检查未发现肝、肾、脾、子宫有器质性病变；遂灌服钡餐后，每隔2h拍X射线片1张，连拍3张，以观察胃的排空情况，结果发现灌服钡餐后6h，钡餐仍停留于胃内，胃的排空出现障碍，初步怀疑肠道肿瘤，建议主人开腹探查。打开腹腔，找出十二指肠和胃连接部，隔肠管触诊时，有软物感，随后切开肠管，发现胃、十二指肠结合部有大量菜花状肿瘤结节。

【治疗方案】 距肿瘤结节处10cm切除肿瘤结节及肠管，然后进行断端吻合术；切除的肿瘤送病理切片检查，结果为恶性，主人强烈要求术后化疗。5%葡萄糖注射液250mL，长春新碱2mg，混合一次静脉注射，一周1次，连用6次；α-干扰素500万单位肌内注射，一日1次，连用15次。化疗后7d情况有所好转，吃少量食物和饮水，未发现呕吐，3月后追访，该犬状况尚可。

【疗效评价】 肿瘤性疾病是近年来宠物临床上的常见病和多发病，尤其是老龄犬、猫多发。同时本病大多发现时已是中晚期，故治愈率不高。本病例应用长春新碱化疗的同时，配合α-干扰素辅助治疗，起到较满意效果。从化疗4次情况来看，尚未发现因化疗作用引起的大量脱毛和恶病质症状。

### 【复习思考题】

1. 抗肿瘤药物按作用机制可分为哪几种？
2. 常见的抗肿瘤药物的不良反应有哪些？
3. 简述常用免疫抑制剂的种类和应用。
4. 简述常用免疫增强剂的种类和应用。

# 第十六章 解 毒 药

临床上用于解救毒物中毒的药物称为解毒药。在宠物的中毒病中，常见的毒物有内源性毒物和外源性毒物。内源性毒物是指在动物体内形成的毒物，主要是机体的代谢产物。外源性毒物是指从外界进入机体的毒物。一般中毒都是外源性毒物引起的，主要是有毒植物、药物、农药、毒鼠药、化肥、除草剂等。

中毒病的特点是发病迅速，且目前多数毒物尚无特异性的解毒药物。在不确定毒物种类和性质时，往往采取一般性的治疗措施。若确诊了毒物的种类和性质，应尽早使用特异性解毒药物。中毒急救的基本原则如下：

① 排除毒物 对消化道内毒物的排除方式有（犬用阿朴吗啡、猫选用隆朋或1%高锰酸钾溶液洗涤）、吸附（灌服活性炭）、清泻（如盐类泻剂）和灌肠等。

② 支持疗法 在没有特异性解毒药时，支持疗法能增强机体的代谢调节功能，降低毒性作用。如过度兴奋的病例应用镇静药；惊厥与痉挛时可静脉注射硫酸镁注射液；出血病例则进行止血；抢救休克，采取补充血容量，纠正酸中毒；呼吸困难的动物可先清除分泌物，使呼吸通畅，再肌内注射尼可刹米；为维持电解质平衡，防止脱水，应进行静脉补液；预防并发症时可适量应用抗生素。

③ 对因治疗 如果确诊毒物的种类和性质，应尽快使用特异性解毒药。

根据作用特点和疗效，解毒药分为非特异性解毒药和特异性解毒药。

## 第一节 非特异性解毒药

非特异性解毒药又称一般解毒药，其解毒范围广，但作用无特异性，解毒效率较低，仅通过破坏毒物、促进毒物排除、稀释毒物浓度、保护胃肠黏膜、阻止毒物吸收等方式，保护机体免遭毒物进一步的损害，赢取抢救时间，在实践中具有重要意义。常用的非特异性解毒药物有以下几种。

### 一、物理性解毒药

**1. 吸附剂**

使用吸附剂吸附毒物，减少毒物在体内的吸收，达到解毒的目的。吸附剂一般不溶于水，机体不易吸收，除氰化物中毒外均可应用。但吸附剂不能改变毒物的性质，时间过长，毒物会从吸附剂中脱离，所以应配合泻剂使毒物排出体外。常用的吸附剂为活性炭，配成2%~5%混悬液灌服。

**2. 催吐剂**

催吐剂系一类引起呕吐的药物。催吐作用可由兴奋中枢呕吐化学敏感区引起，如阿朴吗啡；也可通过刺激食道、胃等消化道黏膜，反射性兴奋呕吐中枢，引起呕吐，如硫酸铜。催吐药主要用于犬、猫等呕吐中枢发达的动物，进行中毒急救，排除胃内未吸收的毒物，减少有毒物质的吸收。常见的催吐药物有阿朴吗啡、硫酸铜、吐根末、吐酒石等。

### 阿朴吗啡

【理化性质】 本品为白色或灰白色细小有闪光结晶或结晶性粉末，无臭。能溶于水和乙醇，水溶液呈中性。

【药理作用】 本品为中枢反射性催吐药。能直接刺激延髓催吐化学感受区，反射性兴奋呕吐中枢，引起呕吐。口服作用较弱，缓慢，皮下注射后约 5～15min 可产生强烈的呕吐。

【临床应用】 常用于犬呕出胃内毒物，猫禁用。

【制剂、用法与用量】
阿朴吗啡注射液　皮下注射：一次量，犬 2～3mg。

## 二、化学性解毒药

**1. 氧化剂**

使用氧化剂以破坏生物碱、糖苷和氰化物等，使毒物毒性减弱或消失，从而达到解毒的目的。可用于生物碱类药物、氰化物、无机磷、巴比妥类、阿片类、士的宁、砷化物、一氧化碳、烟碱、毒扁豆碱、蛇毒、棉酚等的解毒。常用的氧化剂为 1% 高锰酸钾溶液。但有机磷毒物如 1605、1059、3911、乐果等的中毒不能用氧化剂解毒，否则会使毒物毒性增强。

**2. 中和剂**

使用酸性药物中和碱性毒物，使用碱性药物中和酸性毒物。如动物磷化锌中毒后，立即用碳酸钠中和胃酸，减少磷化氢的生成。但应注意，在使用中和剂时必须了解毒物的性质，否则反而会加剧毒性。常用的酸性解毒剂如 0.5%～1% 盐酸、稀醋酸等，碱性解毒剂如碳酸氢钠溶液、氧化镁和肥皂水等。

**3. 还原剂**

维生素 C 的解毒作用与其参与某些代谢过程、保护含硫基的酶、促进抗体生成、增强肝脏解毒能力和改善心血管功能等有关。

**4. 沉淀剂**

沉淀剂使毒物沉淀，以减少其毒性或延缓吸收而产生解毒作用。沉淀剂有鞣酸、浓茶、稀碘酊、钙剂、五倍子、蛋清、牛奶等。其中 3%～5% 鞣酸水或浓茶水为常用的沉淀剂，能与多种有机磷（如生物碱）、重金属盐生成沉淀，减少吸收。

## 三、药理性解毒药

这类药物主要通过药物与毒物之间的拮抗作用，部分或完全抵消毒物的作用而产生解毒。

毛果芸香碱、烟碱、氨甲酰胆碱、新斯的明等拟胆碱药与阿托品、颠茄及其制剂、曼陀罗、莨菪碱等抗胆碱药有拮抗作用，可互相作用为解毒药。阿托品等对有机磷农药及吗啡类药物也有一定的拮抗性解毒作用。

水合氯醛、巴比妥类等中枢抑制药与尼可刹米、安钠咖、士的宁等中枢兴奋药及麻黄碱、山梗菜碱、美解眠（贝美格）等有拮抗作用。

### 四、对症治疗药

针对治疗过程中出现的危症采取紧急措施，包括预防惊厥、维持呼吸机能、维持体温、治疗休克、减轻疼痛、调节电解质和体液、增强心脏机能等。常用的有兴奋药、镇静药、强心药、利尿药、镇痛药、止血药、降温药、补血药和补液药等。

## 第二节 特异性解毒药

特异性解毒药可特异性地对抗或阻断毒物的毒性作用而发挥解毒作用，而其本身多不具有与毒物相反的效应。本类药物特异性强，在中毒的治疗中占有重要地位。特异性解毒药可分为胆碱酯酶复活剂、金属络合剂、高铁血红蛋白还原剂、氰化物解毒剂和其它解毒剂等。

### 一、有机磷酸酯类中毒及特异性解毒药

有机磷酸酯类化合物是应用广泛、用量较大的一类杀虫剂，常见的有敌敌畏、敌百虫、马拉硫磷、蝇毒磷等。

**1. 毒理**

有机磷酸酯类可经消化道、呼吸道和皮肤渗入动物机体，与胆碱酯酶结合，形成磷酰化胆碱酯酶，使酶失去水解乙酰胆碱的活性，导致乙酰胆碱在体内大量蓄积，引起胆碱能神经支配的组织和器官出现过度兴奋的中毒症状，如流涎、全身肌肉震颤、呕吐、腹泻、瞳孔缩小、呼吸道分泌物增多等。严重者倒地昏迷不醒，癫痫样症状，最后因呼吸肌麻痹导致呼吸停止而死亡。

**2. 解毒机理**

除了采用常规措施处理外，主要从生理机能对抗及恢复胆碱酯酶活性进行解毒。目前常用的特异性解毒剂主要有两类：

（1）**生理对抗解毒剂** 用于解除因乙酰胆碱蓄积所产生的中毒症状。主要是阿托品类的抗胆碱药，其解毒机理主要在于阻断乙酰胆碱对 M 胆碱受体的作用，使之不出现胆碱能神经过度兴奋的临床症状。在应用阿托品解救有机磷中毒时，越早越好，剂量可适当加大或重复用药。

（2）**胆碱酯酶复活剂** 能使被抑制的胆碱酯酶迅速恢复正常的药物。目前常用的药物有碘解磷定、氯磷定、双解磷、双复磷等，其结构中的醛肟基或酮肟基具有强大的亲磷酸酯作用，能争夺结合在胆碱酯酶上的磷酸基，使胆碱酯酶与结合物分离，恢复活性。

胆碱酯酶复活剂对有机磷的烟碱样作用治疗效果明显，而阿托品对由有机磷引起的毒蕈碱样作用中毒症状解除效果较强，因此在解救有机磷酸酯类毒物中毒时可两种药物配合使用。

**3. 常用药物**

#### 碘解磷定

【**理化性质**】 本品为黄色颗粒状结晶或结晶性粉末；无臭，味苦。遇光易变质。在水中或热乙醇中溶解，在乙醇中微溶，在乙醚中不溶。

【**药理作用**】 本品以其季铵基团直接与胆碱酯酶的磷酰化基团结合，然后脱离胆碱酯酶，使胆碱酯酶重新恢复活性。此外，还可与进入血液的有机磷化合物结合，形成无毒的物

质，由肾脏排出体外。本品可用于解救多种有机磷中毒，但其解毒作用有一定的选择性。如对内吸磷、马拉硫磷效果好，对敌百虫、敌敌畏等效果略差，对二嗪农、甲氟磷无效。本品不易通过血脑屏障，对缓解中枢神经症状无效，且须与阿托品配合使用。

对轻度有机磷中毒，可单独应用本品或用阿托品控制中毒症状；中度或重度中毒时，因本品对体内已蓄积的乙酰胆碱无作用，则必须合用阿托品。

【临床应用】 用于解救有机磷酸酯类化合物中毒。

【注意事项】
① 禁止与碱性药物配伍使用，否则会转化成毒性更强的氰化物。
② 有机磷中毒时，禁止使用油类泄剂排毒。
③ 同时使用阿托品时，阿托品的用量相应减少。
④ 大剂量静脉注射时可抑制呼吸中枢；注射速度过快会产生呕吐、心动过速、运动失调；如果药液漏注到血管外，有强烈的刺激性，用时须注意。

【制剂、用法与用量】
碘解磷定注射液　静脉注射：一次量，每1kg体重，犬、猫20mg。

## 氯解磷定

【理化性质】 为微黄色的结晶或结晶性粉末。在水中易溶，在乙醇中微溶，在三氯甲烷、乙醚中几乎不溶。本品性质稳定，不易分解破坏，水溶性大，可供肌内注射和静脉注射。

【药理作用】 本品作用与碘解磷定相似，但其胆碱酯酶复活作用较强。作用快，副作用小，不能通过血脑屏障。对内吸磷、敌百虫、敌敌畏中毒超过48~72h也无效。

【临床应用】 用于解救有机磷酸酯类化合物中毒。

【注意事项】 见碘解磷定。

【制剂、用法与用量】
氯解磷定注射液　静脉注射：一次量，每1kg体重，犬、猫20mg。

## 二、有机氟中毒及特异性解毒药

氟乙酰胺、氟乙酸钠等是农业生产中广泛使用的杀虫剂、杀鼠剂。犬、猫常因误食毒饵或吃了毒死的鼠类而引起中毒。

### 1. 毒理

氟乙酰胺进入机体后脱胺形成氟乙酸，氟乙酸与乙酰辅酶A作用，在缩合酶的作用下与草酰乙酸缩合生成氟柠檬酸，氟柠檬酸与柠檬酸结构相似，与柠檬酸竞争三羧酸循环中的顺乌头酸酶，从而阻碍柠檬酸转变为异柠檬酸，使三羧酸循环中断，ATP生成不足，破坏组织细胞的正常功能。这种毒性作用发生于全身各个组织细胞，尤其是对心脏和脑组织损伤严重。

### 2. 解毒机理

氟乙酰胺中毒的主要原因是在体内生成氟乙酸。乙酰胺的解毒机理是由于其化学结构与氟乙酰胺相似，乙酰胺的乙酰基与氟乙酰胺竞争酰胺酶后，使氟乙酰胺不能生成氟乙酸；乙酰胺被酰胺酶分解为乙酸，阻止氟乙酸对三羧酸循环的干扰，恢复组织正常代谢功能，从而消除有机氟对机体的毒性。

### 3. 常用药物

## 乙酰胺

**【理化性质】** 本品为白色透明结晶；易潮解。在水中极易溶解，在乙醇或吡啶中易溶，在甘油或三氯甲烷中溶解。

**【药理作用】** 本品对氟乙酰胺、氟乙酸钠等中毒具有解毒作用，在体内与氟乙酰胺竞争酰胺酶后，使氟乙酰胺不能生成氟乙酸而达到解毒目的。

**【临床应用】** 主要用于解救氟乙酰胺等有机氟中毒。

**【注意事项】** 为减轻疼痛，肌内注射时可与普鲁卡因或利多卡因合用。

**【制剂、用法与用量】**

乙酰胺注射液　肌内注射：一次量，每1kg体重，犬0.1～0.3g，猫0.05g，一日2次，连用3d。

### 三、亚硝酸盐中毒及特异性解毒药

**1. 毒理**

亚硝酸盐属于氧化剂毒物，亚硝酸根离子能将$Fe^{2+}$血红蛋白氧化成为$Fe^{3+}$血红蛋白。高铁血红蛋白含$Fe^{3+}$，常与羟基牢固结合而不能接受氧分子，失去携氧能力，使血液不能向组织供氧而中毒。

**2. 解毒机理**

应用高铁血红蛋白还原剂，如亚甲蓝，将高铁血红蛋白还原为亚铁血红蛋白，恢复其运氧功能。维生素C和葡萄糖也有弱的还原作用，在解救高铁血红蛋白症时可同时应用。

**3. 常用药物**

## 亚甲蓝（美蓝）

**【理化性质】** 本品为深绿色、有光泽的柱状结晶或结晶性粉末；无臭。易溶于水和乙醇。

**【药理作用】** 在体内脱氢辅酶作用下，还原成为白色亚甲蓝，后者可将高铁血红蛋白还原成为亚铁血红蛋白，恢复其运氧的功能。大剂量（≥5～10mg/kg）时在血中形成高浓度亚甲蓝，高铁血红蛋白脱氢酶的生成量不能使亚甲蓝还原，全部转化成为还原型亚甲蓝，此时血中高浓度的氧化型亚甲蓝及代谢产物均由尿中缓慢排出。

**【临床应用】** 用于解救亚硝酸盐中毒。

**【注意事项】**

① 与强碱溶液、氧化剂、还原剂和碘化物为配伍禁忌。

② 本品注射液刺激性强，禁止皮下或肌内注射。

③ 本品溶液与多种药物为配伍禁忌，不得将其与其它药物混合注射。

④ 静脉注射过快可引起呕吐、呼吸困难、血压下降、心率加快和心律失常。

**【制剂、用法与用量】**

亚甲蓝注射液　静脉注射：一次量，每1kg体重，犬、猫1～2mg。

### 四、氰化物中毒及特异性解毒药

**1. 毒理**

在正常生理状态时，细胞色素氧化酶是生物氧化酶体系中的一种酶，含有$Fe^{2+}$色素，$Fe^{2+}$色素在带氧时失去电子被氧化为$Fe^{3+}$色素，当$Fe^{3+}$色素中的氧被组织细胞利用后又得到电子，被还原为 $Fe^{2+}$。

氰化物中毒时，氰离子（$CN^-$）能迅速与氧化型细胞色素氧化酶的 $Fe^{3+}$ 结合，形成氰化细胞色素氧化酶，从而阻碍酶的还原，抑制酶的活性，使组织细胞不能及时获取足够的氧，造成组织细胞缺氧而中毒。

**2. 解毒机理**

一般采用亚硝酸钠-硫代硫酸钠联合解毒。先用3%亚硝酸钠或亚硝酸异戊酯，使部分低铁血红蛋白氧化为高铁血红蛋白。由于高铁血红蛋白的 $Fe^{3+}$ 与氰化物有高度的亲和力，结合成氰化高铁血红蛋白，可以阻止氰化物与组织的细胞色素氧化酶结合；又因所形成的高铁血红蛋白还能夺取已与细胞色素氧化酶结合的氰离子，恢复酶的活性，从而产生解毒作用。但因氰化高铁血红蛋白仍可部分离解出 $CN^-$ 产生毒性，所以，还应进一步用硫代硫酸钠解毒。

**3. 常用药物**

### 亚 硝 酸 钠

【理化性质】 本品为无色或白色至微黄色结晶；无臭，味微咸，易潮解。易溶于水，水溶液不稳定。

【药理作用】 本品为氧化剂，可使血红蛋白中的二价铁氧化成为三价铁，形成高铁血红蛋白，后者中的 $Fe^{3+}$ 与 $CN^-$ 的亲和力比氧化型细胞色素氧化酶的 $Fe^{3+}$ 强，可使已与氧化型细胞色素氧化酶结合的 $CN^-$ 重新解离，恢复酶的活性。但高铁血红蛋白与 $CN^-$ 结合后形成的氰化高铁血红蛋白，在数分钟后又逐渐解离，释出的 $CN^-$ 又重现毒性，仅能暂时性解除氰化物对机体的毒性，故应同时注射硫代硫酸钠。

【临床应用】 用于解救氰化物中毒。

【注意事项】

① 本品有扩张血管作用，注射速度过快时可致血压降低、心动过速、出汗、休克、抽搐，故注射速度不宜过快。

② 治疗氰化物中毒时，可引起血压下降，应密切注意血压的变化。

③ 用量不宜过大，否则易出现黏膜发绀、呼吸困难等亚硝酸盐中毒缺氧症状。

【制剂、用法与用量】

亚硝酸钠注射液　静脉注射：一次量，犬、猫0.1～0.2g。

### 硫 代 硫 酸 钠

【理化性质】 本品为无色、透明的结晶或结晶性细粒；无臭。在湿空气中易于潮解，在干燥空气中有风化性。极易溶于水，在乙醇中不溶。

【药理作用】 本品在肝内硫氰生成酶的作用下，与体内游离的或已与高铁血红蛋白结合的 $CN^-$ 结合，变为无毒的硫氰酸盐排出体外。不能直接先用硫代硫酸钠，因为它和 $Fe^{3+}$ 亲和力不强，结合速度极慢，不宜作为急救。本品还具有还原剂特性，在体内与多种金属、类金属形成无毒硫化物由尿排出，所以，也用于碘、砷、汞、铅、铋等中毒，但是疗效不及二巯丙醇。

【临床应用】 用于解救氰化物中毒，也用于碘、砷、汞、铅、铋等中毒。

【注意事项】

① 本品解毒作用缓慢，应先静脉注射亚硝酸钠，再缓慢注射本品，但不能将两种药液混合静脉注射。

② 对内服中毒动物，还应该使用本品的 5% 溶液洗胃，而后保留适量溶液于胃中。

【制剂、用法与用量】

硫代硫酸钠注射液　肌内注射：一次量，犬、猫 1～2g。

## 五、金属及类金属解毒剂

**1. 毒理**

金属汞、锑、铬、银、铅、铜、锰或类金属砷等大量进入动物机体内，与组织蛋白质和酶系统中的巯基结合，抑制酶活性，从而影响组织细胞的生理功能，出现一系列的中毒症状。

**2. 解毒机理**

金属和类金属中毒的解毒药多为络合剂：

① 巯基络合剂　其共同特点是在碳上的两个活性巯基与金属有强大的亲和力，能与机体组织中蛋白质或酶的巯基竞争与金属结合，并能夺取组织中已被酶系统结合的金属原子，使机体内失活的巯基酶恢复活性，解除重金属或类金属引起的中毒症状。常用的药物为二巯丙醇、二巯丁二钠、青霉胺等。

② 金属络合解毒剂　依地酸钙钠等能与金属离子形成可溶性无毒络合物，从尿中排出。

**3. 常用药物**

### 二 巯 丙 醇

【理化性质】　本品为无色或几乎无色、易流动的澄明液体；有强烈的酸臭味。在甲醇、乙醇或甲酸苄酯中极易溶解，在水中溶解，但水溶液不稳定。

【药理作用】　本品为竞争性解毒剂，可与体内金属和类金属结合，夺取已与巯基酶结合的金属，形成不易解离的化合物从尿中排出，使巯基酶恢复活性。动物慢性中毒时，由于被金属抑制过久的含巯基细胞酶活力已不可能再恢复，故疗效不佳。

【临床应用】　主要用于砷、汞、锑中毒的解救，对铅、银中毒效果较差。

【制剂、用法与用量】

二巯丙醇注射液　肌内注射：一次量，每 1kg 体重，犬、猫 2.5～5mg。

## 六、其它毒物中毒及解毒药

**1. 敌鼠钠中毒与解救**

敌鼠钠又名灭鼠灵、华法林，是一种强力抗凝血毒物。维生素 K 是肝脏合成凝血酶原和凝血因子所需生物酶的组成部分，由于敌鼠钠所含羟基香豆素的结构与维生素 K 相似，可竞争生物酶，使凝血酶原和凝血因子减少，凝血时间延长。中毒犬、猫表现为多器官出血，如口腔黏膜、鼻和齿龈出血，随着出血量的增加，可视黏膜苍白、抽搐、昏迷致死。解救时可静脉注射维生素 K。

**2. 蛇毒中毒与解救**

犬、猫在野外活动时易被毒蛇咬伤，会引起急性中毒。蛇毒含有多种成分，如神经毒素、血液毒素、心脏毒素、细胞毒素和酶等。神经毒素释放乙酰胆碱，导致神经肌肉传导阻滞，肌肉麻痹、呼吸停止而死亡。血液毒素含有凝血毒素和抗凝血毒素，使血液失去抗凝和促凝功能。心脏毒素心肌细胞去极化，引起心力衰竭。细胞毒素使细胞坏死溶解。解救毒蛇咬伤，除了进行必要的伤口处理外，还要静脉注射单价或多价抗蛇毒血清。

### 3. 巴比妥盐中毒与解救

巴比妥类药物主要有苯巴比妥钠、戊巴比妥钠、硫喷妥钠。临床上常用于镇静、抗惊厥和麻醉，当使用不当或过量时引起犬、猫中毒。本类药物为巴比妥酸的衍生物，后者能抑制丙酮酸氧化酶系统，从而抑制中枢神经系统，大剂量可直接抑制延髓呼吸中枢，引起死亡。中毒的犬、猫表现为呼吸浅表、所有刺激反应消失、瞳孔散大、四肢僵直、体温低于正常。除了吸入含有5%二氧化碳的氧气外，应用拮抗剂贝美格（美解眠），每1kg体重，犬、猫10～20mg，加入10%葡萄糖溶液静脉注射解救。

### 4. 士的宁中毒与解救

士的宁属于中枢神经兴奋药，由于安全量极小，在临床使用时可因用量过大而引起中毒。犬、猫表现为对外界刺激反应敏感、肌肉抽搐、呼吸困难、强直性痉挛、瞳孔散大，最后因呼吸麻痹死亡。出现明显中毒症状时，立即静脉注射苯巴比妥钠或戊巴比妥钠解救，剂量为犬每1kg体重25mg。

### 5. 洋葱中毒及解救

洋葱因含有不易被犬、猫肝酶分解的正丙基二硫化物，误食后引起严重的溶血性贫血。犬、猫表现为精神沉郁、食欲下降，尿液呈黄红色至深咖啡色，病性严重时可引起溶血性黄疸甚至死亡。出现中毒症状时立即停喂洋葱及含洋葱食物，静脉注射保肝解毒药物，同时应监控心功能变化。

---

**【案例分析】**

**【基本情况】** 贵宾犬：2岁，公，体重4kg。主诉：自己买了3瓶敌百虫粉给犬药浴驱虫，结果因该犬偷饮药浴液而发生中毒，全身抽搐，口流涎，喘气。

**【临床检查】** 该犬体温40.2℃，口吐白沫，四肢抽搐，瞳孔缩小，对光刺激不敏感。结合主人描述，未作过多检查和化验，抢救治疗。

**【治疗方案】** 快速吸氧；5%葡萄糖注射液20mL，碘解磷定注射液4mL混合一次静脉推注；阿托品1.0mL肌内注射；10%葡萄糖注射液50mL，维生素C注射液500mg混合静脉注射。10min后该犬症状明显减轻，30min后又肌内注射碘解磷定3mL，回家观察。

**【疗效评价】** 宠物临床上有机磷类农药中毒多见，但因发病急、死亡快，抢救效率较低。本病例病因明确，及时采取对因治疗和对症治疗相结合的方法，而且特效解毒药进行小剂量多次给药方法治疗，以防止中毒反跳现象发生，该犬得以存活。

---

## 【复习思考题】

1. 简述犬、猫毒物中毒的急救原则。
2. 试述特异性解毒药的分类及主要药物。
3. 试述有机磷酸酯类毒物中毒的机理、临床表现、解毒机理及常用解毒药物。

# 实验实训项目

## 第一部分 实验指导

### 实验一 抗菌药物的敏感试验

【目的要求】 观察抗菌药物作用效果,熟练掌握管碟法体外测定药物的抗菌活性。

【实验材料】

(1) 菌种 金黄色葡萄球菌,培养16～18h肉汤菌液;大肠杆菌O78,培养16～18h肉汤菌液。

(2) 药品 青霉素G钠、恩诺沙星、硫酸庆大霉素、氟苯尼考。

(3) 器材 生化培养箱、电热蒸汽灭菌器、水浴锅、灭菌普通琼脂培养基、酒精灯、平皿、吸管、牛津杯(标准不锈钢管)、镊子、滴管、记号笔、L形玻璃棒、游标卡尺等。

【实验方法】

1. 药液的配制与肉汤营养琼脂平板的制备。

(1) 按要求准确称取一定量的抗菌药物,用无菌蒸馏水配制成所需浓度的溶液。

(2) 将普通琼脂培养基溶化后取15mL倒入灭菌培养皿内,高压蒸汽灭菌,作为底层培养基。

2. 用无菌吸管吸取试验菌的培养液0.1mL,滴在平皿底层培养基上,用无菌L形玻璃棒将菌液涂匀。

3. 在平皿底部作好相应标记,用无菌镊子在每个平皿中等距离放置4个牛津杯。

4. 用滴管分别将药液滴加到牛津杯中,以滴满为度,盖上平皿盖。然后将滴加药液的平皿放置在玻璃板上,再水平送入恒温箱内,37℃下培养16～24h。

5. 用游标卡尺测量抑菌圈直径,判定抗菌药物作用的强弱(见图1)。

【实验结果】

| 菌种 | 药物 | 浓度/($\mu$g/mL 或 IU/mL) | 抑菌圈直径/mm | 判定结果 |
| --- | --- | --- | --- | --- |
| 金黄色葡萄球菌 | 青霉素G钠 | | | |
| | 恩诺沙星 | | | |
| | 硫酸庆大霉素 | | | |
| | 氟苯尼考 | | | |
| 大肠杆菌 | 青霉素G钠 | | | |
| | 恩诺沙星 | | | |
| | 硫酸庆大霉素 | | | |
| | 氟苯尼考 | | | |

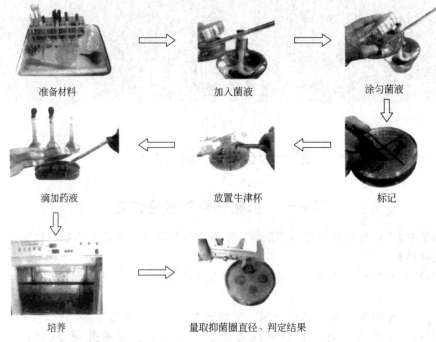

图 1　管碟法测定的操作过程

【注意事项】
1. 应在无菌条件下操作，试验完毕后及时灭菌处理，防止散毒。
2. 牛津杯放入培养基表面时，既要确保牛津杯与培养基表面紧密接触，以防药液从接触面漏出，又要防止牛津杯陷入平皿底部。
3. 加入牛津杯的药液量应相等。

【讨论作业】　利用抗菌药物作用机制分析实验结果，阐述其临床应用的指导意义。

附：
1. 抗菌药物的抑菌效果判定标准

| 抑菌圈直径/mm | 敏感性 | 抑菌圈直径/mm | 敏感性 |
| --- | --- | --- | --- |
| <9 | 耐药 | 12～17 | 中度敏感 |
| 9～11 | 低度敏感 | >18 | 高度敏感 |

2. 普通琼脂培养基制法

牛肉膏 3.0g、蛋白胨 10.0g、氯化钠 5.0g、琼脂 2.0g、蒸馏水 1000.0mL，加热溶解后，调节 pH 值至 7.4～7.6，煮 10min，冷却过滤，103.4kPa 压力灭菌 15min 备用。

## 实验二　剂量对药物的作用实验

【目的要求】　以士的宁为例，观察不同剂量对药物作用的影响。

【实验材料】
(1) 实验动物　小白鼠。
(2) 实验器材　毛剪、1mL 注射器、4 号针头、中烧杯、天平。
(3) 药物　1:10000 与 1:20000 硝酸士的宁水溶液，灭菌注射用水。

【实验方法】

1.给药

取体重相近的小白鼠3只，称重后作好记号。分别按每10g体重0.2mL标准腹腔注射1∶10000硝酸士的宁水溶液、1∶20000硝酸士的宁水溶液和灭菌注射用水，然后分别放入倒置的烧杯内。

2.观察

观察各小白鼠给药后的反应和各小鼠惊厥发生的时间、强度以及小鼠的死亡时间。

【实验结果】

| 鼠号 | 体重/g | 药　　物 | 惊厥时间/min | 惊厥强度（＋） | 死亡时间/min |
|---|---|---|---|---|---|
| 甲 |  | 1∶10000士的宁水溶液 |  |  |  |
| 乙 |  | 1∶20000士的宁水溶液 |  |  |  |
| 丙 |  | 灭菌注射用水 |  |  |  |

【讨论作业】

1.根据实验结果说明剂量对药物作用的影响。

2.选择剂量在临床上有何实际意义？

## 实验三　泻药泻下作用实验

【目的要求】　了解盐类泻药的导泻作用机理和泻药浓度对泻下作用的影响。

【实验材料】

（1）动物　兔。

（2）药物　5％和20％硫酸钠溶液，液体石蜡，生理盐水，0.25％盐酸普鲁卡因注射液。

（3）器材　兔手术台、台秤、毛剪、镊子、手术刀、止血钳、缝合针、缝合线、纱布。

【实验方法】

1.取一只兔，仰卧固定于手术台上，腹部剪毛消毒，以0.25％普鲁卡因注射液手术部浸润麻醉，切开腹部，暴露肠管，取出一段小肠，在不损伤肠系膜血管的情况下，用线将此段肠管结扎成四小段，每段长2~4cm，使成互不相通的盲囊。

2.向四个盲囊内分别注入5％硫酸钠、生理盐水、20％硫酸钠（一段留空对照），使肠管充盈适度，勿太膨胀，注毕将肠管送回腹腔，闭合腹壁，2h后打开腹腔，观察四段肠管充盈度有何不同。

【实验结果】

| 注入药液名 | 注入药液肠管变化 | 注入药液名 | 注入药液肠管变化 |
|---|---|---|---|
| 5％硫酸钠 |  | 20％硫酸钠 |  |
| 生理盐水 |  | 对照（留空） |  |

【讨论作业】　临床上在哪种情况下选用硫酸钠溶液作为泻药？合适浓度是多少？

## 实验四　不同药物对离体肠平滑肌的作用实验

【目的要求】　观察药物对离体肠平滑肌作用，掌握用离体器官分析仪测试药物对离休器官作用方法。

【实验材料】

(1) 动物　家兔1只。
(2) 药品　盐酸毛果芸香碱注射液、硫酸阿托品注射液、盐酸异丙肾上腺素注射液、盐酸普萘洛尔注射液、台氏液。
(3) 器材　手术剪、手术刀、止血钳、缝针、缝线、注射器、烧杯、L形玻璃棒、离体器官分析仪。

【实验方法】

1. 将离体器官分析仪安装好，打开进液按钮，向浴槽内加入适量台氏液，设置温度在38.5～39.5℃，调节气量调节阀使气泡排出数为每秒1～2个。

2. 将家兔处死，剖腹，剪取十二指肠2～3cm，放入盛有台氏液的烧杯中，剥离肠系膜，用不带针尖的注射器吸取台氏液将肠内容物冲净，备用。

3. 将肠管两端对角单臂穿线，上端连接拉力换能器，下端系于L形玻璃棒上，放置于盛有台氏液的浴槽内。

4. 待肠管稳定后，观察离体肠管正常收缩曲线。

5. 用注射器依次加入下列药液，观察并记录肠管的收缩曲线变化。

第一组为盐酸毛果芸香碱注射液、硫酸阿托品注射液；第二组为盐酸异丙肾上腺素注射液、盐酸普萘洛尔注射液。药液要逐滴加入，当肠管收缩显著时，立刻加入另一药液。加完第一组药液后，将浴槽内的台氏液排出，用台氏液冲洗3次，再加入台氏液，描记一段正常收缩曲线后加入第二组药液（见图2）。

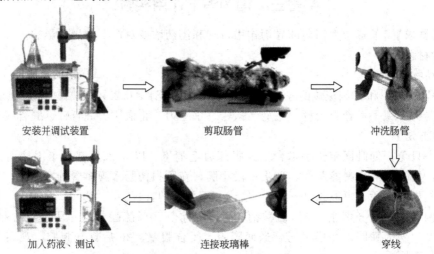

图2　药物对离体肠平滑肌的作用操作示意图

【实验结果】

| 组别 | 药物 | 药量/mL | 肠管收缩曲线 |
| --- | --- | --- | --- |
| 一组 | 盐酸毛果芸香碱注射液<br>硫酸阿托品注射液 | | |
| 二组 | 盐酸异丙肾上腺素注射液<br>盐酸普萘洛尔 | | |

【注意事项】

1. 家兔在实验前24h内禁食，但不禁水，以使肠腔无粪便。

2. 制作肠管标本时，动作要轻柔而迅速，且尽量在38.5～39.5℃的台氏液中操作，以维持肠管的正常功能。肠管悬吊不宜过松或过紧，不可与浴槽壁贴住。

3.加药时不要碰连接线,药液须滴入台氏液里,不可滴在肠管上或沿浴槽壁滴入。

4.通过调节台氏液温度及分析仪的微调旋钮和量程,使肠管活动处于最佳状态。

【讨论作业】 根据各药的作用机理分析实验结果,思考其临床意义。

附:

台氏液配制方法

氯化钠 8.0g、氯化钾 0.2g、氯化钙 0.2g、碳酸氢钠 1.0g、磷酸二氢钠 0.05g、氯化镁 0.1g、葡萄糖 1.0g、蒸馏水加至 1000mL。氯化钙应单独溶解,再与其它成分配成的溶液混合,以防产生碳酸钙或磷酸钙沉淀。葡萄糖临用前加入,以免滋长细菌,导致变质。

## 实验五 不同药物对家兔体温的影响

【目的要求】 观察解热镇痛药对人工发热动物的解热作用,掌握药物解热作用的测试方法。

【实验材料】

(1) 动物 家兔 3 只。

(2) 药品 30%安乃近注射液、过期伤寒混合疫苗。

(3) 器材 体温计、注射器、针头、酒精棉球、台秤。

【实验方法】

1.选取健康成年家兔 3 只,称重,编号,用体温计测定正常体温 2~3 次,体温波动较大者不宜用于本实验。

2.按每千克体重 0.5mL 给 1 号、2 号兔耳静脉注射过期伤寒混合疫苗,每隔 30min 测一次体温。

3.待体温升高 1℃以上时,1 号兔按每千克体重 2mL,腹腔注射生理盐水;2 号、3 号兔按每千克体重 2mL 腹腔注射 30%安乃近注射液。给药后每隔 30min 测量体温一次,共 2~3 次,观察各兔体温的变化情况(见图 3)。

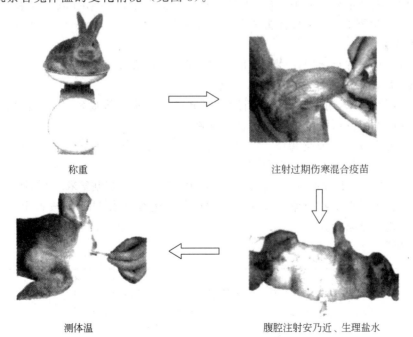

图 3 解热镇痛药解热作用实验操作过程

【实验结果】

| 家兔编号 | 体重/kg | 药物 | 正常体温/℃ | 发热后体温/℃ | 给药后体温/℃ | | | |
|---|---|---|---|---|---|---|---|---|
| | | | | | 0.5h | 1.0h | 1.5h | 2.0h |
| 1 | | 过期伤寒混合疫苗＋生理盐水 | | | | | | |
| 2 | | 过期伤寒混合疫苗＋安乃近 | | | | | | |
| 3 | | 安乃近 | | | | | | |

【注意事项】

1. 选用的母兔，应是未怀孕的。
2. 测体温前应使家兔安静，将体温计刻度甩至35℃以下，头端涂以液体石蜡，轻轻插入肛门4～5cm，扶住体温计，3min后取出读数。
3. 家兔正常体温一般在38.5～39.5℃，体温过高者对致热原反应不良。
4. 致热原亦可用2%蛋白胨溶液（预先加热），肌内注射，每只10mL，经1～3h体温可升高1℃以上，也可皮下注射灭菌牛奶，每只10mL，经3～5h体温可升高1℃以上。

【讨论作业】 根据实验结果分析安乃近的解热特点及其临床应用。

## 实验六　利尿药与脱水药作用实验

【目的要求】 观察呋塞米（速尿）、甘露醇对家兔的尿量增加作用；掌握药物利尿的实验方法。

【实验材料】

（1）动物　雄性家兔3只，体重2～3kg。

（2）药品　1%呋塞米注射液、20%甘露醇注射液、生理盐水、液体石蜡。

（3）器材　兔固定板（或手术台）3块、兔开口器1个、10号导尿管3条、20mL小量筒3个、5mL注射器3个、5号针头3个、台秤1台、胶布。

【实验方法】

1. 取家兔3只，称重标记，分别按每千克体重50mL灌服蒸馏水。
2. 30min后，将兔仰卧保定于手术台上。
3. 取10号导尿管，用液体石蜡润滑后由尿道口缓缓插入膀胱8～12cm，见有尿液滴出即可，并将导尿管用胶布固定于兔体，以防滑脱。
4. 压迫兔的下腹部，排空膀胱，并在导尿管的另一端接一量筒收集尿液，记录15min内正常尿量。
5. 以每千克体重5mL分别给3只家兔耳静脉注射生理盐水、1%呋塞米、20%甘露醇注射液。
6. 用量筒收集并记录各个兔每15min内的尿量，连续观察1h，比较各个兔在不同时间段内尿量的变化和总尿量。

【实验结果】

| 兔号 | 正常尿量/mL (15min) | 药物 | 用药后尿量/mL | | | |
|---|---|---|---|---|---|---|
| | | | 0～15min | 15～30min | 30～45min | 45～60min |
| 甲 | | 生理盐水 | | | | |
| 乙 | | 呋塞米 | | | | |
| 丙 | | 甘露醇 | | | | |

**【注意事项】**
1. 雄兔或未性成熟的雌兔比较容易插尿管，且在实验前24h应供给充足的饮水和青饲料。
2. 各个兔的体重、灌水及给药时间尽可能一致，给药前尽量排空各兔膀胱。
3. 插入导尿管时动作要轻缓，以免损伤尿道口。

**【讨论作业】** 根据实验结果分析各药物对家兔的利尿作用，思考其临床应用。

## 实验七　有机磷农药中毒及解救实验

**【目的要求】** 观察有机磷农药中毒的症状。根据阿托品和碘解磷定对有机磷中毒的解救效果，初步分析其解毒机制。

**【实验材料】**
（1）动物　家兔3只。
（2）药品　0.2%阿托品，5%敌百虫溶液，2.5%碘解磷定。
（3）器材　10mL注射器3支，兔固定箱，瞳孔尺，酒精棉球。

**【实验方法】**
1. 取家兔3只，用油笔编号甲、乙、丙，称重，观察如下指标：活动情况、呼吸（频率、幅度大小、节律均匀度）、瞳孔大小、唾液分泌量、大小便、肌张力及有无震颤等，分别记录。
2. 3只兔同样给予5%敌百虫2mL/kg，由一侧耳静脉注入。密切注意给药后家兔上述生理指标的变化，并记录。
3. 出现生理指标变化时，立即给甲兔静脉注射0.2%阿托品1mL/kg，给乙兔静脉注射2.5%碘解磷定2mL/kg，给丙兔同时静脉注射0.2%阿托品1mL/kg和2.5%碘解磷定2mL/kg。然后每隔5min检查各项生理指标一次，观察3只兔的情况有无好转，特别注意甲、乙、丙3只兔的表现区别。

**【实验结果】**

| 编号 | 用药的前后 | 观察生理指标 | | | | |
|---|---|---|---|---|---|---|
| | | 活动情况 | 瞳孔直径 | 呼吸频率 | 唾液分泌 | 肌肉紧张度 |
| 甲 | 给药物前 | | | | | |
| | 给敌百虫后 | | | | | |
| | 给阿托品后 | | | | | |
| 乙 | 给药物前 | | | | | |
| | 给敌百虫后 | | | | | |
| | 给碘解磷定后 | | | | | |
| 丙 | 给药物前 | | | | | |
| | 给敌百虫后 | | | | | |
| | 给阿托品和碘解磷定后 | | | | | |

**【注意事项】**
1. 瞳孔大小受光线影响，在整个实验过程中不要随便改变兔固定箱位置，保持光线条件一致。

2. 给家兔静脉注射敌百虫后，如经15min尚未出现中毒症状，可追加1/3量。

3. 敌百虫可通过皮肤吸收，接触后应立即用自来水冲洗干净，忌用碱性肥皂清洗，否则可转化为毒性更强的敌敌畏。

4. 解救时动作要迅速，否则家兔会因抢救不及时而死亡。

【讨论作业】 根据本次实验结果，分析阿托品和碘解磷定分别能缓解家兔有机磷中毒的哪些症状，为何二者联用效果更好？

## 实验八　亚硝酸盐中毒及解救实验

【目的要求】 观察亚硝酸盐的中毒症状，了解亚甲基蓝对亚硝酸盐中毒的解救作用。

【实验材料】

（1）动物　家兔1只。

（2）药品　3%亚硝酸钠注射液，0.1%亚甲基蓝注射液。

（3）器材　5mL注射器，8号针头，镊子，酒精棉，台秤。

【实验方法】

1. 取家兔1只称重。观察正常活动情况，检查呼吸、体温、口鼻部皮肤、眼结膜及耳部血管颜色。

2. 按每1kg体重1~1.5mL剂量耳静脉注射3%亚硝酸钠溶液。检查家兔上述项目的变化情况，待眼结膜出现紫绀现象或口鼻部皮肤呈暗红色时，检查体温。

3. 出现典型中毒症状后，立即由耳静脉注射0.1%亚甲基蓝注射液2mL/kg，观察中毒症状是否消除。

【实验结果】

| 药物 | 呼吸<br>/(次/min) | 体温<br>/℃ | 口鼻及眼<br>（颜色） | 耳部血管<br>（颜色） | 精神<br>状态 |
| --- | --- | --- | --- | --- | --- |
| 给药前 | | | | | |
| 给亚硝酸钠后 | | | | | |
| 给亚甲基蓝后 | | | | | |

【注意事项】

1. 此实验宜选择白色家兔以便观察。

2. 在15~30min内疗效不明显时，可重复注射一次；或者耳静脉注射加有维生素C的葡萄糖类注射液。

3. 中毒剂量为0.3~0.5g，致死量为3g。

【讨论作业】 根据本次实验结果分析亚硝酸盐的中毒原理、中毒症状及亚甲基蓝的解毒原理。

## 第二部分　实训指导

### 实训一　药物的保管与贮存

【目的要求】 掌握药物的保管与贮存的基本知识和方法。

【实训材料】 兽医院药房、兽药店或宠物医院药房。

【实训方法】
1.药物的保管与贮存原则

药物的保管应该有严格的制度,包括出、入库检查、验收,建立药品消耗和盘存账册,逐月填写药品消耗、报损和盘存表,制订药物采购和供应计划。如各种兽药在购入时,除了应该注意有完整正确的标签和说明书外,不立即使用的还应特别注意包装上的保管方法和有效期。

2.各类药品的保管方法

(1)麻醉药品、毒药、剧药的保管　应按兽药管理条例执行,必须专人、专库、专柜、专用账册并加锁保管。要有明显标记,每个品种必须单独存放。各药品间留有适当距离。随时和定期盘点,做到数字准确,账物相符。

(2)危险品的保管　危险物品是指遇光、热、空气等易爆炸、自燃、助燃或有强腐蚀性、刺激性的药品,包括爆炸品、易燃液体、易燃固体、腐蚀药品。以上药品应贮存在危险品仓库中,按危险品的特性分类存放。要间隔一定距离,禁止与其它药品混放。而且要远离火源,配备消防设备。

3.处方的处理

处方是宠物医生或兽医人员为了治疗宠物疾病而给药房所开写的调剂和支付药物的书面通知,接受和调配处方是药物管理中的一个重要环节。原则上,宠物医生对处方负有法律责任,而药房人员却有监督的责任。一般来说,普通药处方至少要保存 1 年,剧毒药品处方则需要保存 3 年。麻醉药品处方应保存 5 年。

【实训结果】　在宠物医院药房、兽药店的实习记录。

【注意事项】　应特别注意麻醉药品、毒药和危险品的保管和贮存。

【讨论作业】

1.各类药品的保管方法。

2.处方的处理。

## 实训二　处方的开写

【目的要求】　了解开写处方的意义,掌握处方的结构,根据临床实际能比较熟练准确地开写处方。

【实训材料】　处方笺、临床病历。

1.低钾血症病例

病犬精神倦怠,反应迟钝,嗜睡,有时昏迷;食欲不振,肠蠕动减弱,有时发生便秘、腹胀或麻痹性肠梗阻,四肢无力,腱反射减弱或消失。心肌收缩力减弱,心律失常。尿量增多。严重者出现心室颤动及呼吸肌麻痹。

必须分析失钾的病史,结合临床症状,化验和心电图检查,进行诊断。检测血清钾浓度低于 3.7mmol/L,并伴有代谢性碱中毒和血浆二氧化碳结合力增高。心电图检查 S-T 段降低、T 波低平、双相,最后倒置,出现 U 波并渐增高,常超过同导联的 T 波,或 T 波与 U 波相连呈驼峰样。(犬血钾正常值为 4.4mmol/L。)

除治疗原发病外,可补充钾盐。缺钾量(mmol)=(正常血钾值-病犬血钾值)×体重(kg)×60%(注:60%为体液占体重的百分率)。已知 10%氯化钾溶液每毫升含钾 1.34mmol,故需补充 10%的氯化钾溶液(mL)=缺钾量(mmol)÷1.34mmol/mL。将计算补充的 10%氯化钾溶液的 1/3 量,加入 5%葡萄糖溶液 200mL 中(稀释浓度不超过

2.5mg/mL），缓慢静滴，以防心脏骤停。细胞内缺钾的恢复速度比较缓慢，对于一时无法制止大量失钾的病例，则必须每天内服氯化钾补充。

2. 猫疱疹病毒（猫鼻气管炎）病历

病猫发热40℃左右，咳嗽，流涎、鼻汁性鼻塞（张口呼吸）、结膜炎等。幼猫有因脱水和营养不良而死亡的危险。结膜炎也可向角膜炎、角膜溃疡发展，也有失明的可能。孕猫可导致死产和流产，新生猫易引起肺炎和全身感染。

对症疗法，有细菌继发性感染时，根据抗生素敏感试验来选择抗生素，如头孢菌素20～30mg/kg 内服，2次/d。

【实训方法】 先由教师讲述后由学生开写。

1. 进行处方登记。
2. 结合临床病历或由教师分组列举1～2个病历开写医疗处方。
3. 签名核对。

【实训结果】

**处方笺**（低钾血症病例）

年　月　日

| 处方编号 | | 住院号 | | 门诊号 | |
|---|---|---|---|---|---|
| 宠物种类 | | | 性　别 | | |
| 体　重 | | | 主人姓名 | | |
| 处方 | | | | | |
| 宠物医师 | | | 调剂师 | | |

**处方笺**（猫鼻气管炎病历）

年　月　日

| 处方编号 | | 住院号 | | 门诊号 | |
|---|---|---|---|---|---|
| 宠物种类 | | | 性　别 | | |
| 体　重 | | | 主人姓名 | | |
| 处方 | | | | | |
| 宠物医师 | | | 调剂师 | | |

【讨论作业】 要求学生会正确开写处方。

## 实训三　常用药物制剂的配制

【目的要求】 掌握不同浓度溶液的稀释法，练习溶液的配制法。

**【实训材料】** 天平、量筒或量杯、垂融漏斗、漏斗、滤纸、漏斗架、广口瓶、纯化水、乙醇、碘片、碘化钾、容器、搅拌棒等。

**【实训方法】**

1.溶液浓度表示法

在一定量的溶剂或溶液中所含溶质的量叫溶液的浓度。溶剂或溶液的量可以是一定的质量（g，mol），或是一定的体积（mL，L等）。溶质的量也可以用质量或体积表示。常用的有百分浓度表示法、物质的量浓度表示法和比例法等。

（1）百分浓度表示法　有质量与质量的百分浓度表示法［即在100g溶液中所含溶质的质量（克）］、质量与体积的百分浓度表示法［即在100mL溶液中所含溶质的质量（克）］和体积与体积的百分浓度表示法［即在100mL溶液中所含溶质的体积（mL）］3种表示方法。

（2）比例法　有时用于稀释溶液的浓度计算，如高锰酸钾1∶5000，即表示在5000mL溶液中含有1g高锰酸钾。

（3）物质的量浓度　溶液的浓度以1000mL溶液中所含溶质的物质的量来表示，以mol/L表示。

2.溶液浓度稀释法

（1）反比法　　$\dfrac{c_1}{c_2}=\dfrac{V_2}{V_1}$

例如，现需要75%乙醇1000mL，应取95%乙醇多少毫升进行稀释？

$$95/75=1000/x$$
$$x=785.4\text{mL}$$

即取95%乙醇785.4mL，加水稀释至1000mL即成75%乙醇。

（2）交叉法　将高浓度溶液加水稀释成需配浓度溶液。将95%乙醇用蒸馏水稀释成70%乙醇，按下式计算：

即取95%乙醇70mL加蒸馏水25mL即配成70%的乙醇。

用高浓度溶液和低浓度同一药物溶液稀释成中间需要浓度的溶液。如用95%乙醇和40%乙醇配成70%的乙醇，可按下式计算：

即95%乙醇取30mL和40%乙醇25mL即可配成70%的乙醇。

注意交叉法总的规律是交叉计算，横取量，所需浓度置中间。

3.1%碘甘油的配制

碘片1g，碘化钾1g，蒸馏水1mL，甘油适量，共制成100g。

制法：取碘化钾溶于约等量的蒸馏水中，加入碘搅拌使其完全溶解后，再加甘油至100g，搅拌均匀。

【实训结果】
取95%乙醇,用蒸馏水稀释成70%乙醇95毫升,如何配制?
交叉法计算结果:

【注意事项】
1. 交叉法计算时,必须注意是横向取量。
2. 在配制碘甘油时,必须将碘化钾先溶解,溶解时水不能加得太多。
【讨论作业】 举出一例溶液浓度稀释法的计算过程。

## 实训四　药物的物理性、化学性配伍禁忌

【目的要求】 观察常见的物理和化学性配伍禁忌,掌握处理配伍禁忌的一般方法。
【实训材料】
(1) 药品　蓖麻油或松节油、纯化水、液体石蜡、樟脑酒精、结晶碳酸钠、水合氯醛、醋酸铅、盐酸四环素粉针、磺胺噻唑钠注射液、5%氯化钙注射液、5%碳酸氢钠注射液、稀盐酸、碳酸氢钠、10%氯化高铁注射液、鞣酸、高锰酸钾、苦味酸。
(2) 器材　天平、量管、量筒、试管、研钵、试管架、硫酸纸、铅笔、剪刀、铁槌等。
【实训方法】
1. 物理性的配伍禁忌
主要是由于药物的外观(物理性质)发生变化。
(1) 分离　两种液体互相混合后,不久又分离。
(2) 析出　两种液体互相混合后,由于溶剂性质的改变,其中一种药物析出沉淀或使溶液混浊。
(3) 潮解　中草药、乳酶生、干酵母、胃蛋白酶、无机溴化物和含结晶水的药物易潮解,如与受潮易分解药物配用时,更可促使后者变质分解。
(4) 液化　两种固体药物混合研磨时,由于形成了低熔点的低熔混合物、熔点下降,由固态变成了液态,称液化。
2. 化学性的配伍禁忌
指处方各成分之间发生化学变化,导致药理作用的改变,较常见,危害极大。主要表现为:①沉淀;②产气;③变色。
3. 观察
(1) 取试管两支,一支加蓖麻油或松节油和水各1mL,一支加液体石蜡和水各1mL,互相混合震荡,静置10min,观察。
(2) 取试管一支,先加入樟脑酒精2mL,然后再加水1mL,观察。
(3) 取一支试管各加盐酸四环素注射液和磺胺噻唑钠注射液各2mL,混合,观察。
(4) 取一支试管先加入稀盐酸5mL,再加碳酸氢钙2g,观察。
(5) 碳酸钠和醋酸铅各3g于研钵中共同研磨,观察。
(6) 取水合氯醛和樟脑各3g混合研磨,观察。
(7) 取一支试管先加入10%氯化高铁溶液3mL,再加入鞣酸1g,观察。

**【实训结果】**

| 实训序号 | 观察结果 | 配伍禁忌类型 | 结果分析 |
|---|---|---|---|
| 1 | | | |
| 2 | | | |
| 3 | | | |
| 4 | | | |
| 5 | | | |
| 6 | | | |
| 7 | | | |

**【注意事项】** 有些药品配伍会产生对身体有害的气体,试验中需要注意。

**【讨论作业】** 分析配伍禁忌产生的主要原因和表现,实践中如何避免?

### 实训五 肝功能损害对药物作用的影响

**【目的要求】** 掌握小白鼠肝损伤病理模型的制备;观察肝功能损害对药物作用的影响,从而认识临床用药时应该注意的有关问题。

**【实训材料】** 天平,1mL注射器,鼠罩,剪刀,0.4%硫喷妥钠溶液,10%四氯化碳油剂。

**【实训方法】**

1. 取1只健康小白鼠,注射四氯化碳,造成肝损伤。
2. 取体重相近的1只健康小白鼠作为对照,分别称重,标记。
3. 分别由腹腔注射0.4%硫喷妥钠溶液,按0.1mL/kg体重,记录并比较两只小白鼠麻醉产生作用时间及持续时间的差别。
4. 解剖肝损伤小白鼠,与健康小白鼠比较,观察肝的病理变化。

**【实训结果】**

| 项目 | 体重/g | 药量/mL | 产生作用时间 | 醒转时间 | 持续时间 |
|---|---|---|---|---|---|
| 正 常 | | | | | |
| 肝损伤 | | | | | |

**【注意事项】** 如果室温低于20℃,应给麻醉小鼠保暖,否则不易苏醒。

**【讨论作业】** 如何建立动物肝损伤模型?

### 实训六 肾功能状态对药物作用的影响

**【目的要求】** 掌握小白鼠肾损伤病理模型的制备,观察肾功能损害对药物作用的影响。

**【实训材料】** 天平,1mL注射器,鼠罩,剪刀,0.03%氯化高汞溶液,链霉素溶液。

**【实训方法】**

1. 给健康小白鼠注射0.03%氯化高汞,造成肾损伤,后用链霉素注射,与健康小白鼠对照,比较它们活动情况的差异。
2. 解剖小白鼠,与健康小白鼠比较,观察肾的病理变化。

【实训结果】

| 项目 | 体重/g | 药量/mL | 活动情况 | 备注 |
| --- | --- | --- | --- | --- |
| 正 常 | | | | |
| 肾损伤 | | | | |

【注意事项】

1. 如室温在 20℃以下，须给小鼠保温，否则影响结果。

2. 实训结束后可将小鼠处死，比较两组动物肾脏的差别。氯化高汞中毒小鼠的肾脏常明显肿大。如用小刀纵切，可以见到皮质部较为苍白，髓质部有充血现象。

【讨论作业】

1. 如何建立动物肾损伤模型？

2. 哪些常用药物最易受到肾脏功能状态的影响？其原理如何？

## 实训七　实训动物的捉拿、固定

【目的要求】　掌握犬、猫的捉拿与固定方法。

【实训材料】　粗棉带、纱布绷带。

【实训方法】

1. 犬、猫的接近

接近犬、猫时，应首先用温和的声音向其打招呼，然后再接近。对于睡卧的犬、猫可在腹部轻轻抓痒，使其安静后再进行检查。

2. 犬、猫的固定

（1）犬嘴的固定法　诊疗过程中，必须防止犬咬伤人，应先进行犬嘴的固定。用粗棉带和纱布绷带从犬下颌绕至上颌打一结，最后将棉带牵引到头后，在颈部枕后打第三个结。在捆绑过程中，要求动作轻巧、迅速。

（2）猫的捕捉保定法　猫的牙齿及脚爪都非常尖利，捕捉时应使用工具，避免直接用手抓取。保定者先用右手从猫头后紧握其颈部和下颌固定头部，使之无法回头咬人。左手则从左后肋下抓住后腹并稍向上托举使后肢离地，前肢着地负重，不能回头和抓挠。

（3）犬（猫）的横卧保定法　先将犬嘴作捆绑固定，然后两手分别握住犬两肢的腕部及两后肢的趾部，将犬提起横卧平台上，以右手的臂部压住犬的颈部，即可保定。

几种宠物的固定方法见图 4。

【实训结果】　熟练掌握犬、猫的常用保定方法。

【注意事项】

1. 接近宠物前应事先向畜主或有关人员了解被接近宠物有无恶癖，做到思想上有所准备。

2. 检查者应熟悉各种宠物的习性，特别是异常表现（如犬、猫龇牙咧嘴、鸣叫等），以便及时躲避或采取相应措施。

3. 在接近被检宠物前应了解发病前后的临床表现，初步估计病情，防止恶性传染病的接触传染。

【讨论作业】　犬、猫的保定方法都有哪些？

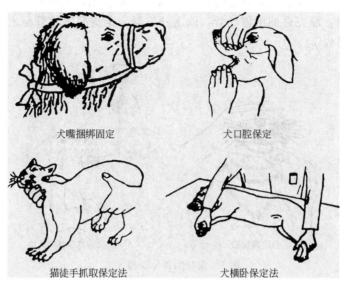

图 4 宠物的固定方法

## 实训八　实训动物的给药方法

【目的要求】　掌握不同宠物、药物剂型的投药方法和操作要领。

【实训材料】　塑料药瓶、灌药匙、注射器、光滑的木板或竹片、投药器、软硬适宜的橡皮管或塑料管、开口器、吸引器、盛药盆等。

【实训方法】　投药的方法有多种。实际工作中，主要根据药物的剂型、剂量及有无刺激性、适口性和动物种类及病情的不同而灵活选用。

临床预防性用药，多数都采取经口投服。如患病动物尚有食欲，药量较少且无特殊气味，可将其混入饲料或饮水中让其自由采食，但对于饮食欲废绝的患病动物或投喂药量较大，并有特殊气味的情况，有必要采取人工强制投药方式。

1. 灌药法

本法用于少量的水剂、粉剂、研碎的片剂制成的溶液、混悬液以及中药煎剂等。各种动物均可适用。犬、猫取立姿或坐姿，适当保定。投药者用左手自口角打开口腔，右手持塑料药瓶或灌药匙随之插入口腔，倒入药液，待其咽下，接着再灌，直至灌完。或者用注射器从口角注入药液（针头取下）。投药时应注意犬、猫的头不宜仰得过高，以防误咽。

2. 片剂、丸剂、舔剂的投药法

本法适用于少量的药物或成形的片剂、丸剂，尤其适用于苦味健胃剂。常用面粉、糠麸等赋形剂制成糊状或舔剂，经口投服以加强健胃的效果。

让犬、猫取坐姿并适当保定，投药者左手掌心横越鼻梁，以拇指和食指（或加中指）分别从两口角打开口腔或将上腭两侧的皮肤包住上齿列，打开口腔，随之将药片、药丸放置于舌根或将膏药涂在舌根上，放开左手，用右手托住下颌，令犬、猫自行咽下。如果犬、猫拒绝吞咽，可在迅速合拢口腔的同时轻轻叩打下颌，促使药物咽下。

3. 胃导管投药法

本法适用于灌服大剂量水溶液药物和补食流质饲料，也可用于食道探诊、排出胃积气、抽取胃液及洗胃等。

一人抓住两耳并将前腿提起，术者用开口器打开口腔，取胃导管从开口器中央插入。胃导管前端插至咽部时,轻轻抽动胃导管,刺激咽部引起吞咽,随即插入,待确定在食道内,接上漏斗进行灌药,灌完后抽出胃导管,取出开口器。宠物的胃导管插入法,见图5。胃导管插入鉴别法,见表1。

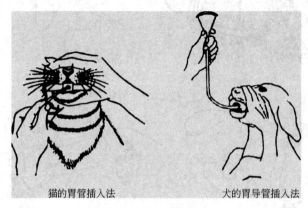

猫的胃管插入法　　　　　　　犬的胃导管插入法

图5　宠物的胃导管插入法

**表1　胃导管插入鉴别法**

| 鉴别方法 | 插入食道内 | 插入气管内 |
| --- | --- | --- |
| 胃导管送入时的感觉 | 插入时稍感前方有阻力 | 无阻力 |
| 观察咽、食道及动物的动作 | 胃导管前端通过时可引起吞咽动作或伴有咀嚼,动物安静 | 无吞咽动作,可引起剧烈咳嗽,动物表现不安 |
| 触诊食道 | 可摸到食道内的胃导管 | 无 |
| 听导管外端 | 可听到不规则咕噜音,但无气流冲耳 | 随呼吸动作有很强气流冲耳 |
| 嗅闻导管外端 | 有胃酸臭味 | 无 |
| 术者从胃导管末端用嘴吹入气体 | 随气流吹入,颈部、食道沟有波动 | 不见波动 |
| 将导管外端放入盆内水中 | 随呼吸运动盆内的水无连续气泡 | 随呼吸运动水中有大量的连续气泡 |
| 将导管外端放一纸条 | 随呼吸运动,纸条不动 | 随呼吸运动纸条一开一闭 |
| 在漏斗中加入适量清水 | 漏斗中的水呈旋涡状流动 | 无 |

【实训结果】　熟练掌握实训动物的常用给药方法并加以练习。

【注意事项】

1.每次灌药的药量不宜太多,不能过急;灌药过程中,动物发生剧烈咳嗽时要停止灌药,并将头放低,使药液咳出。

2.喂成形的片剂、丸剂药时,动作要缓慢,要有耐心,切忌粗暴,头部也不宜太高,以免将药物灌入气管或肺内,引起异物性肺炎甚至导致动物窒息死亡。

3.胃管投药应注意以下几点:

(1) 胃导管用前要用消毒水浸泡消毒,气温下降时消毒液应用热水;

(2) 插入时动作不能过猛,抽出时动作应缓慢;

(3) 插入后投药前必须鉴别准确,否则不能灌药;

(4) 患有呼吸困难、鼻炎、咽炎的动物禁用插胃导管;

(5) 插入时动物不安,频频咳嗽时,应立即停止,咳嗽以后,再行插入。

【讨论作业】

1. 灌药方法及注意事项是什么？
2. 宠物胃导管投药的方法及注意事项是什么？
3. 如何鉴别胃导管是否插入食道内？

## 实训九　实训动物的采血方法

【目的要求】　熟练掌握宠物血液的采集操作技术。

【实训材料】　剪刀、5号针头、6号或7号针头、注射器。

【实训方法】　采血方法的选择，主要决定于实训的目的所需血量以及动物种类。凡用血量较少的检验如红、白细胞计数、血红蛋白的测定，血液涂片以及酶活性微量分析法等，可刺破组织取毛细血管的血。当需血量较多时可作静脉采血。静脉采血时，若需反复多次，应自远离心脏端开始，以免发生栓塞而影响整条静脉。

1. 后肢外侧小隐静脉和前肢内侧下头静脉采血

此法最常用，且方便。后肢外侧小隐静脉在后肢胫部下1/3的外侧浅表的皮下，由前侧方向后行走。抽血前，将犬固定或使犬侧卧，由助手将犬固定好。将抽血部位的毛剪去，碘酒、酒精消毒皮肤。采血者左手拇指和食指握紧剪毛区上部，使下肢静脉充盈，右手用连有6号或7号针头的注射器迅速穿刺入静脉，左手放松将针固定，以适当速度抽血（以无气泡为宜）。或将胶皮带绑在犬股部，或由助手握紧股部，即可，若仅需少量血液，可以不用注射器抽取，只需用针头直接刺入静脉，待血从针孔自然滴出，放入盛器或作涂片。采集前肢内侧皮下的头静脉血时，操作方法基本与上述相同。一只犬一般采10～20mL血并不困难。

2. 股动脉采血

本法为采取犬动脉血最常用的方法。操作也较简便。稍加以训练的犬，在清醒状态下将犬卧位固定于犬解剖台上。伸展后肢向外伸直，暴露腹三角动脉搏动的部位，剪去毛。用碘酒消毒。左手中指、食指探摸股动脉跳动部位，并固定好血管，右手取连有5(1/2)号针头的注射器，针头由动脉跳动处直接刺入血管，若刺入动脉一般可见鲜红血液流入注射器，有时还需微微转动一下针头或上下移动一下针头，方见鲜血流入。若刺入静脉，必须重抽。待抽血完毕，迅速拔出针头，用干药棉压迫止血2～3min。

3. 心脏采血

本法最好在麻醉下进行，驯服的犬不麻醉也行。将其固定在手术台上，前肢向背侧方向固定，暴露胸部，将左侧第3～5肋间的被毛剪去，用碘酒、酒精消毒皮肤。采血者用左手触摸左侧3～5肋间处，选择心跳最明显处穿刺。一般选择胸骨左缘外1cm第4肋间处。取连有6(1/2)号针头的注射器，由上述部位进针，并向犬背侧方向垂直刺入心脏。采血者可随针接触心跳的感觉，随时调整刺入方向和浓度，摆动的角度尽量小，避免损伤心肌过重，或造成胸腔大出血。当针头正确刺入心脏时，血即可进入抽射器，可抽取多量血液。

4. 耳缘静脉采血

本法宜取少量血液作血常规或微量酶活力检查等。有训练的犬不必绑嘴，剪去耳尖部短毛，即可见耳缘静脉，手法基本与兔相同。

5. 颈静脉采血

犬不需麻醉，经训练的犬不需固定，未经训练的犬应予以固定。取侧卧位，剪去颈部被毛约10cm×3cm范围，用碘酒、酒精消毒皮肤。将犬颈部拉直，头尽量后抑。用左手拇指压住颈静脉入胸部位的皮肤。使颈静脉怒张，右手取连有6(1/2)号针头的注射器。针头沿血管平行方向向心端刺往前血管。由于此静脉在皮下易滑动，针刺时除用左手固定好血管外,刺入要准确。取血后注意压迫止血。采用此法一次可取较多量的血。

猫的采血法基本与犬相同。常采用前肢皮下头静脉、后肢的股静脉、耳缘静脉取血。需大量血液时可从颈静脉取血。方法见前述。

【实训结果】 熟练掌握宠物的常用采血方法并加以练习。

【注意事项】

1. 采血场应有充足的光线。夏季室温最好保持在25～28℃,冬季15～20℃为宜。
2. 采血用具和采用部位一般需要进行消毒。
3. 采血用的注射器和试管必须保持清洁干燥。
4. 若需抗凝全血,在注射器或试管内需预先加入抗凝剂。

【讨论作业】 宠物常选择哪些部位进行采血?

## 实训十　实训动物的手术基本操作

【目的要求】 熟练掌握宠物组织切开、组织分离、止血和缝合的手术基本操作。

【实训材料】 手术刀、止血钳、电烧烙器或烙铁、手术缝针。

【实训方法】 宠物外科手术不论大小或复杂程度如何,均是由几大类基本操作技术组成,常用外科手术的基本操作技术主要有组织切开、组织分离、止血、缝合等。只有熟练掌握外科基本操作技术,才能为做好手术奠定良好基础。

1. 组织切开

组织的切开是外科手术的重要步骤。浅表部位的手术,切口可直接位于病变部位上或其附近;深部切口,根据局部解剖的特点,既要有利于显露术野,又不能过多造成组织的损伤。

(1) 紧张切开　较大的皮肤切口应由术者与助手用手在切口两旁或上、下,将皮肤展开固定;或由术者用拇指及食指在切口两旁将皮肤撑紧并固定,刀刃与皮肤垂直,用力均匀地一刀切开所需长度和深度,必要时也可补充运刀,但要避免多次切割,重复刀痕,以免切口边缘参差不齐,出现锯齿状切口,影响创缘对合和愈合。

(2) 皱襞切开法　在切口的下面有大血管、大神经、分泌管和重要器官,而皮下组织甚为疏松,为了使皮肤切口位置正确且不误伤其下部组织,术者和助手应在预定切线的两侧,用手指或镊子提拉皮肤呈垂直皱襞,并进行垂直切开。

在施行手术时,皮肤最常用的是直线切口,既方便操作,又利于愈合,但根据手术的具体需要,也可做下列几种形状的切口:

① 梭形切开,主要用于切除病理组织(肿瘤、瘘管、放线菌灶)和过多的皮肤;

② "T"或"+"字形切开,多用于需要将深部组织充分显露和摘除时应用。

2. 组织分离

(1) 锐性分离　用刀或剪进行。用刀分离时,以刀刃沿组织间隙作垂直的、轻巧的、短距离的切开。用剪刀时以剪尖端伸入组织间隙内,不宜过深,然后张开剪柄,分离组织,在确定没有重要的血管、神经后,再予以剪断。锐性分离对组织损伤较小,愈合较快,但必须熟悉解剖,在直视下辨明组织结构时进行,动作要准确、精细。

(2) 钝性分离　用刀柄、止血钳、手指或剥离器进行。方法是将这些器械或手指插入组织内,用适当的力量,分离周围的组织。这种方法最适用于正常的肌肉、筋膜和良性肿瘤等的分离。钝性分离时,组织损伤较重,往往会残留许多失去活性的细胞组织,因此术后组织反应较重,愈合较慢。在瘢痕较大、粘连过多或血管、神经丰富的部位,不宜采用。

3. 止血

(1) 机械止血法

① 压迫止血　是用纱布或泡沫塑料压迫出血的部位，以清除术部的血液，辨清组织、出血径路及出血点，以便进行止血措施。在毛细血管渗血和小血管出血时，如机体凝血机能正常，压迫片刻，出血即自行停止。为了提高压迫止血的效果，可选用温生理盐水、1%～2%麻黄素、0.1%的肾上腺素、2%的氯化钙溶液浸湿后拧干的纱布块作压迫止血。在止血时，必须是按压，不可擦拭，以免损伤组织或使血栓脱落。

② 钳夹止血　利用止血钳最前端夹住血管断端，钳夹的方向尽量与血管垂直，钳夹的组织要少，切不可做大面积的钳夹。

③ 填塞止血　本法是在深部大血管出血，一时找不到血管断端，钳夹或结扎止血困难时，可用灭菌纱布紧塞于出血的创腔或解剖腔内，压迫血管断端以达到止血目的。在填入纱布时，必须将创腔填满，以便有足够的压力压迫血管断端。填塞止血留置的敷料通常是在12～48h后取出。

(2) 电凝及烧烙止血法　利用高频电流凝固组织或用电烧烙器或烙铁烧烙作用使血管断端收缩封闭止血。电凝的时间不宜过长，否则烧伤范围过大，影响切口愈合。使用烧烙止血时，应将电阻丝或烙铁烧得微红，才能达到止血的目的，但不宜过热，以免组织炭化过多，使血管断端不能牢固堵塞。在空腔脏器、大血管附近及皮肤等处不可用电凝止血，以免组织坏死，发生并发症。电凝止血多用于浅表的小出血点或不易结扎的渗血。

4. 缝合

(1) 对接缝合

① 单纯间断缝合　或称为结节缝合，是最常用的缝合方式。缝合时。将缝针引入15～25cm 的缝线，于创缘一侧垂直刺入，于对侧相应部位穿出打结。每缝合一针，打一次结。适用于皮肤、皮下组织、筋膜、黏膜、血管、神经、胃肠道的缝合。

② 单纯连续缝合　是用一条长的缝线自始至终地连续缝合一个创口，最后打结的缝合方法。常用于具有弹性、无太大张力的较长的创口。用于皮肤、皮下组织、筋膜、血管、胃肠道的缝合。

(2) 内翻缝合法　目的是将缝合组织的边缘向内翻入，缝合组织外面有良好的对合。内翻缝合法适用于胃肠道、子宫、膀胱等空腔器官的缝合。

(3) 外翻缝合法　目的是将组织的边缘向外翻出，使缝合处的内面保持光滑。这种缝合的基本方法是褥式缝合法，多用于血管的缝合和吻合，有时也用于腹膜的缝合。为了使松弛的皮肤边缘对合整齐，可以采用纵向的（垂直褥式外翻缝合法）褥式缝合法。

【实训结果】　掌握宠物手术的基本操作要领。

【注意事项】　手术中应根据动物的实际情况合理选择操作方法，否则易造成手术失败。

【讨论作业】　如何选择组织切开、组织分离、止血和缝合技术中的不同方法？

# 附　录

## 附录一　常用药物的配伍禁忌表

| 类别 | 药物 | 禁忌配合的药物 | 变化 |
|---|---|---|---|
| 消毒防腐药 | 漂白粉 | 酸类 | 分解出氯 |
| | 酒精 | 氯化剂、无机盐等 | 氧化、沉淀 |
| | 硼酸 | 碱性物质<br>鞣酸 | 生成硼酸盐<br>药效减弱 |
| | 碘及其制剂 | 氨水、铵盐类<br>重金属盐<br>生物碱类药物<br>淀粉<br>龙胆紫<br>挥发油 | 生成爆炸性碘化氢<br>沉淀<br>析出生物碱沉淀<br>呈蓝色<br>药效减弱<br>分解失效 |
| | 阳离子表面活性剂 | 阴离子如肥皂类、合成洗涤剂<br>高锰酸钾、碘化物 | 相互拮抗<br>沉淀 |
| | 高锰酸钾 | 氨及其制剂<br>甘油、酒精<br>鞣酸、甘油、药用炭 | 沉淀<br>失效<br>研磨时爆炸 |
| | 过氧化氢溶液 | 碘及其制剂、高锰酸钾、碱类、药用炭 | 分解、失效 |
| | 过氧乙酸 | 碱类如氢氧化钠、氨溶液 | 中和失效 |
| | 氨溶液 | 酸及酸性盐<br>碘溶液如碘酊 | 中和失效<br>生成爆炸性的碘化氢 |
| 抗生素 | 青霉素 | 酸性药物如盐酸氯丙嗪、四环素类抗生素<br>碱性药物如磺胺药、碳酸氢钠等<br>高浓度酒精、重金属盐<br>氧化剂如高锰酸钾<br>快速抑菌剂如四环素、氯霉素 | 沉淀,分解失效<br>沉淀,分解失效<br>破坏失效<br>破坏失效<br>疗效减低 |
| | 红霉素 | 碱性溶液如磺胺药、碳酸氢钠注射液<br>氯化钠,氯化钙<br>林可霉素 | 沉淀,析出游离碱<br>混浊,沉淀<br>出现拮抗作用 |
| | 链霉素 | 强酸、碱性溶液<br>氯化剂,还原剂<br>利尿酸<br>多黏菌素E | 破坏失效<br>破坏失效<br>肾毒性增大<br>骨骼肌松弛 |
| | 多黏菌素E | 骨骼肌松弛药<br>先锋霉素Ⅰ | 毒性增强<br>毒性增强 |
| | 四环素类,如四环素、土霉素、金霉素、盐酸多西环素等 | 中性及碱性溶液如碳酸氢钠注射液<br>生物碱沉淀剂<br>阳离子(一价,二价或三价离子) | 分解失效<br>沉淀、失效<br>形成不溶性难吸收的络合物 |
| | 氯霉素 | 铁剂、叶酸、维生素$B_{12}$<br>青霉素类抗生素 | 抑制红细胞生成<br>疗效降低 |
| | 先锋霉素Ⅱ | 强效利尿药 | 增强肾脏毒性 |

续表

| 类别 | 药　物 | 禁忌配合的药物 | 变　化 |
|---|---|---|---|
| 合成抗菌药 | 磺胺类药物 | 酸性药物<br>普鲁卡因<br>氯化铵 | 析出沉淀<br>疗效降低或无效<br>增加对肾脏毒性 |
| | 氟喹诺酮类,如诺氟沙星、环丙沙星、氧氟沙星、洛美沙星、恩诺沙星等 | 氯霉素,呋喃类药物<br>金属阳离子<br>强酸性药液或强碱性药液 | 疗效降低<br>形成不溶解性难吸收的络合物<br>析出沉淀 |
| 抗蠕虫药 | 左旋咪唑 | 碱类药物 | 分解,失效 |
| | 敌百虫 | 碱类、新斯的明、肌松药 | 毒性增强 |
| | 硫双二氯酚 | 乙醇,稀碱液,四氯化碳 | 增强毒性 |
| 抗球虫药 | 氨丙啉 | 维生素 $B_1$ | 疗效减低 |
| | 二甲硫胺 | 维生素 $B_1$ | 疗效减低 |
| | 莫能菌素或盐霉素或马杜霉素或拉沙洛菌素 | 泰牧霉素,竹桃霉素 | 抑制动物生长,甚至中毒死亡 |
| 麻醉药与化学保定药 | 水合氯醛 | 碱性溶液,久置,高热 | 分解,失效 |
| | 戊巴比妥钠 | 酸类药液<br>高热,久置 | 沉淀<br>分解 |
| | 苯巴比妥钠 | 酸类药液 | 沉淀 |
| | 普鲁卡因 | 磺胺药<br>氯化剂 | 疗效减弱或失效<br>氯化,失效 |
| | 琥珀胆碱 | 水合氯醛,氯丙嗪,普鲁卡因,氨基糖苷类,抗生素 | 肌松过度 |
| | 噻拉唑 | 碱类药液 | 沉淀 |
| 镇定剂 | 氯丙嗪 | 碳酸氢钠,巴比妥类钠盐<br>氯化剂 | 析出沉淀<br>变红色 |
| | 溴化钠 | 酸类、氯化剂<br>生物碱类 | 游离出溴<br>析出沉淀 |
| | 巴比妥钠 | 酸类<br>氯化铵 | 析出沉淀<br>析出氨,游离出巴比妥钠 |
| 中枢兴奋药 | 咖啡因(碱) | 盐酸四环素、盐酸土霉素、鞣酸、碘化物 | 析出沉淀 |
| | 尼可刹米 | 碱类 | 水解、混浊 |
| | 山梗菜碱 | 碱类 | 沉淀 |
| 镇痛药 | 吗啡 | 碱类<br>巴比妥类 | 析出沉淀<br>毒性增强 |
| | 度冷丁 | 碱类 | 析出沉淀 |
| 植物神经药物 | 盐酸毛果芸香碱 | 碱性药物、鞣酸、碘及阳离子表面活性剂 | 沉淀或分解失效 |
| | 硫酸阿托品 | 碱性药物、鞣酸、碘及碘化物、硼砂 | 分解或沉淀 |
| | 肾上腺素、去甲肾上腺素等 | 碱类、氧化物、碘酊<br>三氯化铁<br>洋地黄制剂 | 易氧化变棕色、失效<br>失效<br>心律不齐 |
| 健胃与助消化药 | 胃蛋白酶 | 强酸、强碱、重金属盐、鞣酸溶液 | 沉淀 |
| | 乳酶生 | 酊剂、抗生素、鞣酸蛋白、铋制剂 | 疗效减弱 |
| | 干酵母 | 磺胺类药物 | 疗效减弱 |
| | 稀盐酸 | 水杨酸钠 | 沉淀 |

续表

| 类别 | 药物 | 禁忌配合的药物 | 变化 |
|---|---|---|---|
| 健胃与助消化药 | 人工盐 | 酸性药液 | 中和、疗效减弱 |
| | 胰酶 | 酸性药液如稀盐酸 | 疗效减弱或失效 |
| | 碳酸氢钠 | 酸及酸性盐类<br>鞣酸及其含有物<br>生物碱类、镁盐、钙盐<br>次硝酸铋 | 中和失效<br>分解<br>沉淀<br>疗效减弱 |
| 祛痰药 | 氯化铵 | 碳酸氢钠、碳酸钠等碱类药物<br>磺胺药 | 分解<br>增强磺胺肾毒性 |
| | 碘化钾 | 酸类或酸性盐 | 变色游离出碘 |
| | 毒毛花苷K | 碱性药液如碳酸氢钠、氨茶碱 | 分解、失效 |
| 强心药 | 洋地黄毒苷 | 钙盐<br>钾盐<br>酸或碱性药物<br>鞣酸、重金属盐 | 增强洋地黄毒性<br>对抗洋地黄作用<br>分解,失效<br>沉淀 |
| 止血药 | 肾上腺素色腙 | 脑垂体后叶素,青霉素G,盐酸氯丙嗪,抗组胺药,抗胆碱药 | 变色,分解,失效,止血作用减弱 |
| | 酚磺乙胺 | 磺胺嘧啶钠,盐酸氯丙嗪 | 混浊,沉淀 |
| | 亚硫酸氢钠甲萘醌 | 还原剂,碱类药液<br>巴比妥类药物 | 分解,失效<br>加速维生素$K_3$代谢 |
| 抗凝血药 | 肝素钠 | 酸性药液<br>碳酸氢钠,乳酸钠 | 分解,失效<br>加强肝素钠抗凝血 |
| | 枸橼酸钠 | 钙制剂如氯化钙,葡萄糖酸钙 | 作用减弱 |
| 抗贫血药 | 硫酸亚铁 | 四环素类药物<br>氧化剂 | 阻止吸收<br>氧化变质 |
| 平喘药 | 氨茶碱 | 酸性药液,如维生素C,四环素类药 | 中和反应,析出茶碱沉淀 |
| | 麻黄素(碱) | 肾上腺素,去甲肾上腺素 | 增强毒性 |
| 泻药 | 硫酸钠 | 钙盐,钡盐,铅盐 | 沉淀 |
| | 硫酸镁 | 中枢抑制药 | 增强中枢抑制作用 |
| 利尿药 | 呋塞米(速尿) | 氨基糖苷类如链霉素,卡那霉素,新霉素,庆大霉素<br>头孢噻定<br>骨骼肌松弛剂 | 增强耳毒性<br>增强肾毒性<br>骨骼肌松弛加重 |
| 脱水药 | 甘露醇 | 生理盐水或高渗盐 | 疗效减弱 |
| | 山梨醇 | 生理盐水或高渗盐 | 疗效减弱 |
| 糖皮质激素 | 强的松,氢化可的松,强的松龙 | 苯巴比妥钠,苯妥英钠<br>强效利尿药<br>水杨酸钠<br>降血糖药 | 代谢加快<br>排钾增多<br>消除加快<br>疗效降低 |
| 性激素与促性腺激素 | 促黄体素 | 抗胆碱药,抗肾上腺素药<br>抗惊厥药,麻醉药,安定药 | 疗效降低 |
| | 绒促性素 | 过热,氧 | 水解,失效 |
| 影响组织代谢药 | 维生素$B_1$ | 生物碱,碱<br>氧化剂,还原剂<br>氨苄西林,头孢菌素Ⅰ和Ⅱ,氯霉素,多黏菌素 | 沉淀<br>分解,失效<br>破坏,失效 |

续表

| 类别 | 药物 | 禁忌配合的药物 | 变化 |
|---|---|---|---|
| 影响组织代谢药 | 维生素 $B_2$ | 碱性药液 | 破坏,失效 |
| | | 氨苄西林,头孢菌素Ⅰ和Ⅱ,氯霉素,多黏菌素,四环素,金霉素,土霉素,红霉素,链霉素,卡那霉素,林可霉素 | 破坏,灭活 |
| | 维生素 C | 氧化剂 | 破坏,失效 |
| | | 碱性药液如氨茶碱 | 氧化,失效 |
| | | 钙制剂 | 沉淀 |
| | | 氨苄西林,头孢菌素Ⅰ和Ⅱ,四环素,土霉素,多西环素,红霉素,新霉素,链霉素,卡那霉素,林可霉素 | 破坏,灭活 |
| | 氯化钙 | 碳酸氢钠,碳酸钠溶液 | 沉淀 |
| | 葡萄糖酸钙 | 碳酸氢铵,碳酸钠溶液 | 沉淀 |
| | | 水杨酸盐,苯甲酸盐溶液 | 沉淀 |
| 解热镇痛药 | 阿司匹林 | 碱类药物,如碳酸氢铵、氨茶碱、碳酸钠等 | 分解,失效 |
| | 水杨酸钠 | 铁等金属离子制剂 | 氧化,变色 |
| | 安乃近 | 氯丙嗪 | 体温剧降 |
| | 氨基比林 | 氧化剂 | 氧化失效 |
| 解毒药 | 碘解磷啶 | 碱性药物 | 水解为氰化物 |
| | 亚甲蓝 | 强碱性药物,氧化剂,还原剂及碘化物 | 破坏,失效 |
| | 亚硝酸钠 | 酸类 | 分解成亚硝酸 |
| | | 碘化物 | 游离出碘 |
| | | 氧化剂,金属盐 | 被还原 |
| | 硫代硫酸钠 | 酸类 | 分解,沉淀 |
| | | 氧化剂如亚硝酸钠 | 分解,失效 |
| | 依地酸钙钠 | 铁制剂如硫酸亚铁 | 干扰作用 |

注:氧化剂包括漂白粉,过氧化氢,过氧乙酸,高锰酸钾等。
还原剂包括碘化物,硫代硫酸钠,维生素C等。
重金属盐包括汞盐,银盐,铁盐,铜盐,锌盐等。
酸类药物包括稀盐酸,硼酸,鞣酸,醋酸,乳酸等。
碱类药物包括氢氧化钠,碳酸氢钠,氨水等。
生物碱类药物包括阿托品,氨钠咖,肾上腺素,毛果芸香碱,氨茶碱,普鲁卡因等。
有机酸类药物包括水杨酸钠,醋酸钾等。
生物碱沉淀剂包括氢氧化钾,碘,鞣酸,重金属等。
药液呈酸性的药物包括氯化钙,葡萄糖,硫酸镁,氯化铵,盐酸,肾上腺素,硫酸阿托品,水合氯醛,盐酸氯丙嗪,盐酸金霉素,盐酸土霉素,盐酸普鲁卡因,糖盐水,葡萄糖酸钙注射液等。
药液呈碱性的药物包括氨钠咖,碳酸氢钠,氨茶碱,乳酸钠,磺胺嘧啶钠,乌洛托品等。

# 附录二 不同动物用药量换算表

## 1.各种畜禽与人用药量比例简表(均按成年)

| 动物 | 成人 | 牛 | 羊 | 猪 | 马 | 鸡 | 猫 | 犬 |
|---|---|---|---|---|---|---|---|---|
| 比例 | 1 | 5~10 | 2 | 2 | 5~10 | 1/6 | 1/4 | 1/4~1 |

## 2.不同畜禽用药剂量比例简表

| 动物 | 马<br>(400kg) | 牛<br>(300kg) | 驴<br>(200kg) | 猪<br>(50kg) | 羊<br>(50kg) | 鸡<br>(1岁以上) | 犬<br>(1岁以上) | 猫<br>(1岁以上) |
|---|---|---|---|---|---|---|---|---|
| 比例 | 1 | 1~3/2 | 1/3~1/2 | 1/8~1/5 | 1/6~1/5 | 1/40~1/20 | 1/16~1/10 | 1/32~1/16 |

3. 动物年龄与用药量比例

| 动物种类 | 年龄 | 比例 | 动物种类 | 年龄 | 比例 | 动物种类 | 年龄 | 比例 |
|---|---|---|---|---|---|---|---|---|
| 猪 | 1岁半以上 | 1 | 羊 | 2岁以上 | 1 | 牛 | 3~8岁 | 1 |
| | 9~18个月 | 1/2 | | 1~2岁 | 1/2 | | 9~15岁 | 3/4 |
| | 4~9个月 | 1/4 | | 6~12个月 | 1/4 | | 15~20岁 | 1/2 |
| | 2~4个月 | 1/8 | | 3~6个月 | 1/8 | | 2~3岁 | 1/4 |
| | 1~2个月 | 1/16 | | 1~3个月 | 1/16 | | 4~8个月 | 1/8 |
| 马 | 3~12岁 | 1 | 犬 | 6个月以上 | 1 | | | |
| | 15~20岁 | 3/4 | | 3~6个月 | 1/2 | | | |
| | 20~25岁 | 1/2 | | 1~3个月 | 1/4 | | | |
| | 2岁 | 1/4 | | 1个月以上 | 1/16~1/8 | | | |
| | 1岁 | 1/12 | | | | | | |
| | 2~6个月 | 1/24 | | | | | | |

## 附录三 常用实验动物的正常生理指标

| 动物种类 | 体温<br>/℃ | 呼吸数<br>(1min)/次 | 脉搏数<br>(1min)/次 | 血压<br>/mmHg | 红细胞数<br>/($\times 10^{12}$ 个/L) | 白细胞数<br>/($\times 10^9$ 个/L) | 血量/体重 |
|---|---|---|---|---|---|---|---|
| 小鼠 | 38.0<br>37.7~38.7 | 136~216 | 400~600 | 95~125 | 7.7~12.5 | 6.0~10.0 | 1/5 |
| 大鼠 | 38.2<br>37.8~38.7 | 100~150 | 250~400 | 100~120 | 7.2~9.6 | 6.0~15.0 | 1/20 |
| 豚鼠 | 38.5<br>38.2~38.9 | 100~150 | 180~250 | 75~90 | 4.5~7.0 | 8.0~12.0 | 1/20 |
| 家兔 | 39.0<br>38.5~39.5 | 38~60 | 150~220 | 75~105 | 4.5~7.0 | 7.0~11.0 | 1/20 |
| 地鼠 | 37.0<br>38.4~39.0 | 33~127 | 150~400 | 90~100 | 4.5~7.4 | 7.0~14.0 | 1/20 |
| 犬 | 38.5<br>37.5~39.0 | 20~30 | 70~120 | 25~70 | 4.5~7.0 | 8.0~18.0 | 1/13 |
| 猫 | 38.5<br>38.0~39.5 | 30~50 | 120~180 | 75~130 | 6.5~9.5 | 9.0~20.0 | 1/20 |

## 附录四 犬、猫常用药物用法、用量表

| 药类 | 药物名称 | 用量 | 用法与注意事项 |
| --- | --- | --- | --- |
| 抗革兰阳性菌抗菌类药物 | 青霉素G钾(钠) | 犬2万~3万单位/kg体重 | 肌内注射或静脉注射,4次/d |
| | 普鲁卡因青霉素G | 犬1万~1.5万单位/kg体重 | 肌内注射,2次/d |
| | 氨苄青霉素(胶囊) | 犬、猫11~22mg/kg体重 | 内服,2~3次/d |
| | 氨苄青霉素(粉针) | 犬5~10mg/kg体重<br>猫10~15mg/kg体重 | 皮下、肌内注射、静脉注射,2~3次/d |
| | 羟氨苄青霉素(阿莫西林,胶囊) | 犬、猫11~22mg/kg体重 | 内服,2~3次/d |
| | 羟氨苄青霉素(阿莫西林,粉针) | 犬5~11mg/kg体重 | 皮下、肌内注射、静脉注射,2~3次/d |
| | 头孢噻吩钠(头孢菌素Ⅰ) | 犬、猫20~35mg/kg体重 | 肌内注射、静脉注射,2~3次/d |
| | 头孢噻啶(头孢菌素Ⅱ) | 犬、猫11mg/kg体重 | 肌内注射、静脉注射,2~3次/d |
| | 头孢菌素Ⅲ(先锋霉素Ⅲ) | 犬20~30mg/kg体重 | 内服、肌内注射,2次/d |
| | 头孢氨苄(先锋霉素Ⅳ) | 犬、猫10~30mg/kg体重 | 内服、皮下、肌内注射,3次/d |
| | 头孢唑啉钠(先锋霉素Ⅴ) | 犬、猫20~25mg/kg体重 | 肌内注射、静脉注射,3~4次/d |
| | 头孢拉定(先锋霉素Ⅵ,胶囊) | 犬50~100mg/kg体重 | 内服,2次/d |
| | 头孢拉定(先锋霉素Ⅵ,粉针) | 犬25~40mg/kg体重 | 静脉注射,2次/d |
| | 头孢羟氨苄 | 犬、猫10~20mg/kg体重 | 内服,2次/d,连用3~5d |
| | 头孢西丁钠 | 犬、猫10~20mg/kg体重 | 肌内注射、静脉注射,2~3次/d |
| | 头孢噻肟钠 | 犬、猫25~50mg/kg体重 | 皮下、肌内注射、静脉注射,2~3次/d |
| | 红霉素 | 犬、猫50~100mg/kg体重 | 内服,3次/d |
| | 乳糖酸红霉素 | 犬、猫4~8mg/kg体重 | 肌内注射、静脉注射,2次/d |
| | 泰乐菌素 | 犬11~22mg/kg体重<br>犬、猫5mg/kg体重 | 内服,2次/d<br>肌内注射,2次/d |
| | 罗红霉素 | 犬2.5~5mg/kg体重 | 内服,2次/d,连用7~14d |
| | 孚迪 | 犬2.5~5mg/kg体重 | 内服,2次/d |
| | 麦迪霉素 | 犬、猫15~20mg/kg体重 | 内服,3次/d |
| | 盐酸林可霉素 | 犬、猫15~25mg/kg体重<br>犬、猫10~20mg/kg体重 | 内服,2次/d<br>肌内注射、静脉注射,2次/d |
| | 杆菌肽 | 犬200~1000U/kg体重 | 肌内注射,2次/d |
| | 新生霉素 | 犬3~8mg/kg体重 | 肌内注射、静脉注射,2次/d |
| 抗革兰阴性菌的抗菌类药物 | 硫酸链霉素 | 犬10~15mg/kg体重<br>猫15mg/kg体重 | 皮下、肌内注射,3次/d<br>皮下,2次/d,猫敏感,慎用 |
| | 丁胺卡那霉素(阿米卡星,粉针) | 犬、猫5mg/kg体重 | 静脉注射,3~4次/d |
| | 丁胺卡那霉素(阿米卡星,注射液) | 犬、猫5~10mg/kg体重 | 皮下、肌内注射,3次/d |

续表

| 药类 | 药物名称 | 用量 | 用法与注意事项 |
|---|---|---|---|
| 抗革兰阴性菌的抗菌类药物 | 硫酸庆大霉素 | 犬 1mg/kg 体重<br>犬、猫 3～5mg/kg 体重 | 静脉注射,4 次/d<br>皮下、肌内注射,2 次/d |
| | 硫酸新霉素(片剂) | 犬、猫 4～5mg/kg 体重 | 内服,2 次/d |
| | 硫酸新霉素(粉针) | 犬、猫 3.5mg/kg 体重 | 肌内注射、静脉注射,3 次/d |
| | 小诺霉素 | 犬 1.5～mg/kg 体重 | 肌内注射,2 次/d |
| | 硫酸多黏菌素 B | 犬、猫 1～2mg/kg 体重 | 内服,2 次/d |
| | 硫酸多黏菌素 E | 犬 2～3mg/kg 体重 | 内服,3 次/d |
| | 创新霉素 | 犬、猫 40～70mg/kg 体重 | 内服,2 次/d |
| | 壮观霉素(奇放线霉素) | 犬 22mg/kg 体重<br>犬 5～11mg/kg 体重 | 内服,2 次/d<br>肌内注射,2 次/d |
| 广谱抗菌素 | 土霉素(氧四环素) | 犬、猫 20mg/kg 体重 | 内服,3 次/d<br>肌内注射、静脉注射,2 次/d |
| | 甲稀土霉素 | 犬、猫 5mg/kg 体重 | 内服,3 次/d,连用 5d |
| | 复方长效盐酸土霉素(特效米先) | 犬 5～10mg/kg 体重 | 肌内注射,连用 3～5d |
| | 四环素 | 犬 15～50mg/kg 体重 | 内服,2 次/d |
| | 金霉素 | 犬 15～50mg/kg 体重 | 内服,2 次/d |
| | 强力霉素 | 犬、猫 5～10mg/kg 体重<br>犬、猫 2～4mg/kg 体重 | 内服,1 次/d<br>肌内注射,1 次/d |
| | 合霉素 | 犬 20mg/kg 体重 | 内服,2 次/d |
| | 甲砜霉素 | 犬、猫 7～15mg/kg 体重 | 内服,3 次/d |
| 全身感染用磺胺药 | 磺胺嘧啶(SD) | 犬 70mg/kg,首次量加倍<br>猫 50mg/kg,首次量加倍 | 内服,2 次/d |
| | 磺胺嘧啶钠 | 犬 50mg/kg 体重<br>猫 30mg/kg 体重 | 静脉注射、深部肌内注射,2 次/d<br>静脉注射、深部肌内注射,2 次/d |
| | 增效磺胺嘧啶钠 | 犬、猫 25～75mg/kg 体重 | 肌内注射,2 次/d<br>静脉注射,1 次/d |
| | 磺胺甲基嘧啶 | 犬、猫用量同 SD | 内服,2 次/d |
| | 磺胺二甲基嘧啶(SM₂) | 犬、猫用量同 SD<br>犬 50mg/kg 体重,猫 30mg/kg 体重,首次量加倍 | 内服,2 次/d<br>肌内注射、静脉注射,2 次/d |
| | 磺胺甲基噁唑(新诺明) | 犬、猫用量同 SD | 内服,2 次/d |
| | 增效新诺明(复方新诺明) | 犬、猫 20～25mg/kg 体重 | 内服,1～2 次/d |
| | 磺胺间二甲氧嘧啶(SDM) | 犬 25～50mg/kg 体重<br>猫 70mg/kg 体重,首次用量加倍 | 内服,1 次/d |
| | 磺胺邻二甲氧嘧啶 | 犬 20～50mg/kg 体重 | 内服,1 次/4～7d |
| | 增效磺胺 | 犬 20～30mg/kg 体重 | 肌内注射、静脉注射,1 次/4～7d |
| | 磺胺-5-甲氧嘧啶(SDM') | 犬 25～50mg/kg 体重,猫 70mg/kg 体重,首次量加倍 | 内服,1～2 次/d |
| | 磺胺-6-甲氧嘧啶(制菌磺 SMM) | 犬 50mg/kg 体重,首次量加倍<br>犬 25～50mg/kg 体重 | 内服,1 次/d<br>肌内注射、静脉注射,1 次/d |

续表

| 药类 | 药物名称 | 用量 | 用法与注意事项 |
|---|---|---|---|
| 肠道感染用磺胺药 | 磺胺脒(磺胺胍 SG) | 犬、猫 30~100mg/kg 体重,首次量加倍 | 内服,3 次/d |
| | 肽磺胺噻唑(PST) | 犬 100mg/kg 体重,猫 30~100mg/kg 体重,首次量加倍 | 内服,2 次/d |
| 外用磺胺药 | 磺胺醋酰钠(SA-Na) | 10%~15%<br>10%~30% | 滴眼,本品忌与强的松龙合用 |
| | 磺胺嘧啶银(烧伤宁 SD-Ag) | 2% | 外用,喷洒,湿敷,涂布于烧伤、创伤、感染创、脓肿部位 |
| 抗菌增效剂 | 三甲氧苄胺嘧啶(TMP) | 犬、猫 5mg/kg 体重 | 内服,肌内注射,静脉注射,2 次/d,本品与抗菌药物合用,或与抗菌药物配制成复方制剂,均可增强药效 |
| | 二甲氧苄胺嘧啶(敌菌净,DVD) | 犬、猫 5mg/kg 体重 | 本品为抗菌增效剂,与 SMD,SMM,SMZ,SG 等,按 1:5 比例配伍可制成复方制剂 |
| | 复方二甲氧苄胺嘧啶 | 犬、猫 20~25mg/kg 体重 | 内服,2 次/d |
| 硝基咪唑类药物 | 甲硝唑(灭滴灵) | 犬 20~50mg/kg 体重<br>猫 10mg/kg 体重<br>犬 7.5mg/kg 体重 | 内服,1~2 次/d<br>内服,1 次/d<br>静脉注射,2~3 次/d |
| | 甲硝唑(灭滴灵) | 1%溶液<br>5%软膏 | 外用,冲洗子宫、阴道、尿道、膀胱 |
| 抗结核类药物 | 利福平 | 犬、猫 10~20mg/kg 体重 | 内服,2~3 次/d,配合异烟肼等内服 |
| | 异烟肼(雷米封) | 犬 4~8mg/kg 体重,<br>猫 6~10mg/kg 体重 | 内服,2~3 次/d,与利福平、链霉素合用 |
| 氟喹诺酮类药物 | 诺氟沙星(氟哌酸可溶性粉) | 犬、猫 10~20mg/kg 体重 | 内服,2 次/d |
| | 诺氟沙星(氟哌酸注射液) | 犬、猫 5mg/kg 体重 | 肌内注射,2 次/d |
| | 环丙沙星(环丙氟哌酸,原粉,可溶性粉) | 犬 5~15mg/kg 体重 | 内服,2 次/d,连用 3~5d |
| | 环丙沙星(环丙氟哌酸) | 犬 2~2.5mg/kg 体重 | 肌内注射,2 次/d |
| | 乳酸环丙沙星 | 犬 5~15mg/kg 体重<br>猫 2mg/kg 体重 | 静脉注射,2 次/d |
| | 氧氟沙星(氟嗪酸) | 犬、猫 3~5mg/kg 体重 | 肌内注射,静脉注射,2 次/d,用 3~5d |
| | 恩诺沙星(百病消,普杀平) | 犬、猫 2.5~5mg/kg 体重 | 内服,肌内注射,2 次/d,连用 3~5d |
| | 盐酸二氟沙星 | 犬、猫 5~10mg/kg 体重 | 肌内注射,1~2 次/d |
| | 沙拉沙星(福乐星) | 犬、猫 15~10mg/kg 体重 | 肌内注射,1~2 次/d |
| | 洛美沙星(罗氟酸) | 犬、猫 2.5~5mg/kg 体重 | 内服,肌内注射,2 次/d |
| | 单诺沙星 | 犬、猫 1.25mg/kg 体重 | 皮下注射,2 次/d |
| 抗真菌类药物 | 制霉菌素 | 犬 10 万~20 万单位/次,猫 10 万单位/次 | 内服,3~4 次/d,连用 7d,对深部真菌无效 |
| | 多聚醛制霉菌素钠 | 犬 2.2 万单位/kg 体重 | 内服,1 次/d |
| | 两性霉素 B | 犬、猫 0.5~1mg/kg 体重 | 静脉注射,隔天 1 次,最大累加剂量不超过 8mg,用注射用水或 5%葡萄糖稀释 |
| | 两性霉素软膏 | 3%软膏 | 禁用生理盐水稀释 |

续表

| 药类 | 药物名称 | 用量 | 用法与注意事项 |
|---|---|---|---|
| 抗真菌类药物 | 两性霉素溶液 | 0.5%溶液 | 外用涂敷或局部皮下 |
| | 灰黄霉素 | 犬 15~20mg/kg 体重 | 内服,1次/d,连用3~6周 |
| | 克霉唑 | 犬 150~200mg/kg 体重 | 内服,3次/d |
| | 克霉唑软膏、癣药水 | | 外用,1次/d |
| | 酮康唑(霉康灵) | 犬、猫 3.5mg/kg 体重 | 内服,3次/d,连用2~8周,孕犬、猫禁用 |
| | 咪康唑(达克宁)软膏、洗剂 | | 外用,敷涂皮肤、掌趾,1~2次 |
| | 曲古霉素(发霉素) | 犬 10万~20万单位/kg 体重 | 内服,4次/d,口服喷雾,2次/d |
| | 球霉红素(抗菌素414) | 犬 1~2mg/kg 体重 | 静脉注射,每天或隔天一次 |
| | 克念霉素片 | 犬 1次1片 | 犬阴道塞入,1次/d,连用7~10d |
| | 克念霉素吸收剂 | 犬 1次,1次 1mL | 吸入,2次/d |
| | 克念霉素滴眼液 | 犬 1次 1~2滴 | 滴眼,4~5次/d |
| 抗病毒药 | 金刚烷胺(三环癸胺) | 犬、猫一次 50~100mg/kg | 内服,3次/d |
| | 双黄连 | 犬 60mg/kg 体重<br>犬 1mg/kg 体重<br>犬一次 10~20mg/kg | 静脉注射,1~2次/d<br>皮下、肌内注射、静脉注射,1~2次/d<br>内服,2~3次 |
| | 板蓝根 | 犬 10~20mL/次 | 内服,2次/d |
| | 复方板蓝根 | 犬 10~15mL/次 | 内服,2次/d |
| 驱线虫药和驱丝虫药 | 磷酸左旋咪唑片 | 犬、猫 10mg/kg 体重(杀灭微丝蚴) | 内服,1次/d,连用3~7d |
| | 盐酸左旋咪唑注射液 | 犬、猫 10mg/kg 体重(杀肺丝虫) | 皮下、肌内注射,1次/d |
| | 四咪唑(噻咪唑,驱虫净) | 犬 10~20mg/kg 体重 | 内服 |
| | 四咪唑注射液 | 犬 7.5mg/kg 体重 | 皮下、肌内注射 |
| | 甲苯咪唑(甲苯哒唑) | 猫 25mg/kg 体重 | 内服,1次/d,连用5d |
| | 苯硫苯咪唑(芬苯咪唑) | 犬 22mg/kg 体重<br>犬 50mg/kg 体重<br>猫 25~50mg/kg 体重 | 内服,1次/d,连用5d<br>内服,1次/d,连用3d(驱线虫)<br>内服,1次/d,连用3d(驱绦虫) |
| | 阿苯哒唑(丙硫苯咪唑) | 犬、猫 25mg/kg 体重或 50mg/kg 体重 | 内服,低剂量,2次/d,高剂量,1次/d,连用5d |
| | 磺苯咪唑(奥芬哒唑) | 犬 10mg/kg 体重 | 内服,1次/d,连用4周(驱气管丝虫) |
| | 丙氧咪唑(奥苯哒唑) | 犬 5mg/kg 体重 | 内服 |
| | 丁苯咪唑(丁苯唑) | 犬 50mg/kg 体重 | 内服,1次/d,连用2~4d |
| | 丙噻咪唑(康苯咪唑) | 犬 20mg/kg 体重 | 内服 |
| | 枸橼酸哌嗪(驱蛔灵) | 犬、猫 100mg/kg 体重 | 内服 |
| | 枸橼酸乙胺嗪(海群生) | 犬、猫 50mg/kg 体重 | 内服,1次/d,连用3d |
| | 敌百虫 | 犬 75mg/kg 体重 | 内服,隔3~4d/次,共服3次 |
| | 敌敌畏缓释剂(PVC-DDVO) | 犬 25~30mg/kg 体重,或按说明书规定剂量用 | 内服 |
| | 氯丁烷 | 犬 0.5~2mL/kg 体重 | 内服 |

续表

| 药类 | 药物名称 | 用量 | 用法与注意事项 |
|---|---|---|---|
| 驱线虫药和驱丝虫药 | 伊维菌素 | 犬 200mg/kg 体重 | 内服 |
| | 伊维菌素注射液 | 犬 0.05～0.1mg/kg 体重 | 皮下注射 |
| | 5%阿维菌素浇泼剂 | 犬 0.1mL/kg 体重 | 浇注或犬两耳内侧涂擦 |
| | 碘硝粉 | 犬、猫 10mg/kg 体重,或按说明书规定剂量用 | 皮下注射 |
| 驱吸虫药 | 硝氯酚 | 犬、猫（吸肺虫）1mg/kg 体重或 8mg/kg 体重,猫（华支睾吸虫）3mg/kg 体重 | 内服,低量 1 次/d,连用 3d,隔天一次 |
| | 六氯对二甲苯（血防846） | 犬、猫 50mg/kg 体重 | 内服,1 次/d,连用 10d |
| | 吡喹酮 | 犬（吸肺虫）50mg/kg 体重<br>犬（华支睾吸虫）50～75mg/kg 体重 | 内服,1 次/d,连用 3d<br>内服 |
| | 硝碘酚腈 | 犬 10mg/kg 体重<br>犬 15mg/kg 体重 | 皮下注射<br>内服 |
| 驱绦虫药 | 吡喹酮（环比异喹酮） | 犬 5～10mg/kg 体重<br>猫 2～5mg/kg 体重 | 内服,1 次/d,连用 5d |
| | 氯硝柳胺（灭绦灵） | 犬、猫 100mg/kg 体重 | 空腹一夜后内服,2～3 周后再服一次 |
| | 二氯酚（双氯芬） | 犬 200～300mg/kg 体重 | 内服 |
| | 二氯酚甲苯合剂胶囊 | 犬、猫二氯酚 200mg 与甲苯 240mg/kg 体重 | 内服 |
| | 氯硝柳酸哌嗪（驱绦灵） | 犬、猫 100～125mg/kg 体重 | 空腹过夜后内服 |
| | 槟榔片 | 犬 3mg/kg 体重 | 内服,每隔 7d/次,连用 3 次 |
| | 南瓜籽 | 犬 30g/kg 体重 | 小火微炒研粉内服,与槟榔合用疗效好 |
| | 硫双二氯酚（别丁） | 犬、猫（带状绦虫）200mg/kg 体重 | 内服 |
| 抗原虫药 | 盐酸氯苯胍（罗本尼丁） | 犬 10～25mg/kg 体重 | 内服 |
| | 氨丙啉（安宝乐） | 犬 100～200mg/kg 体重 | 内服,1 次/d,连用 3d |
| | 磺胺二甲氧嘧啶 | 犬 55mg/kg 体重 | 内服,1 次/d,连用 3 周 |
| | 三氮脒（贝尼尔、丝虫净） | 犬 3.5mg/kg 体重 | 皮下、深部肌内注射,1 次/d,连用 2d |
| | 硫酸喹啉脲（阿卡普林） | 犬 0.25mg/kg 体重 | 皮下注射 |
| | 咪唑苯脲（咪唑啉卡普） | 犬 2～5mg/kg 体重 | 皮下、肌内注射,1 次/d,隔天再注药一次 |
| | 乙胺嘧啶 | 犬、猫 0.5～1mg/kg 体重 | 内服,1 次/d |
| | 甲硝哒唑（灭滴灵） | 犬 25mg/kg 体重<br>猫 8～10mg/kg 体重 | 内服,2 次/d,连用 5d<br>内服,1 次/d,连用 10d |
| | 台盼兰（锥兰俗） | 犬 5～10mg/kg 体重 | 静脉注射 |
| 杀虫药 | 氰戊菊酯（速灭杀丁） | 50mg/L 药液 | 1 次涂擦、喷雾,杀犬虱 |
| | 双甲脒（特敌克） | 250mg/L 药液 | 浴洗,杀犬螨 |
| | 氟芬新混浊液（杀蚤剂） | 猫 30mg/kg 体重 | 内服,1 次/30d |
| | 百部酊 | 20%醇溶液 | 涂擦患部,杀猫螨,灭虱 |
| | 雄黄杀螨油剂 | 10%～20%油剂 | 局部涂擦,杀犬耳螨 |

续表

| 药类 | 药物名称 | 用量 | 用法与注意事项 |
|---|---|---|---|
| 全麻药及局麻药 | 麻醉乙醚 | 犬 0.5~4mL(诱导麻醉浓度 8%,维持麻醉浓度 4%) | 吸入麻醉药前,应先皮下注射阿托品,后再用麻醉口罩吸入乙醚至出现麻醉指征为止 |
| | 氟烷 | 常与氧化亚氮合用,诱导麻醉浓度 3%,维持麻醉浓度 0.5%~1.5% | 吸入麻醉药前,先肌内注射阿托品 |
| | 甲氧氟烷 | 同氟烷 | 同氟烷 |
| | 苯巴比妥 | 犬、猫 80~100mg/kg 体重 | 静脉注射、腹腔注射,配制成 3.5%溶液 |
| | 水合氯醛 | 犬、猫 8~12mg/kg 体重<br>犬、猫 30~45mg/kg 体重<br>犬 300~1000mg/次(加黏浆剂) | 静脉注射(配制成 5%~10%溶液)<br>内服(配制成 10%溶液)<br>灌肠 |
| | 硫喷妥钠 | 犬、猫 15~25mg/kg 体重 | 腹腔注射、静脉注射<br>内服 |
| | 丙烯硫喷妥钠 | 犬、猫 10~20mg/kg 体重 | 静脉注射(配制成 4%水溶液) |
| | 盐酸氯胺酮(开他敏) | 犬 10~30mg/kg 体重,<br>猫 15~30mg/kg 体重 | 肌内注射,麻醉前需先静脉注射安定或阿托品 |
| | 846 复合麻醉剂(速眠新) | 犬、猫 0.04~0.1mL/kg 体重 | 肌内注射 |
| | 普鲁卡因 | 0.25%~0.5%<br>1%~2% | 浸润麻醉<br>传导麻醉 |
| | 利多卡因 | 0.25%~0.5% | 表面麻醉,浸润麻醉 |
| 安定药 | 盐酸氯丙嗪(冬眠灵) | 犬、猫 3mg/kg 体重<br>犬、猫 1~3mg/kg 体重<br>犬、猫 0.5~2mg/kg 体重 | 内服,3~4 次/d<br>肌内注射,1~3 次/d<br>静脉注射,1~2 次/d |
| | 盐酸丙嗪 | 犬、猫 2~6mg/次 | 肌内注射、静脉注射 |
| | 异丙嗪(非那根) | 犬 0.2~1mg/kg 体重 | 内服、皮下注射,2~3 次/d |
| | 奋乃静(羟派氯丙嗪) | 犬、猫 0.88mg/kg 体重<br>犬、猫 0.5mg/kg 体重 | 内服,2 次/d<br>肌内注射、静脉注射 |
| | 安定(地西泮) | 犬、猫 2~3mg/kg 体重<br>犬、猫 0.06~1.2mg/kg 体重 | 内服<br>静脉注射、肌内注射 |
| | 咪唑安定(咪唑二氮䓬) | 犬、猫 0.066~0.22mg/kg 体重 | 静脉注射 |
| | 利眠宁(氯氮䓬) | 犬 2~7mg/kg 体重 | 内服 |
| | 安宁(眠尔通) | 犬 100~400mg/次 | 内服 |
| | 氟哌丁苯(氟哌啶醇) | 犬 1~2mg/kg 体重<br>犬 1mg/kg 体重 | 肌内注射<br>缓慢静脉注射,用 25%葡萄糖液稀释 |
| 抗惊厥药与抗癫痫药 | 硫酸镁注射液 | 犬、猫 40~60mg/kg 体重 | 肌内注射、静脉注射 |
| | 三甲双酮 | 犬 300~1000mg/次 | 内服 |
| | 苯妥英钠(大仑丁) | 犬 100~200mg/次<br>犬 5~10mg/kg 体重 | 内服,2~3 次/d<br>静脉注射 |
| | 扑痫酮(去氧苯巴比妥) | 犬 55mg/kg 体重,<br>猫 20mg/kg 体重 | 内服,犬 1 次/d,猫 2 次/d |
| | 丙戊酸钠 | 犬 60mg/kg 体重 | 内服,3 次/d |
| | 酰胺咪嗪(痫痉宁) | 犬 20~25mg/kg 体重 | 内服 |

续表

| 药类 | 药物名称 | 用量 | 用法与注意事项 |
|---|---|---|---|
| 镇痛药 | 盐酸吗啡 | 犬 0.5~1mg/kg 体重，猫 0.1mg/kg 体重（镇痛） | 皮下注射 |
| | | 犬 1~2mg/kg 体重（镇静或麻醉前给药） | 皮下，肌内注射 |
| | | 犬 8mg/kg 体重（麻醉） | 静脉注射，可与乙醚配用 |
| | 杜冷丁 | 犬、猫 5~10mg/kg 体重（镇静） | 皮下，肌内注射 |
| | | 犬 2.5~6.5mg/kg 体重，猫 5~10mg/kg 体重（麻醉前给药） | 皮下，肌内注射 |
| | 氧吗啡酮 | 猫 0.05~0.15mg/kg 体重（术后镇痛） | 静脉注射，肌内注射 |
| | | 猫 0.1~0.4mg/kg 体重（镇痛麻醉前给药） | 静脉注射 |
| | | 猫 0.02~0.1mg/kg 体重（镇静） | 静脉注射 |
| | | 犬 0.05~0.1mg/kg 体重（麻醉前给药） | 静脉注射 |
| | | 犬 0.1~0.2mg/kg 体重（麻醉前给药） | 肌内注射，皮下注射 |
| | 硫酸延胡索乙素 | 犬 50~100mg/次，猫 20~30mg/次 | 皮下注射 |
| 解热镇痛抗风湿药 | 非那西丁 | 犬 0.1~1g/次 | 内服 |
| | 氨基比林（匹拉米洞） | 犬 0.13~0.4g/次 | 内服 |
| | 安痛定注射液 | 犬 2~3mL/次 | 皮下，肌内注射，2 次/d |
| | 去痛片 | 犬 1~1.5 片/次，猫 0.25~0.5 片/次 | 内服，1~2 次/d |
| | 复方氨基比林注射液 | 犬 10~15mL/次，猫 1~2mL/次 | 皮下，肌内注射 |
| | 安乃近 | 犬 0.5~1g/次，猫 0.2g/次 | 内服，1~2 次/d |
| | | 犬 0.3~0.6g/次，猫 0.1g/次 | 皮下，肌内注射，1~2 次/d |
| | 保泰松（布他同） | 犬 20mg/kg 体重 | 内服，2 次/d，3d 后酌减 |
| | 水杨酸钠注射液 | 犬 0.1~0.5g/次，猫 0.05~0.1g/次 | 静脉注射 |
| | 复方水杨酸钠 | 犬 5~10mL/次 | 静脉注射 |
| | 阿司匹林（乙酰水杨酸） | 犬 10mg/kg 体重（解热镇痛） | 内服，2 次/d，猫禁用 |
| | | 犬 25~470mg/kg 体重（抗风湿） | 内服，3 次/d，猫禁用 |
| | 安替比林 | 犬 0.2~2g/次 | 内服，2 次/d |
| | 复方阿司匹林（APC片） | 犬 0.5~2 片/次 | 内服，2 次/d，猫禁用 |
| | 卡洛芬（炎易妥） | 犬 1~2mg/kg 体重 | 内服，2 次/d，连用 7d |
| | | 犬 4mg/kg 体重 | 皮下，静脉注射 |
| 大脑兴奋药 | 咖啡因 | 犬 0.2~0.5g/次，猫 0.05~0.1g/次 | 内服 |
| | 安钠咖（苯甲酸钠咖啡因） | 犬 0.2~0.5g/次，猫 0.1~0.2g/次 | 内服，2~3 次/d |
| | | 犬 0.1~0.3g/次，猫 0.05~0.1g/次 | 皮下，肌内注射，静脉注射，1~2 次/d，重症隔 4~6h/次 |
| | 氨茶碱 | 犬、猫 10~15mg/kg 体重 | 内服，2~3 次/d |
| | | 犬 50~100mg/次 | 肌内注射，静脉注射 |
| | 利尿素（水杨酸钠） | 犬 100~200mg/次，猫 50~100mg/次 | 内服 |

续表

| 药类 | 药物名称 | 用量 | 用法与注意事项 |
|---|---|---|---|
| 脑干兴奋药 | 樟脑磺酸钠注射液（10%） | 犬 50~100mg/次，猫 50mg/次 | 皮下，肌内注射，静脉注射 |
| | 尼可刹米 | 犬 125~500mg/次<br>猫 7.8~30mg/次 | 皮下，肌内注射，静脉注射，重症隔 2h 重注 1 次 |
| | 回苏灵（盐酸二甲弗林） | 犬 4~8mg/次 | 皮下，肌内注射，静脉注射 |
| | 美解眠（贝美格） | 犬、猫 15~20mg/kg 体重 | 缓慢静脉注射 |
| 脊髓兴奋药 | 盐酸山梗菜碱 | 犬 1~10mg/次 | 皮下注射 |
| | 硝酸士的宁 | 犬 0.5~0.8mg/次，猫 0.1~0.3mg/次 | 皮下注射 |
| 拟胆碱药 | 氯化氨甲酰胆碱 | 犬 25~100mg/次<br>犬 1~5mg/次 | 皮下注射<br>皮下注射 |
| | 硝酸毛果云香碱 | 犬 3~20mg/次 | 皮下注射 |
| | 氯化氨甲酰甲胆碱 | 犬、猫 0.25~0.5mg/kg 体重 | 皮下注射 |
| | 甲基硫酸新斯的明 | 犬 0.25~1mg/次 | 皮下，肌内注射，猫慎用或禁用 |
| | 溴化新斯的明 | 犬 0.3mg/kg 体重 | 内服 |
| 抗胆碱药 | 硫酸阿托品注射液 | 犬、猫 0.2~0.5mg/kg 体重（解救中毒性休克或有机磷中毒）<br>犬 0.02~0.04mg/kg 体重（治疗心动徐缓、传导阻滞）<br>犬 0.02~0.05mg/kg 体重（用于麻醉前给药） | 肌内注射，皮下，静脉注射<br>同上<br>同上 |
| | 阿托品片 | 犬、猫 0.02~0.04mg/kg 体重 | 内服 |
| | 颠茄酊 | 犬 0.1~1mg/次 | 内服 |
| | 氢溴酸东莨菪碱 | 犬 0.1~0.3mg/次 | 皮下注射 |
| | 溴化丙酸太林 | 犬 7.5~30mg/次，猫 7.5mg/次<br>犬 0.5~1mg/kg 体重，猫 0.8~0.16mg/kg 体重<br>犬、猫 0.5mg/kg 体重（治疗肠炎） | 内服，均为 8h 给药 1 次<br>内服，均为 3 次/d,（治疗窦性心动徐缓）<br>内服，均为 2~3 次/d |
| 拟肾上腺素药 | 重酒石酸去甲肾上腺素 | 犬 0.4~2mg/次 | 静脉注射（加 5%葡萄糖液） |
| | 盐酸多巴胺(3-羟洛安) | 犬、猫 20~40mg/次 | 静脉注射（加 5%葡萄糖液） |
| | 盐酸麻黄碱（麻黄素） | 犬 10~30mg/次，猫 2~5mg/次<br>犬 10~20mg/次，猫 1.5~3mg/次 | 内服，2~3 次/d<br>皮下注射 |
| | 盐酸异丙肾上腺素（治喘灵） | 犬、猫 0.1~0.2mg/次（治疗休克，支气管痉挛）<br>犬 1mg/次（治疗窦性心动徐缓、传导阻滞） | 皮下，肌内注射，隔 3~6h 注药 1 次<br>缓慢静脉注射 |
| | 盐酸多巴酚丁胺（杜丁胺） | 犬 0.3mg/kg 体重 | 静脉注射（加 5%葡萄糖液） |
| | 重酒石酸间羟氨（可拉明） | 犬 2~10mg/次 | 肌内注射，静脉注射（加 5%葡萄糖液） |
| | 盐酸苯肾上腺素（新福林） | 犬 0.15mg/kg 体重 | 缓慢静脉注射（加 5%葡萄糖液） |
| | 盐酸肾上腺素（副肾素） | 犬 0.1~0.5mg/次，猫 0.1~0.2mg/次<br>犬 0.1~0.3mg/次，猫 0.1~0.2mg/次 | 皮下，肌内注射<br>静脉注射，需 10 倍稀释 |

续表

| 药类 | 药物名称 | 用量 | 用法与注意事项 |
|---|---|---|---|
| 抗肾上腺素药 | 盐酸苯氧苄胺(盐酸酚卡明) | 犬 0.44～2mg/kg 体重 | 缓慢静脉注射(加5%葡萄糖液) |
| | 甲磺酸酚妥拉明(喘只停) | 犬、猫 5mg/次 | 缓慢静脉注射(加5%葡萄糖液) |
| | 盐酸普萘洛尔(心得安) | 犬 5～40mg/次,猫 2.5mg/次<br>犬 1～3mg/次,猫 0.25mg/次 | 内服,3次/d<br>缓慢静脉注射(加生理盐水) |
| 强心药 | 洋地黄毒苷 | 全效量:犬 0.006～0.012mg/kg<br>维持量:犬全效量的1/10 | 静脉注射 |
| | 西地兰D(毛花强心丙) | 犬、猫 0.3～0.6mg/次 | 缓慢静脉注射、肌内注射,用5%葡萄糖稀释,重症犬、猫隔4～6h减半量再注药一次 |
| | 地高辛(狄戈新) | 犬 5～10mg/kg 体重<br>猫 4mg/kg 体重,或隔天 7～15mg/kg 体重 | 内服,2次/d<br>内服,1次/d或隔天1次 |
| | 强心灵(黄夹苷) | 犬 0.08～0.18mg/次 | 缓慢静脉注射,用5%葡萄糖液稀释,隔4～12h再注一次,24h内不可超过2次 |
| | 毒毛旋花子苷K(康毗箭毒子素) | 犬 0.25mg/次,猫 0.08mg/次,亦可首次注半量,每隔 30min 注 1/8 剂量,维持量为全量的1/4,3h注药1次 | 缓慢静脉注射,用5%葡萄糖液稀释,本品不可皮下给药 |
| 抗心律失常药 | 盐酸普萘洛尔(心得安) | 见抗肾上腺素药 | |
| | 盐酸普罗伯酮(心律平) | 犬、猫 50～100mg/次<br>犬 100～200mg/次 | 内服,2次/d<br>静脉注射,1次/d |
| | 硫酸奎尼丁 | 犬首次 50～100mg,第2～3天 7～13mg/kg 体重 | 内服,每隔2h/次,4～5次/d |
| | 盐酸普鲁卡因胺 | 犬、猫 12.5mg/kg 体重<br>犬、猫 11～22mg/kg 体重 | 内服,4次/d<br>肌内注射 3～6h/次 |
| | 苯妥英钠(大仑丁) | 犬、猫 2～4mg/kg 体重<br>犬、猫 5～10mg/kg 体重 | 内服,2次/d<br>缓慢静脉注射,1次/d |
| | 盐酸乙吗噻嗪(莫雷西嗪) | 犬、猫 50～150mg/次<br>犬、猫 20～50mg/次<br>犬、猫 50～125mg/次 | 内服,2次/d<br>肌内注射<br>静脉注射 |
| | 盐酸醋丁洛尔(醋丁心安) | 犬、猫 100～200mg/次 | 内服,2次/d |
| | 心舒宁(派克西林) | 犬、猫开始用 50mg/次,以后渐增至 150～200mg/d(日量不超过 200mg) | 内服,2次/d |
| | 西胺太林(普鲁苯辛) | 犬 5～15mg/次 | 内服,2次/d |
| | 心得宁 | 犬 0.3～0.6mg/kg 体重 猫 0.1mg/kg 体重 | 内服,3次/d<br>静脉注射 |
| | 盐酸利多卡因(昔罗卡因) | 犬 1～2mg/kg 体重,猫 0.5mg/体重 | 静脉注射 |
| | 利血平 | 犬、猫 0.015mg/kg 体重<br>犬、猫 0.005～0.01mg/kg 体重 | 内服,2次/d<br>肌内注射,静脉注射 2次/d |
| 止血药 | 止血敏(羧苯磺乙胺) | 犬 0.25～0.5mg/次,猫 0.13～0.25mg/次 | 肌内注射,静脉注射,2～3次/d |
| | 维生素 $K_3$ | 犬 10～30mg/次,猫 1～5mg/次 | 肌内注射,2～3次/d |
| | 维生素 $K_1$ | 犬、猫 0.5～2mg/kg 体重 | 皮下、肌内注射、静脉注射 |
| | 凝血素(凝血活素) | 犬、猫 30～70mg/次 | 皮下、肌内注射,本品不可静脉注射 |

续表

| 药类 | 药物名称 | 用量 | 用法与注意事项 |
|---|---|---|---|
| 止血药 | 复方凝血质(速血凝M) | 犬 50~10mL/次 | 缓慢皮下或肌内注射 |
| | 安络血 | 犬、猫 1~2mL/次<br>犬、猫 2.5~5mg/次 | 肌内注射,2~3 次/d<br>内服,2~3 次/d |
| | 6-氨基乙酸 | 犬、猫 2~4mg/kg 体重 | 内服、缓慢静脉注射 |
| | 葡萄糖酸钙 | 犬 10~30mL/次 | 静脉注射 |
| | 氯化钙(5%~10%) | 犬 5~30mL/次 | 缓慢静脉注射 |
| | 肾上腺素 | 0.1%溶液 | 外用,创面、外伤止血 |
| | 明胶 | 5%~10%溶液,犬 0.5~3g/次 | 内服 |
| | 硫酸钾铝(明矾) | 犬 0.5~1.5g/次 | 内服 |
| | 三氯化铁(氧化高铁) | 1%~5%溶液 | 皮肤、黏膜止血 |
| 抗凝血药 | 枸橼酸钠(柠檬酸钠) | 2.5%~4%本品溶液 10mL | 静脉注射 |
| | 肝素钠(肝素) | 犬、猫 200U/kg<br>每毫升血液加本品 10U | 静脉注射,用 5%葡萄糖液或生理盐水稀释<br>血样保存 |
| | 草酸钠(乙二酸钠) | 每 100mL 血液加 2%草酸钠溶液 10mL | 血液抗凝 |
| | 藻酸双酯钠 | 犬 30~50mg/次 | 内服 |
| | 双香豆素 | 犬、猫首次量 4mg/kg,次日后每天 2.5mg/kg | 内服,均分 2~3 次服完 |
| 抗贫血药 | 硫酸亚铁(硫酸低铁) | 犬 50~500mg/次,猫 10~30mg/次 | 内服,2~3 次/d,配制成 0.2%~1%溶液 |
| | 右旋糖酐铁注射液(血多素) | 幼犬 20~200mg/次,猫 150mg/次 | 深部肌内注射 1 次后改内服本品生后 18d 肌内注射 |
| | 复方亚铁注射液 | 犬、猫 0.5~5mL/次 | 肌内注射,1 次/d |
| | 铁钴(葡聚糖铁钴)注射液 | 幼犬 1~2mL/次 | 深部肌内注射,重症贫血隔 2d 再注 1 次 |
| | 硫酸铜 | 犬 50~100mg/次 | 内服,2 次/d |
| | 焦磷酸铁 | 犬 100~300mg/次 | 内服,2 次/d |
| | 维生素 $B_{12}$(氰钴胺) | 犬 0.1~0.2mg/次,猫 0.05~1mg/次 | 肌内注射,隔天 1 次 |
| | 叶酸(维生素 M) | 犬 5~10mg/次,猫 2.5mg/次 | 内服,肌内注射,1 次/d |
| | 乳酸亚铁 | 犬 50~500mg/次,猫 10~30mg/次 | 内服,2~3 次/d,配制成 1%~2%溶液 |
| 补血药血容量扩充药 | 葡萄糖(右旋糖,5%、10%、25%、50%) | 犬 5~25g/次,猫 2~10g/次 | 静脉注射 |
| | 葡萄糖氯化钠注射液(糖盐水) | 犬 100~500mL/次,猫 40~50mL/次 | 静脉注射 |
| | 右旋糖酐氯化钠注射液 | 犬、猫 20mL/次 | 静脉注射 |
| | 右旋糖酐葡萄糖注射液 | 犬、猫 20mL/次 | 静脉注射 |
| | 低分子右旋糖酐注射液 | 犬、猫 20mL/kg 体重 | 静脉注射 |
| | 缩合葡萄糖注射液 | 犬 500~2000mL/次,猫 40~50mg/kg 体重 | 静脉注射 |
| | 全血或血浆 | 犬 80~100mL/次 | 静脉注射 |
| | 氧化明胶代血浆 | 犬、猫 20mL/次 | 静脉注射 |

续表

| 药类 | 药物名称 | 用量 | 用法与注意事项 |
|---|---|---|---|
| 平喘药 | 盐酸麻黄碱 | 见拟肾上腺素药 | 静脉注射 |
| | 盐酸肾上腺素 | 见拟肾上腺素药 | |
| | 盐酸异丙肾上腺素(治喘灵) | 见拟肾上腺素药 | |
| | 氨茶碱 | 见中枢神经兴奋药 | |
| 镇咳药 | 咳必清(喷托维林) | 犬 25mg/次,猫 5~10mg/次 | 内服,2~3 次/d |
| | 复方咳必清糖浆 | 犬 5~10mL/次,猫 2~4mL/次 | 内服,2~3 次/d |
| | 磷酸可待因(甲基吗啡) | 犬 15~30mg/次,猫 5~15mg/次<br>犬、猫 2~3mg/kg 体重 | 内服,3 次/d<br>皮下注射 4 次/d |
| | 复方樟脑酊 | 犬 3~5mL/次 | 内服,3~4 次/d |
| | 复方甘草片 | 犬、猫 1~2 片/次 | 内服,3 次/d |
| | 复方甘草合剂 | 犬 5~10mL/次,猫 2~4mL/次 | 内服,3 次/d |
| | 川贝止咳糖浆 | 犬 5~10mL/次,猫 2~4mL/次 | 内服,3 次/d |
| | 杏仁水 | 犬 0.2~2mL/次,猫 0.2~1mL/次 | 内服,3 次/d |
| | 枇杷止咳露 | 犬 5~10mL/次,猫 2~4mL/次 | 内服,3 次/d |
| 祛痰药 | 氯化铵 | 犬 0.2~1g/次,猫 20mg/kg | 内服,2 次/d |
| | 碘化钾 | 犬、猫 0.2~1g/次 | 内服,3 次/d |
| | 碳酸铵 | 犬 0.2g/次 | 内服,2~3 次/d |
| | 痰易净(乙酰半胱氨酸) | 犬、猫 2~5mL/次(配制成 10%~20%溶液) | 口腔喷雾,内服,2~3 次/d |
| | 必消痰(溴苄环己铵) | 犬、猫 4~16mg/次<br>犬 4mg/次 | 内服,2~3 次/d<br>肌内注射,2~3 次/d |
| | 痰咳净 | 犬 0.2mg/次 | 涂于舌根或加少量水滴服<br>内服,2~3 次/d |
| | 急支糖浆 | 犬 5~10mL/次,猫 2~3mL/次 | 内服,2~3 次/d,幼龄犬、猫用量酌减 |
| 健胃药 | 龙胆酊 | 犬、猫 1~3mL/次 | 内服,2~3 次/d |
| | 复方龙胆酊(苦味酊) | 犬、猫 1~4mL/次 | 内服,2~3 次/d |
| | 陈皮酊 | 犬、猫 1~5mL/次 | 内服,3 次/d |
| | 桂皮酊 | 犬、猫 1~5mL/次 | 内服,3 次/d |
| | 小茴香酊 | 犬、猫 5~10mL/次 | 内服,3 次/d |
| | 复方豆蔻酊 | 犬、猫 1~5mL/次 | 内服,3 次/d |
| | 姜丁 | 犬、猫 2~5mL/次 | 内服,3 次/d |
| | 大黄酊 | 犬 1~4mL/次 | 内服,3 次/d |
| | 复方大黄酊 | 犬 1~4mL/次 | 内服,3 次/d |
| | 大黄苏打片 | 犬、猫 0.2~1mL/次 | 内服,2 次/d |
| | 马前子酊(番木鳖酊) | 犬 2~4 片/次,猫 1~2 片/次 | 内服,2 次/d |
| | 芳香氨醑 | 见祛痰药 | |
| | 人工盐(人工矿泉盐) | 犬、猫 1~5g/次(健胃) | 内服,2 次/d |
| | 碳酸氢钠(小苏打) | 犬 0.5~2g/次<br>犬 0.5~1.5g/次 | 内服,2 次/d<br>静脉注射 |

| 药类 | 药物名称 | 用量 | 用法与注意事项 |
|---|---|---|---|
| 助消化药 | 稀盐酸 | 犬、猫 0.1~0.5mL/次 | 内服,3次/d,临用时加水稀释50倍 |
| | 乳酸 | 犬、猫 0.2~1mL/次 | 内服,3次/d,临用时加水稀释为1%~2%溶液 |
| | 胃蛋白酶 | 犬 80~800U/次,猫 80~240U/次或犬、猫 0.1~0.5g/次 | 内服,3次/d,临用时加水稀释50倍的稀盐酸与本品研碎粉末混匀灌服 |
| | 干酵母片(食母生) | 犬 8~12g/次,猫 1~2g/次 | 内服,3次/d |
| | 乳酶生(表飞鸣) | 犬、猫 1~2g/次 | 内服,3次/d |
| | 多酶片 | 犬、猫 1~2片/次 | 内服,3次/d |
| | 稀醋酸 | 犬 1~2mL/次 | 内服,2次/d,临用时加水稀释15倍 |
| | 乳酸菌素片 | 犬、猫 1~2片/次 | 内服,3次/d |
| | 胰酶 | 犬 0.2~0.5g/次,猫 0.1~0.2g/次 | 内服,3次/d |
| | 复合维生素B液 | 犬 5~10mL/次<br>犬 2~5mL/次 | 内服,1次/d<br>皮下注射,1~2次/d |
| | 神曲(药曲) | 犬 2.5g/次 | 内服,3次/d |
| 抗酸药、胃肠解痉药 | 西胺肽林(普鲁苯辛) | 犬 5~10mg/次,猫 5~7.5mg/次 | 内服,2~3次/d |
| | 胃长安(格隆溴铵) | 犬 0.01mg/kg体重 | 皮下、肌内注射,1次/d |
| | 异美汀(握克丁) | 犬 0.5~1mL/次 | 内服,1次/d |
| | 复方胃舒平片 | 犬 2mg/次 | 内服,2~3次/d |
| | 硫酸阿托品 | 犬 0.15mg/kg体重 | 内服、皮下、肌内注射 |
| 催吐药 | 硫酸铜 | 犬 20~100mL/次,猫 5~20mL/次 | 内服,配制成0.2%~0.4%溶液 |
| | 硫酸锌(1%) | 犬 0.2~0.4g/次 | 内服 |
| | 盐酸阿扑吗啡(去水吗啡) | 犬 0.04mg/kg体重(2~3mg/次),猫 1~2mg/次<br>犬 0.02mg/kg体重 | 皮下注射<br><br>静脉注射 |
| | 盐酸二甲苯胺噻嗪(隆朋) | 犬、猫 1~2mg/kg体重 | 肌内注射 |
| | 7%吐根糖浆 | 犬、猫 1~2.5mg/kg体重,猫 3.3~6.6mg/kg体重 | 内服 |
| 止吐药 | 胃复安(甲氧氯普胺) | 犬、猫 10~20mg/次<br>犬、猫 10mg/次 | 内服<br>肌内注射 |
| | 吗叮啉(多潘立酮) | 犬、猫 0.5~1mg/kg体重<br>犬、猫 0.1~0.5mg/kg体重 | 内服,3次/d<br>肌内注射1~2次/d |
| | 爱茂尔 | 犬 2mL/次 | 皮下、肌内注射、静脉注射,2次/d |
| | 维生素$B_6$ | 犬、猫 25~50mg/kg体重 | 皮下、肌内注射 |
| 泻药 | 人工盐 | 犬、猫 5~10g/次 | 内服 |
| | 硫酸镁 | 犬 5~20g/次,猫 2~5g/次 | 内服,配制成6%~8%水浸液 |
| | 硫酸钠(芒硝) | 犬 10~20g/次,猫 5~10g/次 | 内服,配制成5%~10%水浸液 |
| | 大黄粉 | 犬 2~7g/次(与硫酸钠合用) | 内服 |
| | 液体石蜡 | 犬 10~300mL/次,5~10g/次 | 内服 |
| | 50%甘油 | 犬 0.6mL/kg体重<br>犬 2~10mL/次 | 内服,3次/d<br>灌肠 |

续表

| 药类 | 药物名称 | 用量 | 用法与注意事项 |
|---|---|---|---|
| 泻药 | 植物油（豆油、花生油、菜籽油） | 犬、猫 5~30mL/次 | 内服 |
| | 动物油（猪油） | 犬、猫 5~30mL/次 | 内服 |
| 止泻药 | 鞣酸蛋白 | 犬 0.2~2g/次，猫 0.5~0.2g/次 | 内服，犬 4 次/d，猫 2 次/d |
| | 次硝酸铋 | 犬 0.3~2g/次，猫 0.3~0.9g/次 | 内服，3 次/d |
| | 次碳酸铋 | 犬 0.3~2g/次，猫 0.3~0.9g/次 | 内服，3 次/d |
| | 药用炭（活性炭） | 犬 0.3~5g/次，猫 0.15~2.5g/次 | 内服，3~4 次/d |
| | 复方苯乙哌啶片 | 犬 0.25mg/次 | 内服，1 次/8h |
| | 矽炭银 | 犬 1~3g/次 | 内服，4 次/d |
| | 盐酸苯酊哌胺胶囊 | 犬 0.08mg/kg 体重 | 内服，3 次/d |
| | 促菌生 | 犬 4~8 片/次，猫 2~3 片/次 | 内服，1~2 次/d |
| | 硫酸铝片 | 犬 20mg/kg 体重 | 内服，3 次/d |
| | 颠茄酊 | 犬 0.2~1mL/次 | 内服 |
| | 复方樟脑酊 | 犬 2~5mL/次 | 内服，2~3 次/d |
| | 阿片酊 | 犬 0.3~2mL/次 | 内服，2~3 次/d |
| 肝胆疾病辅助治疗用药 | 肝泰乐（葡萄糖醛酸内酯） | 犬 50~200mg/次<br>犬 100~200mg/次 | 内服，3 次/d<br>肌内注射、静脉注射 1 次/d |
| | 肌苷 | 犬 25~50mg/次<br>犬 25~50mg/次 | 肌内注射、静脉注射 1~3 次/d<br>内服，3 次/d |
| | 辅酶 A | 犬、猫 25~50U/次 | 肌内注射、静脉注射 |
| | 三磷酸腺苷（ATP） | 犬、猫 10~40mg/次 | 肌内注射、静脉注射，1~2 次/d |
| | 维丙胺 | 犬 2.5mg/kg 体重 | 肌内注射 2 次/d |
| | 促肝细胞生长素 | 犬 5~20mg/次<br>犬 10~20mg/次 | 肌内注射，1~2 次/d 缓慢静脉注射，1 次/d，溶于 5%葡萄糖液 |
| | 谷氨酸钠 | 犬 1~2g/次 | 静脉注射，1 次/d |
| | 去氢胆酸 | 犬 50~200mg/次 | 内服，3 次/d |
| | 肌醇（环己六醇） | 犬 0.5g/次 | 内服 |
| 利尿药 | 双氢克尿噻（氢氯噻嗪） | 犬、猫 2~4mg/kg 体重<br>犬 10~25mg/次<br>猫 5~15mg/次 | 内服，2 次/d<br>肌内注射 |
| | 速尿（呋喃苯胺酸） | 犬 2.5~5mg/kg 体重，猫 1~3mg/kg 体重<br>犬、猫 0.5~1mg/kg 体重 | 内服，2 次/d，连用 2~3d<br>肌内注射、静脉注射 1 次/d |
| | 依他尼酸（利尿酸） | 犬 5mg/kg 体重，猫 1~3mg/kg 体重 | 内服，2 次/d |
| | 氨苯蝶啶（三氨蝶啶） | 犬、猫 0.3~3mg/kg 体重 | 内服，3 次/d，1 疗程 3~5d |
| | 安体舒通（螺旋内酯固醇） | 犬、猫 0.5~1.5mg/kg 体重 | 内服，3 次/d |
| | 双氯碘酰胺（二氯磺胺） | 犬 3mg/kg 体重 | 内服，3 次/d |
| | 乌洛托品 | 犬 0.5~2g/次 | 内服，2 次/d |
| | 乌洛托品注射液 | 犬 0.5~1.5g/次 | 静脉注射 1 次/d |

续表

| 药类 | 药物名称 | 用量 | 用法与注意事项 |
| --- | --- | --- | --- |
| 脱水药 | 甘露醇(20%) | 犬、猫 1000~2000mg/kg 体重 | 静脉注射,3~4 次/d |
|  | 葡萄糖(50%) | 犬 1~4mg/kg 体重 | 静脉注射 |
|  | 山梨醇(25%) | 犬、猫 1000~2000mg/kg 体重 | 静脉注射,3~4 次/d |
| 治疗尿酸过多症用药 | 碳酸氢钠 | 犬 0.1~2g/次<br>犬、猫 10~30mL/次 | 内服,3 次/d<br>静脉注射 50% 注射液 |
|  | 别嘌呤醇 | 犬、猫(试用量)100~200mg/次 | 内服,2 次/d |
| 子宫收缩药 | 垂体后叶素 | 犬 2~15U/次,猫 2~5U/次 | 皮下肌内注射,缓慢静脉注射。胎位不正,骨盆狭窄犬、猫禁用 |
|  | 催产素(缩宫素) | 犬 2~15U/次,猫 2~5U/次 | 皮下、肌内注射,同上 |
|  | 马来酸麦角新碱 | 犬 0.1~0.5mg/次,猫 0.05~0.1mg/次 | 肌内注射,静脉注射。孕犬、猫,胎盘停滞犬、猫禁用 |
|  | 麦角浸膏 | 犬 0.3~0.5mL/次 | 内服,同上 |
|  | 长效尿崩停粉针 | 猫 2~10U/次 | 皮下、肌内注射,3 次/d |
| 雌激素 | 乙烯雌酚 | 犬 0.1~1mg/次,猫 0.05~0.1mg<br>犬 0.2~0.5mg/次 | 内服<br>肌内注射 |
|  | 乙烷雌酚(人造雌酚) | 犬 0.04~1mg/次 | 皮下、肌内注射 |
|  | 苯甲酸雌二醇(苯甲酸求偶二醇) | 犬 0.2~1mg/次<br>犬、猫 0.125~0.25mg/次 | 肌内注射 |
|  | 环戊丙酸雌二醇 | 犬 0.25~2mg/kg 体重 | 肌内注射,2 次/d |
| 孕激素 | 安宫黄体酮(甲孕酮) | 犬 20mg/kg 体重,猫 50~100mg/次<br>猫 1~2mg/次 | 肌内注射,用于妊娠反应性皮炎<br>肌内注射,每周 1 次,产前 7~10d 停药。用于习惯性流产 |
|  | 复方黄体酮 | 犬 2~5mg/次,猫 1~2mg/次 | 肌内注射 |
| 孕激素 | 黄体酮 | 犬 2~5mg/次,猫 1~2mg/次 | 肌内注射 |
|  | 醋酸甲地孕酮(去氢甲孕酮) | 犬 0.5~2.2mg/kg 体重<br>猫 2.5~5mg/次 | 内服,1 次/d,连用 7~8d<br>内服,延迟动情期,1 次/d,连用 8 周。治猫皮炎或角膜炎,隔天一次,连用 5~10d |
| 雄激素同化激素 | 甲基睾丸酮(甲基睾丸素) | 犬 10mg/次,猫 10~20mg/次 | 内服,1 次/d |
|  | 丙酸睾丸酮(丙酸睾丸素) | 犬、猫 20~50mg/次 | 皮下、肌内注射,每 2~3d 注药 1 次 |
|  | 羧甲雄酮 | 犬 0.25~0.5mg/次 | 内服,2 次/d |
|  | 苯丙酸诺龙(苯丙酸去甲睾丸酮) | 犬、猫 20~50mg/次,猫 10~20mg/次 | 皮下、肌内注射,两周 1 次 |
|  | 康力龙 | 小型犬、猫 1~2mg/次,<br>大型犬、猫 2~4mg/次 | 内服,小型犬、猫 2 次/d,<br>大型犬 1 次/d |
| 促性腺激素 | 垂体促卵泡素(卵泡刺激素) | 犬 15~20Ug/kg 体重<br>猫 20U/次 | 肌内注射,犬 1 次/d,连用 10d. 猫 1 次/d,连用 5d |
|  | 垂体促黄体素(黄体生成素) | 猫 20U/次 | 肌内注射,犬 1 次/d,连用 7d,猫 1 次/d,连用 5d |
|  | 绒毛膜促性腺激素 | 犬 25~300Ug/kg 体重,<br>猫 100~200U/次 | 肌内注射 |
|  | 孕马血清促性腺激素 | 犬 25~200U/次,猫 50~100U/次 | 皮下、肌内注射,1 次/d 或隔天 1 次 |
|  | 垂体前叶促性腺激素 | 犬 100~500U/次 | 肌内注射 1 次/d |

续表

| 药类 | 药物名称 | 用量 | 用法与注意事项 |
|---|---|---|---|
| 激素类药及有关制剂 | 醋酸可的松(皮质素)片 | 犬 0.5~1mg/kg 体重 | 内服,3~4 次/d |
| | 醋酸可的松注射液 | 犬 0.25mg/kg 体重 | 肌内注射 |
| | 氢化可的松注射液 | 犬 5~20mg/次,猫 175mg/次 | 静脉注射,1 次/d |
| | 醋酸氢化可的松注射液 | 犬 20~100mg/次 | 肌内注射 |
| | 醋酸泼尼松(强的松)片 | 犬、猫 0.5~2mg/kg 体重 | 内服,1 次/d |
| | 醋酸氢化泼尼松片 | 犬(7~14mg/kg)体重 2~5mg/次,超过 14kg 体重 5~15mg/次 | 内服,1 次/d |
| | 氢化泼尼松琥珀酸钠粉针 | 犬、猫 5~10mg/kg 体重(治疗休克) | 静脉注射、肌内注射,1 次/d |
| | | 犬、猫 1~4mg/kg 体重(治疗过敏性哮喘) | 静脉注射、肌内注射,1 次/d |
| | 醋酸地塞米松片 | 犬、猫 0.5~2mg/次 | 内服,1 次/d |
| | 倍他米松片 | 犬、猫 0.25~1mg/次 | 内服 |
| | 去炎松(氟羟强的松)片 | 犬 0.25~2mg/次,猫 0.25~0.5mg/次 | 内服,1~2 次/d,连用 7d |
| | 去炎松(氟羟强的松)注射液 | 犬、猫 0.11~0.22mg/kg 体重 | 皮下、肌内注射 |
| | | 犬 1~3mg/次 | 关节腔注入 |
| | 地塞米松磷酸钠注射液 | 犬 0.25~1mg/次,猫 0.125~0.5mg/次 | 静脉注射、肌内注射,1 次/d |
| | 促肾上腺皮质激素(促皮质激素) | 犬 5~10U/次,猫 2.2U/次 | 肌内注射,2~3 次/d |
| | | 犬 2.5~10U/次 | 静脉注射,2~3 次/d |
| | 胰高血糖素注射液 | 犬 50U/kg 体重 | 静脉注射,间隔 30min 可重复用药 |
| | 胰岛素注射液 | 犬 0.5~1U/kg,猫 0.25U/kg 体重 | 皮下注射,4 次/d |
| | 甲状腺粉(干甲状腺) | 犬 15~20mg/kg 体重或 380~680mg/只 | 内服,3 次/d |
| | 甲碘安(碘塞罗宁纳)片 | 犬 2~10U/kg 体重 | 内服,1 次/d |
| | 甲基硫氧嘧啶片 | 犬 5.5~11mg/kg 体重 | 内服,1 次/d |
| | 丙基硫氧嘧啶片 | 犬 11mg/kg 体重 | 内服,1 次/d |
| | 碘化钾(或钠) | 犬 4.4mg/kg 体重 | 内服 |
| | 他巴唑(甲硫基咪唑) | 猫 5mg/次 | 内服,3 次/d |
| | 抗利尿素(ADH) | 5~10U/次 | 皮下、肌内注射,3 次/d |
| | 抗利尿素鞣酸油剂 | 犬、猫 2.5~10U/次 | 皮下、肌内注射,1 次/d |
| | 前列腺素(PC) | 犬 1~2mg/次 | 肌内注射 |
| 脂溶性维生素 | 维生素 A(视黄醇)胶囊 | 犬、猫 400U/kg 体重 | 内服 |
| | 维生素 $D_2$ 胶性钙(骨化醇)注射液 | 犬 0.25 万~0.5 万单位/次 | 皮下、肌内注射 |
| | 维生素 AD 注射液 | 犬 0.2~2mL/次,猫 0.5mL/次 | 肌内注射 |
| | 维生素 $D_3$ 注射液 | 犬、猫 1500~3000U/kg 体重 | 肌内注射 |
| | 鱼肝油 | 犬、猫 5~10mL/次 | 内服 |
| | 浓缩鱼肝油 | 犬、猫 0.04~0.06mL/kg 体重 | 内服 |
| | 醋酸生育酚注射液 | 犬、猫 30~100mg/次 | 皮下、肌内注射,隔天 1 次 |
| | 醋酸生育酚片或胶囊 | 犬 500mg/次 | 内服,1 次/d |

续表

| 药类 | 药物名称 | 用量 | 用法与注意事项 |
|---|---|---|---|
| 水溶性维生素 | 维生素 $B_1$（盐酸硫胺） | 犬 10~100mg/次，猫 5~30mg/次 | 内服 |
| | 维生素 $B_1$ 注射液 | 犬 10~25mg/次，猫 5~10mg/次 | 皮下、肌内注射、静脉注射 |
| | 新维生素 $B_1$ 注射液 | 犬 10~25mg/次 | 内服、皮下、肌内注射 |
| | 呋喃硫胺注射液 | 犬 10~25mg/次 | 肌内注射 |
| | 维生素 $B_2$（核黄素） | 犬 10~20mg/次，猫 5~10mg/次 | 内服、皮下、肌内注射，1 次/d |
| | 烟酸（维生素 PP）注射液 | 犬 0.2~0.6mg/次，猫 2.6~4mg/次 | 皮下、肌内注射 |
| | 烟酰胺（烟酸）片 | 犬 0.2~0.6mg/次，猫 2.6~4mg/次 | 内服 |
| | 维生素 $B_6$（吡哆醇）片、注射液 | 犬 20~80mg/次 | 内服、皮下、肌内注射、静脉注射 |
| | 复合维生素 B 片 | 犬 1~2 片/次，猫 0.5~1 片/次 | 内服，3 次/d |
| | 复合维生素 B 注射液 | 犬 0.5~2mL/次，猫 0.5~1mL/次 | 肌内注射 |
| | 泛酸钙（维生素 $B_5$ 钙）片 | 犬 20~40mg/次 | 内服 |
| | 叶酸（维生素 M）片 | 犬 2.5~5mg/次，猫 1~2mg/次 | 内服 |
| | 维生素 C（抗坏血酸）片 | 犬 2~5mg/次，猫 2.5mg/次 | 内服 |
| | 维生素 C 注射液 | 犬 0.1~0.5mg/次，猫 0.1~0.2mg/次 | 静脉注射、皮下、肌内注射 |
| | 维生素 $K_1$ 注射液 | 犬 10~30mg/次 | 肌内注射，2~3 次/d |
| | 维生素 $K_3$ 注射液 | 犬 10~30mg/次 | 肌内注射，2~3 次/d |
| | 维生素（维生素 H） | 犬、猫 0.25mg/kg | 混饲 |
| | 维生素 $B_{12}$ | 犬、猫 0.1mg/次 | 肌内注射 |
| | 氯化胆碱粉 | 犬 0.2~0.5g/次 | 内服 |
| 微量元素类药 | 亚硒酸钠维生素 E | 犬 0.5~3mL/次 | 肌内注射，每隔 14~15d 注药 1 次 |
| | 0.1%亚硒酸钠注射液 | 犬 0.5~1mL/次 | 肌内注射，每隔 14~15d 注药 1 次 |
| | 氯化钴 | 犬 5~50mg/次 | 内服 |
| | 硫酸铜 | 犬 50~100mg/次 | 内服，2 次/d |
| | 硫酸亚铁 | 犬 5~50mg/次 | 内服，2~3 次/d |
| | 含糖氧化铁 | 犬 20~40mg/次 | 内服，1 次/d |
| 促生长药 | 复方布他磷注射液 | 犬 1~2.5mL/次，猫 0.5~5mL/次 | 静脉注射、皮下、肌内注射，幼龄犬、猫减半 |
| 钙磷代谢调节药 | 5%氯化钙注射液 | 犬 0.5~1.5g/次 | 缓慢静脉注射 |
| | 氯化钙葡萄糖注射液 | 犬 5~10mL/次 | 静脉注射 |
| | 钙镁葡萄糖注射液 | 犬 2~10mL/次 | 静脉注射 |
| | 钙镁注射液 | 犬 2~10mL/次 | 缓慢静脉注射 |
| | 10%葡萄糖酸钙注射液 | 犬 0.5~2g/次或 10~30mL/次，猫 0.5~1.5g/次或 5~15mL/次 | 静脉注射 1~2 次/d，连用 5~7d |
| | 碳酸钙 | 犬 0.5~4g/次 | 内服 |
| | 乳酸钙 | 犬 0.5~2g/次，猫 0.2~0.5g/次 | 内服 |
| | 磷酸氢钙 | 犬、猫 0.6g/次 | 内服 |

续表

| 药类 | 药物名称 | 用量 | 用法与注意事项 |
|---|---|---|---|
| 钙磷代谢调节药 | 骨粉 | 猫食物中添加 5%～10% | 混饲 |
| | 维丁胶钙注射液 | 犬 1mL/次 | 肌内注射,隔天或隔周注 1 次 |
| | 活性钙(活力钙) | 犬 2～4 片/次,猫 1～2 片/次 | 内服,3 次/d |
| | 维丁钙片 | 犬 4～8 片/次,猫 2～3 片/次 | 内服,3 次/d |
| 生化制剂 | 三磷酸腺苷二钠(ATP)针剂/粉针 | 犬 10～20mg/次 | 肌内注射,静脉注射 |
| | 肌苷片或针剂 | 犬 25～50mg/次 | 内服,肌内注射 |
| | 辅酶 A 粉针 | 犬 10～20U/次 | 肌内注射,静脉注射,用生理盐水溶解,1～2 次/d |
| | 细胞色素 C 针剂或粉针 | 犬 15～30mg/次 | 静脉注射,溶于 10%糖液 |
| | 能量合剂 | 犬 0.5～1 支/次 | 肌内注射,静脉注射 |
| | 谷氨酸钠 | 犬 1～2g/次 | 静脉注射,1 次/d |
| | 双氟环酰胺 | 犬 50mg/kg 体重 | 内服,2～3 次/d |
| | 强力宁 | 犬 1～2mL/次 | 静脉注射,1 次/d |
| | 环噻嗪 | 犬 0.5～1mL/次 | 内服,1 次/d |
| 水电解质平衡调节药 | 0.9%氯化钠注射液 | 犬、猫 40～50mL/(kg 体重·d) 犬 40～50mL/次 | 静脉注射 |
| | 复方氯化钠注射液(林格氏液) | 犬、猫静脉注射量同生理盐水 | 静脉注射 |
| | 复方乳酸钠注射液 | 犬、猫用量同复方氯化钠注射液 | 静脉注射 |
| | 10%氯化钾注射液 | 犬 2～5mL/次,猫 0.5～2mL/次 | 静脉注射,用 5%～10%葡萄糖液稀释成 0.1%～0.3%溶液。小剂量本品可连续应用 |
| | 复方氯化钾注射液 | 犬 0.5～1mL/次 猫 30～50mL/次 | 静脉注射 腹腔注射 |
| 酸碱平衡调节药 | 5%碳酸氢钠注射液 | 犬 10～40mL/次,猫 10～20mL/次 | 静脉注射,不可用量过多及漏出血管 |
| | 口服补液盐 | 本品 27.5g 溶于 1000mL/水 | 犬、猫灌服或自饮 |
| | 复方口服药(好得快) | 本品与水按 1:20 比例配成口服液 | 犬灌服或自饮,连用 3d |
| 抗过敏药 | 扑尔敏 | 犬、猫 0.3mg/kg 体重 | 口服,肌内注射,2 次/d |
| | 盐酸苯海拉明 | 犬、猫 1～2mg/kg 体重 | 口服,肌内注射,2 次/d |
| | 葡萄糖酸钙 | 犬、猫 0.1～0.2g/kg 体重 | 肌内注射,1 次/d |
| 解毒药 | 解磷定 | 犬、猫 40mg/kg 体重 | 静脉注射 |
| | 氯磷定 | 犬、猫 15～30mg/kg 体重 | 静脉注射 |
| | 解氟灵 | 犬、猫 100mg/kg 体重 | 肌内注射 |
| | 硫代硫酸钠 | 犬、猫 1.5mg/kg 体重 | 静脉注射 1 次/d |
| | 亚甲蓝 | 犬、猫 0.1～1mL/kg 体重 | 静脉注射 |
| | 阿托品 | 犬、猫 0.1mg/kg 体重 | 肌内注射,1～2 次/d |
| 抗休克药 | 盐酸多巴胺注射液 | 犬、猫 20～40mg/次 | 静脉注射,溶 500mL 生理盐水,滴至生效 |
| | 多巴酚丁胺注射液 | 犬 2.5～20μg/kg 体重 | 静脉注射 |

续表

| 药类 | 药物名称 | 用量 | 用法与注意事项 |
|---|---|---|---|
| 抗休克药 | 盐酸异丙肾上腺素 | 见拟肾上腺素药 | 皮下、肌内注射 |
| | 盐酸去氧肾上腺素 | 见拟肾上腺素药 | 静脉注射 |
| | 醋酸泼尼松(强的松) | 见激素类药 | 内服 |
| 抗肿瘤药 | 环磷酰胺注射液 | 犬 8～10mL/kg 体重 | 静脉注射,7～10d/次 |
| | 氮芥注射液 | 犬 0.08～0.1mL/kg 体重 | 静脉注射,1 次/d |
| | 噻替派注射液 | 犬 0.5mg/kg | 静脉注射、肌内注射、腔内注射,1 周 1～2 次 |
| | 苯丁酸氮芥片 | 犬 0.1～0.2mg/kg 体重 | 内服,1 次/d |
| | 长春新碱注射液 | 犬 0.025～0.05mL/kg 体重 | 静脉注射,7～10d 一次 |
| 免疫功能增强药 | 高免血清 | 犬 0.5～1mL/kg 体重 | 皮下、肌内注射、静脉注射,1 次/d,连用 3d,为预防疾病,注射血清 2 周后再注射疫苗 |
| | 免疫球蛋白 | 犬 1～10mL/次 | 皮下、肌内注射、静脉注射,1 次/d,连用 3d |
| | 转移因子 | 犬 2～10mg/次 | 腹股沟皮下注射,隔天一次 |
| | 丙种球蛋白 | 犬 0.5～2mL(22.5～90mg)/次 | 肌内注射 |
| | 干扰素 | 犬 10 万～20 万单位/次 | 皮下、肌内注射,隔 2d 一次 |
| | 胸腺肽(胸腺素) | 犬 2mg/次 | 皮下、肌内注射,1 次/d |
| | 黄氏多糖注射液 | 犬 2～10mL/次 | 皮下、肌内注射,1～2 次/d,连用 2～3d |
| | 猪苓多糖注射液 | 犬 10～20mg/次 | 肌内注射,1 次/d |
| | 盐酸左旋咪唑 | 犬 0.5～2.2mg/kg 体重,猫 2.5mg/kg 体重 | 内服,1 次/d,连用 3d |
| | 派特康注射液 | 犬 1～2 支/次 | 皮下注射,1 次/d,连用 5～10d |
| 免疫抑制药 | 环孢霉素 A(赛斯平、山地灵)片 | 犬 2～4mg/kg 体重 | 内服,1 次/d |
| | 硫唑嘌呤片 | 犬 0.5～1.5mg/kg 体重 | 内服,1 次/d |
| | 醋酸可的松片或注射液 | 见激素类药 | 内服或肌内注射 |
| | 醋酸泼尼松片 | 见激素类药 | 内服,1 次/d |
| | 醋酸地塞米松片 | 见激素类药 | 内服,1 次/d |
| | 地塞米松磷酸钠注射液 | 见激素类药 | 静脉注射、肌内注射,1 次/d |
| | 去炎松片 | 见激素类药 | 内服,1～2 次/d,连用 7d |
| | 氢化可的松注射液 | 见激素类药 | 静脉注射,1 次/d |
| 消毒防腐药 | 苯酚(碳酸) | 3%～5%水溶液<br>1%～2%水溶液 | 用于环境、用具、器械、污物消毒<br>用于皮肤止痒止痛 |
| | 来苏儿 | 2%溶液<br>5%～10%水溶液 | 用于创面、手臂、皮肤、器械消毒<br>用于犬舍、环境、污物、排泄物、用具消毒 |
| | 复合酚溶液(消毒灵、菌毒敌) | 0.35%～0.1%溶液 | 用于环境消毒 |
| | 过氧化氢溶液(双氧水) | 1%～3%溶液<br>0.3%～1%溶液 | 用于冲洗化脓创<br>用于冲洗口腔黏膜 |

续表

| 药类 | 药物名称 | 用量 | 用法与注意事项 |
|---|---|---|---|
| 消毒防腐药 | 过氧乙酸（过醋酸） | 0.5%溶液<br>0.04%～0.2%溶液 | 用于犬舍、饮饲器具、用具消毒<br>用于橡胶、玻璃、耐酸塑料、搪瓷等制品浸泡消毒 |
| | 新洁尔灭（溴苄烷胺） | 0.01%～0.05%溶液<br>0.1%溶液 | 用于冲洗膀胱、阴道、深部感染创<br>用于手臂、术部皮肤、器械、玻璃器材等消毒 |
| | 洗必泰（双氯苯双胍己烷） | 0.02%溶液<br>0.05%溶液<br>0.1%溶液（加0.1%亚硝酸钠） | 用于皮肤、手臂消毒<br>用于创面、乳头消毒<br>用于器械浸泡消毒 |
| | 百毒杀（癸甲溴氨溶液） | 每10L水加本品10%溶液15mL或加本品50%溶液3mL<br>每10L水加本品10%溶液25mL或加本品50%溶液5mL | 用于犬舍、环境、器具消毒<br>用于发生疫病犬舍及环境消毒 |
| | 消毒净 | 0.02%～0.05%水溶液<br>0.1%水溶液<br>0.1%水溶液（加0.5%亚硝酸钠） | 用于冲洗口、鼻、腹腔<br>用于手臂、皮肤消毒<br>用于金属器械消毒 |
| | 消毒优 | 本品用水稀释300倍<br>稀释1000～1500倍 | 用于犬舍喷洒消毒<br>用于饲养器具浸泡消毒 |

## 附录五  不同给药途径用药剂量换算表

| 途径 | 内服 | 直肠给药 | 皮下注射 | 肌内注射 | 静脉注射 | 气管注射 |
|---|---|---|---|---|---|---|
| 比例 | 1 | 3/2～2 | 1/3～1/2 | 1/3～1/2 | 1/4～1/3 | 1/4～1/3 |

# 参 考 文 献

[1] 邱深本,李喜旺.动物药理.北京:化学工业出版社,2011.
[2] 孙洪梅,王成森.动物药理.北京:化学工业出版社,2010.
[3] 石冬梅.宠物临床诊疗技术(第二版).北京:化学工业出版社,2016.
[4] 孙维平.宠物疾病诊治(第二版).北京:化学工业出版社,2016.
[5] 李继昌,罗国琦.宠物药理.北京:中国农业科学技术出版社,2008.
[6] 杨宝峰,娄建石.药理学.北京:北京大学医学出版社,2003.
[7] 陈杖榴.兽医药理学.第2版.北京:中国农业出版社,2007.
[8] 梁运霞,宋冶萍.动物药理与毒理.北京:中国农业出版社,2007.
[9] 中国兽药典委员会.中华人民共和国兽药典.2010年版.兽药使用指南化学药品卷.北京:中国农业出版社,2010.
[10] 董军,金艺鹏.宠物疾病诊疗与处方手册.北京:化学工业出版社,2007.
[11] 刘占民,李丽.动物药理学.北京:中国农业科学技术出版社,2008.
[12] 江明性.药理学.第4版.北京:人民卫生出版社,2000.
[13] [美]摩根.小动物临床手册.施振声主译.北京:中国农业出版社,2005.
[14] 姚果原等.药理学:下册.第2版.北京:农业出版社,2001.
[15] 沈建中.兽医药理学.北京:中国农业大学出版社,2003.
[16] 曹礼静,古淑英.兽药及药理基础.北京:高等教育出版社,2004.
[17] 孙志良,罗永煌.兽医药理学实验教程.北京:中国农业大学出版社,2006.
[18] 章蕴毅主编.药理学实验指导.北京:人民卫生出版社,2007.
[19] 李春雨,贺生中.动物药理.北京:中国农业大学出版社,2007.
[20] 周新民.动物药理.北京:中国农业出版社,2001.
[21] 邓旭明,曾忠良,孙志良,聂奎.兽医药理学.长春:吉林人民出版社,2001.
[22] 王祥生,胡仲明,刘文森.犬猫疾病防治方药手册.北京:中国农业出版社,2004.
[23] 董军,潘庆山.犬猫用药速查手册.第2版.北京:中国农业大学出版社,2010.
[24] 张泉鑫,朱印生.犬猫疾病.北京:中国农业出版社,2007.
[25] 黄利权.宠物医生实用新技术.北京:中国农业科学技术出版社,2006.
[26] 胡功政.狗猫常用药物手册.北京:中国农业科技出版社,1995.
[27] 朱模忠.兽药手册.北京:化学工业出版社,2002.
[28] 贺宋文,何德肆.宠物疾病诊疗技术.重庆:重庆大学出版社,2008.